2016年6月第四届全国建筑防灾技术交流会现场

U0195102

住房和城乡建设部防灾研究中心专家委员会委员受聘仪式

2016年9月第19届"北京科技交流学术月"开幕活动"防灾减灾高峰论坛"现场

2016年11月"中国建筑学会地基基础分会2016年学术年会"现场

住房和城乡建设部防灾研究中心
Disaster Prevention Research Center, Ministry of Housing and Urban-Rural Development

专家委员会

- 综合防灾研究部
- 工程抗震研究部
- 建筑防火研究部
- 建筑抗风雪研究部
- 地质灾害及地基灾损研究部
- 灾害风险评估研究部
- 防灾信息化研究部
- 防灾标准研究部
- 建筑防雷研究部
- 综合办公室

住房和城乡建设部防灾研究中心（以下简称"防灾中心"）1990年由原建设部批准成立，机构设在中国建筑科学研究院。防灾中心以该院的工程抗震、建筑防火、建筑结构、地基基础、建筑信息化等成果为依托，研究地震、火灾、风灾、雪灾、水灾、地质灾害等对工程和城镇建设造成的破坏情况和规律，解决实际工程防灾中的关键技术问题；推广防灾新技术、新产品；与国内外防灾机构建立联系；为政府机构行政决策提供咨询建议。

近年来，防灾中心在国家重点研发计划、国家科技支撑计划、863项目、973项目、国家自然科学基金、科研院所科技开发专项和标准规范、实验室建设等方面开展了卓有成效的工作。截止到2015年底，累计参与完成科研成果130余项，标准规范制修订项目140余项，其中国家和行业标准制修订项目70余项。荣获国家科技进步奖、国家自然科学奖、省部级科技进步奖等40余项，为推动我国建筑防灾减灾事业的科技进步做出了应有的贡献。

防灾中心紧紧围绕防灾减灾科技发展战略全局，积极响应国家新型城镇化建设和灾害防控等宏观政策号召，着力提高创新能力，增强核心竞争力，在建筑防灾减灾设计和城镇防灾救灾信息化等特色领域做出了应有的贡献。防灾中心本着"开放、共享、联合、创新"的经营理念，与知名企业、高校和科研院所紧密合作，致力于成为全国标志性建筑防灾科学研究与技术服务平台，不断推动防灾减灾公益事业的发展。

机构名称	电话	传真	邮箱
综合防灾研究部	010-64517751	010-84273077	cabrzjy@163.com
工程抗震研究部	010-64517447	010-84288024	tangcaomin@163.com
建筑防火研究部	010-64517879	010-64693133	13911365611@126.com
建筑抗风雪研究部	010-84280389	010-84279246	chenkai@cabrtech.com
地质灾害及地基灾损研究部	010-64517232	010-84283086	gjfcabr@262.net
灾害风险评估研究部	010-64517315	010-84281347	1043801229@qq.com
防灾信息化研究部	010-64693132	010-84277979	yuwencabr@163.com
防灾标准研究部	010-64517890	010-64517612	gaudy_sc@163.com
建筑防雷研究部	010-64694345	010-84281360	hudf@cabr-design.com
综合办公室	010-64517751	010-84273077	cabrzjy@163.com

征稿 招商

住房和城乡建设部防灾研究中心《建筑防灾年鉴2017》征稿及广告招商活动现已启动，欢迎业内外人士踊跃投稿；各相关单位积极竞投。

电话：010-64693351
电邮：dprcmoc@126.com

中华人民共和国
消防技术服务机构资质证书

公消__技__字（2015）第0131号

单位名称： 奥雅纳工程咨询（上海）有限公司　　法定代表人： 吕立滴

地　址： 徐汇区淮海中路1045号39、41层　　注册资本： 美元192.08万元

消防技术服务机构类型： 消防安全评估　　　　资质等级： 临时一级

消防技术服务业务范围：区域消防安全评估、社会单位消防安全评估、大型活动消防安全评估、特殊消防设计方案安全评估等消防安全评估以及消防法律法规、消防技术标准、火灾隐患整改等消防安全咨询

有效期： 2015 年 7 月 13日 至 2016年 12月 31日

发证机关： 上海市消防局
2015 年 7 月 13 日

以整合求突破
以创新促安全

我们推动一体化的消防安全设计方案，整合建筑、结构和运营等多方面的消防安全需求，不断研究和创新，致力于寻求高效、实用的解决方案。我们的服务包括区域火灾风险评估、建筑火灾风险评估、建筑防火设计咨询、建筑和基础设施灾害评估及应急预案、消防安全管理咨询、工业企业防火评估等。

我们参与设计了众多标志性的项目，规模不一，类型多样，包括超高层、商业综合体、机场、车站、客运码头、主题公园、室内游乐场、体育场、剧院、博物馆等。

© Kenny ip

图片

1. **大型商业综合体：** 奥雅纳创新的消防解决方案使新颖的建筑设计成为可能。

2. **主题乐园/室内游乐场：** 奥雅纳制定全面的消防安全策略，保障人员高聚集场所安全的同时，实现空间利用的灵活性。

3. **超高层项目：** 奥雅纳为国内10座最高建筑中的7座提供了消防咨询和评估服务。

ARUP

新科消防教育

一级注册消防工程师

2015年新科消防一次性全科通过8人，勇创佳绩！
2016年新科消防 再接再厉 顺利通过10人，再创辉煌！
2017年新科消防正式进军消防教育，面向全国传授通关秘籍！

欢迎有识之士加入我们！

1. 辅助报名 集中精力 攻克考试
2. 制定计划 监督指导 有效学习
3. 现场学习 交通方便 饮食住宿 费
4. 顶级名师 精准辅导 快速提升
5. 现场联动 融会贯通 事半功倍
6. 夯实基础 真正理解 适当做题 有效记忆
7. 专业化 模块化 查缺补漏
8. 考前点题提炼重点 传授答题技巧

新科消防 八大通关优势
贯穿整个学习轨迹，攻克学习难题

校长简介 Headmaster

刘同强

中国民主同盟盟员	高级工程师
中国消防协会会员	一级注册建造师
潍坊市灭火与救援专家组专家	一级注册消防工程师
山东省公安消防总队特约研究员	潍坊市新科消防安保职业培训学校校长
中国消防协会灭火救援技术专业委员会委员	山东新科建工消防工程有限公司总经理

建（构）筑物消防员职业资格培训

职业名称：建（构）筑物消防员
职业定义：从事建（构）筑物消防安全管理，消防安全检查和建筑消防设施操作与维保工作人员，被列入2016年12月16日国家人力资源部颁布的《国家职业资格目录清单》，该证书全国通用。
职业等级：初级、中级、高级、技师、高级技师。
证书颁发：经理论知识考试和技能操作考核，合格者由人社部门核发相应等级的建（构）筑物消防员职业资格证书。

第九期建（构）筑物消防员培训班学员听课掠影

建（构）筑物消防员职业资格证书

社会消防安全教育培训

按照《社会消防安全教育培训规定》（公安部号令），以专业的知识，精细的服务，开展机及企事业单位社会消防安全教育培训，共创消环境，共建和谐社会。

网络教育

网上在线学习初、中级建（构）筑物消防员、注工程师理论课程，实操现场实地学习，理论实践，实现互联网全民消防教育的全覆盖。

公安消防业务实训

2016年12月8—9日，潍坊市公安消防支队在我校举办了全市消防监督业务"实地操"培训班，280余名消防业务监督员参加了培训。2017年2月13日、15日、18日潍坊市公安消防支队组织全市157名骨干战训人员，在我校举办了固定消防设施灭火救援应用集中培训。

报名热线：400-0606-119　　0536-8891986　　0536-8220119　　邮箱：XKXFPX@126.com
地址：山东省潍坊市潍州路997号（东风街潍州路北200米奎文消防大队对面）　　联系人：王老师 刘老师

新科消防服务平台

中国消防协会单位会员、中国消防教育联盟理事、中国人民武装警察部队学院研究生实训基地

新科消防服务平台由**山东新科建工消防工程有限公司、山东九州消防技术服务有限公司、潍坊市新科消防安保职业培训学校**联合组建。新科消防服务平台可为社会提供消防设施施工、消防设施维护保养、消防安全评估、消防设施检测、电气防火技术检测、建构筑物消防员培训、注册消防工程师培训、消防技术咨询等服务。

 山东新科建工消防工程有限公司

www.xinkexiaofang.com

本公司现具有消防设施工程施工一级资质、消防设施维护保养二级资质、消防安全评估二级资质、机电安装二级资质，电子与智能化工程二级资质，并提供资质许可范围内的相关服务。新科消防多年与国内外消防行业的专家学者、科研院校保持密切的交流与互动合作，共同研究防火灭火的方法和技术，以帮助客户增强消防安全管理能力、降低消防安全隐患风险、提高消防安全水平。

 山东九州消防技术服务有限公司

www.xinkepeixun.un

本公司是经工商行政管理局批准成立，并取得山东省质量技术监督局计量认证的CMA证书，并经山东公安消防总队严格审查合格，拥有建筑消防设施维护保养检测资质、电气防火检测资质的检测机构。公司拥有一支精通消防技术、熟悉消防规范、在工作中积累了丰富经验的队伍，可提供防设施验收、消防设施年度检测、消防设施功能检测、建筑电气检测、消防技术咨询服务。

 潍坊市新科消防安保职业培训学校（新科消防教育）

www.jiuzhouxiaofang.com

本校是经人力资源和社会保障局批准，民政局注册登记，并在各级公安消防机关、中国消防协会、省消防协会以及各级人力资源社会保障部门的大力支持和指导监督下成立的消防教育培训机构。新科培训学校主要开展建(构)筑物消防员培训、注册消防工程师培训，同时面向社会开展订单式消防安全培训。

求精，做精品工程；与时俱进，育八方英才；严谨公正，保九州平安！

服务热线：400-0606-119　　0536-8361688　　0536-8891986　　0536-8220119　　邮箱：SDXKXF@163.com
地址：山东省潍坊市潍州路997号（东风街潍州路北200米奎文消防大队对面）　　联系人：王主任　倪主任

ErgoLAB建筑设计与环境行为
研究实验室解决方案

ErgoLAB建筑设计与环境行为研究实验室解决方案以人机环境数据同步技术为基础，突出智能化可穿戴的特点，采用国内自主研发专利技术，结合VR三维虚拟现实与仿真技术、动作捕捉技术、人体建模与仿真技术、脑认知神经科学技术与电生理技术、视觉追踪技术、行为分析技术等，客观定量化分析人机环境交互影响的关系，提升纵向研究深度与横向研究的外延性。该解决方案在环境行为、虚拟交互、城市规划、景观设计、建筑设计、空间认知、灾害应急等多领域研究中得到广泛使用。

该系统是一套研究级解决方案，可兼容多种心理学与人因工程实验仪器设备，并且包含多个功能模块

1．人机环境同步平台；

2．虚拟现实与仿真模块；

3．生理记录同步模块；

4．脑电测量同步模块；

5．眼动追踪同步模块；

6．动作捕捉同步模块；

7．行为观察分析模块；

8．面部表情分析模块；

9．生物力学同步模块；

10．环境数据同步模块；

11．多因素数据综合分析平台。

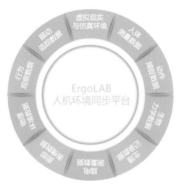

人机同步平台

扫描二维码，观看图中完整视频

可穿戴行走虚拟现实实验室解决方案同步人在虚拟现实环境中的行为、动作、生理、眼动数据

根据课题研究内容的不同，可提供基于不同研究方法的ErgoLAB建筑设计与环境行为研究实验室解决方案。

关于我们

地址：北京市海淀区安宁庄东路18号
光华创业园16号楼四层
网址：http://www.kingfar.cn
邮箱：kingfar@kingfar.cn
电话：010-82893950

扫描二维码

获取更多津发心理学与人因工程技术进展与服务信息

北京津发科技股份有限公司总部坐落于北京中关村科技园区，具备自主知识产权，是集研发、生产、销售、服务、国际技术交流于一体的现代化高科技股份公司。公司是国家级高新技术企业，自主研发的心理学与人因工程相关技术、产品与服务获得多项国家专利及奖项，并通过多项国际认证。公司也是目前人因与工效学领域中首家获得国防军工武器装备科研生产保密资质的单位，积极响应军民融合国家战略要求，开展与各单位的科研及战略合作。

津发科技将持续以推动心理学与人因工程学科发展为己任，在军工国防和教育科研各领域推动人因与心理学技术进步，为中国教育科研事业的发展提供服务。

建筑防灾年鉴

2016

住房和城乡建设部防灾研究中心
中国建筑科学研究院科技发展研究院 联合主编

中国建筑工业出版社

图书在版编目（CIP）数据

建筑防灾年鉴. 2016 / 住房和城乡建设部防灾研
究中心，中国建筑科学研究院科技发展研究院编.
北京：中国建筑工业出版社，2017.7
ISBN 978-7-112-20989-7

Ⅰ.①建…　Ⅱ.①住…②中…　Ⅲ.①建筑物－防
灾－中国－2016－年鉴　Ⅳ.①TU89－54

中国版本图书馆CIP数据核字（2017）第166817号

责任编辑：张幼平
责任校对：李欣慰　张　颖

建筑防灾年鉴

2016

住房和城乡建设部防灾研究中心
　　　　　　　　　　　　　　　　　　　联合主编
中国建筑科学研究院科技发展研究院

*

中国建筑工业出版社出版、发行（北京海淀三里河路9号）
各地新华书店、建筑书店经销
北京京点图文设计有限公司制版
北京中科印刷有限公司印刷

*

开本：787×1092毫米　1/16　印张：24¼　插页：4　字数：599千字
2017年11月第一版　2017年11月第一次印刷
定价：88.00元
ISBN 978-7-112-20989-7
（30611）

《建筑防灾年鉴 2016》

编　委　会：
主　任：王清勤　住房和城乡建设部防灾研究中心　　主任
副主任：李引擎　住房和城乡建设部防灾研究中心　　副主任
　　　　王翠坤　住房和城乡建设部防灾研究中心　　副主任
　　　　黄世敏　住房和城乡建设部防灾研究中心　　副主任
　　　　高文生　住房和城乡建设部防灾研究中心　　副主任
　　　　金新阳　住建部防灾研究中心学术委员会　　副主任
　　　　宫剑飞　住建部防灾研究中心学术委员会　　副主任
　　　　尹　波　中国建筑科学研究院科学技术处　　处　长
　　　　王晓锋　中国建筑科学研究院标准规范处　　副处长

委　员：（按姓氏笔画排序）
　　　　于　文　住房和城乡建设部防灾研究中心　　高级工程师
　　　　马东辉　北京工业大学　　　　　　　　　　教授
　　　　王　佳　北京建筑大学　　　　　　　　　　教授
　　　　王大鹏　住房和城乡建设部防灾研究中心　　高级工程师
　　　　王广勇　住房和城乡建设部防灾研究中心　　研究员
　　　　王曙光　中国建筑科学研究院　　　　　　　研究员
　　　　刘金波　中国建筑科学研究院　　　　　　　研究员
　　　　刘朝峰　河北工业大学　　　　　　　　　　副教授
　　　　刘艳琴　盐城正平房屋安全司法鉴定所　　　高级工程师
　　　　许　镇　北京科技大学　　　　　　　　　　副教授
　　　　李碧雄　四川大学　　　　　　　　　　　　教授
　　　　李振平　安监总局信息中心　　　　　　　　副研究员
　　　　朱立新　住房和城乡建设部防灾研究中心　　研究员
　　　　杨润林　北京科技大学　　　　　　　　　　副教授
　　　　杨庆山　北京交通大学　　　　　　　　　　副院长／教授
　　　　肖从真　中国建筑科学研究院　　　　　　　副总工／研究员
　　　　吴浩田　南京大学　　　　　　　　　　　　教授
　　　　张　维　上海台风研究所　　　　　　　　　研究员
　　　　张靖岩　住房和城乡建设部防灾研究中心　　研究员
　　　　陆新征　清华大学　　　　　　　　　　　　教授

前　言

防灾减灾救灾工作事关人民群众生命财产安全，事关社会和谐稳定，是衡量执政党领导力、检验政府执行力、评判国家动员力、彰显民族凝聚力的一个重要方面。2016 年 12 月 29 日，国务院办公厅颁布了《国家综合防灾减灾规划（2016—2020 年）》，提出"十三五"期间要进一步健全防灾减灾救灾体制机制，完善法律法规体系。2017 年 1 月 10 日，新华社受权发布《中共中央国务院关于推进防灾减灾救灾体制机制改革的意见》，《意见》明确提出要坚持以人民为中心的发展思想，坚持以防为主、防抗救相结合，努力实现从注重灾后救助向注重灾前预防转变，从应对单一灾种向综合减灾转变，全面提升全社会抵御自然灾害的综合防范能力。

为贯彻落实党中央、国务院关于加强防灾减灾救灾工作的决策部署，提高全社会抵御自然灾害的综合防范能力，切实维护人民群众生命财产安全，住房和城乡建设部防灾研究中心（以下简称"防灾中心"）自 2012 年起开展《建筑防灾年鉴》的编纂工作。防灾中心专家团队通过共同的辛勤劳动，《建筑防灾年鉴 2012》、《建筑防灾年鉴 2013》、《建筑防灾年鉴 2014》、《建筑防灾年鉴 2015》已分别于 2012 年 3 月、2014 年 5 月、2015 年 8 月和 2016 年 11 月顺利出版发行。《建筑防灾年鉴》的编写，旨在全面系统地总结我国建筑防灾减灾的研究成果与实践经验，交流和借鉴各省市建筑防灾工作的成效与典型事例，增强全国建筑防灾减灾的忧患意识，推动建筑防灾减灾工作的发展与实践应用，使世人更全面了解我国政府和人民为防灾减灾所作出的巨大努力。

《建筑防灾年鉴 2016》作为我国一本有关建筑防灾减灾总结与发展的年度报告，为力求系统全面地展现我国 2016 年度建筑防灾工作的全景，在编排结构上进行了调整，全书共分为 8 篇，包括综合篇、政策篇、标准篇、科研篇、成果篇、工程篇、调研篇、附录篇。

第一篇综合篇，选录 8 篇综合性论文，内容涵盖综合防灾、防火、工程建设及信息化减灾等方面。主要对建筑防灾减灾研究进展和防灾工作进行综合分析与评述，旨在概述本领域研究的基本面貌，为研究者了解学科发展现状提供条件，有效促进学科研究品质的提升，引导学科研究指导今后防灾工作的发展。

第二篇政策篇，收录国家颁布的"十三五"规划 1 部，综合防灾减灾规划 1 部，公共安全科技创新专项规划 1 部，科技创新规划节选 1 部，优化建设工程防雷许可的决定 1 部，改革意见 1 部，公安部管理规定 1 部。这些政策法规的颁布实施，起到了为防灾减灾事业的发展发挥政策支持、决策参谋和法制保障的作用。

第三篇标准篇，主要收录国家、行业、协会以及地方标准在编或修订情况的简介，主要包括编制或修编背景、编制原则和指导思想、修编内容与改进等方面内容，便于读者在第一时间了解到标准规范的最新动态，做到未雨绸缪。

第四篇科研篇，主要选录在研项目、课题的研究进展、关键技术、试验研究和分析方法等方面的文章 14 篇，集中反映建筑防灾的新成果、新趋势和新方向，便于读者对近年来建筑防灾减灾领域的研究进展有较为全面的了解和概要式的把握。

第五篇成果篇，选录包括综合防灾、抗震技术、节能减震、防灾信息化在内的 7 项具有代表性的最新科技成果。通过整理、收录以上成果，希望借助防灾年鉴的出版机会，能够和广大科技工作者充分交流，共同发展、互相促进。

第六篇工程篇，防灾减灾工程案例对我国防灾减灾技术的推广具有良好的示范作用。本篇选取了有关抗震加固、结构抗风、危房改造等领域的工程案例 6 个，通过对实际工程如何实现防灾减灾的阐述，介绍了防灾减灾实践经验，以促进防灾减灾事业稳步前进。

第七篇调研篇，为配合各级政府因地制宜做好建筑的防灾减灾工作，宣传建筑防灾理念，总结实践经验，本篇通过对青海、福建、四川等地区具有地方特色的建筑防灾方面的调研与总结，向读者展示各地建筑防灾的发展情况，便于读者对全国的建筑防灾减灾发展有一个概括性了解。

第八篇附录篇，基于住房和城乡建设部、民政部和国家统计局等相关部门发布的灾害评估权威数据，本篇主要收录了包括住房和城乡建设部防灾研究中心在内的国内著名的防灾机构简介、2016 年全国自然灾害基本情况以及住房城乡建设部 2017 年工作要点。此外，对 2016 年度内建筑防灾减灾领域的研究、实践和重要活动，以大事记的形式进行了总结与展示，读者可通过大事记而洞察我国建筑防灾减灾的总体概况。

本书可供从事建筑防灾减灾领域研究、规划、设计、施工、管理等专业的技术人员、政府管理部门、大专院校师生参考。

本年鉴在编纂过程中，受到住房和城乡建设部、各地科研院所及高校的大力支持，在此对他们的指导与支持表示由衷的感谢。本书引用和收录了国内大量的统计信息和研究成果，在此对他们的工作表示感谢。

本书是防灾中心专家团队共同辛勤劳动的成果。虽然在编纂过程中几易其稿，但由于建筑防灾减灾信息浩如烟海，在资料的搜集和筛选过程中难免出现纰漏与不足，恳请广大读者朋友不吝赐教，斧正批评！

住房和城乡建设部防灾研究中心

中心网址：www.dprcmoc.com

邮箱：dprcmoc@126.com

联系电话：010-64693351

传真：010-84273077

2017 年 5 月 10 日

目　　录

第一篇　综合篇 ……………………………………………………………………… 1

1. 消防规划展望 …………………………………………………………………… 2
2. 城镇要害系统综合防灾技术综述 ……………………………………………… 7
3. 村镇住宅防灾与节能发展现状及趋势 ………………………………………… 11
4. 韧性城市建设理论与实践 ……………………………………………………… 18
5. 一些地基基础工程事故的启示 ………………………………………………… 22
6. 工程建设领域 BIM 与 GIS 结合研究概述 …………………………………… 33
7. 水库诱发地震研究进展与思考 ………………………………………………… 43
8. 西北太平洋 2015 年热带气旋的特征分析 …………………………………… 51

第二篇　政策篇 ……………………………………………………………………… 63

1. 中共中央国务院关于推进防灾减灾救灾体制机制改革的意见 ……………… 64
2. 国务院办公厅关于印发国家综合防灾减灾规划（2016–2020 年）的通知 …… 69
3. "十三五"国家科技创新规划
   ——发展可靠高的公共安全与社会治理技术（节选） ………………………… 77
4. "十三五"公共安全科技创新专项规划 ………………………………………… 78
5. 城乡建设抗震防灾"十三五"规划 …………………………………………… 89
6. 国务院关于优化建设工程防雷许可的决定 …………………………………… 94
7. 社会消防技术服务管理规定 …………………………………………………… 96

第三篇　标准篇 ……………………………………………………………………… 105

1. 国家标准《建筑设计防火规范》编制简介 …………………………………… 106
2. 国家标准《高填方地基技术规范》编制简介 ………………………………… 111
3. 国家标准《城市综合防灾规划标准》编制简介 ……………………………… 114
4. 国家标准《建筑抗震设计规范》局部修订简介 ……………………………… 116
5. 行业标准《约束砌体与配筋砌体结构技术规程》编制简介 ………………… 118

第四篇　科研篇 ……………………………………………………………………… 121

1. 单面水泥砂浆面层加固低强度砖墙的抗震性能试验研究 …………………… 122
2. 大跨度无柱地铁车站的地震响应振动台试验研究 …………………………… 133

3. 考虑相邻基坑相互影响的基坑支护设计 ……………………………… 144

4.BIM 技术在精细化消防设备管理中的应用研究 …………………… 152

5. 城市基础设施韧性的定量评估方法研究综述 …………………… 158

6. 大跨钢结构抗火设计方法 ………………………………………… 171

7. 超高层建筑结构与基础安全保障技术研究 …………………… 180

8. 电力系统震害分析与抗震防灾对策 …………………………… 186

9. 采用碎石桩的地基抗震加固性能研究 ………………………… 192

10. 针对地震灾害的综合医院救灾安全性评价及减灾策略 …… 200

11. 城镇洪水灾害预警模型仿真研究 …………………………… 207

12. 大型展览建筑群消防设计难点及解决方案探讨 ………… 211

13. 城镇生命线系统安全运行和应急处置技术研究与示范 … 217

14. 基于智能优化的应急疏散道路自主评价模型 …………… 222

第五篇　成果篇 ………………………………………………………… 227

1. 超限高层建筑工程抗震设防技术要点 ……………………… 228

2. 城市运行风险监测与评估系统 ……………………………… 230

3. 基于 BIM 与 GIS 结合的工程项目场景可视化与信息管理系统 … 232

4. 基于智能手机的消防应急响应系统 ……………………… 237

5. 基于北斗高精度定位的建筑安全监测应用服务平台 …… 239

6. 基于 EPANET 的城镇区域消防供水能力评估系统 …… 242

7. 基于阵列位移传感器（SAA）在岩土工程变形监测方法 … 243

第六篇　工程篇 ………………………………………………………… 245

1. 某防震减灾技术中心隔震设计 ……………………………… 246

2. 西宁某 31m 深基坑支护技术研究 ………………………… 251

3. 合肥宝能 CBD 综合体项目抗风研究 ……………………… 263

4. 韧性城市规划理论与方法及其在我国的应用
　　——以合肥市市政设施韧性提升规划为例 …………… 270

5. 西部贫困农村地区危房加固改造设计与实践 …………… 282

6. 龙卷风作用下某厂区轻钢结构损伤调查分析 ………… 290

第七篇　调研篇 ………………………………………………………… 297

1. 饱和盐渍土地区地基处理工程方案分析与实践 …………… 298

2. "莫兰蒂"台风厦门风灾调查简要报告 ……………………… 304

3. 农村建筑消防安全研究进展 ………………………………… 311

4. 芦山地震和汶川地震中空心砖填充墙震害反思 ………… 320

5. 江苏盐城 6·23 龙卷风灾害情况调研 ……………………… 329

6. 老旧社区灾害风险评价及韧性优化策略 ································ 337

第八篇　附录篇 ··· 349

1. 建筑防灾机构简介 ··· 350
2. 住房城乡建设部 2017 年工作要点 ································ 356
3. 民政部国家减灾办发布 2016 年全国自然灾害基本情况 ·········· 363
4. 国家减灾委办公室公布 2016 年全国十大自然灾害事件 ·········· 365
5. 大事记 ··· 366
6. 防灾减灾领域部分重要科技项目简介 ···························· 369

第一篇 综合篇

　　建筑防灾减灾是一项复杂的系统工程，大到国家的发展，小到具体建筑的防灾设计，贯穿社会生活的各个层面；同时，它还包含了不同的专业分工和学校门类，具有综合性强、多学科相互渗透等显著特点。本篇选录8篇综合性论文，内容涵盖综合防灾、防火、工程建设及信息化减灾等方面，对建筑防灾减灾研究进展进行综合分析与评述，旨在概述本领域研究的基本面貌，为研究者了解学科发展现状提供条件；评价本领域研究的成就得失，有效促进学科研究品质的提升；揭示本领域研究的发展趋势，引导学科研究的发展。

1. 消防规划展望

李引擎　李磊　相坤

中国建筑科学研究院，北京，100013

　　我国目前正处于全面建成小康社会的决定性阶段，也是城镇化深入发展的关键时期。随着经济发展、人民生活质量提高，城市化水平得到了飞速提升。当前，我国大部分城市都在消防安全系统的完善、紧急救援队伍建设方面投入了大量的人力物力，取得了丰硕的成果；相关研究人员在城市火灾引发、蔓延机制减灾及建筑防火设计方面获得了长足的进步。总的说来，当前我国的消防安全工作处于较为平稳发展的态势。

　　然而伴随城市化的高速发展，一方面，工业、民用对能源的需求逐渐增大，有机材料广泛使用，火灾危险源增多，城市建筑向高层、大规模、多功能等方向发展，这些变化增加了城市的火灾风险，改变了传统的消防安全认识，同时现代都市能够引发强大的集聚效应，呈现生产集中、人口集中、建筑集中、财富集中等特点，火灾形势依然严峻：2015年1月2日，哈尔滨仓库火灾造成建筑物多次坍塌，多人遇难，同年1月29日，位于北京木樨园的百荣商城二期西楼发生火灾，燃烧时间长达71小时，建筑物内部结构遭到严重破坏；另一方面，虽然我国多数城市的火灾防控能力在逐渐提高，但与火灾风险的持续增长比较，火灾防控能力仍相对滞后于城市建设，若城市火灾防控能力没有及时适应城市的发展，预计我国的城市消防安全工作形势仍十分严峻。

　　对于现代化城市，在城市形态的完善、物质财富的积累过程中，城市的安全可靠是评价其现代化程度的重要指标之一，即城市必须具备与经济发展相适应的防灾、抗灾和救灾能力。消防安全作为城市防灾救灾体系的重要组成部分，也是城市消防工作的重要内容之一，是城市消防工作开展的前提和依据，对城市消防工作的开展具有极强的指导作用，是优化资源配置、提高城市火灾防控水平的重要途径。面对城市建设的急剧扩张、社会发展的日新月异，如何从城市消防规划角度入手使得消防建设与城市其他方面建设相匹配，进一步提高城市建筑抵御火灾的能力，全面提升社会、群众城市的自救能力进而增强城市的消防安全及整体应急水平，是当前新形势下城市消防安全工作中亟待解决的关键问题。

一、我国城市消防规划工作的历史沿革

　　消防规划是指根据城市功能分区、各类用地性质分布、基础设施配置和地域特点，在进行历史火灾数据统计和城市发展趋势预测上，对城市火灾风险进行评估，确定城市消防发展目标，从而对城市消防安全布局、公共消防基础设施和消防力量等进行科学合理的规划，提出阶段性的建设目标，为完善城市消防安全体系提供决策和管理依据。

　　纵观我国古代城市和建筑的发展，马头墙、水缸的设置均是考虑了防火隔离、灭火的

需要。1989 年公安部、建设部、国家计划委员会、财政部联合发布的《城市消防规划建设管理规定》是我国关于城市消防规划工作的第一个规范性文件。1995 年颁布的《消防改革与发展纲要》要求"必须将消防事业的发展纳入国民经济和社会发展的总体规划，尚未制定消防规划的城镇，均应在今后 3 年制定出来。今后上报城市总体规划，如果缺少消防规划或消防规划不合理的，上级政府不予批准"。随着国家对于城市消防工作的重视和城市发展的需要，城市消防规划逐渐成为一项专业规划内容单独编制，各城市的规划工作为消防规划编制进行了积极的探索，但我国消防规划早期的城市消防规划仅是城市总体规划中防灾规划的一项内容。1998 年 4 月颁布的《消防改革与发展纲要》使得消防规划从此具有法律地位和法律效力。在 2006 年发布的《国务院关于进一步加强消防工作的意见》中，要求"地方各级人民政府要结合实际编制城乡消防规划，确保公共消防设施建设与城镇和乡村建设同步建设。"该意见的实施极大地推动了消防规划的发展，促使各大中城市将编制消防专项规划提上日程，城市消防规划逐渐成为一项专业规划内容单独编制，各城市的规划工作为消防规划编制进行了积极的探索。

新时期、新背景下，《国家新型城镇化规划（2014-2020 年）》明确指出我国存在城市管理服务水平不高，公共安全事件频发，城市管理运行效率不高，公共服务供给能力不足等问题并提出要完善城市应急管理体系。公安部联合住房和城乡建设部等部委在 2015 年 8 月联合下发的《关于加强城镇公共消防设施和基层消防组织建设的指导意见》中明确指出：着力加强城乡消防规划、公共消防设施、消防安全管理组织网络和灭火救援力量体系建设，积极采用区域消防安全评估技术，提高消防规划编制质量，健全完善消防规划实施情况的评估、考评机制，规划主管部门要加强对消防专项规划编制、审批、实施的监督管理。《中共中央 国务院关于进一步加强城市规划建设管理工作的若干意见》(2016 年 2 月 6 日) 指出，城市规划在城市发展中起着战略引领和刚性控制的重要作用，要增强规划的前瞻性、严肃性和连续性；切实保障城市安全，提高城市综合防灾和安全设施建设配置标准，加大建设投入力度，加强设施运行管理；加强城市安全监管，建立专业化、职业化的应急救援队伍，提升社会治安综合治理水平，形成全天候、系统性、现代化的城市安全保障体系。

国内目前大多数城市已开始消防专项规划的编制工作，但是由于科技起点低，社会重视程度不足，导致总体水平不高，可操作性较差，实施效果并不理想。

二、我国消防规划工作的薄弱环节

1. 规划研究的基础比较薄弱，与总体规划中的防灾规划的衔接不足，可操作性不强

消防规划编制的科学性和合理性在近些年才引起足够的重视。已编制在城市总体规划中的消防规划，其规划图纸较为简单，规划内容缺乏对现状消防基础的深入分析，其他各专项规划也与消防规划衔接不够。如做给水规划时，没有充分认识到给水系统除提供生活、生产用水外，还是控火灭火的重要水源。目前城市的给水规划在管网供水能力的设计上考虑了消防用水的需要，但在管网规划和水压方面往往忽略了消防给水的需要，对市政给水系统提供灭火的功能并未充分体现。

消防本身就是一门综合性学科，其理论知识和技术方法涉及多专业内容，消防规划涉及消防工程和城市规划两个主要学科，在编制规划的过程中，仅依靠消防工程或者城市规划等单一专业背景都是无法完成该工作的，因此消防规划的编制，需要多学科的技术支持，这对编制消防规划的技术人才提出了更高的要求。

2. 消防规划法制建设尚未健全，规划实施困难

虽然消防规划已起步，但是突出的问题却是落实不到位，这与城市规划的法律地位并不一致。应制订相关条例，依法保障消防规划编制的开展和实施，建议消防规划一经批准应成为法规性文件，确保消防规划落到实处。

此外，政府作为城市消防工作的责任主体，应明确消防规划的编制和实施过程中的责任主体，明确组织框架，加强各主管部门的协调，明确各部门的责任，保障消防规划中的安全布局、公共消防设施等在城市各项规划、设计、建设和管理中得到贯彻和落实。

3. 规划实施过程中的评估及修正

再完美的规划如果没有得到很好的实施也仅是体现在文本和图纸上，规划只有得到具体应用，才能真正发挥它的作用。同时由于实施过程中不可避免地遇到规划编制过程中没有预见的问题和国家政策的调整，因此需要继续跟踪规划方案，建立和完善自我评估机制，以便及时发展问题，让实施结果能与消防发展的目标一致。

4. 针对不同区域特点的专项规划

《城市消防规划规范》的颁布实施为消防规划的具体编制提供了一定的指导，但是在消防规划系统方法的建立上缺少细致的分类和深入的理论研究。对于镇域范围、特色小镇、历史街区、传统村落、旅游休闲项目、仿古建筑等建设在农村用地范围内的项目，《城市消防规划规范》并不适用，急需针对不同区域特点进行研究分析。

三、区域火灾风险评估是规划的基础工作

在编制消防规划的前期需对城市火灾风险、消防安全状况进行分析评估，即火灾风险评估。在消防规划工作中开展区域火灾风险评估是消防规划工作的基础，是提升城市精细化管理水平的重要体现。进行城市区域火灾风险评估是分析城市消防安全状况，查找当前消防工作薄弱环节的有效手段。

《城市消防规划规范》GB 51080-2015 中对火灾风险评估进行了明确的定义：对城市用地范围内的建筑、场所、设施等发生火灾的危险性和危害性进行的综合评价。该规范也对城市消防规划需进行火灾风险评估作了明确的要求。区域火灾风险评估是在辨识火灾危险源的基础上，对区域火灾破坏能力和抵御能力进行综合评价，并通过分析火灾的可能影响和损失，为市政设施提出消防灭火需求，为制定灭火救援预案和合理布局消防力量提供依据，并提出消防安全的管理要求等，极大地提高消防规划编制的可行性和科学性，使得消防规划能有效改善消防安全状况，真正落实到实处。

目前在欧美国家，在消防规划中早已广泛开展火灾风险评估工作，作为消防救援力量部署的重要依据。我国关于火灾风险评估的研究起步较晚，我国大多省市进行过消防规划的编制工作，但是极少的消防专项规划进行了火灾风险评估。虽然火灾风险评估的发展相对比较成熟且日趋规范，但是火灾风险评估在消防规划的编制过程中并未发挥应有的作用。即便进行过火灾风险评估的消防规划，风险评估的结果和建议与消防规划的编制内容也未得到很好结合，无论在与消防规划的结合还是指标体系的构建上，都存在一些不足。

目前，火灾风险评估的以下方面急需进行完善：

1. 科学性和适用性不强，与规划脱节

对城市消防现状问题调查和分析不够深入，如仅注重火灾统计，不研究火灾产生、蔓延根源与城市用地和布局的关系，导致规划内容仅限于规范性语言要求，缺乏实质性和适

用性的具体内容。火灾风险评估也未能充分论证各功能分区的消防安全适宜性，以及功能用地的消防安全防护要求，未结合城市消防安全风险提出完善安全布局的有效措施。

在完善区域火灾风险评估的科学性基础上，评估应以服务消防规划为出发点，提高评估对规划的支撑能力。

2. 区域火灾风险评估指标体系不太完善

建立城市火灾风险评估指标体系过程中没有考虑到区域特点，建立的指标体系不能充分反映区域火灾风险状况，给城市火灾风险评估带来了许多困难。

城市用地和市政公共设施调查分析不严格，导致城市消防设施规划落不到实处，造成规划操作实施的困难。特别是消防站布点往往未进行严格的用地控制和调查，导致当地规划消防站建设时有点无地或有地不符合建设条件的情况时有发生，导致消防站落地难问题突出。

3. 定量火灾风险评估缺少工程实践

在评估方法方面，单一的评估方法和主观赋权都很难满足评估客观、全面的需要，总存在着这样那样的缺陷，评估过程中还会发生信息丢失的现象，需要研究系统的评估方法。此外，在定量评估与规划的结合上，仍然没有较为统一的方式及解决思路。

当前，由于国家政策和信息化技术的不断发展，消防大数据和物联网技术发展迅猛，处在初期建设阶段。在城市规划领域，定量的规划已越来越引起研究学者的重视，但仍处于初期探索阶段。在物联网技术和定量规划的初期建立阶段，构建物联网技术及消防规划的有效衔接，是顺应事物自然发展的必然途径，基于消防物联网的消防规划也将会成为大数据技术应用的极佳典范。因此探索适用于消防规划的区域火灾风险评估方法是目前亟待解决的问题，特别是随着大数据技术和信息化的发展，迫切需要进行定量的以区域为尺度的火灾风险评估及消防规划，而在该方面理论研究和工程实践均较为薄弱。

四、我国消防规划工作需要深入解决的问题

1. 消防规划的系统方法研究

基于我国消防规划起步较晚，理论深度欠缺的现状，应对现有的消防规划的规划原则、系统框架、规划深度进行分析研究，建立消防规划的系统全局理论，并根据区域发展规模、区域经济结构、社会发展特点进行消防规划的方法研究，探索适用于我国国情的消防规划系统理论方法。

2. 针对不同区域特点的消防规划

针对镇域范围、特色小镇、历史街区、传统村落、旅游休闲项目、仿古建筑等，开展特殊区域消防安全布局要求、消防给水、消防道路，以及公安消防力量和社会消防力量的优化配置等专项研究。

3. 适用于消防规划的区域火灾风险定量评估

在对城市进行火灾风险评估时，可采用整体评估和重点区域评估相结合的工作方式，采用城市火灾整体评估和重点区域专项评估相结合的评估手段，分别对城市火灾风险进行整体评估，对整个城市的消防安全布局、公共消防设施、灭火救援力量和社会防控能力进行整体把控，并对局部重点区域进行专项评估。整体评估和局部专项评估根据评估对象的不同，建立相适应的指标体系，在对城市消防工作进行整体把控的同时，有效完善重点区域的消防工作。

以事实或数据为基础,通过逻辑分析和经验验判,作出最符合区域实际情况的判断,探索区域火灾风险定量评估方法,提高对消防现状的分析能力;在定量火灾风险评估基础上,开展消防规划的方法研究,实现火灾风险评估和消防规划的有效衔接,提高消防规划科学性,实现规划的动态评估。

4. 构建基于消防规划及火灾风险评估的数据库

在规划编制和评估过程中,数据收集分析和深入调研是关键技术环节。首先在数据收集阶段,开展基于消防规划和评估内容挖掘定量消防规划和评估的数据需求分析研究;其次在数据分析阶段,建立数据分析平台,开发基于数理统计的数据分析程序,为定量评估和规划提供支撑;最后在数据分析结果阶段,建立基于地理信息系统的数据呈现方法及动态的消防规划与过程评估。

五、结束语

消防规划的合理制定,需要采用科学系统的理论体系,并采用与规划尺度相适宜的火灾风险评估方法,通过消防工程和城市规划专业等多专业人才的共同努力,不断提高规划编制的质量;在规划实施阶段,充分利用大数据平台,建立消防规划的动态评估方法,从而不断地优化各项规划内容,通过加强监督管理,保证规划落到实处。

2. 城镇要害系统综合防灾技术综述

张靖岩　朱立新　韦雅云

中国建筑科学研究院，北京，100013

一、城镇要害系统综合防灾现状

据国家统计局数据显示：2014 年末，我国内地总人口约 13.7 亿，其中城镇常住人口约 7.5 亿人，中国城镇化率达到了 54.7%。这意味着我国城镇将要建设更多的配套设施以适应城镇化进程要求，与此同时城镇的要害系统也面临着严峻的考验。

城镇要害系统主要指维持城镇生存功能系统和对国计民生有重大影响的工程和区域，按照影响范围来说可分为重要功能节点和脆弱区两类。前者主要包括供水、排水系统的工程，电力、燃气及石油管线等能源供给系统的工程，电话和广播电视等情报通信系统的工程，大型医疗系统的工程以及公路、铁路等交通系统的工程等，城镇重要功能节点对构建城镇空间有举足轻重的作用，对城镇空间的尺度、空间形态、特征及安全环境的形成有关键的影响；后者包括建筑、人员密集区域等灾害影响脆弱区，如高层建筑密集区和商业、金融中心，以及承灾能力极弱的棚户区、老旧住宅区等。要害系统的一个显著特点为：其正常运行是在生命线的牵引下实现的，因此受到灾害后很可能引发城镇功能局部或完全瘫痪，造成严重的人员伤亡和社会经济损失以及恶劣的社会影响。

虽然我国城镇建设的防灾减灾工作取得了很大进步。但是随着经济的发展和人们对城镇安全与防灾要求的日益强烈，城镇建设综合防灾工作还存在许多薄弱环节，主要体现在[1-3]：

重软轻硬：灾害的风险管理体系尚不健全，城镇要害系统缺乏对应急能力支撑作用的重视，导致基础设施建设薄弱，防灾减灾能力差。

重源轻建：旧灾新害与新型灾害的出现使社会风险进一步扩大，因此更需要重视现有城镇重要功能节点、脆弱区的潜在风险。

各自为政：应急和防灾体系尚未形成"设防体系上相互协调，应对能力上相互支撑，处置措施上互为补充"的综合体系。

步调单一：技术集成度不够，综合应用效果不明显，对要害系统的实际减灾指导效果有限。

针对以上不足，我国今后对于城镇要害系统的防灾减灾研究应明确研究方向，如：建立解决城镇应急保障和处置能力为核心的城镇重大灾害和事故的综合防灾规划技术体系，编制城镇综合防灾规划技术标准；针对城镇重要功能节点如医院、体育场馆，分别从防火、地基基础、抗风及抗震四个方面对这些功能节点的防灾减灾问题进行研究，编制城市社区应急避难场所建设标准；针对城镇高层建筑密集区域的地震灾害和老旧建筑密集区的火灾进行深入研究，编制城镇重大灾害承载能力评估技术指南；构建防灾减灾信息化平台，包括风险评估系统、灾害监测预警系统、应急救援系统和城镇灾害防御与处置等功能。通过以上研究，进一步完善我国城镇要害系统的灾害综合防范体系，提高国家综合防灾减灾能力。

二、城镇综合防灾减灾的思路与建设途径

1. 城镇综合防灾减灾关键技术

(1) 城镇要害系统风险评估及应急空间保障、处置规划技术[4-6]

以提高城镇要害系统灾后应急保障和处置能力为核心任务，通过城镇重大灾害承载能力评估、要害系统风险识别与应急能力评估技术研究，从规划层面提出城镇重大典型基础设施的应急保障理论与方法，建立城镇防御典型灾害的规划技术体系。

主要关键技术包括城镇重大典型灾害承灾能力评估技术研究、城镇要害基础设施系统地震风险识别与应急能力评估技术研究、城镇重大基础设施应急保障理论和方法研究、城镇应急空间保障和处置规划理论与方法研究。

(2) 城镇重要功能节点和脆弱区灾害承载力评估与处置技术[7-10]

针对城镇重要功能节点，分别对火灾承载力和脆弱性分析与处置技术、抗风性能分析与处置技术、抗震鉴定及加固关键技术进行研究；针对城市高层建筑密集区域的地震灾害、老旧建筑密集区的火灾、地质灾害的防治与土地规划、区域应急避难场所配置效能评估及优化进行研究，提出相应的灾害损失评估方法，给出城市关键脆弱区域的灾害承载力和脆弱性分布，并提出实用的、针对性的灾害处置方法与技术，为灾后应急管理提供支持。

主要关键技术包括城镇重要功能节点防火性能设计与处置技术、城市地下空间基础选型安全性评价及防倒塌设计、城镇重要功能节点的抗风性能分析与处置技术、重要建筑工程抗震鉴定及加固关键技术、高层建筑密集区域的地震灾害综合损失快速评估、老旧建筑密集区域的火灾承载能力评估与灭火救援、城市地质灾害防治与土地工程利用控制研究。

(3) 城镇灾害防御与应急处置协同工作平台研究[11-12]

采用云计算、网络、通信、多媒体等多项现代技术，构建"灾前、灾中、灾后"一体化防灾减灾协同工作平台，以灾害风险的科学评估为基础，以实时监测的风险因素数据为依据，以灾害发生后及时有效的救援和处置为目标，服务城镇建设，提升防灾救灾水平，强化其防灾减灾能力，最大程度地保障人民群众生命财产安全，保证社会正常运转，实现我国《国家中长期科学和技术发展规划纲要（2006-2020年)》以及"十二五"重点领域、重点科技任务的战略部署目标。

主要关键技术包括基于 GIS 技术的城镇灾害评估系统研究、城镇灾害监测分析系统研究、基于 GIS、三维 GIS 及远程可视化技术的应急救援系统研究、城镇灾害防御与应急处置一体化集成信息化平台的建设。

2. 实施机制

为了保证城镇防灾减灾研究工作能够如期、高质、高效地达到预期目标，尽早发挥促进国民经济发展和改善我国整体防灾减灾环境的作用，达到可持续发展的目标，科研团队可采取以下措施：

(1) 建立项目组织管理体系。为加强管理，将设置项目管理办公室和项目专家委员会负责项目的日常管理和项目检查、评估与协调工作。

(2) 吸引高素质的科研人才。创造公平、宽松的学术环境和良好的工作、生活条件，采用激励创新、竞争的新型机制，吸引国内外的优秀人才投身到我国的研究开发工作中来，以提高科研成果的水平。

（3）跨行业联合技术攻关，实行产、学、研、用相结合。在科研项目执行过程中，采用产、学、研、用相结合的方式，积极推动科研成果的应用与转化。通过开展技术与产品认证和推荐等多种形式，将技术研究、产品开发与示范工程建设相结合，使高新技术能及时有效地转化为生产力。

（4）引导企业成为参与方。科研项目所需资金投入大，需采用企业投入和政府拨款相结合的方法运作。基础和技术创新研究由政府投入为主，示范工程产品研究、开发、推广及相应的技术创新则由企业投入为主，企业是项目投入的主体。

（5）推动学科领域的交叉、融合。加速相关学科和领域的交叉、融合，加速关键技术与产品的技术升级和推广应用。

3. 经济社会效益

21 世纪初的二三十年间，将是中国社会经济稳定快速发展、综合经济实力明显增强、人民生活条件大大改善的时期。国民经济快速发展、城镇化进程的加快和人口的持续增长将促进城镇建设的高速发展。在推进城镇化进程中，着力提高城镇化质量和城镇的抗风险能力尤为重要，对于伴随现代城镇化发展过程而出现或发生的各类城镇安全问题，更应做到及时发现、有效应对，以切实减轻未来可能发生的重大灾害对城镇安全和发展的不利影响，这对于保障人民生命财产安全，维护社会稳定，促进城镇健康可持续发展具有重要的现实意义。

城镇系统脆弱区域的承载力评估，一方面可以为灾害发生前的防灾规划、应急预案制定及公共安全整治等提供决策支持，有效提高城镇的防灾能力，做到"未雨绸缪"，将可能的灾害损失降到最低；另一方面也可以为灾害发生后的应急管理提供关键数据支持和具体防灾应急措施，使得城镇应急管理达到准确、快速、高效的要求，是城镇安全的重要技术保障。城镇系统脆弱区域的承载力评估对我国特大城镇的可持续发展以及城镇化进程中的中小城镇的健康发展都具有重要的意义。

城镇重要功能节点的地基研究成果可应用于建筑地基基础的设计施工，提升我国地基基础设计水平，以及《建筑地基基础设计规范》GB 50007、《高层建筑筏形与箱形基础技术规范》JGJ 6 的推广。我国当前大量的城镇地铁建设规模和城镇地下空间建设为研究成果的推广应用提供了巨大的空间，同时为编制地下空间相关标准规范提供了技术储备；城镇重要功能节点的抗风研究将完善超高层建筑和大跨空间结构建筑表面风荷载取值方法、建立基于三维风振的抗风设计体系，从而达到提高超高层建筑和大跨空间结构的抗风安全储备、提升建筑品质和使用性能的目标；城镇重要功能节点的抗震研究一方面对既有重要建筑进行了保护，体现对建筑的可持续利用，对具有重要历史价值意义的建筑进行保留，也能充分利用和节约能源，减少对耕地和自然生态的破坏；另一方面也是最重要的方面，可以预防地震灾害，维护人民生命财产安全。通过抗震鉴定和加固设计，使重要建筑达到当地设防标准，实现大震不倒，中震可修，小震不坏，有利于减少房屋遭遇地震时的破损，能够最大限度地减小毁灭性破坏几率，也就最大限度地减少人员伤亡及次生灾害的发生。

城镇灾害防御与处置协同工作平台可以直接为相关部门单位每年节约大量灾害防御与处置管理成本，同时在事故预防和应急保障方面所发挥的重要作用也将间接为相关部门单位创造很大的经济效益。随着研究成果的产业化转化，软件产品和新设备可广泛应用在全国各地各级城镇灾害防御系统的管理、监测预警与应急处置等领域，在未来的 5 年里可以形成数亿的产值规模。城镇灾害防御与处置协同工作平台的建设可以大大提高城镇要害系统对致灾因素的日常管理与监测水平，预防和降低各类灾害事故的发生次数，为城镇的快速、安全发展提供高度集成的一体化的技术支撑平台；同时，一旦灾害发生，平台能够科学地辅助和支持相关部门单位进行及时有效的应急处置，将灾害影响控制到最小范围，减少人员伤亡与财产损失，保障人民群众的生命安全与财产，促进城镇科学、健康、和谐的发展。

综上所述，我们应充分利用现代科学技术，加强多灾种监测预警，提高灾害信息采集和快速处理水平，做好灾害评估工作，建立城镇综合防灾减灾信息化平台，完善城市应急管理体系，以有效应对各类城镇灾害事件，最大限度地减少人员伤亡和事故损失，从而提高国家综合防灾减灾能力，为我国城镇化与城市发展保驾护航。

参考文献

[1] 范维澄，陈涛.国家应急平台体系建设现状与发展趋势 [A].中国突发事件防范与快速处置优秀成果选编 [C]. 2009.3.

[2] 徐晓雷，沈炜雍，王红.建立完善的城市防灾体系 [A].城市规划和科学发展——2009 中国城市规划年会论文集 [C]. 2009.

[3] 王伟.我国防灾减灾系统的现状、问题及建议 [J].陕西建筑，2009(11).

[4] 郭小东，李晓宁，王志涛.针对地震灾害的综合医院救灾安全性评价及减灾策略 [J]，工业建筑.2016(6).

[5] 于文，葛学礼，朱立新.电力系统震害分析和抗震防灾对策 [J].工业建筑，2016(6).

[6] 王威，苏经宇，马东辉，郭小东，王志涛.城市避震疏散场所选址的时间满意覆盖模型 [J].上海交通大学学报，2014(1).

[7] 孙旋，黄东方，袁沙沙，巩志敏.火车站架空层改造消防策略研究 [J].工程质量，2015(6).

[8] 刘松涛，卫文彬，刘诗瑶.城市综合交通枢纽地下换乘大厅消防安全对策研究 [J].工业建筑，2016(6).

[9] 高文生，杨斌，宫剑飞，朱玉明.建筑地基基础领域标准规范的技术进步与展望 [J].建筑科学，2013(11).

[10] 熊琛，许镇，陆新征，叶列平.适用于城市高层建筑群的震害预测模型研究 [J].工程力学，2016(11).

[11] 廖光煊，朱霁平，翁韬.城市突发重大事故应急决策支持系统 [J].中国科技成果，2006(2).

[12] 黄冬梅，方地苟等.物联网技术在救灾物资配送管理系统中的应用.计算机应用研究，2011，28(1).

3. 村镇住宅防灾与节能发展现状及趋势

《村镇住宅防灾与节能》编制组，中国建筑科学研究院，北京，100013；

住房和城乡建设部防灾研究中心，北京，100013；

清华大学，北京，100084

随着我国城乡经济的迅猛发展，村镇居民生活水平显著提高，产业结构呈多元化发展趋势，建筑形式和规模发生巨大变化，广大村镇地区建筑改造和更新加快，在城乡二元化管理的架构下，村镇建筑防灾减灾与建筑节能工作面临的挑战也日趋迫切。2008 年5 月 12 日，我国四川汶川发生里氏 8 级特大地震，是新中国成立以来破坏性最强、波及范围最广、救灾难度最大的一次地震，造成直接经济损失 8451 亿多元人民币，6.9 万多人遇难[1]，其中大部分的人员伤亡是由于村镇建设的损毁造成的。另外，随着村镇居民生活水准的提升，村镇用能量呈明显上升趋势，全国农村生活用能总量从 2006 年的 3.17亿 tce 增到 2015 年的 3.27 亿 tce，增长了 3.2%，其中商品能从 1.93 亿 tce 增长到 2.24亿 tce，增长比例为 15.7%，明显高于总能耗增长比例[2]。

党中央、国务院高度重视村镇建筑防灾与节能工作，相继出台了一系列政策措施。中共第十七届中央委员会第三次全体会议通过的《中共中央关于推进农村改革发展若干重大问题的决定》中指出，加强农村防灾减灾能力建设，提高监测水平，完善处置预案，加强专业力量建设，提高应急救援能力，宣传普及防灾减灾知识，提高灾害处置能力和农民避灾自救能力。同时，提出要促进农业可持续发展，推广节能减排技术，加强农村能源建设，推广沼气、秸秆利用、太阳能等可再生能源技术，发展节约型农业、循环农业、生态农业，加强生态环境保护。党的十八届五中全会通过的《中共中央关于制定国民经济和社会发展第十三个五年规划的建议》对落实新时期农业农村工作作出了重要部署，指出要加快农村基础设施建设，加强农村防灾减灾体系建设，全面启动村庄绿化工程，开展生态乡村建设，推广绿色建材，建设节能农房。这充分体现了村镇防灾减灾和建筑节能工作在村镇经济社会发展乃至国家现代化建设全局中的特殊重要性，对于保障人民生命财产安全，减少国家资金投入，保障国民经济持久稳定发展，实现党中央关于构建和谐社会目标，具有非常重要的战略意义和巨大的社会效益。

一、发展现状及存在的主要问题

村镇住宅防灾减灾主要包括地基基础灾损防治、抗震、抗风、防火、防洪等方面，而节能一般体现在建筑围护结构、采暖等方面。下面就各部分发展现状及存在的主要问题作简要探讨。

1. 地基基础

村镇建筑地基基础一旦在灾害作用下破坏或失效，因损害效应放大，将会造成甚至比原生灾害更为严重的次生及衍生灾害。

调研发现，村镇住宅普遍存在不同程度的安全隐患甚至病害现象，这些问题在一定程度上影响了村民的日常生活，严重的甚至已形成危房。如房屋临近水沟或位于低洼地段，雨水季节地基基础长期被浸泡、承载力降低导致的房屋大面积倾斜；又如房屋开间过多、纵向较长却未设置基础地圈梁，或地基处理时夯实处理不均匀，建成后即发生不均匀沉降、墙体开裂；再如房屋建在易发生地震次生灾害的河、湖岸边及丘陵地区，软弱土的震陷和砂土液化会造成地基失稳，引起墙体裂缝或错位，这种破坏往往由上部墙体贯穿到基础，并且震后难以修复；当上部结构与基础的整体性较好时，地基不均匀沉降则会造成建筑物倾斜等。

2. 抗震

我国幅员辽阔，几乎每年都有破坏性地震发生，这些地震大部分发生在村镇地区，特别是西南、西北和华北地区，发震频率高。东部地区是地震少发地区，但群众抗震意识更为薄弱，建筑基本不考虑抗震，一旦发生地震，即使影响烈度不高，大批村镇房屋也会遭受破坏，造成人员伤亡和经济损失，"中震大灾"是我国村镇地区震害的突出特点。

历次震害现场调查表明，在遭受同等烈度地震作用的条件下，村镇建筑的破坏程度和倒塌比例远高于城市。主要原因是农村民房以自主建造为主，何时建造，采用何种结构类型、建筑材料等，完全由房主自行决定，具体由建筑工匠实施。建房的随意性大，传统观念强，受到经济条件和工匠水准的制约。大多数建筑工匠和村民缺乏抗震意识，建造时以延续习惯的做法或照搬邻近农宅为主，经验先行，以满足使用要求为基准，如何保证一定的抗震能力基本不在考虑的范围内。

3. 抗风

风灾是自然灾害的主要灾种之一，发生频率远远高于其他自然灾害。据统计，我国平均每年约有十余个台风登陆，四十余个龙卷风发生。西北太平洋地区是全球发生台风灾害次数最多、强度最大的一个海区，平均每年有 28 个台风生成，约占全球总台风数的 1/3。由于台风的结构及其所处的环境流场决定了西北太平洋台风具有向西北方向移动的特性，因此我国极易遭受台风的袭击，是世界上少数遭受风灾影响最严重的国家之一。

我国村镇地区的抗风建设仍处于较低水平，村镇地区住宅一般比较简陋，与城市建筑的设计规范、标准以及施工的严谨性相比，现阶段村镇住宅的建筑规范性和质量监管仍存在较大的差距。同时，村民对房屋抗风的意识相对较差，政府对风灾的重视度不足，相关法律法规有待进一步完善。

4. 防火

随着我国村镇建设的迅速发展，村镇面积成倍扩大，人口急剧增加。然而，村镇产业结构的调整和城镇化进程的加快，使得村镇消防安全问题越发突出。不少农民群众因火灾"致贫、返贫"，生产、生活陷于困境，给当地的经济、生活和社会稳定造成了重大影响。据统计，2014 年全国村镇发生火灾约 18.4 万起，死亡 1169 人，受伤 768 人，烧毁建筑约 1921 万 m^2，直接财产损失达 22.5 亿元。村镇火灾中住宅火灾所占比重较大，死亡人员多为老幼病残等弱势群体。因村民生产生活用火用电不慎引起的火灾占 46.7%，吸烟、玩火、纵火、生产作业等引起的火灾也比较多，所占比例约为 16.3%[4]。

为改善我国村镇消防安全日益严峻的现状，逐步走上正规化、规范化、法制化道路，村镇住宅防火中仍存在大量的难点需要解决。主要包括：消防安全管理近乎空白，缺乏消防专项规划；建筑防火水平低，毗连建造现象突出；消防基础设施和火灾扑救力量缺乏，灭火救援能力弱；生活用火用电不规范，火灾隐患多。

5. 防洪

统计表明，中国 2100 多个县级行政区中，有 1500 多个分布在山区，受到山洪、泥石流、滑坡灾害威胁的人口达 7400 万人。1999 年、2002 年，山洪灾害死亡人数为 1100 至 1400 人，占全国洪涝灾害死亡人数的 65%~75%；2003 年、2004 年山洪灾害分别造成 767 人和 815 人死亡，占全国洪涝灾害死亡人数的 49% 和 76%[5]。

1949 年以来，党和政府领导全国人民进行了大规模水利建设，防洪体系逐步建立和完善，蓄滞洪区的建设和管理是我国防洪体系中的重要一环。但随着人口增加，经济发展，一些矛盾日益加剧，如防洪标准低、人与水争地、生态环境恶化等。总体来说，江河流域的蓄滞洪区建设和管理仍处于相对低下的水平，提高蓄滞洪区内村镇的建设抗洪能力任重而道远。几乎每一年，我国都会有部分地区发生或大或小的洪灾，造成人员伤亡和经济损失，其中主要的人员伤亡是发生在村镇地区。

6. 围护结构

我国村镇住宅主要以平房和低层楼房为主。围护结构作为村镇住宅的重要组成部分，其材料、构造形式和热工性能对建筑能耗和室内热环境状况有重要影响。

从清华大学建筑节能研究中心于 2006 年和 2015 年实施的两次全国大规模调研结果可以发现，我国村镇住宅的墙体材料主要以实心砖、空心砖、石头、土坯等传统材料为主。2006 年，北方村镇有 69% 的建筑采用实心砖墙，南方有 75% 的建筑为实心砖墙，有较小一部分为石头墙和土坯墙，空心砖墙占的比例较小，北方和南方村镇住宅使用空心砖墙的比例分别仅为 8% 和 5%。而到了 2015 年，北方和南方实心砖墙的分布比例分别增大至 75% 和 80%，两个地区空心砖墙的分布比例分别变为 3% 和 12%。对于墙体厚度，2006 年，北方村镇住宅有 43% 为 24 墙，40% 为 37 墙，到 2015 年，37 墙增长至 50%，24 墙减小至 34%，南方地区的村镇住宅 2006 年和 2015 年 24 墙所占比例分别为 83% 和 82%。采用较薄的实心砖墙作为墙体材料和结构，会导致实心砖墙的导热系数较大，冬季很大一部分热量将通过墙体传递到室外[2-3]。

围护结构节能因其长久有效的室内热环境改善及节能效果，是村镇住宅节能的重要基础。但是，我国村镇住宅的围护结构仍存在很多问题，如其墙体、屋顶和窗户等的热性能普遍较差，导致较大的能源消耗。对于现有村镇住宅的围护结构，急需进行节能保温改造，通过多种技术的合理组合，减少不必要的热损失，达到较好的节能效果。

7. 采暖

冬天室外温度较低，在采暖地区，室内一般都有采暖设备，如各种形式的散热器、火炉、火炕等。在非采暖地区，冬天室内设置的各类采暖设备也日渐增多，特别是我国长江中下游地区，室内设置的空调、电热器或电暖气等日益普及。

为了满足人体热舒适的要求，村镇住宅中的采暖方式呈多元化模式发展。总结全国各地村镇的采暖方式，大致可以分为以下几种：户式采暖炉、火炕采暖、风冷热泵采暖，太阳能采暖等。但在采暖过程中应注意相应的问题：户式采暖炉应做好防超压爆炸的措施；火炕采暖应保证烟道的砌筑质量和对外排放，以免引起一氧化碳中毒；风冷热泵系统宜结合辐射采暖的末端形式对室内进行供暖等。

二、解决方案

目前，我国已有《中华人民共和国防震减灾法》《中华人民共和国消防法》《中华人民共和国建筑法》和《中华人民共和国节约能源法》等法律、法规为建筑防灾减灾与节能减排提供法律保障，但针对村镇住宅建筑相关技术的应用指导仍严重不足。这里梳理了我国村镇住宅防灾与节能中较为经济适用的技术，希望村民通过合理的设计，减小突发事件所造成的损失；同时坚持"适用、经济、美观"的原则，鼓励村民因地制宜地采用村镇住宅节能技术。

1. 地基基础

就村镇建筑地基基础问题而言，无论在建造之初选址，还是建造阶段的预防措施以及遭遇灾害后的处置，均宜进行科学指导，一方面预防建筑物在使用过程中产生地基基础灾损，另一方面在遭遇灾害后采取相应的鉴定与加固措施。其中，村镇建房的选址可遵循科学性、相对性、远离灾害、因地制宜、相对集中等原则，防灾措施一般包括灾前防御、方案选择及处理、修建质量控制、使用与维护，减灾措施主要包括灾情评定、灾后的补救。

2. 抗震

村镇建筑的抗震措施和结构类型相关，常见的结构类型主要有砌体结构房屋、木结构房屋、生土结构房屋、石结构房屋。各类房屋在结构材料和施工、建筑设计和结构体系、整体性连接和抗震构造措施必须满足规范要求，但不同结构类型的房屋材料和承重体系各异，抗震设计和抗震构造措施会有所不同，在满足层数和高度限值、抗震横墙（抗侧力墙）间距和局部尺寸限值等一般要求的同时，还应采取针对性的构造措施。

3. 抗风

地形地貌及村镇选址，民居群的布局，房屋构造，建筑施工质量等，均是影响风灾大小的因素，从这些因素入手可以最大程度上减小风灾造成的损失。

地形地貌对风流动的影响可能导致房屋结构受到不利的风荷载。山区村镇的修建位置最好避开山谷谷口、豁口地带、泥石流、滑坡和低洼地带；海滨村镇尽量远离海岸，以防次生灾害（例如海啸）的发生。村民建房时应有合理的村镇规划，房屋建筑应连片建设，避免层数较多的单体建筑；在总体布局上，避免散乱无序，防止村落内形成无数个台风横行的通道。同时，还要从地基、墙体的基本构造、楼板及屋面、房屋的整体性等方面改善房屋构造。而村镇城管部门可以通过加强管理村镇建筑队伍来提高房屋建筑的质量，并及时做好危房安全鉴定工作，尽快编制民房质量技术规范，无偿推广应用。

4. 防火

村镇住宅的防火措施，一方面要考虑安全性，另一方面要考虑经济性，尽量降低成本。针对村镇火灾的特点，主要从防火建材、结构防火保护方法、简易灭火设施及消防规划与信息化手段等方面进行火灾防治。其中，防火建材主要包括秸秆防火墙、实用木结构饰面型防火涂料、薄涂型钢结构防火涂料、轻质保温防火墙等种类；结构防火一般包括钢结构防火保护方法、木结构防火保护方法等；防灭火设施一般有基于用水灭火的消防设备、电气火灾检测预防装置、家用灭火毯和村镇地区用阻火包等其他简易防灭火设备等；消防规划与信息化主要涉及消防水源利用、消防安全布局、区域消防信息管理系统、基于智能手机的火灾应急响应系统等方面。

5. 防洪

避洪房屋在洪水中的工作环境和承受的荷载与一般正常环境下的房屋不同，因此在建筑设计、结构设计计算及构造措施等方面有一些特殊的规定与要求，主要包括砌体材料的选择、室外安全楼梯设置、建筑抗洪措施、蓄滞洪期间的供水措施、防止虫害及避雷措施等。

其中，采取建筑抗洪措施时钢筋混凝土结构房屋的梁、柱应采用现浇整体式结构，以提高其整体抗洪能力；砌体结构房屋应采用钢筋混凝土抗浪柱、圈梁、配筋砖砌体等措施，砖墙是脆性材料，采用钢筋混凝土抗浪柱、圈梁、现浇带、配筋砌体等措施可对砖砌体起到约束作用；砖砌体房屋的室外楼梯应设置独立的柱子和边梁，钢筋混凝土房屋的室外楼梯应与主体结构可靠连接，避免采用悬挑式楼梯。

6. 围护结构

外墙作为围护结构最主要部分，其性能对于住宅的保温隔热效果有着重要作用。冬季保温外墙主要有土坯墙、草板和草砖墙、保温层、新型保温砌块墙体、结构保温一体化墙体。夏季隔热外墙主要有种植墙体、反射墙体、被动蒸发墙体等。

屋面分为冬季保温结构和夏季隔热结构。其中，屋面冬季保温结构主要包括生物质敷设吊顶保温、坡屋顶泥背结构层保温、保温隔热包、泡沫水泥保温屋面；屋面夏季隔热结构主要包括反射屋面、通风屋面及被动蒸发屋面。

村镇住宅的围护结构除了墙体、屋顶等不透明结构外，还包括门窗这些透明部件，它们具有采光、通风、视觉交流和装饰等多种功能。适用于门窗的保温措施主要有选择保温性能好的外窗、采用保温窗帘、采用多层窗、增加门斗等。

根据遮阳设施与窗户的相对位置，遮阳可分为内遮阳和外遮阳两大类。一般说来，外遮阳的效果要比内遮阳好。因为内遮阳是将已经透过玻璃进入室内的太阳辐射再反射出去一部分，这样势必有一部分热量续留在室内，而外遮阳则是将绝大部分太阳辐射直接阻挡在窗外。但在实际建筑中，内遮阳远比外遮阳用得普遍，主要因为内遮阳要比外遮阳简单得多，如家庭中常用的窗帘都是一种内遮阳设施，而外遮阳设施则需要特意设置。其中，外遮阳主要包括水平式、垂直式、挡板式、横百叶挡板式、竖百叶挡板式等，内遮阳主要包括热反射窗帘、百叶窗帘两种。

7. 采暖

火坑、户式采暖炉、热泵分体空调和电采暖等方式通常是北方地区的采暖方式。南方地区的采暖区域主要集中在长江流域的夏热冬冷地区，主要采取火炉（盆）、电热毯、电暖气、热泵式分体空调进行采暖。其中，户式采暖炉是部分西北地区及华北地区村镇住宅常用的采暖形式之一，主要适用于单户独立的建筑；东北地区及部分西北地区的村镇住宅也常采用煤炉加火炕进行冬季采暖，即通过煤炉燃烧后的高温烟气加热炕体，进而提高整个室内温度；风冷热泵系统是目前国家在村镇住宅采暖行业中大力推广的系统形式之一，因其具有节能、环保的优点，能效较高，得到村民的青睐；而电暖气常用于北方的过渡季节或南方较短的采暖时期；以电和燃煤作为辅助热源的太阳能采暖系统现在正逐渐推广开来。

三、发展趋势

目前，村镇住宅防灾减灾与节能工作得到国家的大力支持，技术的多样性也为相关工作的开展提供了更大的空间。村镇防灾减灾技术种类繁多，除了基本的直接应用类技术，以信息化技术为代表的现代化技术也为村镇防灾减灾提供了有力的支持，并且正在逐步加以应用。随着建筑节能技术的发展与国家对村镇住宅节能重视程度的不断提高，可再生能源利用在农宅中的广泛应用将成为一种趋势。相应地，村镇防灾节能一体化、新型结构农村住宅成为一种新的发展模式，在村镇住宅中得到重点推广。

1. 信息化技术

灾害风险已呈现出人为因素与自然因素耦合的多灾种态势，体现出一定的复杂性和不确定性。因此，村镇防灾减灾的工作应强调各灾种技术集成，避免在资源分配、防灾空间利用、疏散路线等方面出现重复建设和资源分配冲突情况，规范灾害综合评估工作。利用信息化的技术手段提高灾害信息采集和快速处理水平，建设集"测、报、防、抗、救、援"为一体的政府应急综合防灾体系。同时要联合水务、民政、房地、物业管理企业等多部门形成共用的防灾信息平台及救援联动平台。与交通和建设部门合作建立公共场所灾害应急信息发布系统。此外，探索建设多灾种综合、多机构联合、分阶段一体化响应的早期预警系统，以提高灾害防护的有效性。利用防灾减灾新技术，提高村镇防灾规划、防灾设计、灾害风险评估及应急救援效率，全面增强农村综合防灾减灾能力。

2. 可再生能源利用

太阳能热水系统纳入家电下乡目录、节能惠民产品目录等极大地促进了太阳能热水器在村镇中的应用；2000年起，在北京平谷、怀柔和顺义等区县，结合新农村建设，建设了不少主动式太阳能采暖系统；从1977年至2014年，建成实验性太阳房和被动式太阳能采暖示范建筑约2500万m^2；2015年，全国光伏扶贫建设规模达1836MW；截至2015年，我国沼气用户达4300万户；2014年开始北京市在农村地区实施农村采暖煤改电工程，空气源热泵采暖是其中重要的应用形式等。在村镇住宅中可再生能源利用的种类呈多元化发展态势，社会效益和经济效益明显，其中多种技术复合应用节能效益更为显著，值得重点推广。

3. 防灾节能一体化

防灾为村民的生命财产安全提供保障，村镇住宅量大面广，节能效益显著。将防灾与节能一体化设计，是目前村镇住宅设计中广泛推广的发展模式，既可以高质高效地利用已有资源，保障安全，又可缩短工期，降低成本，实现较好的经济效益。如工程上所用的现浇式防火保温墙板，既能作为现浇式防火保温墙板的模板，又可作为墙体面层，进而减少墙体内外表面粉刷、打磨等工序，缩短工期。而整个施工过程操作简单，能有效提高整个建筑的保温性能，降低能耗，达到减排、环保的目的，同时也符合住宅产业化、规模化生产的要求，是当前村镇住宅抗震节能装配一体化的一种新型结构。

4. 新型结构体系农村住宅

配合建筑工业化发展的大趋势，涌现出很多适用于低层小体量村镇建筑的安全、节能的新型农村住宅建筑结构体系。新型结构体系的主要特点是抗震、防火、节能一体化，如装配式空腔EPS模块混凝土结构房屋、装配式空心EPS模块轻钢芯肋围护结构房屋、预制轻钢轻板装配式建筑体系房屋、节能型钢结构房屋等等，这些结构体系各具特色，兼顾抗震安全和节能的要求，具有构件可批量生产、安装规范标准化、建筑及工业废料再利用、符合绿色建筑方向的优点，通常采用企业开发与科研支撑相结合的方式，有效地促进了科技成果的转化，在各地的村镇建设中也在逐步推广应用。在今后新型结构体系农村住宅的发展中，需要着力解决以下几方面的问题：个性化、定制化水平的提升，规模化成本的降低，安装配件的标准化，施工工艺的简单化，更加贴近和适应农民日常生产生活的需求等等。

与村镇建设中整村推进、移民建镇、集中安置等各项有一定规模的民生工程相结合，以示范进行带动，并在实际中不断改进，契合村镇群众的要求，更广泛地在我国村镇建设中加以应用，提高村镇建设的防灾和节能水平。

致谢

本研究受国家科技支撑计划（项目编号 2014BAL05B00）和中国建筑科学研究院、住房和城乡建设部防灾研究中心、清华大学等单位相关资料收集整理及成果总结工作资助。

参考文献

[1] http：//baike.baidu.com/link?url=s5nBurL5NhbZy5Bb5ONXnAA9meYX9uyJoUSYsRYcMjdE9vfXSaob4VJm39VitdRs−CLygkH_AcCW9V6lHdA2VfizwAsJzcUX4QH0OiNlUgU8Wa26BxyyoZdZT7b3DlXN

[2] 清华大学建筑节能研究中心 . 中国建筑节能年度发展研究报告 2016[M]. 北京：中国建筑工业出版社，2016.

[3] 清华大学建筑节能研究中心 . 中国建筑节能年度发展研究报告 2012[M]. 北京：中国建筑工业出版社，2012.

[4] 公安部消防局 . 中国消防年鉴 . 2014[M]. 云南人民出版社，2014.

[5] http：//3y.uu456.com/bp_6sye80tk5q4mg6283wac_1.html

4. 韧性城市建设理论与实践

翟国方

南京大学建筑与城市规划学院，南京，210008

引言

城市的发展建设与城市对各种灾难灾害的抵御始终相伴。全世界每年爆发的城市灾害及安全事件数以万计，对城市经济发展与人民生命财产造成了重大的影响与威胁。2008年汶川 8.0 级地震，严重破坏地区超过 10 万 km^2，共造成约 6.9 万人死亡、37.4 万人受伤、1.8 万人失踪；2010 年海地 7.3 级地震导致其首都基本被摧毁，约 30 万人死亡。除地震之外，我国近年来频繁发生的其他城市公共安全事件也暴露出了严重的问题，如 2012 年北京 7·21水灾，2013 年青岛输油管爆燃事件，2013 年京津冀、长三角地区大面积灰霾事件，2014年 3·1 昆明火车站暴力恐怖事件，2015 年天津港危险品仓库爆炸事故等。

伴随着我国城镇化进程的持续推进和城市用地规模与人口规模的进一步扩大，气候变化、生态过载、环境污染等问题愈加凸显。城市的脆弱性增大，削弱了对灾害的抵抗能力与恢复能力，城市韧性面临严峻挑战。城市不同的韧性对应着不同的灾害防御能力，如2012 年墨西哥格雷罗州梅特佩克市 7.4 级地震，仅伤亡 2 人；荷兰首都阿姆斯特丹重视洪水防御系统的建设，使得该市能够很好地应对洪涝灾害。而城市公共安全是国家安全和社会稳定的基石，是经济和社会发展的重要条件，也是城市居民安居乐业的基本保证。面对这样的基本要求，韧性城市（resilient city，有时译作弹性城市）作为应对风险社会的一种全新的城市区域规划建设理念，在世界范围内日益被认可，并在规划实践中得到了较为广泛的应用，旨在增强城市较快恢复到原有状态、保持系统结构和功能的能力。我国近年对韧性城市的研究也日趋增多，一些城市开始进行韧性城市的规划实践尝试。但是在进行理论研究和实践的过程中，也出现了一些亟需研究解决的认识问题、理论问题以及规划实践的规范问题。

一、我国韧性城市建设面临的主要问题

由于我国韧性城市研究与规划建设起步较晚，在理论研究、相关法规建设方面还有不足；在规划层面，没有完全明晰与现有城市规划的关系，且数据的收集、使用存在较大难度，在风险评估方面也存在一定的科学性问题；在实施层面，由于居民灾害风险意识薄弱、缺乏实施主体等因素，导致规划的实施较为乏力。

1. 理论研究不足，相关法规缺乏

（1）对韧性城市的认识、理论框架研究有待深化

韧性城市作为一种全新的城市规划理念，在实践过程中对其概念、内涵没有足够的认识，造成相关概念的混淆及实施的盲目性。在吸取国外经验的同时，尚未发展出适合我国

城市情况的韧性城市理论框架体系，包括基本理论、指标体系、规划方法等。另外，我国尚没有形成有效的韧性城市测度指标体系，根据国际经验，对韧性城市测度方法的研究非常重要，可以促进我国韧性城市理论与实践的进一步发展，并有助于对韧性城市规划建设进行顶层设计。

（2）相关法规缺乏

首先，城市防灾规划与韧性城市密切相关，而防灾工作相关法律法规体系的不完善，导致防灾管理工作混乱，防灾工作程序、防灾规划不规范，制度建设、管理机构、决策系统等落后于防灾工作的实际需要。另外，我国现行的城市规划相关法规尚未结合韧性城市理念及目标进行适当的修改，已不能适应城市新的发展需求，无法在法律法规层面为韧性城市建设提供切实保障。

2. 规划编制具有难度

（1）基础资料较多，收集、使用困难

从防灾角度而言，韧性城市的规划需要收集大量的数据资料，包括灾害的基础资料、致灾因子、承灾体等方面。这些资料来源于不同部门，有些数据统计年代、标准不一，资料使用难度也较大。

（2）前期风险评估难度较大

我国城市所面临的公共安全形势非常复杂，而在韧性城市建设过程中，由于经费、技术等方面的限制，需有重点地进行建设。对城市灾害的风险评估可以为韧性城市建设指明方向、重点，而目前我国城市对于灾害风险的重视程度还不够，且由于数据来源、质量等方面的限制，导致风险评估的难度较大。另外，在风险评估技术方法上，针对单一灾害的风险评估方法已有很多，但是对于多种灾害的风险评估尚缺乏有效的技术方法应对。

（3）与现有规划的关系不明晰

在现有规划体系下，我国的城市规划种类已经非常多，相关规划之间的衔接往往存在较多问题，"多规合一"已在持续探讨实践中。而在韧性城市规划过程中，往往没有明晰与现有规划之间的关系，盲目地编制规划，进一步增加了规划之间衔接的难度，规划可操作性不强，进而导致韧性城市规划目标无法实现，与初衷相背离。

3. 规划实施较为乏力

（1）居民风险意识有待增强，城市韧性文化有待培养

韧性城市建设需要居民的密切配合，需要在全社会形成良好的城市韧性文化，是一个长期的过程。2015 年 5 月 6 日，中国扶贫基金会发布的《中国公众防灾意识与减灾知识基础调查报告》显示，城市和农村居民的防灾减灾意识都非常薄弱：只有不到 4% 的城市居民做了基本防灾准备，24.3% 的受访者关注灾害知识；而农村居民中只有 11% 关注灾害应对的相关知识，50% 从未参加过任何灾害应对培训，日常隐患较多。

（2）实施主体缺乏

防灾规划对韧性城市建设影响深远，虽由城建部门负责编制、审批，但是涉及金融、保险、应急等多方面的对策措施，在实施过程中需要众多部门、行业的共同合作。在我国目前的行政体制下，尚没有一个部门能完全有权监督相关措施的实施或充分协调各部门之间的配合，导致防灾规划的实施缺少监督管理、资金投入效果不明显、缺少专业人员等问题。

二、防灾视角下引导我国韧性城市建设的建议

针对目前我国韧性城市建设存在的若干问题，在防灾视角下需从以下几个方面加强应对。

1. 加强理论与相关法规研究

目前，我国的综合防灾规划尚无法定地位，这也导致了韧性城市建设目标从一定程度上无法实现。而城市防灾规划法规的缺失，主要原因是对防灾规划理论体系研究不充分，规范制定缺少理论支撑。因此，应加强对城市防灾规划、韧性城市的理论研究，对城市防灾规划、韧性城市建设的工作内容进行深入探讨，并从法律与技术规范层面予以明确规定。

2. 建立综合防灾管理机构及城市动态数据库

（1）建立统一的防灾管理机构

统一的城市综合防灾管理机构是编制和实施城市防灾规划及开展各项工作的关键。我国城市的应急办公室多数较为缺乏专业技术人员，所起的作用较为有限，无法将各种防灾资源进行高效整合，且与各部门的沟通衔接难度大。从现实来看，需要建立统一的灾害信息管理和指挥平台，以提高防灾工作效率，减少灾损。例如美国联邦紧急事务管理署（FEMA）在全国范围内领导应对所有灾害的事前预防、灾时应急救援和灾后重建工作。

（2）建立城市动态数据库

完整、动态的城市数据库有利于提高城市灾害的风险评估效率，改善目前资料收集、数据使用上的困难。美国早在1997年就开发出了地理数据库HAZUS–MH（灾害美国——综合灾害灾损评估系统），数据类型涵盖建筑、基础设施和生命线工程资料，以及详细的人口、地形地质资料；此外，系统还内置了地震、洪涝灾害、飓风的灾损评估模块，用户自己就可进行灾害风险评估，以地图、报表形式将评估结果输出。

3. 提高居民灾害风险意识与加强灾害风险评估

（1）提高居民灾害风险意识

我国街道和社区在提高居民灾害风险意识方面具有重要的作用，可以从以下三个方面入手：一是通过组织现场学习、举办专题知识讲座、在新闻媒体开设专栏专题等形式，开展防灾减灾文化宣传活动。二是要加强面向广大居民的防灾减灾知识、技能的普及，增强居民的防灾减灾意识和自救互救技能。三是针对潜在灾害风险，组织社区居民开展应急救灾演练，让群众了解应急避难场所的位置和应急疏散路径。

（2）加强城市灾害风险评估

灾害风险评估是防灾工作的基础，可以发现潜在的危险区域，为韧性城市建设指明方向与建设重点。在实际操作中，应根据我国城市情况，如规模、经济社会发展水平、灾害情况等选择不同的灾害风险评估方法。现有的灾害风险评估方法在科学性、合理性方面存在一些问题，应持续创新灾害风险评估的方法，使其结果尽量可靠。

4. 与现有规划融合，积极开展韧性城市评测

（1）韧性城市理念与现行各类城市规划融合

韧性城市规划并不是指单独的城市规划类型，且由于每个城市的各种规划已经较多，应在"多规合一"的策略指引下，将韧性城市理念的内涵、指标体系、目标等分解融入城市综合防灾规划及其他法定或非法定规划中，在这类规划编制的同时将韧性城市的理念落实到城市用地、基础设施建设、防灾设施建设、实施策略等方面，更好地实现提升城市防

灾能力和城市弹性的目标。

(2) 韧性城市评测

国际上基于韧性城市理念与目标开展的韧性城市评测对于提升我国城市韧性具有广泛的借鉴意义，有利于韧性城市理论与实践在我国的长远发展。为此，需要构建符合我国城市情况的韧性城市评测指标体系与工具，可以定量、半定量地描述城市弹性。基于评测结果，发现薄弱点，提出提升城市弹性的方法、技术指引及建议等，并反馈到城市规划中。需要注意的是，评测的内容与深度根据空间尺度上的差异性应有所不同，如区域、城市、城区尺度等，分别对应着不同等级或类型的城市规划，为更好地实现韧性城市目标提供精细化的依据。

5. 一些地基基础工程事故的启示

刘金波　王也宜　李翔宇　刘朋辉

中国建筑科学研究院地基基础研究所

通过对近年来地基基础工程事故的总结，发现很多工程事故的发生有一些共性的原因，如图 1.5-1 为 2015 年辽宁某地一建筑物倾斜示意，该建筑物一侧基坑采用桩锚支护体系，支护采用的大角度锚索沿宽度方向穿过既有建筑物地基，锚索的深度不同对既有建筑基础沉降的影响程度不同，离基础越近，附加应力越高，由于锚索施工及水泥浆凝固前产生的沉降较大，造成建筑物沿宽度方向沉降不均，出现整体倾斜。类似的事故十年前作者在河北邯郸就处理过，且在很多场合介绍，但类似的事故还常有发生。

以下总结介绍一些容易引起地基基础工程事故且具有共性的问题，希望对工程技术人员有一些启示。

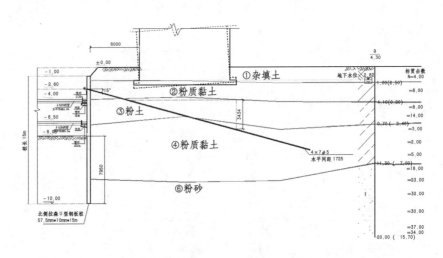

图 1.5-1　大角度锚索穿过既有建筑基础引起的倾斜示意

一、对肥槽的回填材料和回填质量不重视

肥槽指基础和地下室外墙与基坑支护内壁之间的空间，目前的基坑越来越深，如一些基坑的深度近 30m，肥槽的宽度只有 0.8m。肥槽的回填材料、回填质量对建筑物的整体稳定性、管线的正常使用、基础的安全都至关重要，但常常被相关单位忽视，一些设计人只提设计参数，如土的压实系数要求，不考虑施工单位实现的难度和是否能实现；而一些施工和监理单位错误地认为回填土不是结构，对回填土施工质量重视不够。图 1.5-2 为某工程散水缝隙检测图片。

图 1.5-2　散水缝隙处检测图片

从图中可看出，将一个木棍插入散水的缝隙，插入的深度超过 30cm，至少可以判断肥槽回填土局部下沉超过 30cm。下面一些工程实例均是肥槽回填存在质量问题引起的工程事故：

1. 四川某工程

工程概况：一个带塔楼的二层大地下室，设计地下室时没考虑抗浮，由于地下室周边基坑的土回填不密实，导致 2013 年中旬连降暴雨时，地面水进入基坑肥槽，地下室底板起拱，梁柱开裂，见图 1.5-3、图 1.5-4。

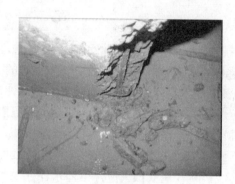

图 1.5-3　柱根部混凝土出现脱落　　　　图 1.5-4　梁根部开裂图

2. 北京某地下车库上浮

2015 年夏天，北京郊区一地下车库，由于肥槽没有回填好，下雨导致周围地表水流入肥槽，造成车库上浮、底板开裂进水，见图 1.5-5、图 1.5-6。

图 1.5-5　底板开裂地下室进水图片　图 1.5-6　车库翘曲造成屋顶积水图片

3. 北京某室外楼梯

图 1.5-7、图 1.5-8 为北京市某室外楼梯，由于肥槽回填质量问题，造成楼梯向建筑物方向倾斜并碰撞，局部混凝土被压碎，最后楼梯被迫拆除，肥槽进行注浆加固处理。

图 1.5-7　教学楼东侧附属楼梯　　图 1.5-8　东侧附属楼梯与主体
结构外挑梁搭接形成裂缝

4. 启示

肥槽看似小问题，但由于肥槽质量问题引起的地基基础工程事故时有发生，应高度重视。设计方应考虑设计的要求、施工实现的难度，如空间狭小时，采用分层夯实的方法，实际很难保证肥槽的回填质量，建议采用泵送流塑状水泥土回填，此方法具有施工速度快、质量可靠、造价低的优点。施工和监理方也应重视肥槽的施工质量，如部分工程肥槽回填采用土方车或铲车直接倒入的填土方式，监理也疏于管理，导致肥槽回填质量极差。以北京某大厦肥槽回填为例，采用该方法回填后不到两年时间，由于水的浸泡，导致肥槽部位填土沉降陷落，进而导致该部位埋设的多种管线折断，造成该大厦停电停水停气等严重后果。为了修复肥槽填土使之密实，采用了小型设备（单管旋喷钻机）进行高压旋喷注浆，相关造价超过 300 万元，建设方被迫起诉施工方。这是一起典型的由于肥槽回填施工质量引起的合同纠纷案例。对于施工和监理方，如施工有难度，应及时和设计单位沟通，调整设计。

二、施工顺序的影响

很多设计人认为施工顺序是施工单位的问题，和设计关系不大，很多施工单位考虑施工顺序时更多地考虑的是施工的便利。实际工程中，施工顺序不当可能会引起地基基础工程事故，以下列举几例。

1. 北京某工程出现倾斜的原因分析

北京某工程，主楼高 120m，采用桩基础，四周裙楼，采用抗拔桩。平面图见图 1.5-9、剖面图见图 1.5-10，施工顺序见图 1.5-11。

由于右侧的裙楼没有同步施工，造成主楼出现建筑物重心和形心的偏移，使建筑物出现倾斜的趋势。

2. 东营某工程

该建筑物包括 1 栋 5 层住宅楼，框架结构，高 28.0m（实际相当于 9 层建筑物），东

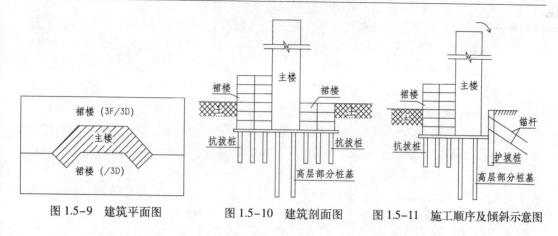

图 1.5-9　建筑平面图　　图 1.5-10　建筑剖面图　　图 1.5-11　施工顺序及倾斜示意图

西长 116.4m，宽 14.2 m；采用预应力管桩基础，基础埋深为 1.90m，桩长 12m，桩端持力层为 (7) 层：粉土 (Q4al)。

主体封顶于 2011 年 4 月 6 日封顶，随后进行内外装修，此时发现建筑物沉降发展较快，见图 1.5-12，尤其是自 2011 年 10 月 2 日至 2011 年 10 月 22 日回填土施工期间沉降快速发展，局部沉降已超过 10cm。自 2011 年 12 月 15 日至 2012 年 3 月 4 日停止施工，施工期间沉降速率约为 15mm/100d。

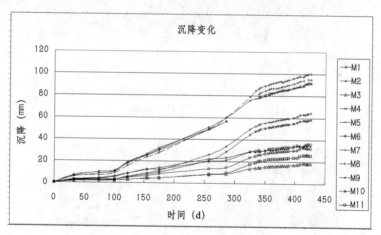

图 1.5-12　沉降曲线

(其中斜率最大的部分为填土施工期间)

造成事故的原因就是主体结构施工完成后，大面积进行室外场地的回填，回填土实际上是外荷载，会引起既有建筑产生沉降，特别是软土地区。每年类似事故常有发生，应高度关注。

3. 启示

施工顺序和地基变形与基础沉降有关系，设计人应分析不同施工顺序对基础沉降的影响，特别是对不均匀沉降的影响。注意《建筑地基基础设计规范》及其他规范有关施工顺序的规定，如地基基础设计规范 7.1.4 (……荷载差异较大的建筑物宜先建重、高部分，后建轻、低部分)、7.5.2 (……大面积填土，宜在基础施工前完成)。初步统计，仅在《建筑地基基础设计规范》、《建筑桩基技术规范》、《建筑地基处理技术规范》中，有关施工顺序的条文有 30 多条，应引起重视。

三、水对基础安全的影响重视不够

太沙基（Terzaghi）在他著的理论土力学（Theoretical Soil Mechanics）引论中指出："在土工工程领域内每年都发生数个重大事故，而且这些事故不止一次是由于没有预料到水的作用。"太沙基虽是在 70 年前写的这段话，但和我国现状还十分相似。我国每年同样发生多起由于水的问题造成的地基基础工程事故，如基坑的漏水、地面的下沉甚至塌陷、建筑物的倾斜或开裂。每年有关这方面的报道很多。

图 1.5-13 为上海某基坑施工由于地下水处理不当，造成的基坑被水浸泡，很像一个游泳池。

图 1.5-13　基坑被水浸泡图片

图 1.5-14 为广东某地基坑被水浸泡图片，由于场地周围存在流动的河流，造成高压旋喷和水泥土搅拌桩止水帷幕均失效，最后不得不采用连锁钢板桩止水，见图 1.5-15。

图 1.5-14　广东某基坑被水浸泡图片

图 1.5-15　采用连锁钢板桩止水

1. 水和地基基础工程的关系

水和地基基础工程的关系简单总结如下：

（1）黏性土的物理力学指标和含水量有很大关系；

（2）基础的抗浮和地下水位的高度有直接关系；

（3）砂土或粉土的液化和含水量有关；

（4）湿陷性土与膨胀土的不良变形特性和水有关；

（5）地基土的冻胀和水有关；

（6）地基处理方法或成桩工艺的选择和地下水有关；

（7）耐久性和地下水位的变化有关；

（8）地面或建筑物沉降和地下水位变化有关；

（9）地质灾害如泥石流、滑坡等和水有关；

（10）基坑的破坏很多是地下水处理不妥造成的。

从简单的总结可看出，水无论对于土的性质、设计、施工都有重要影响。

2. 设计施工中应注意的一些问题

水对地基基础的安全有重大影响，当在勘察报告中有明确的地下水的描述和对工程的影响分析时，设计人员会重视并采取措施。有些情况下地下水是瞬时、季节性、基础施工引起的，设计人往往重视不够。表现在以下几方面：

（1）山地、坡地建筑水的问题

某 4 层框架结构建筑，建在山坡上，见图 1.5-16。场地地质条件很好，采用柱下承台基础。根据勘察报告结论，在勘察深度范围内没有地下水，设计人没有采取任何防水措施。该建筑物还没有建成，雨季时地面常常冒水。分析原因是雨季山上的水，通过岩石裂隙向山下流。该建筑基础施工切断部分岩石裂隙，水流至基础下时，由于山上水存在一定压力，从建筑物地面冒出。

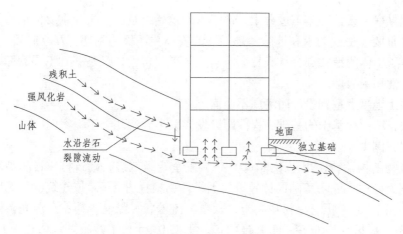

图 1.5-16　山坡上建筑裂隙水从地面冒出示意图

（2）地下水位流动的影响

地下水的流动包括以下几种情况：

1）海边、江边、河边等地下水位受潮汐的影响；

2）一些地质条件下如岩溶地区，地下水的流动；

3）季节性的地下水流动，如山上的水流到山下透水层（砂卵石层）；

4）基础施工过程的降水问题，如人工挖孔桩降水，基坑降水，图 1.5-17 为某人工挖孔桩，边降水边开挖，造成部分未凝固的桩身混凝土水泥颗粒被水带走，桩身质量问题造成桩承载力不满足要求。

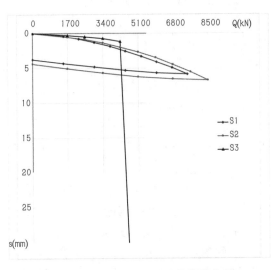

图 1.5-17 某地人工挖孔桩静载曲线

地下水的流动对填土地基有着很大的潜在威胁，一是地下水在填土地基流动，会带走土中的细小颗粒，长时间会造成土中孔隙增大，引起地基下沉；二是地基土含水量增大，引起强度降低。

3. 启示

在工程勘察、设计和施工过程中，地下水问题始终是一个极为重要但也易于忽视的问题。之所以重要，是因为水和地基基础工程的安全关系极为密切，互相联系，互相作用，地下水既是岩土体的组成部分，直接影响岩土体工程特性，又是基础工程的环境，影响建筑物的稳定性和耐久性。

四、填土地基上基础设计时考虑不全面

近年来，填土地基上的基础工程问题频发，以下介绍几个工程案例。

1. 工程案例 1

某建筑物结构设计使用年限 50 年，结构安全等级二级，建筑抗震设防烈度 7 度，抗震设防类别为丙类，地基基础设计等级为丙级。勘察报告显示：该建筑物场区地层共分为四层，自上而下为：①层土：粉质黏土，软塑—流塑状，黏性中等，在湿润条件下可搓成 1~2mm 细条，摇振反应较慢，干强度中等，上部 0.6m 含植物根茎。②层土：淤泥质土，灰黑色，很湿，软塑—流塑，黏性中等，染手，可搓成 3~4mm 细条，含腐质物，局部砂粒富集。③层土：粉细砂，冲积成因，灰褐色、深灰色等，稍湿，表层以粉砂为主，含泥质，下部以细砂为主，较纯净。主要成分为长石、石英、岩屑等，结构松散。摇振反应较快，取土扰动成悬浮状，能捏成团。属中等液化土。④层土：卵石，冲洪积成因，深灰、灰褐等，卵石粒径 3 ~ 12cm 较多，含漂石，成份以花岗岩、玄武岩、凝灰岩、石英岩等为主，磨圆度较好，多为圆形、椭圆形，分选性一般。充填物以细砂为主。建筑场地类别属Ⅱ类。

因场地土中卵石层以上存在软弱土及可液化的松散粉细砂，上部各土层承载力均不能满足设计要求，故对地基进行了加固处理，具体地基处理过程见示意图 1.5–18 ~ 图 1.5–23 所示。

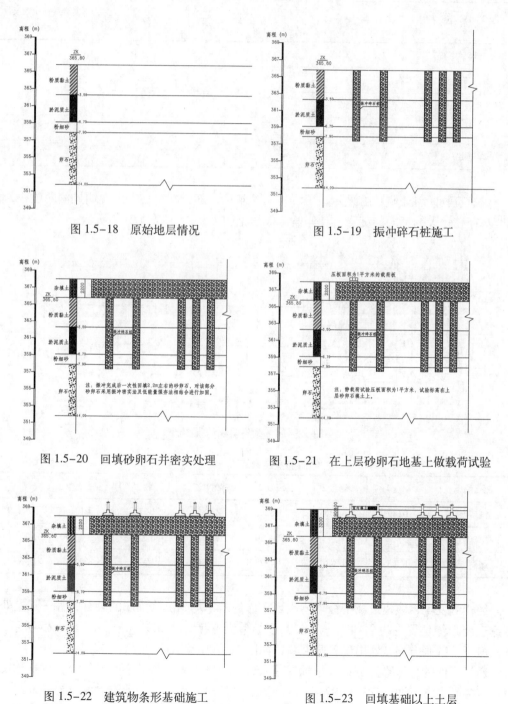

图 1.5–18　原始地层情况　　　　　　　图 1.5–19　振冲碎石桩施工

图 1.5–20　回填砂卵石并密实处理　　　图 1.5–21　在上层砂卵石地基上做载荷试验

图 1.5–22　建筑物条形基础施工　　　　图 1.5–23　回填基础以上土层

将回填砂卵石层作为大面积堆载计算（计算中使用的参数见表 1.5-1 所示），地基沉降达到 183.9mm；若将回填砂卵石层作为持力层计算，地基沉降只有 18.2mm。

土层计算参数表　　　　　　　　　　　　　　表 1.5-1

土层名称	土层厚度 (m)	重度 (kN/mm³)	压缩模量	复合地基压缩模量 E_s(MPa)
回填砂卵石	2.2	22.5	16.0	16.0
粉质黏土	3.5	19.3	3.6	5.21
淤泥质土	3.2	18.3	2.0	2.90
细砂	1.2	19.0	6.0	8.69
卵石	6.1	22.5	37.3	37.3

该建筑物倾斜监测数据显示，工程竣工 7 年后，部分结构顶点出现明显侧向位移，说明地基存在较大的不均匀沉降。具体监测数据见图 1.5-24 和表 1.5-2 所示。

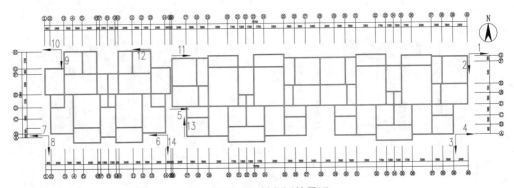

图 1.5-24　倾斜监测结果图

倾斜监测结果表　　　　　　　　　　　　　　表 1.5-2

测点编号	测点 1	测点 2	测点 3	测点 4	测点 5	测点 6	测点 7
倾斜度	1/189	1/413	1/304	1/285	1/278	1/131	1/129
测点编号	测点 8	测点 9	测点 10	测点 11	测点 12	测点 13	测点 14
倾斜度	1/205	1/346	1/122	1/184	1/124	1/1806	1/667

经检测发现，该建筑物部分墙体出现了因地基不均匀沉降引起的裂缝，如一层某处墙体靠近变形缝位置发生斜向贯穿开裂，裂缝最大宽度大于 5.0mm，如图 1.5-25 所示；墙体在窗下、门洞上方多处出现斜向裂缝，如图 1.5-26 所示。

通过全面的检测鉴定分析，根据地基基础、上部承重结构的安全性等级，依据《民用建筑可靠性鉴定标准》GB 50292-1999 的规定，该建筑物的安全性鉴定评级为 Dsu 级。同时，与该楼采用相同地基处理方式的同一小区的其他 11 栋建筑物中，有 4 栋楼的安全性

图 1.5-25　一层某处墙体发生斜向贯穿开裂　　图 1.5-26　一层某窗洞处墙体斜向裂缝

评级也为 Dsu 级，其他 7 栋为 Csu 级。按照《民用建筑可靠性鉴定标准》规定，安全性鉴定评级为 Dsu 级的建筑物的处理要求是"必须立即采取措施"，除纪念性或历史性建筑外，宜予拆除、重建。安全性鉴定评级为 Csu 级的建筑物的处理要求是"应采取措施，且可能有少数构件必须立即采取措施"。对于本工程，根据以上安全性鉴定评级结果，委托方决定对于 Dsu 级的建筑物进行拆除处理，对于 Csu 级的建筑物进行加固处理。

2. 工程案例2

河北某项目建在回填土地基上，见图 1.5-27。该项目在山沟里回填十几米厚的土，分层碾压施工。

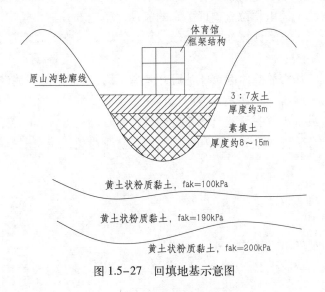

图 1.5-27　回填地基示意图

该建筑物建成后沉降一直发生，且出现不均匀沉降，造成墙体开裂，见图 1.5-28。室外地面下沉，造成台阶下沉，推拉门不能正常开合，见图 1.5-29。

3. 启示

回填土经处理后作为建筑地基，影响其地基变形和基础沉降的因素应考虑全面，包括以下几方面，设计施工中应重视。

（1）回填土作为附加荷载对原地基土产生的沉降 s_1

当回填土下原地基土性质一般，特别是压缩性较大的黏性土，回填土作为附加荷载会

31

图 1.5-28　墙体开裂图片

图 1.5-29　推拉门不能开合

产生一定的沉降，且沉降时间很长。沉降量大小和回填时间、回填土的性质、回填土的厚度有关，回填土越厚、原地基土性质越差，沉降量越大。

（2）回填土上的建筑物荷载产生的沉降 s_2

此部分沉降比较好理解，建筑物的荷载作用在回填土地基上产生的沉降。

s_1、s_2 可按《建筑地基基础设计规范》中 5.3 节的有关规定计算。注意计算 s_1 时，仅考虑建筑物基础开始施工后产生的沉降。

（3）由于回填土含水量增大或地下水在回填土中流动产生的沉降 s_3

大范围的回填土，回填过程的含水量很难控制，当回填土的含水量发生较大改变时，会产生沉降。如回填土为粗颗粒土，地下水的流动会带走部分细小颗粒，长时间后会造成回填土的沉降。此部分沉降计算难度较大，应从水的规划、施工质量着手。

五、总结

引起地基基础工程事故的原因可能是设计考虑不周，可能是施工关键环节控制不到位，也可能是勘察资料不准确，也许是几方面都存在一定欠缺的综合原因。一旦发生地基基础工程事故，重则造成重大损失、建筑物报废，轻则需加固处理，影响建筑物使用，因此应高度重视，总结已有工程事故的经验和共性原因，对于避免或减少地基基础工程事故发生是非常重要的。

参考文献

[1] 建筑地基基础设计规范 GB 50007-2011.

[2] 刘金波等.建筑地基基础设计禁忌及实例.中国建筑工业出版社，2013.

6. 工程建设领域 BIM 与 GIS 结合研究概述

袁静雨　张宗才　孙韬文　许镇

北京科技大学土木与资源工程学院，北京，100083

一、BIM 与 GIS 结合的背景与意义

建筑信息模型（Building Information Modeling，BIM）是以三维数字技术为基础、集成了建筑工程项目各种相关信息的数据模型，是对工程项目设施实体与功能特性的数字化表达[1]。地理信息系统 (Geographic Information System，GIS) 是一种具有信息系统空间专业形式的数据管理系统，且三维 GIS 技术突破了传统二维平面中空间信息可视化能力的局限，使得建筑物和地形环境的空间结构与相互关系得到展示，并且面向从微观到宏观的海量三维地理空间数据的存储[1]。

BIM 主要应用于室内规划、三维可视化、工程建设领域及能源消耗分析等，其空间分析能力较为微观，并且 BIM 模型设计软件支持的空间范围小，无法承载海量大范围的地形数据，也不具备对地理信息进行分析和建筑周边环境整体展示的功能[2]。而三维 GIS 可以完成建筑的地理位置定位和空间分析，更能完善大场景展示，确保信息的完整性，使得浏览信息更全面。GIS 面向地球上带有地理信息的任何物体，相对来说较为宏观，其最突出的功能是空间分析、应用，能够运用其强大的地理空间数据库来收集、存储、分析、管理和呈现与地理位置相关的数据，较多应用于室外空间规划、选址、拓扑分析等[2-5]。BIM 模型精细程度高，包括几何、物理、规则等丰富的建筑空间和语义信息，可以用来弥补三维 GIS 建模精度不高的问题，将 BIM 与 GIS 有效结合可实现对工程建设领域全生命周期的管理。

BIM 与 GIS 均存在优势与不足，将 BIM 和 GIS 进行优势互补的有效结合。一方面可使已有的三维模型得到极大重用，大量高精度的 BIM 模型可作为 GIS 系统中一个重要的数据来源；另一方面 BIM 和 GIS 的集成可以深化多领域的协同应用，包含景观规划、建筑设计分析、室内导航、轨道交通建设等[2]。还可实现从几何到物理和功能特性的综合数字化表达，从各专业分散的信息传递到多专业协同的信息共享服务，从各阶段独立应用到设计、施工、运行与维护全生命周期共享应用。总之，把微观领域的 BIM 信息和宏观领域的 GIS 信息进行交换和互操作，满足查询与分析空间信息的功能，融合 BIM 技术和 GIS 技术进行工程建设是未来发展方向。

然而，BIM 与 GIS 结合工作的相关研究还非常有限。本文对国内外 BIM 与 GIS 的结合工作进行调研，总结了当前主流的 BIM 与 GIS 结合方法，并且分类介绍了 BIM 与 GIS 结合的典型案例。本文工作将为开展 BIM 与 GIS 结合方面的研究提供重要参考。

二、BIM 与 GIS 结合方法

目前，BIM 和 GIS 整合已渐渐成为业内的焦点。通过文献调研分析，总结出 BIM 与

GIS 结合的方法大体上主要分为两种：(1) 基于软件平台的方法结合 BIM 与 GIS；(2) 基于 IFC 与 CityGML 标准的方法结合 BIM 与 GIS。

1. 基于软件平台结合 BIM 与 GIS

平台应用主要是利用 BIM 技术建模，在 GIS 平台上形成三维可视化系统，并在此基础上实现信息查询、漫游、分析、管理、开发等应用功能，使物体的空间信息得以完全展示和应用。当前，较为主流的建模工具有 Autodesk 公司的 Revit、Bentley 公司的 Bentley 工具等；主流 GIS 平台包括 Google 公司的 Google Earth、Esri 公司的 ArcGIS、NASA 公司的 WorldWind、Skyline Software 公司的 Skyline，国内自主研发的应用平台工具如 SuperMap、Citymaker 等都具备三维可视化的应用功能[7]。根据文献调研总结软件平台结合 BIM 与 GIS 的方法，并根据不同的平台做出如下的分类总结，见表 1.6-1。

基于软件平台结合 BIM 与 GIS 的方法概述总结　　　　　　表 1.6-1

		相关文献	方法概述
与 BIM 结合使用的 GIS 相关平台	Google Earth	[6]	基于 BIM 与 GIS 技术在场地分析应用上采用 CGB(CAD/ Google Earth/BIM) 架构。将大型会议中心空间资讯整合至 BIM 模型以 Google Earth 呈现。通过 CGB 架构，即可知道选定的大型会议中心院址邻近区域是否有足够的空间建会议中心
	ArcGIS	[7]	以 ArcGIS 为可视化平台进行二次开发，开发基于 GIS 和 BIM 的铁路信号设备数据管理及维护系统，创建一个直观可视的数据管理和维护平台，达到优化工程设计及施工，提高工程质量，实现资源合理利用最大化的目的
	WorldWind	[8]	WorldWind 平台作为一个独立的插件实现了 GIS 与 BIM 平台的无缝衔接，两个平台通过共享地理空间位置进行数据交流。基于此可以获取 WorldWind 平台中此位置的日照、海拔、气候、地震等信息
	SuperMap	[9]	应用 AotuCAD、Revit 进行建模，结合 SuperMap 软件平台进行二次开发，建立校园地下管网的三维可视化系统。并提取管网模型信息，实现碰撞检测及工程量统计等实际应用，为工程全寿命周期的管理提供依据
	Skyline	[10]	基于 Skyline 平台二次开发，简化底层开发工作，通过将 BIM 模型、地形数据集成到三维 GIS 平台中，实现建筑设计数据与基础地理空间信息的可视化展示
		[11]	通过分析 BIM 和 3D GIS 集成实现视点统一的问题，并针对 Skyline 和 Navisworks 进行二次开发实现视点统一，解决 3D GIS 向 BIM 软件的视角转换，为后续 BIM 和 3D GIS 集成应用打下基础

鉴于 GIS 和 BIM 集成的强大优势，寻求 GIS 与 BIM 可以结合使用的软件平台，也是当今工程建设领域发展的一个迫切问题。但是，从表 1.6-1 的已有研究来看，基于软件平台方法表明三维 BIM 与 GIS 模型能联合到同一个平台的只有外观展示功能，只能在建模过程中搭配使用，各自的强大分析功能依旧没有一个很好的办法集成，BIM 模型虽然能放到 GIS 平台展示，但其开展 3D 室内漫游，进行建筑内部管线搭设布局、碰撞检测，抽取施工图纸等功能只能在 BIM 软件中做到。目前尚无具有明显优势的 BIM 与 GIS，联合应用平台，还有待于开发。而利用 IFC 与 CityGML 标准结合 BIM 与 GIS，通过数据共享可以使 CityGML 中兼容 IFC 提供的准确、详细的细节数据，减少借助软件平台，直接添加

BIM 模型到 GIS 系统中展示，并且 BIM 在 GIS 系统中共享显示[6-18]。

2. 基于 IFC 与 CityGML 标准结合 BIM 与 GIS

近几年，不同领域的空间数据标准的制订和领域间信息的共享成了推动空间信息技术及其应用发展的重要驱动力。研究者开始致力于解决 BIM 和 GIS 两个领域的数据共享问题。而 IFC 和 CityGML 作为目前 BIM 和 GIS 领域通用的数据格式标准，可以作为两方集成的数据基础，有助于 BIM 和 GIS 这两种数据模型融合[19-22]。

（1）IFC 与 CityGML 标准相关简介

IFC(Industry Foundation Classes，工业基础类) 是 IAI 于 1995 年发布的一个标准，是针对建筑工程领域的产品模型标准，用来实现系统集成、数据交换与共享而定义的一种建筑业的公共语言[5]。IFC 模型中包含四个不同的层次，包括资源层、核心层、信息交换层以及专业领域层。IFC 标准数据文件有很好的平台无关性，它作为一种中性的数据文件具有良好的自描述能力，不会因为相关软件系统的废弃而造成信息流失[5]。

CityGML（City Geography Markup Language，城市地理标记语言）是一种用来表示和传输城市三维对象的通用信息模型，它是最新的城市建模开放标准。它是一种基于 XML 格式的开放的数据编码标准，可以用来存储和交换虚拟城市三维模型。2008 年 8 月，CityGML1.0.0 正式成为 OGC 标准。CityGML 采用模块化对数据进行构建。在 CityGML 标准中，核心模块（CityGML Core）和十一个专题模块共同描述了城市对象的全部内容。CityGML 包含了城市中大部分地理对象的语义、集成关系和空间特性，还充分考虑区域模型的语义、拓扑、外观、几何属性等[29]。

（2）IFC 和 CityGML 标准数据集成

IFC 具有面向设计和分析应用的多种几何表达方式和丰富的建筑构造、设施几何语义信息；而 CityGML 更加强调空间对象的多尺度表达，以及对象的几何、拓扑和语义的表达的一致性[30]。目前国内外关于两者互操作的研究主要有两个方面：基础数据模型的融合和现有数据格式的集成。

1）基础数据模型的融合

设计 BIM 模型与 GIS 模型的统一表达模型。El-Mekawy 等人提出了一种统一的数据模型用于整合 IFC 和 CityGML 中的语义类型[20]。Van Berlo 使用 ADE 将 IFC 数据集成到 CityGML 中[21]。de Laat 等人描述了一种 CityGML 的扩展标准 GeoBIM 的发展状况，GeoBIM 可更大程度地将 IFC 语义信息集成到 GIS 框架中[22]。为实现在 IFC 与 CityGML 之间标准化的映射，El-Mekawy 提出了一种双向转换的方法[20]。

由于不同领域内对空间对象的表达和理解存在差异，对象语义信息缺乏统一标准规范等现实问题，现在还难以实现 IFC 与 CityGML 基础数据模型的融合和两者之间标准化的映射，并且使对象语义标准化[25-35]。Nagel 设计了一个格式转换工具，以实现 IFC 格式模型到 CityGML 格式 LOD1 模型的自动转换；Isikdag 等人补充了 Nagel[25] 的算法，并提出将建筑三维图形数据和语义信息自动转换不同 LOD CityGML 的框架[28]。本文借鉴其研究成果，并总结两种标准的几何和语义信息融合方法，为实现两者模型数据格式之间的转换提供参考。

2）现有数据格式的集成

IFC 与 CityGML 标准数据表达的异同[2]，见表 1.6-2。

IFC 与 CityGML 数据表达的异同　　　　　　　　　　　表 1.6-2

异同方面	IFC	CityGML
几何表达	边界描述	边界描述
	扫描体	
	构造实体几何	
语义信息	大量的建筑细节描述，具有 900 类的定义以及各种建筑部件间的语义连接关系	应用了 5 个 LoDs 语义信息分类
模型外观	材质贴图为主，几乎没有纹理贴图	多个 LOD 层级都有丰富的纹理贴图和材质信息
表现尺度	单个或多个建筑模型呈现	大范围的呈现

　　结合研究者对数据格式集成所作的分析和研究成果，以及结合 IFC 与 CityGML 标准的差异性，现有的研究主要集中在：从几何、语义信息的过滤、映射及转换方法角度出发，探讨 BIM 与 GIS 的集成思路和方式。几何、语义信息过滤为几何信息提供过滤条件，经过几何、语义信息过滤可获取 IFC 实体几何且保留 IFC 语义信息；经过几何信息转换为 GIS 的表达形式后，实现 IFC 到 CityGML 的多层次语义映射，最后进行几何语义增强得到不同 LOD 层级的 CityGML 模型。图 1.6-1 所示是 BIM 系统与 GIS 系统集成交互平台流程[36]。

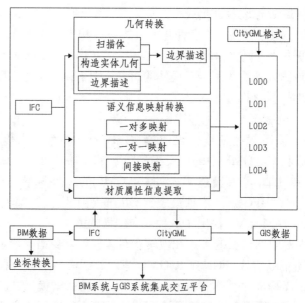

图 1.6-1　BIM 系统与 GIS 系统集成交互平台流程

　　①几何信息过滤与提取方法

　　从几何表达上看 BIM 三维模型是实体扫描法建立的实体模型，而 GIS 使用的三维模型是基于边界表示法建立的表面模型。并且 IFC 数据标准定义了大约 900 个类来描述一个完整的项目，但是在这些类型中，不是每种类型都包含有转换所需的几何信息，也不是所有的几何信息都需要转换到 CityGML 中，因此几何信息过滤成为 IFC 与 CityGML 几何信息共享的第一步 [37-39]。然后将 IFC 文件描述的实体模型需要转换成用 CityGML 描述的表面模型。

②多尺度语义信息解析及映射

从语义信息上分析，IFC 模型包含大量的建筑细节描述，同时还包含各种建筑部件间的语义连接关系 [40-43]。CityGML 中应用了 5 个 LoDs 对建筑物、建筑物部件以及建筑物附属设施由简到繁的表达。其中，LOD0 实质上就是 2.5 维的 DTM 数据，可以在其上叠加航空影像或者二维地图，并且表达了建筑物的底面平面以及屋顶平面；LOD1 则是简单表达建筑物体量的块体建筑；LOD2 在 LOD1 的基础上加入了对房屋的附属结构和屋顶的描述；LOD3 在 LOD2 的基础上进一步描述建筑物的结构，包括墙、屋顶结构、阳台等。LOD4 增加了对室内信息的表达，如楼梯、房间、家具等，具有最详细的几何和语义信息 [46]。但由于 CityGML 的语义信息相对比较少，通过语义映射，CityGML 大部分的语义信息都可以从 IFC 模型中获取。通过分析根据映射对象的特性，将 IFC 各类型的数据特性映射到 CityGML 模型的语义映射可分为一对一映射、一对多映射与间接映射三种类型。

③几何信息转换

IFC 到 CityGML 几何信息转换的流程为：解析 IFC 数据，遍历所有 IFC 对象，筛选须转换的 IFC 对象，输出其几何信息和相应的属性数据。由于 IFC 没有 LOD 表达机制，所以还必须设置一个 LOD 映射算法。IFC 到 CityGML 的几何信息转换还包括坐标系的转换，大部分 IFC 模型都是基于本模型的几何坐标系，还需要转换成 CityGML 中的世界坐标系。

数据共享是 IFC 到 CityGML 融合的第一步，本文从几何、语义信息的过滤、映射及转换方法研究。总体来看，IFC 到 CityGML 的差异在理论上是可以解决的，但由于现阶段的 BIM 数据空间参考信息缺失，大批量的数据处理将面临因资料缺失而造成的融合障碍；在三维几何构模上，IFC 到 CityGML 转换是一种信息有损转换，且现阶段研究限于 IFC 到 CityGML 的单向转换，无损双向转换有待进一步研究 [30]。

三、BIM 与 GIS 结合相关的应用案例

当前，在工程建设领域，BIM 与 GIS 结合技术的相关应用主要集中在建筑行业和交通运输行业。

1. 建筑行业相关应用

在建筑行业主要应用在建筑的规划及场地分析、三维可视化、数字（智慧）城市建设等各方面研究 [44-54]。

在建筑的区域规划场地分析方面，张邻基于 BIM 与 GIS 技术在场地分析上的应用研究中，通过 BIM 技术与 GIS 技术的相关性分析，以及 BIM 结合 GIS 技术实现场地设计的自然条件的几个项目实践，说明了建筑信息模型应用从狭义范围的建筑设计向规划设计、场地设计等方向衍生 [6]。彭雷等人在 BIM 与 GIS 集成的建筑物间距规划审批方法中，首先分析了建筑间距审批中所需的 BIM 组件信息，将必要的要素组件过滤出来；进而将建筑按低层、多层及高层分类，并获取对应的底面轮廓信息用于建筑间距计算和建筑布局方式判断，高效可靠地实现了批量 BIM 建筑的间距审批，并将其集成到实际的地理环境中，实现建筑审批结果的三维可视化 [10]。

在三维可视化方面，郑云等人研究了 BIM+GIS 技术在建筑供应链可视化中的应用，将 BIM+GIS 技术应用于建筑供应链可视化中可以有效监控物流过程和空间布置过程，建立建筑供应链可视化模型并对其进行信息流动分析、建筑构件属性分析、成本监控分析和物料监控分析[45]。郑云的研究表明 BIM 在设计阶段可以提供精确的建筑构件及物料清单，GIS 在采购阶段可以确定最佳供应商和最佳运输路线，BIM 与 GIS 的结合可以对供应链中不同阶段的实际状态物料进行可视化监控，从而减少物料的交付时间和供应链的运行成本，增强建筑供应链的整体竞争力[45]。

在数字城市方面，BIM 与 GIS 的集成被视为数字城市向智慧城市发展的关键技术之一。胡章杰等人 BIM 在三维数字城市中的集成与应用研究，通过集成 BIM 和 GIS 技术，实现三维数字城市中建筑物室内外一体化展示、管理与分析[48]，并在此基础上开展建筑人口信息集成管理、户籍房产管理、应急疏散等面向公众的应用，拓展三维数字城市的应用外延。

2. 在交通运输行业相关应用

利用 BIM 与 GIS 结合方法已经在交通运输行业作出一些实际的应用研究，主要集中在公路、铁路两方面[55-60]。

（1）公路方面

随着高速公路建设的不断发展，交通运输业对公路运营质量要求越来越高。目前养护手段普遍存在资料不全、低效，数据共享难的问题，结合最新信息技术手段和建筑信息模型的思想，刘玲等人提出一种基于 BIM+GIS 技术的公路预防性养护方法，将公路资产管理与养护集成到三维可视化平台，同时基于 BIM 模型，提出预防性养护决策模型，为公路资产管理、道路养护管理等提供管理决策平台[57]。其优势在于：基于 BIM 的思路，利用数据库管理，将公路基础设施三维模型与设施使用手册、运行参数、保养周期等关联，提高运营可靠性，为公路运维及养护监测带来新的思路和方法。

（2）铁路方面

在铁路方面的应用已非常广泛，主要应用在铁路的勘察设计和铁路信号设备管理两方面。

在铁路勘察设计方面，任晓春分析了 BIM 与 GIS 的技术特点及相互关系，根据铁路勘察设计的技术特点，提出针对铁路设计阶段的 BIM 与 GIS 结合的方法[60]。利用 BIM 与 GIS 结合解决地形局部修改套合、模型多分辨率与轻量化、语义信息传递、面向服务的架构等技术难点，指出铁路勘察设计 BIM 与 GIS 结合应用的技术方向。

在铁路信号设备管理方面，针对目前我国铁路设计、施工、运营中信号设备检修和管理中存在的问题，王俊彦采用 GIS 和 BIM 技术运用全生命周期的概念对铁路信号设备数据管理及维护系统进行了的详细设计及实现，为铁路单位打造了一个高效、协同、可视、立体的信息管理与服务平台[5]。并且王俊彦在 GIS 和 BIM 结合的信息管理与服务平台中，不仅处理了当前设计单位在设计中存在的协同性较差和施工人员理解能力较差的问题，而且解决了铁路信号设备检修工作中工作效率不高和管理混乱的问题，节约了大量的成本，对提高铁路综合集成管理质量和水平具有重要理论和现实意义。

四、结论

本文通过国内外文献调研，总结了 BIM 与 GIS 结合的主流方法，并且介绍了 BIM 与 GIS 技术几何的典型应用案例，为后续研究的深入开展提供了重要的参考。本文的结论如下：

1. 基于软件平台的 BIM 与 GIS 结合方法具有开发工作量小、易于实现的优点，但受软件平台限制，主要集中在可视化和初步的数据融合方面，BIM 或 GIS 的大量功能难以发挥。该方法适合 BIM 与 GIS 结合程度不高的应用，后续发展依赖软件平台的不断升级，值得关注。

2. 基于 IFC 和 CityGML 的数据融合方法可以实现 BIM 与 GIS 数据的深度结合，不仅可以实现不同层次的可视化，而且 BIM 和 GIS 的大量信息也可以相互访问，可以完全发挥 BIM 与 GIS 的数据价值。然而，基于 CityGML 和 IFC 的方法难度很大，本文仅对 IFC 到 CityGML 的转换中的几何信息过滤方法及语义映射规则作了总结，但将 IFC 转换到 CityGML 后，经过几何过滤和语义映射后也难以完全符合当前的 CityGML 标准，所以将相应几何、语义精化方法通过数据共享精确地三维建模在各阶段实现各专业各环节之间无缝信息沟通是下一步工作中的研究重点。

3. 目前，BIM 和 GIS 的结合应用案例主要采用软件平台的方法。基于软件平台结合的 BIM 与 GIS 技术在工程建设领域具有重要价值，但是在建筑行业的研究也存在不足，现有研究框架主要关注对单体建筑物 BIM 信息在三维地理空间的展示集成，缺少大规模的建筑物内部结构与三维数字城市集成框架的研究；此外在应用层面，对应目前热点室内导航等仿真应用，缺少深入的应用需求挖掘，今后应关注这方面的研究。另外，在交通运输行业、公路方面的研究相比铁路方面的少，公路的建设也是推动我国经济发展的主要因素，所以利用 BIM 与 GIS 结合如何保证公路设计、施工的质量以及今后的运维安全是公路各方面相关人员迫切关心的问题。

参考文献

[1] 钱意 . BIM 与 GIS 的有效结合在轨交全寿命周期中的应用 [J]. 探讨地下工程与隧道，2013(3).

[2] 汤圣君，朱庆，赵君峤 . BIM 与 GIS 数据集成：IFC 与 CityGML 建筑几何语义信息互操作技术 [J]. 土木建筑工程信息技术，2014，6(4)：11–17.

[3] 赵霞，汤圣君，刘铭崴等 . 语义约束的 RVT 模型到 CityGML 模型的转换方法 [J]. 地理信息世界，2015(2)：15–20.

[4] 薛梅，胡章杰，陈华刚等 . 一种大规模建筑信息模型与三维数字城市集成方法 [P]. CN103942388A[P]. 2014.

[5] 朱亮，邓非 . 基于语义映射的 BIM 与 3D GIS 集成方法研究 [J]. 测绘地理信息，2016(3).

[6] 张邻 . 基于 BIM 与 GIS 技术在场地分析上的应用研究 [J]. 四川建筑科学研究，2014，40(5)：327–329.

[7] 王俊彦 . 基于 GIS 和 BIM 的铁路信号设备数据管理及维护系统研究与实现 [D]. 兰州交通大学，2014.

[8] 曹国，高光林，丘衍航等 . 基于 WorldWind 平台的建筑信息模型在 GIS 中的应用 [J]. 土木建筑工程信息技术，2013 (5).

[9] 吴然 . 校园地下管网三维可视化应用研究 [D]. 北方工业大学，2015.

[10] 彭雷，汤圣君，刘铭崴 . BIM 与 GIS 集成的建筑物间距规划审批方法 [J]. 地理信息世界，2016，23(2).

[11] 倪苇，王玮 . BIM 与 3D GIS 集成中视点统一探讨 [J]. 铁路技术创新，2015(3)：69–72.

[12] 褚海峰 . 基于 GIS 与 BIM 技术的三维总图管理系统 [J]. 城市建设理论研究，2015(6).

[13] 王玲莉，戴晨光，马瑞 .GIS 与 BIM 集成在城市建筑规划中的应用研究 [J]. 地理空间信息，2016，14(6).

[14] 朱庆 . 数码城市 GIS：沟通 BIM/CAD/GIS 的桥梁 [J]. 中国建设信息，2007(20)：20-22.

[15] Hor A H，Jadidi A，Sohn G. BIM-GIS INTEGRATED GEOSPATIAL INFORMATION MODEL USING SEMANTIC WEB AND RDF GRAPHS [J]. Isprs Annals of Photogrammetry Remote Sensing & Spatial Informa，2016，III-4：73-79.

[16] Amirebrahimi S，Rajabifard A，Mendis P，et al. A BIM-GIS integration method in support of the assessment and 3D visualisation of flood damage to a building [J]. Spatial Science，2016：1-34.

[17] Boguslawski P，Mahdjoubi L，Zverovich V，et al. BIM-GIS modelling in support of emergency response applications [C]. Building Information Modelling. 2015.

[18] Corcoran P，Bruce D，Elmualim A，et al. BIM-GIS Community of Practice [M]. Building Information Modelling (BIM) in Design，Construction and Operations. 2015.

[19] Di Giulio R，Bizzarri G，Turillazzi B，et al. The BIM-GIS model for EeBs integrated in healthcare districts：an Italian case study [J]. Sustainable Places 2015，2015：111.

[20] El-Mekawy M. Integrating BIM and GIS for 3D City Modelling：The Case of IFC and CityGML[J]. 2010.

[21] Van Berlo L. CityGML extension for Building Information Modelling (BIM) and IFC[J]. Free and Open Source Software for Geospatial (FOSS4G)，Sydney，2009.

[22] de Laat R，Van Berlo L. Integration of BIM and GIS：The development of the CityGML GeoBIM extension[M].Advances in 3D geo-information sciences. Springer Berlin Heidelberg，2011：211-225.

[23] Kang T W，Hong C H. A study on software architecture for effective BIM/GIS-based facility management data integration [J]. Automation in Construction，2015，54：25-38.

[24] Taneja S，Akinci B，Garrett J. Requirements Identification for a BIM-GIS Integrated platform to support facility management activities [J]. Gerontechnology，2012.

[25] Nagel C，Kolbe T H. Conversion of IFC to CityGML [J]. 2007.

[26] Rafiee A，Dias E，Fruijtier S，et al. From BIM to Geo-analysis：View Coverage and Shadow Analysis by BIM/GIS Integration [J]. Procedia Environmental Sciences，2014，22：397-402.

[27] Irizarry J，Karan E P，Jalaei F. Integrating BIM and GIS to improve the visual monitoring of construction supply chain management [J]. Automation in Construction，2013，31(5)：241-254.

[28] Isikdag U，Zlatanova S. Towards Defining a Framework for Automatic Generation of Buildings in CityGML Using Building Information Models [M]. 3D Geo-Information Sciences. Springer Berlin Heidelberg，2009：79-96.

[29] Park T，Kang T，Lee Y，et al. Project Cost Estimation of National Road in Preliminary Feasibility Stage Using BIM/GIS Platform [J]. Notre Dame Journal of Formal Logic，2014，36(3)：364-381.

[30] 陈祥葱，苏贝 . CityGML 与 IFC 三维空间构模分析与比较 [J]. 交通科技与经济，2015 (3)：115-118.

[31] 李杰 . 基于 CityGML 三维建筑物模型的室内空气流动模拟研究 [D]. 南京师范大学，2014.

[32] Niu S，Pan W，Zhao Y. A BIM-GIS Integrated Web-based Visualization System for Low Energy Building Design [J]. Procedia Engineering，2015，121：2184-2192.

[33] Youn J，Kang T W，Choi H S，et al. Derivation of BIM/GIS Platform Application Scenarios and Definition of Specific Functions in Construction Planning and Design [J]. Journal of the Korea Academia-

Industrial cooperation Society，2014，15(12)：7340-7349.

[34] 刘铭 . BIM 技术与消防 GIS 技术平台结合应用在高层建筑消防中的价值 [J]. 科技传播，2016，8(11).

[35] 张敏杰 . 基于 GIS 和 BIM 的动态总体规划管理平台应用研究 [J]. 绿色建筑，2016 (2)：77-79.

[36] 邓绍伦 . 基于 BIM-GIS 技术的建设方案与区域规划协调性评价研究 [J]. 建筑经济，2016 (6)：41-44.

[37] 薛梅，李锋 . 面向建设工程全生命周期应用的 CAD/GIS/BIM 在线集成框架 [J]. 地理与地理信息科学，2015，31(6)：30-34.

[38] Borrmann A，Kolbe T H，Donaubauer A，et al. Multi-Scale Geometric-Semantic Modeling of Shield Tunnels for GIS and BIM Applications [J]. Computer-Aided Civil and Infrastructure Engineering，2014，30(4)：263-281.

[39] Peachavanish R，Karimi H A，Akinci B，et al. An ontological engineering approach for integrating CAD and GIS in support of infrastructure management [J]. Advanced Engineering Informatics，2006，20(1)：71-88.

[40] 朱庆 . 三维 GIS 及其在智慧城市中的应用 [J]. 地球信息科学学报，2014，16(2)：151-157.

[41] Mendis P. A framework for a microscale flood damage assessment and visualization for a building using BIM-GIS integration [J]. International Journal of Digital Earth，2015：363-386.

[42] Irizarry J，Karan E P，Jalaei F. Integrating BIM and GIS to improve the visual monitoring of construction supply chain management [J]. Automation in Construction，2013，31(5)：241-254.

[43] Hwang J R，Hong C H，Choi H S. Implementation of prototype for interoperability between BIM and GIS：Demonstration paper [C] .Research Challenges in Information Science (RCIS)，2013 IEEE Seventh International Conference on. IEEE，2013：1-2.

[44] 贾爽，刘岩，郭玉彬 . BIM 与 GIS 技术在建筑供应链可视化中的应用 [J]. 河南科技，2015(24).

[45] 郑云，苏振民，金少军 .BIM 与 GIS 技术在建筑供应链可视化中的应用研究 [J]. 施工技术，2015，44(6)：59-63.

[46] 李德超，张瑞芝 .BIM 技术在数字城市三维建模中的应用研究 [J]. 土木建筑工程信息技术，2012(1)：47-51.

[47] 杨俊杰 . BIM 技术在三维数字城市建设中的应用 [J]. 科技经济市场，2014(3)：11-12.

[48] 胡章杰，张艺 . BIM 在三维数字城市中的集成与应用研究 [J]. 测绘通报，2015(s1)：21-25.

[49] 陈根宝 . 智慧城市建设的基石——3DGIS+BIM[C]. 中国智慧城市建设技术研讨会，2014.

[50] 王卫伟 . 智慧园区的 BIM、GIS 和 IOT 技术应用融合探讨 [J]. 智能建筑，2015(7)：46-48.

[51] Kang T W，Hong C H. The architecture development for the interoperability between BIM and GIS [J]. 2013.

[52] Mignard C，Nicolle C. Merging BIM and GIS using ontologies application to urban facility management in ACTIVe3D [J]. Computers in Industry，2014，65(9)：1276-1290.

[53] Liu H，Shi R，Zhu L，et al. Conversion of model file information from IFC to GML [C]. Geoscience & Remote Sensing Symposium. IEEE，2014：3133-3136.

[54] Månsson U. BIM & GIS Connectivity paves the way for really Smart Cities [J]. Geoforum Perspektiv，2016，14(25).

[55] Dore C，Murphy M. Integration of Historic Building Information Modeling (HBIM) and 3D GIS for recording and managing cultural heritage sites [C]. International Conference on Virtual Systems and Multimedia. IEEE，2012：369-376.

[56] 刘延宏. 基于 BIM+GIS 技术的铁路桥梁工程管理应用研究 [J]. 交通世界（运输. 车辆)2015（9）：30–33.

[57] 刘玲，孟庆昕，刘晓东. 基于 BIM_GIS 技术的公路预防性养护研究 [J]. 公路交通科技（应用技术版），2015（4）：13–15.

[58] 杨国华，匡嘉智. 轨道交通项目 BIM+GIS 系统探讨 [J]. 中国勘察设计，2016(1)：72–75.

[59] 操锋. 铁路行业 BIM+GIS 综合应用探讨 [J]. 中国新通信，2015(7)：90–90.

[60] 任晓春. 铁路勘察设计中 BIM 与 GIS 结合方法讨论 [J]. 铁路技术创新，2014(5)：80–82.

7. 水库诱发地震研究进展与思考

李碧雄[1]　田明武[2]　莫思特[3]
1. 四川大学建筑与环境学院 土木系，四川成都，610065；
2. 四川水利职业技术学院，四川成都，611231；
3. 四川大学电气信息学院，四川成都，610065

引言

诱发地震是指由于人类的工程活动引起的地震，是地震学的一个分支学科，也是环境地球科学的一部分研究内容。随着我国经济建设的高速发展，由于水库蓄水、深井注水、地下流体开发、矿山开采、地下爆炸等引起的地震，在一定程度上已经成为一种环境工程灾害，是经济建设过程中亟待解决的重要难题。同时，由于诱发地震本身所具有的某些有利的研究条件，也成为研究地震发生条件和发展过程以及探索地震预报的一个极佳的研究试验场地[1]。

水库地震是诱发地震中震例多、危害大的类型，是由于水库蓄水导致环境物理状态的改变，从而在库区和坝址区引发地震的现象[2]。自 1931 年希腊 60m 高的马拉松（Marathon）大坝水库在 1929 年蓄水后发生一系列地震，以及 1935 年 美国米德湖（Lake Mead）高 220m 的胡佛（Hoover）大坝蓄水后发生地震以来，世界上已有 30 多个国家先后报道了 120 多个与水库蓄水有关的事例[3]。1969 年在联合国教科文组织内，由国际工程地质协会、国际地震和地球内部物理学协会、国际大坝委员会等 8 个学术团体的专家共同组成了一个水库地震工作组，广泛搜集各国水库地震资料，探讨水库诱震的机制。水库地震的机理复杂，与普通天然地震有不同的活动特征，具有反复性、群发性、震源浅、地震动高频信息丰富等特点，往往较低震级可造成较大破坏。不仅能给工程建筑物和设备等财产造成破坏，还可能诱发滑坡等地质灾害，引起涌浪。水库地震已成为了水电工程建设中面临的主要技术难题之一，同时也成为学术界研究的热点之一。

我国四川、云南、贵州三省水能资源丰富。全长 2308km 的金沙江上正在规划和建设一系列梯级水电大坝，不久的将来将成为世界超大水库群，形成"世界水电在中国，中国水电在西南，西南水电在金沙"的大格局。备受社会争议的怒江水电开发也拉开了大规模建设的序幕。雅砻江、岷江、大渡河、怒江的水能资源也将得到最大开发和利用。

西南地区（云南、四川西部地区）位于我国南北构造带即南北地震带的南段，是地壳运动剧烈、构造形态复杂、地震活动十分频繁的地区。它西临印度洋板块的俯冲带，东濒古老稳定的四川地台和黔桂古陆，岩层遭到十分强烈的挤压，形成了一系列平行于印度洋板块的巨型褶皱带、深大断裂带及弧形山脉。在深大断裂的控制下，块体之间的水平运动和垂直差异运动都表现得十分明显，而强烈地震大多数就发生在这些深大断裂带上，也是水平运动与垂直差异运动最为剧烈的地区。正在开发的大渡河、雅砻江、金沙江都分布在地震活动带上：大渡河水电开发地处鲜水河地震活动带上；雅砻江水电开发与安宁河 - 则木河地震活动带相邻；金沙江溪洛渡电站位于雷波 - 永善地震活动带；澜沧江 - 怒江水电站规划电站群位于三江并流的构造活动带。近100年来，西南地区的强地震在明显增加。汶川地震后民间关于西南水电重新评估的建议重提，他们认为汶川地震凸显了三个重要问题：地质断裂带上是否适合修建高坝大库；在水库设计过程中对地震烈度的评估是否存在错误？在活动断裂带上修建高坝大库是否有诱发强震和巨震的可能性？

程万正认为，这些区域的水库地震研究需要考虑高烈度区水库地震问题的特殊性，不能简单套用一般低烈度区水库诱发地震的技术思路和研究方法[5]。随着西部大规模水电工程的开展，水库诱发地震及其可能带来的矛盾日趋显现而突出[6]，因此加强对水库地震的详细观测和研究已迫在眉睫，科学预测水库诱发地震，并提出相应的预警措施是防震减灾工作的前提和基础。

一、水库诱发地震典型震例分析

自20世纪70年代，各国学者广泛搜集水库地震的实例，并根据所积累的资料开展水库地震相关因素的统计分析。1975年Gupta和Rastogi[7]系统论述了当时世界上已知的30处有震水库的地质、水文和地震活动，分析了水库水位与地震频度的关系，介绍了水库附加应力增量的计算方法，综述了产生剪切破坏的孔隙压力效应理论和相关的实验研究成果。Packer[8]和Baecher等[9]搜集了已报道过的75个水库地震的资料，对其中64个水库根据其在时间上和空间上与水库蓄水的关系划分为确定的（45个）、有问题的（12个）和不是的（7个）三种类型；选择了水库的水深、库容、区域应力状态、主要岩石类型、断层等作相关统计分析，结果表明在库底为沉积岩、具有走向滑动应力状态的水库中，发震概率随水深和库容而增大；四个参数中水深和库容与水库地震的关系最密切。古普塔等[7]对全世界1799座水库的大坝完成时间、坝型、建基面高程、水深、库容、水库面积、地理坐标、降雨、蓄水过程、水位、地质和构造等各种因素与水库诱发地震的关系作过统计分析，结果仍然表明，水深和库容是水库地震最明显相关的因素。

Castle等[10]对41个发震实例和其他未发震的水库地质条件的分析却得出了相反的结论。他们认为构造状态，包括断层的存在、弹性应变的积累和断层的类型对诱发地震特别关键，水库地震一般发生在平行于水库轴向的、陡倾角的、具有较高应变速率的引张或水平剪切断层上。

肖安予[11]分析了国内外62个水库地震震例，认为巨型水库能改变库区及其邻近的构造应力状态，导致原有地震蕴育和发展过程发生变化；特殊的地质背景是水库诱震的基本条件，特殊地质背景的诸因素越齐备、越典型，诱震的几率越高。魏柏林等[12]从构造环境、震源应力场、构造应力场和水的诱发作用等四个方面分析了世界四大水库（新丰江、卡里巴、克里马斯塔和柯依纳）诱发六级以上地震的发震原因，认为四大水库都在活动构造区，库水与张应力场结合是诱发六级地震的主要原因。

水库诱发地震震例分析是了解水库诱震环境背景、诱震因素、诱震机理的可靠渠道。然而由于已知的水库诱发地震数量有限，且缺乏系统的水库地震监测资料，使得已有的震例分析主要停留在定性的类比层面，难以触及至诱震的机理层面。

二、水库诱发地震的机理

地震中的能量释放是地球内部复杂的地球物理过程作用的结果。很多地震都是在水库蓄水的同时或者不久以后发生的，虽然人们对这些地震活动究竟是水库诱发还是巧合无法给出明确的答案，但一般认为水库蓄水等外部过程可以诱发地震，并对其诱发地震的原因及机理进行了大量的研究，大致可以归纳为以下几个方面。

1. 水体荷载作用

蓄水对库区应力状态的影响一直受到研究者的重视。水体荷载说的一个重要依据就是许多震例在地震后都不同程度产生库盆岩体的下沉现象，因而据此推断由于库盆下沉所造成的弹性变形引起了地震。Westergard[13] 提出了由于水荷载引起水库盆地下陷和下伏地层再调整，导致库区大地构造活动的假说；Carder[4] 首次指出美国米德湖（Lake Mead）的水荷载使该区原有的断层重新活动；Gaugh 夫妇[15-16] 通过 Kariba 湖沉陷的研究强调水库荷载造成的弹性变形的意义；Nikolaev[17] 也曾指出大水库的水体荷载可以释放地震能量，在水的重力作用下，以地壳沉陷作用释放重力位能转变为弹性应变能和地震能；Baecher 等[9] 认为水体深度和库容是引发地震的重要因子；而 Rothe[18] 则认为水的深度和局部应力水平可能比水库库容更重要。

Awad 等[19-20] 对 Aswan 地区及其附近的地震数据进行了分析，根据该区地质结构将该区域的地震活动归为浅层地震和深层地震两种类型，发现浅层地震与水库水位波动具有很好的相关性，而深层地震则无此特性。钟羽云等[21] 认为，水库蓄水初期水位是影响库区地震活动性的主要外因，且不同水库的影响时间不同。

由于库区基岩体介质的不均匀性，水体荷载所产生的附加应力场、形变场的形状相对库轴并不对称，在断层处产生的垂直位移迅速增加，除了库岸区域存在附加张应力区之外，在断层中同样形成了附加张应力区，增加了断层的不稳定性。如果初始应力与附加张应力平行，附加张应力可以部分抵消断层面上的正应力，使正应力摩尔圆向左移动，更易与破裂线相交，从而使构造应力更易于造成断层滑动。因此这些附加张应力区是诱发地震的重要场所。

2. 孔隙水压作用

Hubbert[22] 对液体压力在逆掩断层中所起的作用进行了研究，提出了孔隙液体压力增加使岩石强度降低的岩石破坏理论；Evans[23] 认为丹佛地震就是由于液体注入后使穿过水库岩石已有断层的有效法向应力降低引起的；Bell[24] 认为水库蓄水引发地震的可能原因是：水库蓄水引发地质弹性压力增加导致岩石孔隙度降低，从而使饱和岩石中孔隙流体压力增加，孔隙压力变化引发流体流动。

1979 年美国地质学会在加利福尼亚的圣迭戈召开了一次由多领域专家参加的流体孔隙压力在地质变形破坏过程中作用的讨论会，就有效应力定律、地震和孔隙压力等问题进行了研讨。之后，越来越多的科学家开始深入研究流体孔隙压力在诱发地震中的作用。Talwani 等[25-26] 对孔隙压力扩散在引发地震中的作用进行了阐述，并认为较之水库水位的短期变化，其较长期（≥1 年）变化很可能会引发更深层次、更高强度的地震；而大型水库周边较小型水库周边更可能发生地震，且震源更深，其具体位置取决于水库底层附近的断层特征。近年来美国地球物理协会和美国地质学会召开了一系列有关地下流体与地质作用过程的研讨会，就地下流体在地壳变形、岩体破裂、物质运移等过程中的物理、化学作用进行了讨论。

3. 库水对岩石的物理化学作用

水库库坝区断层、节理密集带等不均匀特征的存在，有利于水体的渗透，导致库基岩体中孔隙水压的变化以及其他物理、化学性质变化。与水库地震关系密切的物理化学作用主要有以下几种。

(1) 润滑软化作用

Lomtritz[27] 强调岩石渗透性和软弱带对诱发地震形成的重要意义。秦四清等[28] 提出了断层带弱化与岩体软化效应诱震理论，认为水的作用增强了断层带介质的滑动弱化特性；同时水的渗透也增强了弹性岩体的软化特性，降低了岩体刚度。这种耦联作用易使刚度比降低，从而诱发水库地震。润滑弱化作用指的是由于库水渗透对断层面起了润滑作用，同时大量水的渗入可能消除断层面的某些"壁垒"[29]，从而使断层面的摩擦系数减小。实验证明，为水所饱和的岩石强度比干燥状态下的强度要低得多。一般来说，孔隙大、胶结差的沉积岩，特别是含泥质和亲水矿物较多时，水的软化作用较大。

(2) 水热膨胀作用

库水渗透到地下高温岩体附近，成为高温热水或高压蒸气并在某些部位聚集起来，变成诱发地震的动力，即汽化膨胀作用。另外，温度升高能使孔隙水压力增加，如果孔隙容积保持不变，温度升高 1℃，孔隙水压力至少增加 10×10^5Pa，亦即当温度升高 100℃时，就可使流体压力增加 1000×10^5 以上，这对诱发地震的作用是不可忽视的。

(3) 应力腐蚀

应力腐蚀作用是指硅酸盐类岩石在地下水和应力的持续作用下使矿物的结合力削弱，结构强度降低，最后在应力场或重力场的作用下，裂隙的形成过程加速。Kisslinger 称这种物理过程为应力腐蚀，并且指出在库水位不太高时应力腐蚀作用可能是一种诱发地震的机制。

4. 其他因素

已知震例中，较强的水库地震（3 级以上地震）发生之前都有大量微震。水库蓄水后，应力腐蚀和库基弹性变形使库区局部出现应力不平衡，导致蓄水早期发生微震和微裂隙错动。由于岩体微破裂随着深度的增加、围压的增加而渐稀少，只形成震源很浅的微震。大量微震的形成表明地壳浅层的微裂隙得以串通，从而形成规模较大的裂隙，库基岩体原不连续的微裂隙被贯通，并逐渐向深部发展，有利于库水向更深更远部位渗透，使孔隙水压效应发挥作用。局部地块的微错动有可能使更大尺度的岩体内出现应力集中和应力不均衡，最终可能导致发生较大地震。因此，蓄水早期大量出现的微震也具有诱发地震的作用。

水库地震与地热之间存在一定的联系[30]，库区的地温梯度较高或地温异常可促使库水的渗透作用加速进行，利于深部与浅部水体的交换与循环。当水库建成蓄水后，温度相对较低的常温库水如果大量沿着断层裂隙向深部岩体渗透，在与干热岩体相遇时将会产生两方面的作用：一方面库水被加热，温度升高，体积膨胀、汽化，从而积累能量，促进岩体破裂；另一方面干热状态的岩体遇到温度较低的库水时，由于岩体温度突然下降，接触库水的岩体骤然收缩而产生应力，使岩体表部出现大量的微破裂，如果这种作用继续进行，裂隙将不断增加和扩展，从而引起应力集中，形成较大的破裂而导致岩体突然破裂错动，发生地震。因此，库水与干热岩体的作用所产生的温度应力，亦可能是水库地震的一种力源。

水库地震的诱发机制是多因子共同作用、相互影响的复杂过程,各种诱发因素的作用是互相联系的:水体荷载使某些断面上的正应力有所降低,利于水的渗透;水的渗透对岩石可产生软化作用;而软化作用更有利于水的渗透,有助于孔隙水压力效应的发展。

三、水库诱发地震预测方法研究

水库诱发地震预测的主要任务是大坝设计阶段预测蓄水后诱发地震的可能性、可能的最大诱震震级和可能的发震部位;若蓄水后发生地震活动,则推测地震的发展趋势[31]。前者是依据库区所处的水文地质条件、断裂分布、区域地震活动现状等地震地质环境评估潜在的诱发地震活动危险性与可能的最大强度和危险地点;后者是研究如何根据已建水库并发生了水库地震活动的库区的观测资料,预测今后的诱发地震活动趋势。

目前对水库诱发地震机理的认识还存在很多局限与不足,水库诱发地震的预测方法也还处在不断探索和验证阶段。目前的研究内容主要集中在两大方面[32]:一是根据某些水库确定的水库地震观测资料,分析不同水库的库容、库深、地理环境、形状、构造、岩性、水文地质、深部环境、应力状态、区域地震活动背景、水库地震序列时空演化及特征等各种参数信息的统计分析,从中获取易于诱震或不易于诱震条件,即称为水库地震的诱震条件判断与类比预测法,如马文涛等[33]使用的灰色聚类方法;二是在经验积累的基础上构建简化的水库地震机制的物理–地质–力学破裂过程描述模型,以某些诱发地震破裂准则或应力屈服准则的约束条件,通过数值模拟计算,对水库地震危险性作出预测,称为水库地震预测的成因模型法。

由于水库诱发地震的复杂性,震例的有限性和不确定性,及水库诱发地震的背景环境呈现出的多样性,加之水库诱发地震的机理难以用实验方法模拟或验证,目前所提出的各种预测方法均具有较大的局限性。从水库诱震机理的角度来进行科学预测是未来发展的方向。胡毓良[34]指出,水库蓄水后如出现地震,应抓紧在前震期时间进行精细的研究,对是否发生强震进行评价。由此可见,加强水库地震监测系统建设和监测数据的分析处理是进行水库地震活动性趋势预测的重要基础和前提。

四、水库诱发地震灾害预测

在已发生的水库诱发地震中,虽然震级都不太高,但由于震源深度浅,离大坝结构近,易造成坝体震害,甚至于导致滑坡、漫坝顶、泥石流等次生灾害,还存在水患和社会恐慌的隐忧,故从防灾的角度来看,震害预测与地震预报同等重要。

水库诱发地震灾害预测是基于水库地震危险性分析成果,结合对区域地震地质基础资料的收集和补充调查,研究水库与地震耦合工况下地震地质灾害的分布范围,对重点潜在失稳区进行破坏范围及运动过程模拟,分析滑坡涌浪及其传播过程,评价地震地质灾害对水库和重点移民集镇的危害。具体包括:

1. 水库地震地质灾害危险性评价

水库地震地质灾害主要包括地震触发的滑坡和崩塌。研究水库地震地质灾害空间预测方法,建立地震地质灾害易发性评价模型,结合前期研究成果对水库地震耦合工况下地质灾害的分布范围进行预测。

2. 近坝库段地震地质灾害评价

以区域地震地质灾害评价成果为基础对危害性较大的近坝库段(距坝址 20km 范围)补充地质调查和试验,采用连续及不连续分析方法对地震作用下重点岸坡(包括基岩岸坡和堆积体岸坡）的动力稳定性进行评价，模拟其破坏范围和运动过程，以及撞水产生的涌浪范围、高度、传播和衰减过程，评价其对水库和枢纽建筑物的影响。

3. 重点移民集镇地震地质灾害评价

根据地震地质灾害危险性评价成果对危害性较大的重点移民集镇进行补充地质调查和试验，采用连续及不连续分析方法评价潜在滑坡、崩塌的动力稳定性，模拟其破坏范围、运动过程与堆积范围，评估其对移民集镇的影响。对存在涌浪风险的集镇需进一步评估涌浪的高度与风险。对移民集镇范围的第四系松散堆积物进行物理力学特性试验，评价其发生液化的可能性及对移民集镇的影响。

科学的地震灾害预测离不开合理的水库地震危险性评价和预测。设立地震监测台网可以加强水库蓄水前后的地震活动性监测，及时分析地震活动与库盆岩体结构、水文地质条件、断层破碎带及节理、裂隙的导水性以及水库运行之间的联系，预测水库诱发地震的类型、潜在震源区及可能发生的地震强度，为保障工程正常运行以及库区和周边居民正常生产生活提供决策依据。

五、加强水库地震监测和资料分析的意义

近年来，我国高坝建设数量多、规模大、梯级化，集中分布在我国西南地震多发区和高烈度区，水库地震的潜在危险性和地震安全问题日益突出。2013 年 12 月 16 日在三峡库区巴东县发生的 5.1 级地震再次引发整个社会对水库诱发地震的热议。因此，加强水库地震的监测是我国防震减灾工作的重要内容之一，同时具有以下几方面的科学价值和社会意义：

1. 揭示水库诱发地震的活动规律和探索水库诱震的机理。系统分析库区地震监测数据，对比分析蓄水前后地震活动性变化规律，类比以确认的水库地震震例，有助于揭示水库地震活动规律及特征；基于库区地震监测数据，结合区域的地质构造、地震活动性特征、库盆岩性以及水文地质特点，开展水库地震综合分析，有助于探讨水库地震诱发机理和诱震因素。

2. 为科学辨识水库诱发地震建立识别标准。利用地震监测数据深入分析地震的震源机制、应力降、震源尺度、拐角频率等震源特征参量，对比区域天然本底地震活动规律和特征与所监测的水库诱发地震活动规律和特征，结合易于诱震的环境条件和诱震机理，建立水库诱发地震的识别标准，对研究区内地震事件作出科学辨识，避免由于破坏性地震的责任鉴定不清或社会舆论给企业带来不良社会影响和巨大经济损失。

3. 结合近年来特别是汶川地震以来全国地震区划图潜在震源区划分方案、水库地震监测数据等对水库地震的危险性作出科学评价，对水库地震灾害作出合理预测，为指导工程正常运行和灾后科学救灾提供决策依据。

4. 利用大量的基础监测数据和丰富的一手资料，通过系统、深入的研究，提高水库地震的研究水平，为进一步细化和完善《水库地震监测管理办法》和《水库地震监测技术要求》奠定研究基础，并为揭示天然地震的发震机制和开展地震预报提供参考。

六、结语和展望

我国的水能资源大力开发面临水库诱发地震的巨大风险和挑战，目前人类对水库诱发地震的认识仍存在很大的局限性，因此加强水库地震监测和相关研究具有以下几方面的重要意义：

　　1. 我国西南地区水能资源的大力开发迫切需要建设水库地震监测系统，以及监测资料的深入系统研究；

　　2. 水库地震监测资料的综合分析是揭示水库诱发地震诱震机理、诱震因素的重要途径；

　　3. 及时、系统和深入的水库地震监测资料分析对于科学预测强震具有重要意义；

　　4. 水库地震监测及其相关研究是科学辨识水库诱发地震的前提和基础；

　　5. 水库地震监测资料的分析成果是指导工程正常运行和灾后科学救灾的决策依据。

参考文献

[1] 胡毓良. 水库地震研究的新进展（评述）[J]. 地震地质译丛，1983，(3)：1-10.

[2] Harsh K Gupta. A Review of Recent Studies of Triggered Earthquakes by Artificial Water Reservoir with Special Emphasis on Earthquake in Koyna, India[J]. Earth-Science Reviews，2002，(58)：279-310.

[3] 李愿军，黄国良. 对水库诱发地震的两点认识 [J]. 震灾防御技术，2008，3(1)：61-71.

[4] 荣代潞，李亚荣. 芦山 7.0 级地震前地震活动的临界点特征 [J]. 地震工程学报，2013，35(2)：252-256.

[5] 程万正. 高烈度区的水库地震问题 [J]. 国际地震动态，2013，412 (4)：10-18.

[6] 许光，苏克忠，常廷改. 对"中国西部的地震灾害与水电大坝"一文的商榷 [J]. 震灾防御技术，2013，8(2)：189-197.

[7] H K 古普塔，B K 拉斯托. 水坝与地震 [M]. 北京：地震出版社，1980.

[8] D R Packer. Study of Reservoir-induced Seismicity：Final Technical Report[R]. Woodward Clyde Consultants，1979.

[9] Gregory B Baecher，Ralph L Keeney. Statistical Examination of Reservoir-induced Seismicity[J]. Bulletin of the Seismological Society of America，1982，72：553-569.

[10] Robert O Castle，Malcolm M Clark，Arthur Grantz. Tectonic state：its Significance and Characterization in the Assessment of Seismic Effects Associated with Reservoir Impounding[J]. Engineering Geology. 1980，15(1-2)：53-99.

[11] 肖安予. 水库地震震例及其初步分析 [J]. 水文地质及工程地质，1981(1)：96-99.

[12] 魏柏林，薛佳谋. 世界四大水库诱发震例的发震原因 [J]. 华南地震，1986，6(1)：103-115.

[13] H M Westergard，A W Askins. Deformation of Earth's surface Due to Weight of Boulder Reservoir[J]. Denver ColoTech Mem，1934，(4)：22.

[14] D S Carder. Eismic Investigations in the Boulder Dam Area，1940-1944，and the Influence of Reservoir loading on Earthquake Acriviity[J]. Bull. Seismol. Soc. Am，1945，35：175-192.

[15] D I Gough，W L Gough. Stress and Deflection in the lithosphere Near Lake Kariba[J]. Geophys. J.，1970，21：65-78.

[16] D I Gough，W L Gough. Load-induced Earthquakes at Lake Kariba[J]. Geophys. J.，1970，21：79-101.

[17] N I Nikolaev. Tectonic Conditions Favorable for Causing Earthquakes Occurring in Connection with Reservoir Filling[J]. Engineering Geology，1974，8(1-2)：171-189.

[18] J P Rothe. The Seismic Artificiels(man Made Earthquakes)[J]. Tectonophysics，1970，9：215-238.

[19] M. Awad，M Mizoue. Earthquake Activity in the Aswan Region，Egypt[J]. PAGEOPH，1995，145(1)：69-86.

[20] M Awad，M Mizoue. Tomographic Inversion for the Three-dimensional Seismic Velocity Structure of the Aswan region，E-gypt[J]. PAGEOPH，1995，145(1)：193-207.

[21] 钟羽云，周昕，张帆 . 水库水位变化与地震活动关系研究 [J]. 大地测量与地球动力学，2013，33(2)：35-40.

[22] M D Hubbert，W W Rubey. Role of Fluid Pressure in Mechanics of Over Thrust Faulting[J]. Bull. Geol. Soc. Am. 1959，49：115-166.

[23] M D Evans，Man Made Earthquakes in Denver[J]. Geotimes，1966，10：11-17.

[24] M L Bell，A Nur. Strength Changes Due to Reservoir-Induced Pore Pressure and Stresses and Application to Lake Oroville[J]. J. Geophys. Res，1978，83：4469-4483.

[25] P Talwani. Speculation on the Causes of Continuing Seismicity Near Koyna Reservoir，India[J]. PAGEOPH，1995，145(1)：167-174.

[26] P Talwani. On the Nature of Reservoir Induced Seismicity[J]. Pure Appl Geophys，1997，150：473-492.

[27] C Lomnitz. Earthquakes and Reservoir Impounding：State of the art[J]. Engineering Geology，1974，8(1-2)：191-198.

[28] 秦四清，张倬元 . 水库诱震机制新理论的探索 - 断层带弱化与岩体软化效应诱震理论 [J]. 工程地质学报，1995，3(1)：35-44.

[29] T H Kanamori，C J Ammon，et al. The great Sumatra and Aman Earthquake of 26December 2004[J]. Science，2005，308：1127-1133.

[30] 张彬，刘耀炜，杨选辉 . 中国大陆井水温对汶川 8.0 级、玉树 7.1 级、芦山 7.0 级和岷县 6.6 级地震响应特征的对比研究 [J]. 地震工程学报，2013，35(3)：535-541.

[31] 常宝琦 . 水库诱发地震的预测 [J]. 华南地震，1984，4(4)：94-106.

[32] 秦嘉政，刘丽芳，钱晓东 . 水库诱发地震活动特征及其预测方法研究 [J]. 地震研究，2009，32(4)：105-113.

[33] 马文涛，徐锡伟，于贵华等 . 使用灰色聚类方法评估长江三峡水库湖北不同库段水库诱发地震的震级上限 [J]. 地震地质，2012，34(4)：726-738.

[34] 胡毓良 . 从新丰江水库诱发地震研究工作得到的启示 [J]. 地震地质，2013，35(1)：188-190.

8. 西北太平洋 2015 年热带气旋的特征分析

张维 方平治 鲁小琴 余晖

上海台风研究所

摘要：基于 2006~2014 年的热带气旋数据，本文从热带气旋数量、源地、路径、强度、生命史和登陆我国数量等方面对 2015 年西北太平洋热带气旋的特征进行了分析；对严重影响我国的热带气旋及其引起的灾害进行了综述；最后给出西北太平洋和登陆我国的热带气旋纪要。

一、2015 年热带气旋活动特点及影响

1. 2015 年热带气旋活动特点

(1) 热带气旋与常年持平，南海热带气旋明显偏少

2015 年西北太平洋和南海的热带气旋共有 29 个，其中超强台风 15 个，强台风 4 个，台风 2 个，强热带风暴 2 个，热带风暴 4 个，热带低压 2 个（图 1.8-1、表 1.8-1）。

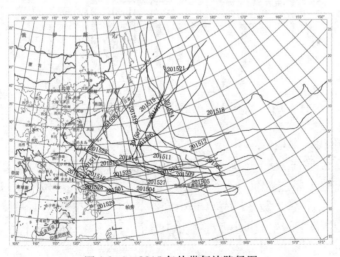

图 1.8-1 2015 年热带气旋路径图

从 2015 年西北太平洋和南海的热带气旋（除热带低压）生成月际分布看（图 1.8-2），主要集中在 7~10 月。与常年相比，上半年各月份较常年偏多，7 月和 10 月与常年基本持平，8 月、9 月、11 月和 12 月较常年偏少，尤其在台风多发生期的 8 月明显要少于常年；本年 7 月和 8 月各有一个强台风"哈洛拉（Halola）"和超强台风"基洛（Kilo）"由东北太平洋移入西北太平洋；2015 年首个热带风暴"米克拉（Mekkhala）"生成时间在 1 月 14 日；末次热带风暴"茉莉（Melor）"出现的时间为 12 月 11 日。

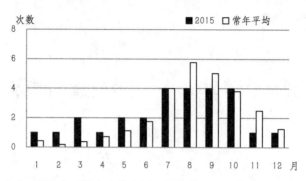

图 1.8-2　西北太平洋和南海台风、强热带风暴、热带风暴出现次数

2015 年南海海域共有 7 个热带气旋活动，热带风暴级以上的热带气旋出现次数少于常年，其中超强台风 4 个、强台风 1 个、强热带风暴 1 个、热带风暴 1 个。在南海海域生成的热带风暴级以上的热带气旋为 2 个，另有 5 个则由西北太平洋移入南海海域，明显偏少于常年平均。月际分布与常年相比，南海海域 1 月、2 月、4 月、5 月和 8 月和 11 月没有热带气旋（除热带低压）活动，7 月和 9 月偏少于常年平均，10 月和 12 月比常年平均偏多，6 月与常年基本持平（图 1.8-3、表 1.8-3）。

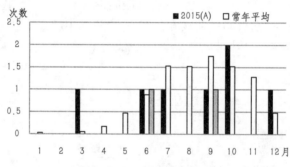

图 1.8-3　南海台风、强热带风暴、热带风暴出现次数

（2）热带气旋生成源地偏东

2015 年西北太平洋热带气旋（除两个东北太平洋移入的热带气旋）源地偏东，150°E 以东生成的热带气旋共 17 个，占了全年数 58.6%，尤其 160°E 以东生成的热带气旋共 11 个，占了全年数 37.9%，其中两个台风是由东北太平洋移入西北太平洋；150°E 至菲律宾以东之间生成的热带气旋共 12 个，占了 41.4%；南海域共生成 2 个热带气旋（图 1.8-4）。

2015 年热带气旋在西北太平洋海域生成源地（除热带低压和从东北太平洋移入的热带气旋）最南的是第 1507 号超强台风"白海豚（Dolphin）"，生成位置为 4.2°N、157.9°E；最北的是 1514 号热带风暴"莫拉菲（Molave）"，源地在 21.4°N、147.8°E；生成源地最西的是第 1508 号强热带风暴"鲸鱼（Kujira）"，形成于 14.9°N、112.2°E；生成源地最东的是第 1511 号超强台风"浪卡（Nangka）"，形成于 8.7°N、171.7°E。

（3）热带气旋路径趋势以西行为主、转向路径总数与常年持平

2015 年生成的热带气旋路径趋势以西行和中转向为主，其中西行路径有 15 个（其中

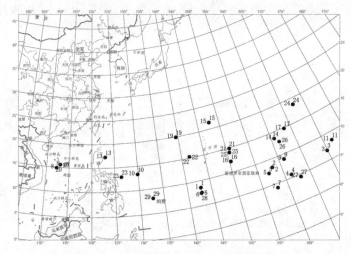

图 1.8-4 2015 年热带气旋生成源地位置图

3 个先西行后再北上），转向路径有 13 个（包括东转向 4 个、中转向 4 个、西转向 4 个、登陆后转向 1 个）。热带气旋的转向路径总数与常年基本持平。但月际分布的显现出 5 月、8 月转向路径多于常年，6 月、9 月、10 月和 11 月与常年基本持平，其他月份均明显少于常年（图 1.8-5、表 1.8-3）。

（4）超强台风显著偏多，强热带风暴 - 强台风级的极值频率显著小于常年

2015 年超强台风显著偏多。超强台风级别的近中心最大风速极值频率为 55.56%，明显高于常年平均值（21.92%）；强台风、台风和强热带风暴级别的近中心最大风速极值频率明显低于常年平均值；热带风暴级的近中心最大风速极值频率与常年平均值持平（图 1.8-6、表 1.8-4）。

近中心最低气压极值以 930～939 百帕的频率最多，占全年频率总数的 33.33%；近中心最低气压极值 950～959 百帕、920～929 百帕、910～919 百帕、900～909 百帕大于常年平均值；其他各级的频率小于常年平均值（图 1.8-7、表 1.8-5）。

（5）热带气旋生命史偏长

2015 年热带气旋持续时间偏长，在本年度中热带气旋生命史超过 8 天以上的共有 16 个，占总数的 59.3%（不含热带低压）；超过 10 天以上的共有 13 个，占总数的 48.2%；超过 13 天以上的共有 9 个，占总数的 33.3%。持续时间最长的是第 1517 号超强台风“基洛”（Kilo），它于 8 月 22 日 14 时在位于纬度 13.1°、西经 156.0°附近洋面上生成，生成后一直以偏西的路径前进，9 月 2 日移入西北太平洋，“基洛”继续向偏西方向移动，8 日向西北方向移动，10 日在日本东部附近洋面上转向北移动，于 12 日夜间在鄂霍次克海面上消散。超强台风“基洛”从生成到消亡历经 21 多天。持续时间最短的是第 1519 号热带风暴“环高”（Vamco），它于 9 月 13 日 08 时生成，生成后“环高”路径一路西行，于 14 日夜间在越南中部沿海登陆，之后继续向西移动，15 日上午在老挝境内减弱消散。“环高”从生成到消亡历经仅 2 天。

（6）登陆个数明显偏少，登陆强度偏强

2015 年登陆我国的热带气旋有 5 个，共有 7 次登陆，登陆数明显少于常年（9.08）。

从月分布看，10月登陆数较多于常年平均值；6月与常年平均持平；其他月份少于常年平均值（图1.8-8、表1.8-6）。

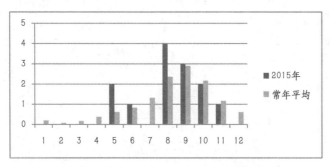

图1.8-5　台风、强热带风暴、热带风暴转向次数

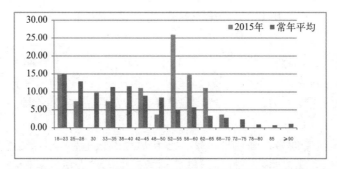

图1.8-6　台风、强热带风暴、热带风暴最大风速极值频率分布

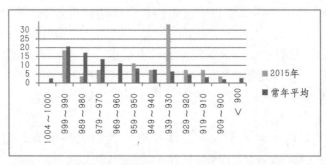

图1.8-7　台风、强热带风暴、热带风暴中心气压极值频率分布

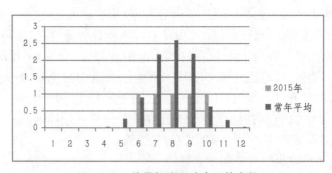

图1.8-8　热带气旋登陆中国的个数

2015 年热带气旋登陆广东 2 次、台湾 2 次、海南 1 次、福建 2 次。2015 年登陆时热带气旋的强度总体上偏强。热带气旋登陆时有 1 次为超强台风级，2 次为强台风级，1 次为台风级，2 个为强热带风暴级，1 次为热带风暴级（表 1.8-7）。其中，1522 号台风"彩虹"登陆广东湛江时中心风速达 52ms^{-1}（16 级），为 1949 年以来 10 月份登陆我国最强台风记录。

此外，还有 5 个虽未登陆我国，但仍对我国海域或沿海地区带来一定影响的台风，尤其 1509 号超强台风"灿鸿"（Chan-hom），受其影响，浙江、上海、江苏、安徽、山东五省（市）出现不同程度的灾情，尤其浙江省受灾较严重。

2. 2015 年严重影响我国的热带气旋概况

2015 年有强热带风暴"鲸鱼"（Kujira）、超强台风"灿鸿"（Chan-hom）、强台风"莲花"（Linfa）、超强台风"苏迪罗"（Soudelo）、超强台风"杜鹃"（Dujuan）和超强台风"彩虹"（Mujigae）6 个热带气旋影响我国大陆，它们在海南、广东、广西、云南、福建、浙江、江西、上海、江苏、安徽和山东等十一个省（市、区）引发了不同程度灾情和经济损失，共造成受灾人口 2375.6 万人，紧急转移人口 359.5 万人，需救助人口 28.1 万人，死亡 48 人，失踪 9 人，农作物受灾面积 1721.1 千公顷，绝收面积 181.5 千公顷，倒塌房屋 2.304 万间，严重损坏房屋 5.401 万间，一般损坏房屋 21.66 万间，直接经济损失达 684.2 亿元。其中超强台风"苏迪罗"（Soudelo）和超强台风"彩虹"（Mujigae）是 2015 年影响我国时引发灾情和经济损失最为严重的热带气旋。

（1）超强台风"苏迪罗"（Soudelo）

第 1513 号超强台风"苏迪罗"（Soudelor）由 7 月 30 日早晨在位于密克罗尼西亚联邦东北部约 800 km 的西北太平洋洋面上一个热带低压发展形成。形成后低压中心向偏西方向移动，当晚增强为热带风暴。8 月 2 日凌晨增强为强热带风暴，下午增强为台风，之后台风中心强度快速增强，并且稳定地向西北偏西方向移动。3 日凌晨增强为强台风，下午进一步增强为超强台风，4 日凌晨达到其生命史最大强度，中心附近最大风速为 68 m/s（>17级），中心最低气压为 905 hPa。它也是 2015 年度台风生命史中最大的强度，中心附近最大风速的年极值。之后继续向西北偏西方向移动，强度维持为超强台风级，5 日晚"苏迪罗"（Soudelor）强度减弱为强台风，6 日下午强度略有加强，7 日在靠近台湾东部洋面上台风中心附近最大风速为 50 m/s。"苏迪罗"（Soudelor）于 8 日 8 04 时 40 分在台湾花莲登陆，登陆时中心附近最大风速为 48 m/s（15 级），中心最低气压为 940 hPa。登陆后"苏迪罗（Soudelor）"横穿台湾岛，上午进入台湾海峡并转向西北偏北方向移动，强度减弱为台风，之后于 8 日 22 时 10 分在福建省莆田第二次登陆，登陆时中心附近最大风速为 30 m/s（11 级），中心最低气压为 980 hPa。登陆后强度减弱为强热带风暴，并转向西北偏西方向移动。9 日早晨在福建中部减弱为热带风暴，之后转西向北方向移动，当日下午进入江西省境内，夜间减弱为热带低压，并转向北移动。10 日进入安徽省境内并再次折向东北方向移动，夜间进入江苏省境内。11 日进入黄海海域后转向偏东方向移动，12 日"苏迪罗"（Soudelor）擦过济洲岛北部沿海后，下午在朝鲜海峡的海面上减弱消散。

受超强台风"苏迪罗"（Soudelor）影响，8 月 7~11 日，福建北部沿海大部、浙江平阳和玉环、安徽黄山、天柱山和太湖出现最大风力 8～9 级，阵风 9～13 级；福建九仙山、霞浦和三沙出现最大风力 10～11 级，阵风 13～15 级；其中，三沙出现最大风力 11 级（32.1 m/s）、霞浦出现最大阵风 15 级（47.0 m/s），为本次超强台风影响过程的风极值。

8月7~11日，海南昌江、广东湛江部分地区、珠江三角洲附近和东南部部分地区、湖南东部南部局部、江西中部偏东、福建大部、浙江大部、江苏大部、安徽大部、湖北崇阳、河南局部、山东微山总雨量为50~150 mm；福建上杭和中北部沿海部分地区、浙江东南部部分、安徽霍山和来安、江西武宁总雨量为150~250 mm；福建东北部沿海大部、浙江台州和温州两部分地区、江西庐山、江苏兴化、高邮盐城部分地区总雨量为250~506 mm；其中，福建罗源总雨量505.7 mm，为本次超强台风影响过程总雨量极值。

受其临近环流影响，8月8日，福建北部沿海出现暴雨到大暴雨，局部特大暴雨；浙江南部和江苏北部局部出现暴雨到大暴雨；其中，福州出现特大暴雨，其日雨量318.5 mm，江苏滨海7日21时雨量69.2 mm，为本次超强台风影响过程日雨量和时雨量极值。8月9日，受其登陆环流影响，福建中北部和浙江中南部出现大面积暴雨到大暴雨，福建周宁出现特大暴雨（日雨量307.3 mm）；安徽南部出现暴雨，江西北部武宁出现大暴雨，庐山出现特大暴雨（日雨量283.5 mm）。8月10日，受其登陆后转向中心环流影响，江苏中南部出现大面积暴雨到大暴雨，其中，大暴雨18站，东台日雨量最大，达232.1mm；安徽中南部也出现大面积暴雨，福建、浙江、江西和河南信阳部分地区出现局部暴雨到大暴雨。8月11日，随其环流加强东移入海，江苏中部连续出现暴雨到大暴雨，大丰连续2日出现大暴雨，总雨量达367.2 mm。

受与冷空气结合的影响，"苏迪罗"（Soudelor）深入内陆影响范围广，带来的风大雨势特别强。受其影响，福建、浙江、江西、安徽和江苏五省出现了一定程度的灾情。超强台风"苏迪罗"（Soudelor）带来的暴雨导致浙江省温州地区出现了山洪、泥石流，灾情最严重，是近十年中袭击温州地区最严重的一次致灾台风。总计受灾人数达到824万人，紧急转移人数达到105.8万人，死亡与失踪人数33人，农作物受灾面积达到536.2千公顷，农作物绝收面积57.3千公顷，直接经济损失达到242.5亿元。

另外，7日0时至9日8时，台湾大部降雨200~400毫米，南部和北部部分地区500~700毫米，新北、宜兰、高雄局地800~1300毫米；台湾中北部出现10~14级阵风，基隆彭佳屿、台东兰屿、台中梧栖出现16级阵风，苏澳阵风达17级以上。

(2) 超强台风"彩虹"（Mujigae）

第1522号超强台风"彩虹"（Mujigae）由10月1日凌晨位于菲律宾中部以东方向约250 km的西北太平洋洋面上一个热带低压发展形成。形成后热带低压中心稳定地向西北方向移动，2日凌晨强度加强为热带风暴，并登陆菲律宾吕宋岛，登陆后"彩虹"（Mujigae）横穿吕宋岛，上午进入南海东北部，当晚增强为强热带风暴，3日下午增强为台风，且强度发展迅速，并逐渐向海南和广东两省沿海靠近。12小时后再增强为强台风，于10月4日14点10分在广东湛江登陆，登陆时中心附近最大风速为52 m/s（16级），中心最低气压为935 hPa。登陆时的强度也是"彩虹"（Mujigae）达到其生命史最大强度，中心附近最大风速为52 m/s（>16级），中心最低气压为935 hPa。登陆后强度迅速减弱并继续向西北方向移动，6小时后在广西东南部境内减弱为台风，5日凌晨减弱强热带风暴，上午在广西南宁市境内减弱消散。

受超强台风"彩虹"（Mujigae）和冷空气共同影响，10月2日~5日，海南西沙和海口，广东西南部分地区和南澳，广西东南部分地区，福建东山出现最大风力6~7级，阵风7~11级；广东阳江、上川岛、电白和雷州，广西涠洲岛和博白出现最大风力8~9级，阵风9~11级；

广东廉江和吴川出现最大风力 10～11 级、阵风 14 级；广东湛江和遂溪出现最大风力 12 级、阵风 16 级，其中，湛江出现最大风力 12 级（36.2 m/s），阵风 16 级（52.7 m/s），为本次超强台风影响过程的风极值。

10 月 2 日~6 日，海南西沙和珊瑚岛、海南岛大部，广东中西部部分和东南沿海局部，广西中东部大部，贵州东南局部，湖南中南部偏西大部和北部局部，江西北部局部，浙江局部，湖北东南局部总雨量为 50～150 mm；海南文昌，广东中西部大部，广西东部偏东部分总雨量为 150～300 mm；广东化州、湛江、新会、鹤山、南海、三水和四会，广西博白、北流、陆川和金秀总雨量为 300～493 mm；广东阳春总雨量 513.6 mm，为本次超强台风影响过程的总雨量极值。

受其登陆环流和冷空气共同影响，10 月 4 日，广东西南部出现大面积（19 站）大暴雨，日最大雨量阳春 223.6 mm，湛江 14 时雨量 81.2 mm，为本次超强台风影响过程时雨量极值；海南岛北部和广西东南局部也出现了暴雨。10 月 5 日，广东西部和广西东部出现大面积暴雨到大暴雨局部特大暴雨天气，广东西部 15 站日雨量超 100 mm，珠江口西侧 5 站日雨量超 200 mm，广西东部 13 站日雨量超 100 mm，金秀出现特大暴雨，其日雨量 335.5 mm，为本次超强台风影响过程日雨量极值；10 月 6 日，其残留云系仍然给广东西部、广西东部和湖南中部带来了大到暴雨局部大暴雨天气，尤其是广东西部，连续 3 日出现大暴雨天气。

超强台风"彩虹"（Mujigae）是有气象记录以来 10 月登陆广东的最强台风，具有近海强度发展快并急剧加强，风大雨强，暴雨区集中于路径附近以及右侧等的特点。超强台风"彩虹"（Mujigae）引发了珠江三角洲多处出现龙卷风，造成广东出现了较强的灾情，海南和广西出现了一定程度的灾情。总计受灾人数达到 788.5 万人，紧急转移人数达到 44.2 万人，死亡与失踪人数 24 人，农作物受灾面积达到 536.2 千公顷，农作物绝收面积 57.3 千公顷，直接经济损失达到 242.5 亿元。

近十年西北太平洋台风、强热带风暴、热带风暴出现次数（2006～2015 年）　　　　表 1.8-1

年\月	1	2	3	4	5	6	7	8	9	10	11	12	合计
2006					1	1	3	7	4	4	2	2	24
2007				1	1		3	5	5	6	4		25
2008				1	4		2	4	2	3		1	22
2009				2	2		4	4	7	3	1		23
2010			1				2	5	4	2			14
2011					2	3	4	3	7		1	1	21
2012			1		1	4	4	5	5	3	1	1	25
2013	1	1				4	3	7	7	6	2		31
2014	2	1		2		5	1	5	2	2	1		23
2015	**1**	**1**	**2**	**1**	**2**	**2**	**4**	**4**	**4**	**4**	**1**	**1**	**27**
常年平均	0.43	0.18	0.38	0.72	1.12	1.75	4.00	5.77	5.03	3.80	2.48	1.25	26.92

近十年南海台风、强热带风暴、热带风暴出现次数（2006～2015年）　　　　表1.8-2

年＼月	1	2	3	4	5	6	7	8	9	10	11	12	合计
2006(A)					1	1		2	2	1	1	2	10
2007(A)							2	2		2			6
2008(A)				1	1	1		2	2	1	2		10
2009(A)					1	2	2	1	3	2			11
2010(A)							2	2	1	1			6
2011(A)						2	1		2	2		1	8
2012(A)			1			2	1	2	1	1	1	1	10
2013(A)	1	1				2	2	2	2	2	2		14
2014(A)		1				2			2		1	2	9
2015(A)			1			1	1		1	2		1	7
常年平均	0.03	0.00	0.05	0.17	0.47	0.88	1.53	1.52	1.75	1.52	1.28	0.48	9.68
2006(B)						1		1	1				3
2007(B)							1	2		1			4
2008(B)				1	1			1	1	1	2		7
2009(B)					1	1	1		2				6
2010(B)							1	2	1				4
2011(B)						2			1				3
2012(B)			1			1	1		1				4
2013(B)		1				1	1	1	1		1		6
2014(B)						1					1		2
2015(B)						1			1				**2**

注：　（A）西北太平洋进入南海和南海产生的台风、强热带风暴、热带风暴出现次数。

　　　（B）南海产生的的台风、强热带风暴、热带风暴或由西北太平洋产生的热带低压移入南海后增强到热带风暴级的出现次数。

近十年台风、强热带风暴、热带风暴转向次数（2006～2015年）　　　　表1.8-3

年＼月	1	2	3	4	5	6	7	8	9	10	11	12	合计
2006					1		1	1	3	2			8
2007			1	1			1	2	3	4	2		14
2008				1	1	1	1		2	2		1	9
2009								4	1	3			8
2010								1	4	2			7
2011					2		1	2					8
2012					1	2		1	2	3	1		11
2013						1		1	2	5			9

续表

年 \ 月	1	2	3	4	5	6	7	8	9	10	11	12	合计
2014						1	2	1	3	2	1		10
2015					2		1	4	3	2	1		13
常年平均	0.20	0.08	0.18	0.38	0.62	0.83	1.32	2.37	2.90	2.17	1.17	0.62	12.83

近十年台风、强热带风暴、热带风暴中心最大风速极值频率分布（2006～2015 年） 表 1.8-4

年 \ (m/s)	18–23	30	33–35	38–40	42–45	48–50	52–55	58–60	62–65	68–70	72–75	78–80	85	≥90	合计
2006	25.00	4.2	8.3	8.3	4.2	8.3	12.5	20.8							100
2007	28.0	4.0	16.0	8.0	4.0	12.0	12.0		4.0						100
2008	36.36	4.55	9.09	9.09	9.09	9.09	9.09		4.55						100
2009	21.74	8.70	8.70	17.39	4.35	4.35	4.35	4.35	8.70	4.35					100
2010	14.29	14.29	21.43		14.29	7.14	7.14				7.14				100
2011	38.10	9.52	9.52		4.76	4.76	4.76	4.76	9.52						100
2012	12.00		4.00	12.00	16.00	8.00	4.00	8.00	8.00						100
2013	29.03	9.68	6.45	3.23	12.90	6.45	3.23	9.68	3.23			3.23			100
2014	26.09	8.70	4.35		8.70	4.35	4.35	4.35	4.35	13.04	4.35				100
2015	14.81		7.41		11.11	3.70	25.93	14.81	11.11	3.70					100
常年平均	14.92	9.78	11.39	11.58	8.98	8.48	4.95	5.70	3.34	2.79	2.35	0.93	0.74	1.12	100

近十年台风、强热带风暴、热带风暴中心气压极值频率分布（2006～2015 年） 表 1.8-5

年 \ （百帕）	1004～1000	999～990	989～980	979～970	969～960	959～950	949～940	939～930	929～920	919～910	909～900	<900	合计
2006		25.0	8.3	12.5	8.3	4.2	8.3	12.5	16.7	4.2			100
2007		28.0	16.0	16.0	8.0	4.0	12.0	12.0	0	4.0			100
2008	4.55	31.82	13.64	9.09	9.09	9.09	9.09	9.09		4.55			100
2009		21.74	17.39	8.70	17.39	8.70	4.35	4.35	4.35	8.70	4.35		100
2010		21.43	21.43	21.43		14.29	7.14	7.14				7.14	100
2011	4.76	28.57	19.05	14.29		4.76	4.76	9.52	4.76	9.52			100
2012		12.00	24.00	8.00	20.00	8.00	8.00		8.00	12.00			100
2013	12.90	12.90	22.58	6.45	3.23	12.90	9.68	3.23	6.45	6.45		3.23	100
2014	4.35	21.74	26.09	4.35	4.35	4.35	4.35	4.35	4.35	4.35	13.04	4.35	100
2015		18.52	3.70	7.41		11.11	7.41	33.33	7.41	7.41	3.70		100
常年平均	2.54	20.81	17.15	13.50	11.08	8.24	7.62	6.56	4.58	3.22	2.11	2.72	100

近十年在我国登陆的热带气旋个数（2006～2015 年）　　　　表 1.8-6

年＼月	1	2	3	4	5	6	7	8	9	10	11	12	合计
2006						1	1	3	4	1			10
2007							1	3	2	1			7
2008				1		1	2	2	3	1			10
2009						2	3	2	2	2			11
2010						2			4	2			8
2011						3	1	1	1	1			7
2012						1	1	5					7
2013						1	3	4	1	1			10
2014						1	2	1	3				7
2015						**1**	**1**	**1**	**1**	**1**			**5**
常年平均	0.00	0.00	0.00	0.03	0.27	0.90	2.18	2.60	2.20	0.63	0.23	0.03	9.08

近十年热带气旋在我国登陆的地区分布（2006～2015 年）　　　　表 1.8-7

年＼地区	广西	广东（香港）	海南	台湾	福建	浙江	上海	江苏	山东	辽宁	天津	合计
2006		5	1	3	0/2	1						10/12
2007	0/1	0/2	2	4/5	0/2	1/2						7/14
2008	0/1	4/7	2	4	0/2							10/16
2009		4/5	4	2	1/3							11/14
2010		1	2	1		4/5						8/9
2011		2/4	3	1	0/1					1		7/10
2012		3		2	0/1	1		1				7/8
2013		3		2	3/4	1						10/11
2014	0/1	2/4	2	2/3	1/2	0/1	0/1			0/1		7/15
2015		**2**	**1**	**2**	**0/2**							**5/7**
常年平均	0.03/0.55	3.38/3.97	2.22/2.35	2.07/2.13	0.58/1.82	0.55/0.68	0.02/0.07	0.05/0.08	0.15/0.25	0.05/0.22	0/0.02	9.10/12.13

注：分母为首次和多次登陆次数，分子为第一次登陆次数，如两者相同，则用整数表示。

二、2015 年热带气旋纪要表

2015 年热带气旋纪要表

	中央台编号	国际编号	中英文名称	起讫日期（月.日）	强度	达到热带风暴强度开始日期（月.日）	中心气压极值（百帕）	最大风速极值(m/s)	发现点 北纬（度）	发现点 东经（度）	路径趋势
1	1501	1501	米克拉 Mekkhala	1.13~1.20	台风	1.14	975	33	8.6	142.8	西北行
2	1502	1502	海高斯 Higo	2.6~2.16	强台风	2.8	945	48	8.3	158.2	西北行
3	1503	1503	巴威 Bavi	3.11~3.21	热带风暴	3.11	990	23	6.9	166.9	西行
4	1504	1504	美莎克 Maysak	3.26~4.6	超强台风	3.27	910	65	5.6	161.3	西北行
5	1505	1505	海神 Haishen	4.3~4.6	热带风暴	4.2	990	23	7.4	157.1	西行
6	1506	1506	红霞 Noul	5.2~5.16	超强台风	5.4	920	60	7.6	142.8	西转向
7	1507	1507	白海豚 Dolphin	5.6~5.21	超强台风	5.9	930	58	4.2	157.9	中转向
8	1508	1508	鲸鱼 Kujira	6.20~6.25	强热带风暴	6.21	982	25	14.9	112.2	西北行
9	1509	1509	灿鸿 Chan-hom	6.30~7.13	超强台风	6.30	935	55	9.0	161.1	西转向
10	1510	1510	莲花 Linfa	7.2~7.10	强台风	7.2	955	42	13.3	129.9	西北行
11	1511	1511	浪卡 Nangka	7.3~7.18	超强台风	7.4	915	62	8.4	171.7	西行；北上
12	1512	1512	哈洛拉 Halola	7.10~7.26	强台风	7.11	955	42	11.4	173.4 (W)	西行；北上
13		TD1501		7.23~7.26	热带低压		1008	15	17.3	123	东北行
14	1513	1513	苏迪罗 Soudelor	7.30~8.12	超强台风	7.30	905	68	13.7	160.7	西北行；登陆后转向
15	1514	1514	莫拉菲 Molave	8.7~8.14	热带风暴	8.7	992	23	21.4	147.8	东转向
16	1515	1515	天鹅 Goni	8.14~8.27	超强台风	8.15	930	55	12.2	150.3	西转向
17	1516	1516	艾莎妮 Atsani	8.14~8.29	超强台风	8.15	920	62	14.8	163.5	东转向
18	1517	1517	基洛 Kilo	8.22~9.12	超强台风	8.27	930	58	13.1	156.0 (W)	东转向
19	1518	1518	艾涛 Etau	9.6~9.11	强热带风暴	9.7	990	25	19.9	139.5	北上；中转向
20	1519	1519	环高 Vamco	9.13~9.15	热带风暴	9.14	996	18	15.6	113	西行
21	1520	1520	科罗旺 Krovanh	9.14~9.26	强台风	9.16	950	45	14.9	150.7	东转向

	中央台编号	国际编号	中英文名称	起讫日期（月.日）	强度	达到热带风暴强度开始日期（月.日）	中心气压极值（百帕）	最大风速极值(m/s)	发 现 点		路径趋势
									北纬（度）	东经（度）	
22	1521	1521	杜鹃 Dujuan	9.21~9.30	超强台风	9.23	930	58	15.3	141.7	西北行
23	1522	1522	彩虹 Muji-gae	10.1~10.5	超强台风	10.2	935	52	13	126.4	西北行
24	1523	1523	彩云 Choi-wan	10.2~10.11	台风	10.2	975	33	18.6	167.5	西行；北上
25	1524	1524	巨爵 Koppu	10.12~10.21	超强台风	10.13	935	55	14	150.5	西转向
26	1525	1525	蔷琵 Champi	10.13~10.26	超强台风	10.14	935	55	12.7	161.5	中转向
27	1526	1526	烟花 In-fa	11.17~11.26	超强台风	11.17	940	52	4.5	162.9	中转向
28	1527	1527	茉莉 Melor	12.10~12.17	超强台风	12.11	930	55	7.5	142.7	西北行
29		TD1502		12.16~12.19			1008	13	8.1	132.7	西行

三、2015 年登陆我国的热带气旋纪要表

2015 年登陆中国的热带气旋纪要表

序号	中央台编号	国际编号	中英文名称	强度	在 我 国 登 陆					
					地点	时间	最 大		中心气压（百帕）	
							风力（级）	风速(m/s)		
1	1508	1508	鲸鱼 Kujira	强热带风暴	海南万宁	6月22日18时20分	10	25	982	
2	1510	1510	莲花 Linfa	强台风	广东陆丰	7月9日12时05分	13	38	965	
3	1513	1513	苏迪罗 Soudelor	超强台风	台湾花莲	8月8日04时40分	15	48	940	
					福建莆田	8月8日22时10分	11	30	980	
4	1521	1521	杜鹃 Dujuan	超强台风	台湾宜兰	9月28日17点50分	15	48	945	
					福建莆田	9月29日08点50分	10	28	985	
5	1522	1522	彩虹 Muji-gae	超强台风	广东湛江	10月4日14点10分	16	52	935	

第二篇 政策篇

多年来，我国政府坚持把防灾减灾纳入国家和地方的可持续发展战略。2012 年 1 月，中国政府颁布《国家综合防灾减灾"十二五"规划》，明确指出防灾减灾工作需要立足国民经济和社会发展全局，统筹规划综合防灾减灾事业发展，不断完善综合防灾减灾体系。2016年 12 月，国务院办公厅继续颁布《国家综合防灾减灾"十三五"规划》，规划提出"十三五"期间要进一步健全防灾减灾救灾体制机制，完善法律法规体系。

本篇收录了国家颁布的"十三五"规划 1 部，综合防灾减灾规划 1 部，公共安全科技创新专项规划 1 部，科技创新规划节选 1 部，优化建设工程防雷许可的决定 1 部，改革意见 1 部，公安部管理规定 1 部。这些政策法规的颁布实施，起到了为防灾减灾事业的发展发挥政策支持、决策参谋和法制保障的作用。加强防灾减灾法律体系建设，推进依法行政，大力开展防灾减灾事业发展政策研究意义十分重大，对推动我国防灾减灾科学发展、改革创新、实现最大限度减轻灾害损失具有重要的作用。

1. 中共中央国务院关于推进防灾减灾救灾
体制机制改革的意见

2016 年 12 月 19 日

防灾减灾救灾工作事关人民群众生命财产安全，事关社会和谐稳定，是衡量执政党领导力、检验政府执行力、评判国家动员力、彰显民族凝聚力的一个重要方面。近年来，在党中央、国务院坚强领导下，我国防灾减灾救灾工作取得重大成就，积累了应对重特大自然灾害的宝贵经验，国家综合减灾能力明显提升。但也应看到，我国面临的自然灾害形势仍然复杂严峻，当前防灾减灾救灾体制机制有待完善，灾害信息共享和防灾减灾救灾资源统筹不足，重救灾轻减灾思想还比较普遍，一些地方城市高风险、农村不设防的状况尚未根本改变，社会力量和市场机制作用尚未得到充分发挥，防灾减灾宣传教育不够普及。为进一步做好防灾减灾救灾工作，现就推进防灾减灾救灾体制机制改革提出如下意见。

一、总体要求

（一）指导思想。全面贯彻党的十八大和十八届三中、四中、五中、六中全会精神，以邓小平理论、"三个代表"重要思想、科学发展观为指导，深入学习贯彻习近平总书记系列重要讲话精神和治国理政新理念新思想新战略，切实增强政治意识、大局意识、核心意识、看齐意识，紧紧围绕统筹推进"五位一体"总体布局和协调推进"四个全面"战略布局，牢固树立和落实新发展理念，坚持以人民为中心的发展思想，正确处理人和自然的关系，正确处理防灾减灾救灾和经济社会发展的关系，坚持以防为主、防抗救相结合，坚持常态减灾和非常态救灾相统一，努力实现从注重灾后救助向注重灾前预防转变，从应对单一灾种向综合减灾转变，从减少灾害损失向减轻灾害风险转变，落实责任、完善体系、整合资源、统筹力量，切实提高防灾减灾救灾工作法治化、规范化、现代化水平，全面提升全社会抵御自然灾害的综合防范能力。

（二）基本原则

——坚持以人为本，切实保障人民群众生命财产安全。牢固树立以人为本理念，把确保人民群众生命安全放在首位，保障受灾群众基本生活，增强全民防灾减灾意识，提升公众知识普及和自救互救技能，切实减少人员伤亡和财产损失。

——坚持以防为主、防抗救相结合。高度重视减轻灾害风险，切实采取综合防范措施，将常态减灾作为基础性工作，坚持防灾抗灾救灾过程有机统一，前后衔接，未雨绸缪，常抓不懈，增强全社会抵御和应对灾害能力。

——坚持综合减灾，统筹抵御各种自然灾害。认真研究全球气候变化背景下灾害孕育、发生和演变特点，充分认识新时期灾害的突发性、异常性和复杂性，准确把握灾害衍生次生规律，综合运用各类资源和多种手段，强化统筹协调，科学应对各种自然灾害。

——坚持分级负责、属地管理为主。根据灾害造成的人员伤亡、财产损失和社会影响等因素，及时启动相应应急预案，中央发挥统筹指导和支持作用，各级党委和政府分级负责，地方就近指挥、强化协调并在救灾中发挥主体作用、承担主体责任。

——坚持党委领导、政府主导、社会力量和市场机制广泛参与。充分发挥我国的政治优势和社会主义制度优势，坚持各级党委和政府在防灾减灾救灾工作中的领导和主导地位，发挥组织领导、统筹协调、提供保障等重要作用。更加注重组织动员社会力量广泛参与，建立完善灾害保险制度，加强政府与社会力量、市场机制的协同配合，形成工作合力。

二、健全统筹协调体制

（三）统筹灾害管理。加强各种自然灾害管理全过程的综合协调，强化资源统筹和工作协调。完善统筹协调、分工负责的自然灾害管理体制，充分发挥国家减灾委员会对防灾减灾救灾工作的统筹指导和综合协调作用，强化国家减灾委员会办公室在灾情信息管理、综合风险防范、群众生活救助、科普宣传教育、国际交流合作等方面的工作职能和能力建设。充分发挥主要灾种防灾减灾救灾指挥机构的防范部署和应急指挥作用，充分发挥中央有关部门和军队、武警部队在监测预警、能力建设、应急保障、抢险救援、医疗防疫、恢复重建、社会动员等方面的职能作用。建立各级减灾委员会与防汛抗旱指挥部、抗震救灾指挥部、森林防火指挥部等机构之间，以及与军队、武警部队之间的工作协同制度，健全工作规程。探索建立京津冀、长江经济带、珠江三角洲等区域和自然灾害高风险地区在灾情信息、救灾物资、救援力量等方面的区域协同联动制度。统筹谋划城市和农村防灾减灾救灾工作。

（四）统筹综合减灾。牢固树立灾害风险管理理念，转变重救灾轻减灾思想，将防灾减灾救灾纳入各级国民经济和社会发展总体规划，作为国家公共安全体系建设的重要内容。完善防灾减灾救灾工程建设标准体系，提升灾害高风险区域内学校、医院、居民住房、基础设施及文物保护单位的设防水平和承灾能力。加强部门协调，制定应急避难场所建设、管理、维护相关技术标准和规范。充分利用公园、广场、学校等公共服务设施，因地制宜建设、改造和提升成应急避难场所，增加避难场所数量，为受灾群众提供就近就便的安置服务。加快推进海绵城市建设，修复城市水生态，涵养水资源。加快补齐城市排水防涝设施建设的短板，增强城市防涝能力。加强农业防灾减灾基础设施建设，提升农业抗灾能力。将防灾减灾纳入国民教育计划，加强科普宣传教育基地建设，推进防灾减灾知识和技能进学校、进机关、进企事业单位、进社区、进农村、进家庭。加强社区层面减灾资源和力量统筹，深入创建综合减灾示范社区，开展全国综合减灾示范县（市、区、旗）创建试点。定期开展社区防灾减灾宣传教育活动，组织居民开展应急救护技能培训和逃生避险演练，增强风险防范意识，提升公众应急避险和自救互救技能。

三、健全属地管理体制

（五）强化地方应急救灾主体责任。坚持分级负责、属地管理为主的原则，进一步明确中央和地方应对自然灾害的事权划分。对达到国家启动响应等级的自然灾害，中央发挥统筹指导和支持作用，地方党委和政府在灾害应对中发挥主体作用，承担主体责任。省、市、县级政府要建立健全统一的防灾减灾救灾领导机构，统筹防灾减灾救灾各项工作。地方党委和政府根据自然灾害应急预案，统一指挥人员搜救、伤员救治、卫生防疫、基础设施抢修、房屋安全应急评估、群众转移安置等应急处置工作。规范灾害现场各类应急救援力量的组织领导指挥体系，强化各类应急救援力量的统筹使用和调配，发挥公安消防以及各类专业应急救援队伍在抢险救援中的骨干作用。统一做好应急处置的信息发布工作。

（六）健全灾后恢复重建工作制度。特别重大自然灾害灾后恢复重建坚持中央统筹指导、地方作为主体、灾区群众广泛参与的新机制，中央与地方各负其责，协同推进灾后恢复重建。特别重大自然灾害发生后，国务院有关部门和受灾省份按照工作流程共同开展灾害损失评估、次生衍生灾害隐患排查及危险性评估、住房及建筑物受损鉴定和资源环境承载能力评价。中央根据灾害损失情况，结合地方经济和社会发展总体规划，制定相关的支持政策措施，确定灾后恢复重建中央补助资金规模；在此基础上，结合地方实际组织编制或指导地方编制灾后恢复重建总体规划。地方政府作为灾后恢复重建的责任主体和实施主体，应加强对重建工作的组织领导，形成统一协调的组织体系、科学系统的规划体系、全面细致的政策体系、务实高效的实施体系、完备严密的监管体系。充分调动受灾群众积极性，发扬自力更生、艰苦奋斗的优良传统，自己动手重建家园。有效对接社会资源，引导志愿者、社会组织等社会力量依法有序参与灾后恢复重建。特别重大以外的自然灾害恢复重建工作，由地方根据实际组织开展。

（七）完善军地协调联动制度。完善军队和武警部队参与抢险救灾的应急协调机制，明确需求对接、兵力使用的程序方法。建立地方党委和政府请求军队和武警部队参与抢险救灾的工作制度，明确工作程序，细化军队和武警部队参与抢险救灾的工作任务。完善军地间灾害预报预警、灾情动态、救灾需求、救援进展等信息通报制度。加强救灾应急专业力量建设，充实队伍，配置装备，强化培训，组织军地联合演练，完善以军队、武警部队为突击力量，以公安消防等专业队伍为骨干力量，以地方和基层应急救援队伍、社会应急救援队伍为辅助力量的灾害应急救援力量体系。将武警部队有关抢险救援应急力量纳入驻在地应急救援力量和组织指挥体系。完善军地联合保障机制，提升军地应急救援协助水平。

四、完善社会力量和市场参与机制

（八）健全社会力量参与机制。坚持鼓励支持、引导规范、效率优先、自愿自助原则，研究制定和完善社会力量参与防灾减灾救灾的相关政策法规、行业标准、行为准则，搭建社会组织、志愿者等社会力量参与的协调服务平台和信息导向平台。完善政府与社会力量协同救灾联动机制，落实税收优惠、人身保险、装备提供、业务培训、政府购买服务等支持措施。建立社会力量参与救灾行动评估和监管体系，完善救灾捐赠组织协调、信息公开和需求导向等工作机制。鼓励支持社会力量全方位参与常态减灾、应急救援、过渡安置、恢复重建等工作，构建多方参与的社会化防灾减灾救灾格局。

（九）充分发挥市场机制作用。坚持政府推动、市场运作原则，强化保险等市场机制在风险防范、损失补偿、恢复重建等方面的积极作用，不断扩大保险覆盖面，完善应对灾害的金融支持体系。加快巨灾保险制度建设，逐步形成财政支持下的多层次巨灾风险分散机制。统筹考虑现实需要和长远规划，建立健全城乡居民住宅地震巨灾保险制度。鼓励各地结合灾害风险特点，探索巨灾风险有效保障模式。积极推进农业保险和农村住房保险工作，健全各级财政补贴、农户自愿参加、保费合理分担的机制。

五、全面提升综合减灾能力

（十）强化灾害风险防范。加快各种灾害地面监测站网和国家民用空间基础设施建设，完善分工合理、职责清晰的自然灾害监测预报预警体系。开展以县为单位的全国自然灾害综合风险与减灾能力调查，发挥气象、水文、地震、地质、林业、海洋等防灾减灾部门作用，提升灾害风险预警能力，加强灾害风险评估、隐患排查治理。建立健全与灾害特征相适应的预警信息发布制度，明确发布流程和责任权限。加强国家突发事件预警信息发布系统能力建设，发挥国家突发事件预警信息发布系统作用，完善运行管理办法。充分利用各类传播渠道，通过多种途径将灾害预警信息发送到户到人，显著提高灾害预警信息发布的准确性和时效性，扩大社会公众覆盖面，有效解决信息发布"最后一公里"问题。

（十一）完善信息共享机制。研究制定防灾减灾救灾信息传递与共享技术标准体系，加强跨部门业务协同和互联互通，建设涵盖主要涉灾部门和军队、武警部队的自然灾害大数据和灾害管理综合信息平台，实现各种灾害风险隐患、预警、灾情以及救灾工作动态等信息共享。推进基层灾害信息员队伍建设，健全自然灾害情况统计制度，制定灾后损失评估有关技术标准，规范自然灾害损失综合评估工作流程，建立完善灾害损失评估的联动和共享机制。健全重特大自然灾害信息发布和舆情应对机制，完善信息发布制度，拓宽信息发布渠道，确保公众知情权。规范灾害现场应急处置、新闻发布、网络及社会舆情应对等工作流程，完善协同联动机制，加强新闻发言人队伍和常备专家库建设，提高防灾减灾救灾舆情引导能力。

（十二）提升救灾物资和装备统筹保障能力。健全救灾物资储备体系，扩大储备库覆盖范围，优化储备布局，完善储备类型，丰富物资储备种类，提高物资调配效率和资源统筹利用水平。加强应急物流体系建设，完善铁路、公路、水运、航空应急运力储备与调运机制。推进应急物资综合信息平台建设，提升协同保障能力。完善通信、能源等方面的应急保障预案。建立"天－空－地"一体应急通信网络。积极研发重大自然灾害监测预警产品，加快研制先进的受灾群众安置、防汛抗旱、人员搜救、森林灭火等装备和产品，提高基层减灾和应急救灾装备保障水平。建立健全应急救援期社会物资、运输工具、设施装备等的征用和补偿机制。探索建立重大救灾装备租赁保障机制。

（十三）提高科技支撑水平。统筹协调防灾减灾救灾科技资源和力量，充分发挥专家学者的决策支撑作用，加强防灾减灾救灾人才培养，建立防灾减灾救灾高端智库，完善专家咨询制度。明确常态减灾和非常态救灾科技支撑工作模式，建立科技支撑防灾减灾救灾工作的政策措施和长效机制。加强基础理论研究和关键技术研发，着力揭示重大自然灾害及灾害链的孕育、发生、发展、演变规律，分析致灾成因机理。推进大数据、云计算、地理信息等新技术新方法运用，提高灾害信息获取、模拟仿真、预报预测、风险评估、应急通信与保障能力。通过国家科技计划（专项、基金等）对符合条件的防灾减灾救灾领域科研活动进行支持，加强科技条件平台建设，发挥现代科技作用，提高重大自然灾害防范的科学决策水平和应急能力。完善产学研协同创新机制和技术标准体系，推动科研成果的集成转化、示范和推广应用，开展防灾减灾救灾新材料新产品研发，加快推进防灾减灾救灾产业发展。

（十四）深化国际交流合作。服务国家外交工作大局，积极宣传我国在防灾减灾救灾领域的宝贵经验和先进做法，学习借鉴国际先进的减灾理念和关键科技成果，创新深化国际交流合作的工作思路和模式。完善国际多双边合作机制，加强人员和技术交流培训工作，提升重特大自然灾害协同应对能力。完善参与联合国框架下的减灾合作机制，推动深入参与亚洲国家间的减灾对话与交流平台，积极拓展东盟地区论坛、东亚峰会、金砖国家、上海合作组织等框架下的合作机制和内容。通过对外人道主义紧急援助部际工作机制，统筹资源，加强协调，提升我国政府应对严重人道主义灾难的能力和作用。注重对我国周边国家、毗邻地区、"一带一路"沿线国家和地区等发生重特大自然灾害时提供必要支持和帮助。推动我国高端防灾减灾救灾装备和产品走出去。

六、切实加强组织领导

（十五）强化法治保障。根据形势发展，加强综合立法研究，及时修订有关法律法规和预案，科学合理调整应急响应启动标准。加快形成以专项防灾减灾法律法规为骨干、相关应急预案和技术标准配套的防灾减灾法规体系。要明确责任，对防灾减灾救灾工作中玩忽职守造成损失或重大社会影响的，依纪依法追究当事方的责任。

（十六）加大防灾减灾救灾投入。健全防灾减灾救灾资金多元投入机制，完善各级救灾补助政策，拓宽资金投入渠道，加大防灾减灾基础设施建设、重大工程建设、科学研究、人才培养、技术研发、科普宣传、教育培训等方面的经费投入。各级财政要继续支持开展灾害风险防范、风险调查与评估、基层减灾能力建设、科普宣传教育等防灾减灾相关工作。鼓励社会力量和家庭、个人对防灾减灾救灾工作的投入，提高社区和家庭自救互救能力。各级政府要加强对防灾减灾救灾资金的统筹，提高资金使用效益。

（十七）强化组织实施。各地区各部门要以高度的政治责任感和历史使命感，加大工作力度，确保本意见确定的各项改革举措落到实处。要加强协调，统筹推进，对实施进度进行跟踪分析和督促检查，对实施过程中遇到的问题，及时沟通、科学应对、妥善解决。各地区要发挥主动性和创造性，因地制宜，积极探索，开展试点示范，破解改革难题，积累改革经验，推动防灾减灾救灾体制机制改革逐步有序深入。

2. 国务院办公厅关于印发国家综合防灾减灾规划（2016-2020年）的通知

国办发〔2016〕104号

各省、自治区、直辖市人民政府，国务院各部委、各直属机构：

《国家综合防灾减灾规划（2016-2020年）》已经国务院同意，现印发给你们，请认真贯彻执行。

国务院办公厅
2016年12月29日

国家综合防灾减灾规划（2016—2020年）

防灾减灾救灾工作事关人民群众生命财产安全，事关社会和谐稳定，是衡量执政党领导力、检验政府执行力、评判国家动员力、彰显民族凝聚力的一个重要方面。为贯彻落实党中央、国务院关于加强防灾减灾救灾工作的决策部署，提高全社会抵御自然灾害的综合防范能力，切实维护人民群众生命财产安全，为全面建成小康社会提供坚实保障，依据《中华人民共和国国民经济和社会发展第十三个五年规划纲要》以及有关法律法规，制定本规划。

一、现状与形势

（一）"十二五"时期防灾减灾救灾工作成效。

"十二五"时期是我国防灾减灾救灾事业发展很不平凡的五年，各类自然灾害多发频发，相继发生了长江中下游严重夏伏旱、京津冀特大洪涝、四川芦山地震、甘肃岷县漳县地震、黑龙江松花江嫩江流域性大洪水、"威马逊"超强台风、云南鲁甸地震等重特大自然灾害。面对复杂严峻的自然灾害形势，党中央、国务院坚强领导、科学决策，各地区、各有关部门认真负责、各司其职、密切配合、协调联动，大力加强防灾减灾能力建设，有力有序有效开展抗灾救灾工作，取得了显著成效。与"十五"和"十一五"时期历年平均值相比，"十二五"时期因灾死亡失踪人口较大幅度下降，紧急转移安置人口、倒塌房屋数量、农作物受灾面积、直接经济损失占国内生产总值的比重分别减少22.6%、75.6%、38.8%、13.2%。

"十二五"时期，较好完成了规划确定的主要目标任务，各方面取得积极进展。一是体制机制更加健全，工作合力显著增强。统一领导、分级负责、属地为主、社会力量广泛

69

参与的灾害管理体制逐步健全，灾害应急响应、灾情会商、专家咨询、信息共享和社会动员机制逐步完善。二是防灾减灾救灾基础更加巩固，综合防范能力明显提升。制定、修订了一批自然灾害法律法规和应急预案，防灾减灾救灾队伍建设、救灾物资储备和灾害监测预警站网建设得到加强，高分卫星、北斗导航和无人机等高新技术装备广泛应用，重大水利工程、气象水文基础设施、地质灾害隐患整治、应急避难场所、农村危房改造等工程建设大力推进，设防水平大幅提升。三是应急救援体系更加完善，自然灾害处置有力有序有效。大力加强应急救援专业队伍和应急救援能力建设，及时启动灾害应急响应，妥善应对了多次重大自然灾害。四是宣传教育更加普及，社会防灾减灾意识全面提升。以"防灾减灾日"等为契机，积极开展丰富多彩、形式多样的科普宣教活动，防灾减灾意识日益深入人心，社会公众自救互救技能不断增强，全国综合减灾示范社区创建范围不断扩大，城乡社区防灾减灾救灾能力进一步提升。五是国际交流合作更加深入，"减灾外交"成效明显。与有关国家、联合国机构、区域组织等建立了良好的合作关系，向有关国家提供了力所能及的紧急人道主义援助，并实施了防灾监测、灾后重建、防灾减灾能力建设等援助项目，积极参与国际减灾框架谈判、联合国大会和联合国经济及社会理事会人道主义决议磋商等，务实合作不断加深，有效服务了外交战略大局，充分彰显了我负责任大国形象。

（二）"十三五"时期防灾减灾救灾工作形势。

"十三五"时期是我国全面建成小康社会的决胜阶段，也是全面提升防灾减灾救灾能力的关键时期，面临诸多新形势、新任务与新挑战。一是灾情形势复杂多变。受全球气候变化等自然和经济社会因素耦合影响，"十三五"时期极端天气气候事件及其次生衍生灾害呈增加趋势，破坏性地震仍处于频发多发时期，自然灾害的突发性、异常性和复杂性有所增加。二是防灾减灾救灾基础依然薄弱。重救灾轻减灾思想还比较普遍，一些地方城市高风险、农村不设防的状况尚未根本改变，基层抵御灾害的能力仍显薄弱，革命老区、民族地区、边疆地区和贫困地区因灾致贫、返贫等问题尤为突出。防灾减灾救灾体制机制与经济社会发展仍不完全适应，应对自然灾害的综合性立法和相关领域立法滞后，能力建设存在短板，社会力量和市场机制作用尚未得到充分发挥，宣传教育不够深入。三是经济社会发展提出了更高要求。如期实现"十三五"时期经济社会发展总体目标，健全公共安全体系，都要求加快推进防灾减灾救灾体制机制改革。四是国际防灾减灾救灾合作任务不断加重。国际社会普遍认识到防灾减灾救灾是全人类的共同任务，更加关注防灾减灾救灾与经济社会发展、应对全球气候变化和消除贫困的关系，更加重视加强多灾种综合风险防范能力建设。同时，国际社会更加期待我国在防灾减灾救灾领域发挥更大作用。

二、指导思想、基本原则与规划目标

（一）指导思想。

全面贯彻党的十八大和十八届三中、四中、五中、六中全会精神，深入学习贯彻习近平总书记系列重要讲话精神，落实党中央、国务院关于防灾减灾救灾的决策部署，紧紧围绕统筹推进"五位一体"总体布局和协调推进"四个全面"战略布局，牢固树立和贯彻落实新发展理念，坚持以人民为中心的发展思想，正确处理人和自然的关系，正确处理防灾减灾救灾和经济社会发展的关系，坚持以防为主、防抗救相结合，坚持常态减灾和非常态救灾相统一，努力实现从注重灾后救助向注重灾前预防转变、从应对单一灾种向综合减灾转变、从减少灾害损失向减轻灾害风险转变，着力构建与经济社会发展新阶段相适应的防灾减灾救灾体制机制，全面提升全社会抵御自然灾害的综合防范能力，切实维护人民群众生命财产安全，为全面建成小康社会提供坚实保障。

（二）基本原则。

以人为本，协调发展。坚持以人为本，把确保人民群众生命安全放在首位，保障受灾群众基本生活，增强全民防灾减灾意识，提升公众自救互救技能，切实减少人员伤亡和财产损失。遵循自然规律，通过减轻灾害风险促进经济社会可持续发展。

预防为主，综合减灾。突出灾害风险管理，着重加强自然灾害监测预报预警、风险评估、工程防御、宣传教育等预防工作，坚持防灾抗灾救灾过程有机统一，综合运用各类资源和多种手段，强化统筹协调，推进各领域、全过程的灾害管理工作。

分级负责，属地为主。根据灾害造成的人员伤亡、财产损失和社会影响等因素，及时启动相应应急响应，中央发挥统筹指导和支持作用，各级党委和政府分级负责，地方就近指挥、强化协调并在救灾中发挥主体作用、承担主体责任。

依法应对，科学减灾。坚持法治思维，依法行政，提高防灾减灾救灾工作法治化、规范化、现代化水平。强化科技创新，有效提高防灾减灾救灾科技支撑能力和水平。

政府主导，社会参与。坚持各级政府在防灾减灾救灾工作中的主导地位，充分发挥市场机制和社会力量的重要作用，加强政府与社会力量、市场机制的协同配合，形成工作合力。

（三）规划目标。

1. 防灾减灾救灾体制机制进一步健全，法律法规体系进一步完善。

2. 将防灾减灾救灾工作纳入各级国民经济和社会发展总体规划。

3. 年均因灾直接经济损失占国内生产总值的比例控制在1.3%以内，年均每百万人口因灾死亡率控制在1.3以内。

4. 建立并完善多灾种综合监测预报预警信息发布平台，信息发布的准确性、时效性和社会公众覆盖率显著提高。

5. 提高重要基础设施和基本公共服务设施的灾害设防水平，特别要有效降低学校、医院等设施因灾造成的损毁程度。

6. 建成中央、省、市、县、乡五级救灾物资储备体系，确保自然灾害发生12小时之内受灾人员基本生活得到有效救助。完善自然灾害救助政策，达到与全面小康社会相适应的自然灾害救助水平。

7. 增创5000个全国综合减灾示范社区，开展全国综合减灾示范县（市、区）创建试点工作。全国每个城乡社区确保有1名灾害信息员。

8. 防灾减灾知识社会公众普及率显著提高，实现在校学生全面普及。防灾减灾科技和教育水平明显提升。

9. 扩大防灾减灾救灾对外合作与援助，建立包容性、建设性的合作模式。

三、主要任务

（一）完善防灾减灾救灾法律制度。

加强综合立法研究，加快形成以专项法律法规为骨干、相关应急预案和技术标准配套的防灾减灾救灾法律法规标准体系，明确政府、学校、医院、部队、企业、社会组织和公众在防灾减灾救灾工作中的责任和义务。

加强自然灾害监测预报预警、灾害防御、应急准备、紧急救援、转移安置、生活救助、医疗卫生救援、恢复重建等领域的立法工作，统筹推进单一灾种法律法规和地方性法规的制定、修订工作，完善自然灾害应急预案体系和标准体系。

（二）健全防灾减灾救灾体制机制。

完善中央层面自然灾害管理体制机制，加强各级减灾委员会及其办公室的统筹指导和综合协调职能，充分发挥主要灾种防灾减灾救灾指挥机构的防范部署与应急指挥作用。明确中央与地方应对自然灾害的事权划分，强化地方党委和政府的主体责任。

强化各级政府的防灾减灾救灾责任意识，提高各级领导干部的风险防范能力和应急决策水平。加强有关部门之间、部门与地方之间协调配合和应急联动，统筹城乡防灾减灾救灾工作，完善自然灾害监测预报预警机制，健全防灾减灾救灾信息资源获取和共享机制。完善军地联合组织指挥、救援力量调用、物资储运调配等应急协调联动机制。建立风险防范、灾后救助、损失评估、恢复重建和社会动员等长效机制。完善防灾减灾基础设施建设、生活保障安排、物资装备储备等方面的财政投入以及恢复重建资金筹措机制。研究制定应急救援社会化有偿服务、物资装备征用补偿、救援人员人身安全保险和伤亡抚恤政策。

（三）加强灾害监测预报预警与风险防范能力建设。

加快气象、水文、地震、地质、测绘地理信息、农业、林业、海洋、草原、野生动物疫病疫源等灾害地面监测站网和国家民用空间基础设施建设，构建防灾减灾卫星星座，加强多灾种和灾害链综合监测，提高自然灾害早期识别能力。加强自然灾害早期预警、风险评估信息共享与发布能力建设，进一步完善国家突发事件预警信息发布系统，显著提高灾害预警信息发布的准确性、时效性和社会公众覆盖率。

开展以县为单位的全国自然灾害风险与减灾能力调查，建设国家自然灾害风险数据库，形成支撑自然灾害风险管理的全要素数据资源体系。完善国家、区域、社区自然灾害综合风险评估指标体系和技术方法，推进自然灾害综合风险评估、隐患排查治理。

推进综合灾情和救灾信息报送与服务网络平台建设，统筹发展灾害信息员队伍，提高政府灾情信息报送与服务的全面性、及时性、准确性和规范性。完善重特大自然灾害损失综合评估制度和技术方法体系。探索建立区域与基层社区综合减灾能力的社会化评估机制。

（四）加强灾害应急处置与恢复重建能力建设。

完善自然灾害救助政策，加快推动各地区制定本地区受灾人员救助标准，切实保障受灾人员基本生活。加强救灾应急专业队伍建设，完善以军队、武警部队为突击力量，以公安消防等专业队伍为骨干力量，以地方和基层应急救援队伍、社会应急救援队伍为辅助力量，以专家智库为决策支撑的灾害应急处置力量体系。

健全救灾物资储备体系，完善救灾物资储备管理制度、运行机制和储备模式，科学规划、稳步推进各级救灾物资储备库（点）建设和应急商品数据库建设，加强救灾物资储备体系与应急物流体系衔接，提升物资储备调运信息化管理水平。加快推进救灾应急装备设备研发与产业化推广，推进救灾物资装备生产能力储备建设，加强地方各级应急装备设备的储备、管理和使用，优先为多灾易灾地区配备应急装备设备。

进一步完善中央统筹指导、地方作为主体、群众广泛参与的灾后重建工作机制。坚持科学重建、民生优先，统筹做好恢复重建规划编制、技术指导、政策支持等工作。将城乡居民住房恢复重建摆在突出和优先位置，加快恢复完善公共服务体系，大力推广绿色建筑标准和节能节材环保技术，加大恢复重建质量监督和监管力度，把灾区建设得更安全、更美好。

（五）加强工程防灾减灾能力建设。

加强防汛抗旱、防震减灾、防风抗潮、防寒保畜、防沙治沙、野生动物疫病防控、生态环境治理、生物灾害防治等防灾减灾骨干工程建设，提高自然灾害工程防御能力。加强江河湖泊治理骨干工程建设，继续推进大江大河大湖堤防加固、河道治理、控制性枢纽和蓄滞洪区建设。加快中小河流治理、病险水库水闸除险加固等工程建设，推进重点海堤达标建设。加强城市防洪防涝与调蓄设施建设，加强农业、林业防灾减灾基础设施建设以及牧区草原防灾减灾工程建设。做好山洪灾害防治和抗旱水源工程建设工作。

提高城市建筑和基础设施抗灾能力。继续实施公共基础设施安全加固工程，重点提升学校、医院等人员密集场所安全水平，幼儿园、中小学校舍达到重点设防类抗震设防标准，提高重大建设工程、生命线工程的抗灾能力和设防水平。实施交通设施灾害防治工程，提升重大交通基础设施抗灾能力。推动开展城市既有住房抗震加固，提升城市住房抗震设防水平和抗灾能力。

结合扶贫开发、新农村建设、危房改造、灾后恢复重建等，推进实施自然灾害高风险区农村困难群众危房与土坯房改造，提升农村住房设防水平和抗灾能力。推进实施自然灾害隐患点重点治理和居民搬迁避让工程。

（六）加强防灾减灾救灾科技支撑能力建设。

落实创新驱动发展战略，加强防灾减灾救灾科技资源统筹和顶层设计，完善专家咨询制度。以科技创新驱动和人才培养为导向，加快建设各级地方减灾中心，推进灾害监测预警与风险防范科技发展，充分发挥现代科技在防灾减灾救灾中的支撑作用。

加强基础理论研究和关键技术研发，着力揭示重大自然灾害及灾害链的孕育、发生、演变、时空分布等规律和致灾机理，推进"互联网＋"、大数据、物联网、云计算、地理信息、移动通信等新理念新技术新方法的应用，提高灾害模拟仿真、分析预测、信息获取、应急通信与保障能力。加强灾害监测预报预警、风险与损失评估、社会影响评估、应急处置与恢复重建等关键技术研发。健全产学研协同创新机制，推进军民融合，加强科技平台建设，加大科技成果转化和推广应用力度，引导防灾减灾救灾新技术、新产品、新装备、新服务发展。继续推进防灾减灾救灾标准体系建设，提高标准化水平。

（七）加强区域和城乡基层防灾减灾救灾能力建设。

围绕实施区域发展总体战略和落实"一带一路"建设、京津冀协同发展、长江经济带发展等重大战略，推进国家重点城市群、重要经济带和灾害高风险区域的防灾减灾救灾能力建设。加强规划引导，完善区域防灾减灾救灾体制机制，协调开展区域灾害风险调查、监测预报预警、工程防灾减灾、应急处置联动、技术标准制定等防灾减灾救灾能力建设的试点示范工作。加强城市大型综合应急避难场所和多灾易灾县（市、区）应急避难场所建设。

开展社区灾害风险识别与评估，编制社区灾害风险图，加强社区灾害应急预案编制和演练，加强社区救灾应急物资储备和志愿者队伍建设。深入推进综合减灾示范社区创建工作，开展全国综合减灾示范县（市、区）创建试点工作。推动制定家庭防灾减灾救灾与应急物资储备指南和标准，鼓励和支持以家庭为单元储备灾害应急物品，提升家庭和邻里自救互救能力。

（八）发挥市场和社会力量在防灾减灾救灾中的作用。

发挥保险等市场机制作用，完善应对灾害的金融支持体系，扩大居民住房灾害保险、农业保险覆盖面，加快建立巨灾保险制度。积极引入市场力量参与灾害治理，培育和提高市场主体参与灾害治理的能力，鼓励各地区探索巨灾风险的市场化分担模式，提升灾害治理水平。

加强对社会力量参与防灾减灾救灾工作的引导和支持，完善社会力量参与防灾减灾救灾政策，健全动员协调机制，建立服务平台。加快研究和推进政府购买防灾减灾救灾社会服务等相关措施。加强救灾捐赠管理，健全救灾捐赠需求发布与信息导向机制，完善救灾捐赠款物使用信息公开、效果评估和社会监督机制。

（九）加强防灾减灾宣传教育。

完善政府部门、社会力量和新闻媒体等合作开展防灾减灾宣传教育的工作机制。将防灾减灾教育纳入国民教育体系，推进灾害风险管理相关学科建设和人才培养。推动全社会树立"减轻灾害风险就是发展、减少灾害损失也是增长"的理念，努力营造防灾减灾良好文化氛围。

开发针对不同社会群体的防灾减灾科普读物、教材、动漫、游戏、影视剧等宣传教育产品，充分发挥微博、微信和客户端等新媒体的作用。加强防灾减灾科普宣传教育基地、网络教育平台等建设。充分利用"防灾减灾日"、"国际减灾日"等节点，弘扬防灾减灾文化，面向社会公众广泛开展知识宣讲、技能培训、案例解说、应急演练等多种形式的宣传教育活动，提升全民防灾减灾意识和自救互救技能。

（十）推进防灾减灾救灾国际交流合作。

结合国家总体外交战略的实施以及推进"一带一路"建设的部署，统筹考虑国内国际两种资源、两个能力，推动落实联合国 2030 年可持续发展议程和《2015 – 2030 年仙台减轻灾害风险框架》，与有关国家、联合国机构、区域组织广泛开展防灾减灾救灾领域合作，重点加强灾害监测预报预警、信息共享、风险调查评估、紧急人道主义援助和恢复重建等方面的务实合作。研究推进国际减轻灾害风险中心建设。积极承担防灾减灾救灾国际责任，为发展中国家提供更多的人力资源培训、装备设备配置、政策技术咨询、发展规划编制等方面支持，彰显我负责任大国形象。

四、重大项目

（一）自然灾害综合评估业务平台建设工程。

以重大自然灾害风险防范、应急救助与恢复重建等防灾减灾救灾决策需求为牵引，建立灾害风险与损失评估技术标准、工作规范和模型参数库。研发多源异构的灾害大数据融合、信息挖掘与智能化管理技术，建设全国自然灾害综合数据库管理系统。建立灾害综合风险调查与评估技术方法，研发系统平台，并在灾害频发多发地区开展灾害综合风险调查与评估试点工作，形成灾害风险快速识别、信息沟通与实时共享、综合评估、物资配置与调度等决策支持能力。建立并完善灾害损失与社会影响评估技术方法，突破灾害快速评估和综合损失评估关键技术，建立灾害综合损失评估系统。建立重大自然灾害灾后恢复重建选址和重建进度评估技术体系，建设灾后恢复重建决策支持系统。基本形成面向中央及省级救灾决策与社会公共服务的多灾种全过程评估的数据和技术支撑能力。

（二）民用空间基础设施减灾应用系统工程。

依托民用空间基础设施建设，面向国家防灾减灾救灾需求，建立健全防灾减灾卫星星座减灾应用标准规范、技术方法、业务模式与产品体系。建设防灾减灾卫星星座减灾应用系统，实现军民卫星数据融合应用，具备自然灾害全要素、全过程的综合监测与研判能力，提高灾害风险评估与损失评估的自动化、定量化和精准化水平。在重点区域开展"天空地"一体化综合应用示范，带动区域和省级卫星减灾应用能力发展。建立卫星减灾应用信息综合服务平台，具备产品定制和全球化服务能力，为我国周边及"一带一路"沿线国家提供灾害遥感监测信息服务。

（三）全国自然灾害救助物资储备体系建设工程。

采取新建、改扩建和代储等方式，因地制宜，统筹推进，形成分级管理、反应迅速、布局合理、规模适度、种类齐全、功能完备、保障有力的中央、省、市、县、乡五级救灾物资储备体系。科学确定各级救灾物资储备品种及规模，形成多级救灾物资储备网络。进一步优化中央救灾物资储备库布局，支持中西部多灾易灾地区的地市级和县级救灾物资储备库建设，多灾易灾城乡社区视情设置救灾物资储存室，形成全覆盖能力。

通过协议储备、依托企业代储、生产能力储备和家庭储备等多种方式，构建多元救灾物资储备体系。完善救灾物资紧急调拨的跨部门、跨区域、军地间应急协调联动机制。充分发挥科技支撑引领作用，推进救灾物资储备管理信息化建设，实现对救灾物资入库、存储、出库、运输和分发等全过程的智能化管理，提高救灾物资管理的信息化、网络化和智能化水平，救灾物资调运更加高效快捷有序。

（四）应急避难场所建设工程。

编制应急避难场所建设指导意见，明确基本功能和增强功能，推动各地区开展示范性应急避难场所建设，并完善应急避难场所建设标准规范。结合区域和城乡规划，在京津冀、长三角、珠三角等国家重点城市群，根据人口分布、城市布局、区域特点和灾害特征，建设若干能够覆盖一定范围，具备应急避险、应急指挥和救援功能的大型综合应急避难场所。结合人口和灾害隐患点分布，在每个省份分别选择若干典型自然灾害多发县（市、区），新建或改扩建城乡应急避难场所。建设应急避难场所信息综合管理与服务平台，实现对应急避难场所功能区、应急物资、人员安置和运行状态等管理与评估，面向社会公众提供避险救援、宣传教育和引导服务。

（五）防灾减灾科普工程。

开发针对不同社会群体的防灾减灾科普读物和学习教材，普及防灾减灾知识，提升社会公众防灾减灾意识和自救互救技能。制定防灾减灾科普宣传教育基地建设规范，推动地方结合实际新建或改扩建融宣传教育、展览体验、演练实训等功能于一体的防灾减灾科普宣传教育基地。建设防灾减灾数字图书馆，打造开放式网络共享交流平台，为公众提供知识查询、浏览及推送等服务。开发动漫、游戏、影视剧等防灾减灾文化产品，开展有特色的防灾减灾科普活动。

五、保障措施

（一）加强组织领导，形成工作合力。

国家减灾委员会负责本规划实施的统筹协调。各地区、各有关部门要高度重视，加强组织领导，完善工作机制，切实落实责任，确保规划任务有序推进、目标如期实现。各地区要根据本规划要求、结合本地区实际，制定相关综合防灾减灾规划，相关部门规划要加强与本规划有关内容的衔接与协调。

（二）加强资金保障，畅通投入渠道。

完善防灾减灾救灾资金投入机制，拓宽资金投入渠道，加大防灾减灾基础设施建设、重大工程建设、科学研究、人才培养、技术研发、科普宣传和教育培训等方面的经费投入。完善防灾减灾救灾经费保障机制，加强资金使用的管理与监督。按照党中央、国务院关于打赢脱贫攻坚战的决策部署，加大对革命老区、民族地区、边疆地区和贫困地区防灾减灾救灾工作的支持力度。

（三）加强人才培养，提升队伍素质。

加强防灾减灾救灾科学研究、工程技术、抢险救灾和行政管理等方面的人才培养，强化基层灾害信息员、社会工作者和志愿者等队伍建设，扩充人才队伍数量，优化人才队伍结构，提高人才队伍素质，形成一支结构合理、素质优良、专业过硬的防灾减灾救灾人才队伍。

（四）加强跟踪评估，强化监督管理。

国家减灾委员会建立规划实施跟踪评估制度，加强对本规划实施情况的跟踪分析和监督检查。国家减灾委员会各成员单位和各省级人民政府要加强对本规划相关内容落实情况的评估。国家减灾委员会办公室要制定本规划实施分工方案，明确相关部门职责，并做好规划实施情况总体评估工作，将评估结果报国务院。

3. "十三五"国家科技创新规划——发展可靠高的公共安全与社会治理技术（节选）

科技部社会发展司

  "十三五"国家科技创新规划，依据《中华人民共和国国民经济和社会发展第十三个五年规划纲要》、《国家创新驱动发展战略纲要》和《国家中长期科学和技术发展规划纲要(2006—2020 年)》编制，主要明确"十三五"时期科技创新的总体思路、发展目标、主要任务和重大举措，是国家在科技创新领域的重点专项规划，是我国迈进创新型国家行列的行动指南。其中，关于发展可靠高效的公共安全与社会治理技术节选如下。

  围绕平安中国建设，以建立健全公共安全体系为导向，以提高社会治理能力和水平为目的，针对公共安全共性基础科学问题、国家公共安全综合保障、社会安全监测预警与控制、重特大生产安全事故防控与生产安全保障、国家重大基础设施安全保障、城镇公共安全风险防控与治理、综合应急技术装备等方面开展公共安全保障关键技术攻关和应用示范，形成主动保障型公共安全技术体系。聚焦地震灾害、地质灾害、气象灾害、水旱灾害、海洋灾害等重大自然灾害基础理论问题，重点灾种的关键技术环节和巨灾频发与高危险区域，开展重大自然灾害监测预警、风险防控与综合应对关键科学技术问题基础研究、技术研发和集成应用示范。运用现代科技改进社会治理方法和手段，开展社会治理公共服务平台多系统和多平台信息集成共享、政策仿真建模和分析技术研究，开展社会基础信息、信用信息等数据共享交换关键技术和综合应用技术研究。力争到 2020 年，形成较为完备、可靠、高效的公共安全与社会治理技术体系，为经济社会持续稳定安全发展提供科技保障。

4. "十三五"公共安全科技创新专项规划

按照《中华人民共和国国民经济和社会发展第十三个五年规划纲要》、《国家创新驱动发展战略纲要》、《国家中长期科学和技术发展规划纲要（2006-2020年)》、《"十三五"国家科技创新规划》等总体部署，为明确"十三五"期间公共安全科技领域的发展思路、发展目标、重点任务和政策措施，特制定《"十三五"公共安全科技创新专项规划》（以下简称"规划"）。

本规划涵盖社会安全、生产安全、综合保障与应急等公共安全科技领域。

一、形势与需求

（一）我国公共安全科技创新现状

我国一直高度重视公共安全科技创新工作。"十一五"以来，科研投入力度不断加大，公共安全领域科学研究和技术研发得到快速发展。总体来说，初步建立了公共安全科技创新体系，风险评估与预防、监测预测预警、应急处置与救援等公共安全关键技术得到长足发展；推进部门联动，促进社会安全、生产安全、综合保障与应急等领域科技成果的转化应用，如国家公共安全应急平台体系、10亿级别法定身份技术应用平台、1800米水平长钻孔瓦斯抽采装备、极端工况下压力容器设计制造及安全维护技术、大型灭火/水上救援水陆两栖飞机等，行业科技水平取得大幅提升，为解决社会关注的民生问题提供了有效科技支撑；加强国家重点实验室等科研基地建设，支撑了安全科学与工程一级学科发展和人才队伍建设。公共安全科技对提升公共安全保障能力的支撑作用日益显现。

同时我们必须清醒认识到，我国公共安全科技创新还存在一些薄弱环节和深层次问题，主要表现在：基础理论研究不足，自主创新性成果缺乏；总体技术水平与国外领先国家相比还有差距，一些关键安全与应急技术装备依赖进口；国家重点实验室等科研基地和人才队伍建设依然薄弱。总体来说，我国的国家公共安全治理体系与治理能力现代化的科技创新体系尚未健全，而目前面临的公共安全形势却更为严峻，广大人民对公共安全的需求和期望又越来越高，亟需更有力的科技支撑。

（二）国内外公共安全科技创新发展趋势

长期以来主要发达国家重视并不断加强公共安全科技创新能力建设。美国国土安全部战略规划（2014-2018）确定了防止恐怖袭击、提高国家准备水平和韧性能力等方面的重大任务；欧盟2020地平线计划将保护公民安全、打击犯罪和恐怖主义、保护民众不受自然和人为伤害等作为主要研究方向；日本科学技术基本计划（2016-2020）确定了13个科技创新重点方向，其中国家安全保障等4个方向与公共安全直接相关。

整体来看，公共安全科技创新呈现越来越明显的不同领域加速融合、科技－产业－管理协同发展的趋势。风险评估与预防技术正逐步趋于标准化和模型化，并由单灾种向多灾种综合风险评估转变；监测预测预警技术向综合感知、多灾种耦合与跨领域智能预警方向发展；应急处置与救援技术装备正朝着多技术集成、多功能、智能化及成套化方向发展；

综合保障技术更注重基于云计算和大数据的综合决策、多灾种耦合的实验平台建设。同时上述技术在增强城市韧性、保障重大基础设施安全等方面的集成应用也已成为国际上公共安全科技发展的新趋势。

（三）平安中国建设的公共安全科技创新战略需求

党的十八届三中全会决定将"健全公共安全体系"作为创新社会治理体系的核心任务之一，强调要提高社会治理水平，全面推进平安中国建设；党的十八届四中全会强调"贯彻落实总体国家安全观"；中共中央政治局第二十三次集体学习强调"要编织全方位、立体化的公共安全网"；《国务院办公厅关于加快应急产业发展的意见》明确要求发展应急产业，提升应急技术装备核心竞争力。这些重大战略部署为公共安全科技创新工作指明了方向，明确了任务。

当前，我国正处在公共安全事件易发、频发、多发阶段，公共安全问题总量居高不下，复杂性加剧，潜在风险和新隐患增多，突发事件防控与处置难度不断加大，维护公共安全的任务重要而艰巨。特别在当前信息化和国际化快速推进时期，物联网、大数据、云计算等新技术助力公共安全科技发展，但也催生了新的风险隐患，给公共安全科技工作提出了新的挑战。虽然我国公共安全风险评估、监测预测预警、应急处置与救援、综合保障等核心技术与国际领先水平的差距呈现不断缩小的趋势，但总体上仍有较大差距。因此，健全公共安全科技创新体系，为全面提升公共安全保障能力、构建安全保障型社会提供科技支撑具有重要的战略意义和现实需求。

二、指导思想与基本原则

（一）指导思想

高举中国特色社会主义伟大旗帜，全面贯彻党的十八大和十八届三中、四中、五中和六中全会精神，深入贯彻总体国家安全观和"以人为本、安全发展"的理念，以保障和改善民生建设平安中国为出发点和落脚点，以生命保障和社会稳定为主要任务，以改革创新和科技进步为动力，进一步整合和优化公共安全科技资源，加强基础理论研究、关键技术和应急装备研发，不断完善科研基地和人才队伍建设，为加强和创新社会治理、提高公共安全保障能力、培育和发展安全与应急产业、构建安全保障型社会提供有力的科技支撑。

（二）发展思路

围绕我国公共安全科技创新重大需求，坚持"自主创新、重点跨越、支撑发展、引领未来"的指导方针，立足当前，着眼长远，加强高新技术应用和综合集成，强化实时感知预知、大数据分析决策、综合治理、多功能智能化应急装备等关键技术研发，引导国防科技成果向公共安全领域转化，培育和发展安全与应急产业，统筹"项目－基地－人才"，以科技计划实施、科技成果转化、创新平台建设、国际科技合作等为抓手，全创新链设计，系统部署，重点突破，实现我国公共安全由被动应对型向主动保障型转变。

（三）基本原则

1. 预防为主，以人为本。以保证人的生命安全为宗旨，做好事前预测、风险评估、应急准备等突发事件预防科技支撑工作，系统开展公共安全风险防范和处置救援关键技术研究，科技成果惠及民生。

2. 强化能力，务求实效。坚持需求导向，突破公共安全关键共性技术，强化应急装备研发，加强科研基地和人才队伍建设，促进学科交叉融合。有力促进创新型企业、面向市场的新型研发机构和专业化技术转移服务体系的培育。

3.开放融合，协同创新。统筹各类创新资源，建立多部门协同共享机制，促进军民融合发展，加强国际科技合作。探索建立多元化公共安全科技投入机制，鼓励企业作为创新主体，推动政产学研用协同创新。

4.示范应用，培育产业。加强公共安全先进适用技术的综合集成，注重成果转化和应用示范。推动完善我国公共安全应急产品体系，培育和发展安全与应急产业。

三、**发展目标**

（一）总体目标

面向公共安全保障的国家重大战略需求，重点围绕公共安全关键科技瓶颈问题开展基础研究、技术攻关和应用示范，使我国社会安全监测预警与控制、生产安全保障与重大事故防控、国家重大基础设施安全保障、城镇公共安全风险防控与治理、公正司法与司法为民、国家公共安全综合保障总体技术水平由跟跑向并跑迈进，大部分技术进入国际先进行列；高通量人车物智能感知与安全风险防控、超深井超大矿山安全开采、载人用特种设备在线故障预警、多灾种耦合模拟实验等技术达到国际领先水平；自主研发一批重大应急技术装备，填补国内空白，努力将安全与应急产业培育为新的经济增长点；建设一批高水平科研基地和高层次科技人才队伍，为健全我国公共安全科技创新体系、全面提升我国公共安全保障能力、构建安全保障型社会提供强大的科技支撑。

（二）具体目标

1.研究提出一批公共安全领域的基础理论。重点揭示突发事件多灾种耦合致灾机理和动力学演化过程、承灾载体灾变机理、应急管理理论等，为公共安全技术研发提供理论支撑。

2.突破一批重大关键技术。突破公共安全情景构建与推演、重大综合灾害耦合实验、国家安全平台等关键技术，提高我国国家公共安全综合保障能力。突破超大规模网上网下统一身份管理、人员身份特征精细刻画与精准识别、高通量人车物综合特征感知与风险防控、超高层建筑与超大综合体火灾防控等关键技术，促进社会安全监测预警与控制技术水平的提升。突破煤矿突水水源快速判别、尾矿库坝面和深部位移三维监控、典型化工生产过程失效研判、特种设备严苛工况下耦合损伤或失效的早期诊断及准确寿命预测等关键技术，大幅提升我国生产安全保障与重大事故防控水平。突破重大基础设施全服役周期内监测预警、诊断评价、风险评估、调控防控和智慧管理等关键安全保障技术，全面提升我国重大基础设施的安全保障能力。突破我国城镇安全的风险评估与安全规划、城市地下综合管廊安全保障、城镇高层建筑运维安全保障等关键技术，增强城镇抵御自然灾害、处置突发事件和危机管理能力。突破多学科融合的智慧司法基础理论与共性技术、智慧法院支撑技术、智慧检务支撑技术、智慧司法行政支撑技术、跨层级跨部门多业务司法协同支撑技术、以知识为中心的智慧司法运行支撑体系、公正司法与司法为民综合效能评价体系等关键技术研究，提升公正司法与司法为民科技创新支撑实力，促进社会公平正义，维护社会和谐稳定。突破灾害信息获取、医学救援、人员防护、应急通信、航空救援、道路抢通、无人救援等关键技术，提升应对突发事件应急产业支撑能力。

3.研制一批公共安全技术装备。突破公共安全技术装备核心关键技术，初步建立较为完备的公共安全装备技术体系，制定相关标准，研制标准化、系列化、成套化公共安全技术装备。强化智能技术在公共安全技术装备的应用，推动智能巡检、现场处置、应急救援机器人等一批自主研发的重大技术装备投入使用，缩小与国际领先水平的差距，为防范和处置突发事件提供装备支撑，努力将应急产业培育为新的经济增长点。

4. 建设一批高水平科研基地。建设若干个国家重点实验室、国家工程研究中心，大幅提升公共安全领域持续创新能力。建设一批公共安全科技成果产业化示范基地，促进成果转化和应用。建设 2～3 个公共安全领域的产业技术创新联盟，推动公共安全科技示范、科学普及与教育培训基地建设，逐步形成国家公共安全科技示范网络和成果推广体系。

5. 建成高水平公共安全科技创新人才队伍。以高等学校、科研院所和大型企业为依托，在国家人才计划中加强公共安全科技人才和研究团队的培养，形成一批高水平的公共安全科研团队、学科带头人和工程技术人才。

四、重点任务

（一）加强基础研究，夯实理论基础

公共安全领域的科技问题涉及多种基础学科的交叉，包含众多复杂科学问题，必须加强公共安全领域的前瞻性、基础性和原创性科学研究，促进不同学科间的开拓、交叉、渗透与结合，为解决公共安全中的关键技术提供新思路、新方法，为公共安全关键技术的攻关与应用提供理论基础，为我国公共安全科技水平持续提升提供重要理论支撑。

专栏 1　公共安全共性基础科学问题

（1）公共安全突发事件动力学演化。研究公共安全体系理论模型与动力学演化；危险源识别评价与监测预警理论与体系；突发事件及其次生衍生与多灾种耦合致灾机理、演化规律、预测模型、预警理论及监测原理；生产安全事故的孕育－发生－发展－演化机理、预测理论和风险评估方法；社会安全事件孕育与危害机制、风险预测模型与评估方法等。

（2）承灾载体灾变机理。研究城市综合风险预测、脆弱性分析、安全韧性城市的内涵与构建理论，既有建筑结构安全性能评估方法及加固机理；重大基础设施灾变机理，风险检测监测、监控与预警方法，以及设施间安全的相互依赖性和关联效应评价理论和方法等。

（3）应急管理理论与管控体制机制。研究多灾害事故的应急管理理论；突发事件的防控理论和管控体制机制；应急技术装备的集成化原理、原型设计理论，标准化、体系化、成套化设计理论与方法，人体工效学、效用评价原理、灾害适应性原理、可靠性分析理论等。

（4）公共安全基础通用标准。完善公共安全标准体系，重点研制突发事件预警、应急通信与信息共享、应急组织与指挥、应急资源管理、应急培训与演练等领域的公共安全基础通用标准，并开展应用示范，提高公共安全及应急管理工作的系统化、规范化、协同化水平。

（二）统筹研发部署，突破关键技术

1. 发展国家公共安全综合保障技术

紧密结合国家安全和公共安全的重大战略规划，攻克国家安全和公共安全核心共性技术并进行工程应用示范，全面提高国家安全信息集成、综合研判和危机应对能力，提升突发事件处置救援等各个环节的科技水平，在国家安全平台、下一代国家公共安全应急平台、重大综合灾害耦合实验、情景构建与推演等相关技术环节达到国际先进水平，部分关键技术达到国际领先水平，大大缩短与领先国家的差距。

专栏 2　国家公共安全综合保障技术

（1）国家安全平台关键技术。研究国家安全平台设计、国家安全综合信息集成与分析、信息融合的综合研判与辅助决策、危机演化推演和协同应对等关键技术，研制并建立国家安全平台及其技术原型系统。

（2）下一代国家公共安全应急平台。研究突发事件海量数据与案例体系化构建、多灾种跨领域预测预报与预警发布、跨部门动态优化决策、复杂灾害环境下的人群疏散与安置、应急资源管理与调度等关键技术，研发新一代国家公共安全应急平台。

（3）重大综合灾害耦合实验、情景构建与推演。研发多灾种及其耦合作用的灾害环境和灾害性作用的多尺度大型实验设施，研究公共安全大数据分析技术，研究"数据 – 模型 – 案例"耦合驱动的突发事件情景推演、研判与展示技术及仿真系统。

2. 发展社会安全监测预警与控制技术

研究我国社会安全治理支撑保障关键技术，提升社会安全事件的风险评估、预警分析和立体防范处置能力；大幅提升我国重特大刑事犯罪、毒品犯罪、职务犯罪、经济犯罪等各类犯罪的预防、侦破、打击能力；增强城镇火灾风险防控能力，提升灭火救援能力；提高道路交通科学管理水平，减少道路事故，缓解城市交通拥堵；实现对社会安全事件的提前感知、及时预警、快速处置。

专栏 3 社会安全监测预警与控制技术

（1）立体化社会治安防控。研究现实社会与网域空间人员信息核查与服务技术；重大活动、重要场所安全保卫与高通量安检技术；监管场所与刑事执行智能监测预警及控制技术；公安卡口目标立体化感知与风险预警技术；基于警用机器人与无人机的社会安全事件快速处置技术；智能视觉与警务物联网应用技术；爆恐物品监管与涉毒人员管控技术、社会综合治理体系与关键技术等。

（2）犯罪侦查与防范打击。研究案件现场勘查、物证溯源及分析研判技术；网络犯罪侦查与取证技术；智能协同侦查与犯罪主体关联关系分析技术；基于大数据的特异行为分析、犯罪模式挖掘与犯罪预测技术；异常经济活动监测预警技术；毒品犯罪查缉管控技术与装备；涉案人员多维特征融合分析与快速识别技术等。

（3）暴恐与重特大社会安全事件防范处置。研究暴恐与重特大社会安全事件的风险评估、网上网下监测预警与现场处置技术；危险品、违禁品和易制爆制毒民用品的快速探测与鉴别技术；涉恐人员、车辆快速定位与处置技术；基于警犬的涉恐目标快速识别技术；反恐行动技术装备与侦控技术；反恐综合作战平台技术等。

（4）重特大火灾预防与控制。研究高危场所的火灾监测预警与防控技术；灭火救援现场信息集成与指挥决策技术；新一代灭火救援技术与装备；火灾成因调查分析与仿真验证技术；基于物联网与云计算的社会消防安全管理技术；新能源产业消防安全技术等。

（5）道路交通安全管理与控制。研究交通事故快速发现、勘查认定、处置救援技术；新一代交通互联控制与事件识别技术；城市交通拥堵智慧治理技术；公路交通安全协同管控技术；自动驾驶车辆实际道路测试、交通环境电磁监测及反制技术等。

（6）司法鉴定。研究物证检验鉴定、数据信息研判、诈伤诈病鉴定、复杂亲缘关系鉴定、法医毒物检测、毒品检验鉴定和吸毒检测、电子物证、文件鉴定、视频图像取证与鉴定、印鉴印章鉴定等司法鉴定技术。

3. 发展生产安全保障与重大事故防控技术

以实现"实时监测、超前预警、综合防治、安全避险"为目标，开展煤矿、金属非金属矿山、危险化学品、金属冶炼、工程施工、质量安全与产品检验等领域重特大事故防控的科技攻关与应用示范。重点攻克矿山重大灾害及耦合灾害预测预警与综合防治、化工园区多灾种耦合事故防控、典型石化过程安全保障、劳动密集型作业场所职业病危害防护、工程施工安全保障、特种设备风险防控与治理等一批关键技术和装备，全面提升安全生产事故的预测、预警、防治及应急救援等各个环节的科技水平，使一批关键技术成果达到国际先进水平。着力推动一批关键技术与装备的科研成果向技术标准转化，支持企业与科研院所共同开展研究开发、标准研究与制定，持续完善生产安全保障的技术标准体系。

专栏4　生产安全保障与重大事故防控技术

（1）煤矿开采安全保障。研究煤矿隐蔽致灾因素智能探测技术、煤矿重大灾害监控预警技术、煤矿区域性瓦斯治理技术、煤矿深部开采煤岩及热动力灾害防控技术、矿山安全生产物联网关键技术与装备、矿井灾变通风智能决策与应急控制技术、煤矿重特大事故应急处置与救援通道快速构建技术。

（2）金属非金属矿山及石油天然气开采安全保障。研究重大灾害工程模拟及事故防控技术，超大规模开采充填技术，尾矿库溃坝防控技术，高海拔寒区金属矿山开采安全技术，石油天然气开采安全保障技术。

（3）危险化学品事故防控。研究典型石化过程安全保障关键技术，化工园区多灾种耦合事故区域防控技术，危险化学品事故预防与应急处置技术，危化品运输过程安全保障技术，大型煤化工工艺及装置安全防控技术。

（4）职业病危害预防控制及工贸企业生产事故防控。研究劳动密集型作业场所职业病危害防护技术，矿山职业危害防治关键技术，高温熔融金属作业事故防控技术，工贸企业粉尘爆炸防控技术，民用爆炸物品生产事故防控技术，水上客运风险防控技术。

（5）工程施工安全保障。研究建筑工程施工安全技术与安全装备，研究建筑工程施工风险安全监测与监控技术，研究市政地下工程施工安全技术与装备，研究市政地下工程施工安全风险监测与监控技术，研究工程施工应急逃生技术与装置。

（6）质量安全与产品检验。研究严苛工况下特种设备材料和结构的失效预防技术；承压类、机电类特种设备的损伤或故障的交互作用机理及其早期诊断、寿命预测及动态风险评估技术；特种设备安全防护技术；载人用特种设备应急技术及装备，出入境安全事故风险预警与处置、推演决策与应急指挥调度、危害因子智能检测技术装备；国家重大公共交通事故深度调查与汽车安全召回评估技术；构建特种设备全寿命周期风险防控与治理体系及应急平台等。

4. 发展国家重大基础设施安全保障与智慧管理技术

重点研究重大基础设施的分类分级、长期服役和智能检测监控基础理论，力求突破重大基础设施全服役周期内监测预警、诊断评价、风险评估、调控防控和智慧管理等关键安全保障技术，实现国家重大基础设施安全技术标准、基础数据库、安全云服务平台的开发和示范，以及检测监测和应急装备的研制和应用，构建国家重大基础设施安全保障平台。到2020年，在复杂系统结构智能检测监测和安全控制、重大基础设施诊断评价与智慧管理技术和重大基础设施安全云服务平台等方面达到国际先进水平，全面提升我国重大基础设施的安全保障能力。

专栏 5　国家重大基础设施安全保障与智慧管理技术

（1）国家物资储备库。研究石油、天然气、应急物资等国家物资储备库的灾害主要产生机制、扩散规律及储备库设施的定量风险评估方法；研究国家储备库设施的检验评价和事故应急处置技术和装备；研制战略储备库寿命评估和应急管理一体化安全保障平台，显著提高国家物资储备库的本质安全和安全保障水平。

（2）油气及危险化学品储运设施。研究长输管道和临海油气及危险化学品储运设施损伤机理、状态监测、风险评估、安全评价关键技术与装备，研发油气及危化品储运设施事故应急和快速修复技术和装备，构建油气及危化品储运设施全服役周期内智慧化安全保障技术体系。

（3）国家电力基础设施。研究灾害环境对输电线路、变压器等电力传输基础设备设施的损害机理及监测预警；研发输电线路安全智能巡检技术；研究电力传输基础设备重大安全故障诊断、安全评估和预警防御技术。

（4）国家交通基础设施。研究国家重大交通基础设施的危险源辨识与风险评估，研发关键交通基础设施结构与基础的远程监测、健康诊断与评价技术，研究交通基础设施灾后快速诊断和快速修复技术，提高我国跨区域综合交通应急调度与疏散救援智能化决策支持水平。

（5）涉水重大基础设施。研究典型涉水重大基础设施全生命周期性能演化机理与风险评估理论、隐患检测与识别技术、安全监测和评价预警技术，为涉水重大基础设施的全生命周期安全管理提供科技支撑。

5. 发展城镇公共安全保障技术

围绕城镇建筑、管网、社区等的安全保障，以及城镇综合风险等方面，系统化开展基础理论和应用基础研究、共性关键技术攻关与应用示范。力争到 2020 年形成较为完备的城镇公共安全保障的理论体系、标准规范体系、共性关键技术体系，增强城镇抵御自然灾害、处置突发事件和危机管理能力，切实保障城镇安全。

专栏 6　城镇公共安全保障技术

（1）城市管网运行安全保障。着力发展城市管网安全规划、健康诊断、智能修复等技术，发展城市地下综合管廊安全监测、检测和预警等，形成城市管网安全运行保障、监测预警减灾、应急处置等集成智能监控平台，显著提升城市管网运行安全保障能力和水平。

（2）城镇安全运行风险评估与安全韧性城市构建。面向城镇大型活动及人员密集场所、城市地下空间、城市轨道交通等的安全保障重大需求，研究城镇脆弱性分析与安全韧性城市构建技术，研究城镇综合风险评估、综合防灾和安全规划等技术，在城镇安全综合风险评估、重大基础设施风险管控等方面的理论方法体系、成套装备和技术标准取得重大突破，形成城镇全方位立体化空间多尺度的城镇灾害综合治理一体化平台，显著提升城镇风险预防和管控能力水平。

（3）城镇建筑运维安全保障。研究建筑工程安全性能检测、评估与提升技术，城镇建筑安全监测和管控、安全拆除技术，集成式智能安全建筑平台，老旧城区防灾减灾能力提升技术。在城镇建筑运维的安全理论方法体系、成套装备和技术标准等方面取得重大突破，提升城镇建筑运维安全管理能力和水平。

（4）立体化社区风险治理。研究社区多层级、多要素风险监测预警和应急现场快速响应技术与设备，以及社区服刑人员矫正控制技术，研发流程整合和网格融合的三维数字社区风险治理综合平台并进行应用示范。

6. 发展公正司法与司法为民关键技术

围绕国家智慧司法体系建设中亟待解决的多学科融合的智慧司法基础理论和共性技术、智慧法院支撑技术及装备、智慧检务支撑技术及装备、智慧司法行政支撑技术及装备、跨部门业务协同技术及装备、智慧司法运行支撑体系、智慧司法综合效能评价体系等七个方面开展技术攻关和应用示范，初步形成以司法大数据中心和智慧司法平台为核心的公正司法和司法为民科技支撑体系。

专栏 7 公正司法与司法为民关键技术

（1）多学科融合的智慧司法基础理论与共性技术。研究多重价值维度下完善司法过程的经济与社会理论；研究法检统一信息资源体系，基于知识库和深度学习的智能化案情分析等人工智能及信息安全应用技术。

（2）智慧法院支撑技术与装备。研究全要素安全可控司法公开和一体化诉讼服务技术；研究虚假案件甄别预警模型和量刑辅助、法言法语智能处理、以网络空间隐匿涉案财物线索挖掘为重点的智能化执行等关键技术；研究动态精细化审判管理技术、基于审判态势和案件趋势研判的科学决策技术。

（3）智慧检务支撑技术与装备研究。研究面向智能预警和态势分析的检务分析支撑关键技术与装备；研究多源控告申诉信息智能融合分析与评估应用、未成年人犯罪风险防控等技术；研究证据审查、智能化检验鉴定协同服务等技术。

（4）智慧司法行政支撑技术与装备。研究智能化法律援助保障、调解方案智能规划等技术；研究服刑和戒毒人员智能矫正戒治、智能监所、心理援助与训练保障等技术；研究智能化的刑罚执行效能优化、社区服刑及刑释解戒人员重新犯罪预防、吸毒人员社区干预等技术。

（5）跨层级跨部门多业务司法协同支撑技术与装备。研究司法业务协同规范与评价演进体系；研究审判执行与诉讼服务、检察业务、跨区域联合执法等协同支撑技术；研究面向审判监督、罪犯移交、刑事执行检察、减假暂、涉案财物管理等法检司跨部门协同支撑技术。

（6）智慧司法运行支撑体系。研究司法知识自动抽取、司法知识图谱构建、司法知识搜索与类比推理等技术；研制智慧法院、智慧检务和智慧司法行政运行支撑平台原型系统。

（7）公正司法与司法为民综合效能评价体系。研究电子卷宗信息脱敏、自动校核与著录、涉案物品特征提取和比对、款物流向分析等技术；研究面向智慧法院、智慧检务和智慧司法行政的公正司法与司法为民评价指标体系。

7. 发展安全与应急产业关键技术

针对重大突发事件处置需求，聚焦安全保障与极端条件下抢险救援、生命救护等应急保障重大科技问题，重点开展现场保障、人员救护、救援处置和应急服务等四个方面关键技术攻关和应用示范，促进国防科技、大数据、人工智能等技术在应急保障中的应用，形成一批标志性应急技术、产品和服务成果，为安全保障和突发事件处置提供科技支撑。

专栏 8 安全与应急产业关键技术

（1）现场保障。研究灾害信息获取、融合应急通信、应急指挥系统、高原高寒地区灾害现场安置、应急电源等关键技术。

（2）防护救护。研究紧急医学救援保障、灾害环境下人员防护、公共安全与应急防护材料等关键技术。

（3）处置救援。研究航空应急救援、道路应急抢通、高机动多功能应急救援车辆、事故灾难抢险救援、智能无人应急救援、水域应急救援、生命搜救、工程抢险救援、突发环境事故应急、消防处置救援、民爆事故救援、核事故应急等关键技术。

（4）应急服务。研究应急物流、一体化综合减灾智能服务、社会化救援服务等关键技术。

（5）公共安全基础通用和应急产业标准。完善公共安全标准体系，重点研制突发事件预警、应急通信与信息共享、应急组织与指挥、应急资源管理、应急培训与演练等领域的公共安全基础通用标准，并开展应用示范。加快制（修）订应急产品和应急服务标准，积极采用国际标准或国外先进标准，推动应急产业升级改造。研制应急装备资源管理标准，提高应急装备资源管理的集约化，实现政府与社会应急装备资源的统一管理、协同调配、高效响应。

（三）着力成果转化，支撑引领发展

1. 加强技术成果转化，推进科技成果惠及民生

加快成果转化应用与示范推广，政府引导与市场机制相结合，科技创新与大众创业相结合，使科技成果惠及广大民众。加强公共安全产业园区建设，通过技术、人才、资金等创新要素向园区集聚，提高园区自主创新和成果转化效率，使其成为公共安全领域高新产业发展的高地。建立市场主导的公共安全技术转化体系，完善公共安全科技成果转化激励制度，健全公共安全科技成果评估机制。推进公共安全各类技术研发成果进基层、惠民生。以国家可持续发展实验区和国家可持续发展议程创新示范区为载体加强民生科技成果的转化应用和示范，鼓励和支持实验区和创新示范区举办或参加公共安全惠民科技成果推进会。到 2020 年，使实验区和创新示范区成为惠民科技成果推广应用的重要基地。

专栏 9 公共安全技术成果转化

（1）公共安全产业园区。创建一批公共安全产业园区，打造公共安全产业新业态，促进公共安全产业集群化，坚持深化改革、调结构、促转型、惠民生，进一步完善产业链、创新链、资金链，创建若干个公共安全产业示范园区，在园区内培育公共安全创新型企业、面向市场的新型研发机构和专业化技术转移服务体系等。

（2）国家可持续发展实验区和国家可持续发展议程创新示范区。以国家可持续发展实验区和国家可持续发展议程创新示范区为载体加强公共安全科技成果的转化应用和示范，引导公共安全领域国家科技计划在实验区和创新示范区开展应用，使实验区和创新示范区成为公共安全科技成果密集推广应用的重要基地。

（3）国家应急产业示范基地。以引领国家应急技术装备研发、应急产品生产制造、应急服务发展为目标，在具有示范、支撑和带动作用且产业特色鲜明的发展地区，培育与发展专业类和综合类示范基地。专业类示范基地重点依托产业基础好、市场前景广、创新能力强的区域进行布局，综合类示范基地主要以应对跨区域重大突发事件为重点进行布局，形成国家处置突发事件的综合保障平台。

（4）产业技术创新联盟。以产业技术创新联盟为平台，加强公共安全技术合作，突破产业发展的核心技术，形成产业技术标准；建立公共技术平台，实现创新资源的有效分工

与合理衔接，实行知识产权共享；实施技术转移，加速科技成果的商业化运用，提升产业整体竞争力。

2. 引领安全与应急产业发展

面向处置突发事件和保障人民生命安全重大需求，加大安全与应急技术装备研发及应用，强化智能技术在安全与应急技术装备的应用，研制标准化、体系化、成套化安全与应急技术装备，为防范和处置突发事件提供科技支撑，努力将安全产业与应急产业培育为新的经济增长点。

专栏10　安全与应急产业

（1）监测预警装备。围绕提高各类突发事件监测预警的及时性和准确性，重点研发智能化监测预警类应急产品。在事故灾难方面，重点研发矿山安全、危险化学品安全、特种设备安全、交通安全、有毒有害气体泄漏等安全传感产品、监测预警装备和监管监察执法设备；在社会安全方面，重点研发城市安全、道路交通安全、网络和信息系统安全等监测预警产品。

（2）预防防护装备。围绕提高个体和重要设施保护的安全性和可靠性，重点研发预防防护类应急产品和先进安全材料。在个体防护方面，重点研发应急救援人员防护、矿山和危险化学品安全避险、特殊工种保护、家用应急防护等产品；在设备设施防护方面，重点研发社会公共安全防范、重要基础设施安全防护等设备。

（3）处置救援装备。围绕提高突发事件处置的高效性和专业性，重点研发处置救援类应急产品，特别是智能型处置救援装备。在现场保障方面，重点研发突发事件现场信息快速获取、应急通信、应急指挥、应急电源、应急后勤保障等产品；在生命救护方面，重点研发生命搜索与营救、卫生应急保障等产品；在抢险救援方面，重点研发建（构）筑物废墟救援、矿难救援、危险化学品事故应急、特种设备事故救援、反恐防爆处置等产品。

（4）应急服务产品。围绕提高突发事件防范处置的社会化服务水平，创新应急服务业态。在事前预防方面，重点研发风险评估、隐患排查、消防安全、安防工程等应急服务；在社会化救援方面，重点研发、交通救援、工程抢险、安全生产、航空救援应急处置、网络与信息安全、北斗导航等应急服务。

（四）推进平台建设，强化创新能力

通过国家科技计划和人才计划等渠道，着力发现、培养、集聚公共安全战略科学家和科技领军人才；通过实施青年人才培养计划等方式，加快青年科学家创新能力提升；通过改革完善管理体制机制和政策环境、落实和改善人才激励政策等方式，培育和吸引科技创新服务人才。加强国家安全等高端智库人才队伍建设，构建完备成熟的智库人才体系。完善应急队伍建设，大力提高科技应急处置能力。

加强“项目－基地－人才”综合规划与建设，推动建设布局合理、功能互补、特色鲜明、辐射和带动作用强的公共安全科技领域的国家实验室、国家重点实验室、国家工程研究中心、国家技术创新中心、产业技术创新联盟和实验基地等科研基地。

（五）深化国际合作，开放共享共赢

以提升我国公共安全科技水平、引进与培养人才、提高我国公共安全保障能力为目标，分层次、分步骤、有重点地开展国际科技合作。一是学习和借鉴发达国家先进经验，紧跟世界公共安全科技发展的新潮流、新趋势、新动态，增强引进、消化、吸收再创新能力，缩小与发达国家差距，实现从跟跑、到并跑、再到领跑的跃升。二是结合"一带一路"、中拉合作等，开拓高端公共安全技术、方案、产品、装备和服务的国际市场，贡献公共安全技术产品。三是建立国际合作基地，包括在国内建立国际先进技术联合研究中心或国际先进技术转移中心，在国外建立公共安全研发和成果转化基地等。四是鼓励组织开展展览、双边或国际论坛及贸易投资促进活动，充分利用相关平台交流推介公共安全技术产品和服务。

五、政策措施

（一）加强组织协调，建立协同创新机制

根据国家科技计划管理改革的有关精神，以及公共安全领域科技发展的实际需求，加强部门协同，形成专家参与、多元投入、分类组织的组织管理体系，保障规划实施。充分发挥政府部门的主导作用、市场对科技资源配置的基础性作用、企业在技术创新中的主体作用、国家科研机构的骨干和引领作用、高等学校的生力军作用和科技中介机构的服务作用，逐步建立"政、产、学、研、用"相结合的公共安全协同创新机制。

（二）加强政策扶持，建立多元化投入机制

结合国家在财税、金融、引进消化吸收再创新、成果转化、知识产权保护、人才队伍建设、科研基地、国际合作等方面的政策措施，制定公共安全领域扶持政策。强化国家科技经费与国家工程专项资金、地方财政资金、民营资本等的结合，开辟多元化科技投入渠道。探索科研院所、高等学校、企业、行业管理部门和组织相互协作的创新模式，使成果辐射整个公共安全领域。

（三）加强标准化战略，建立检测认证制度

借鉴国际公共安全标准体系，加快制（修）订公共安全领域产品、技术和服务标准，鼓励和支持国内机构参与标准国际化工作，提升自主技术标准的国际话语权，推动我国公共安全标准在相关国家实质性应用。依托现有的国家和社会检测资源，提升公共安全产品检测能力，完善事关人身生命安全的公共安全产品认证技术标准和制度。

（四）加强学科建设，提高公共安全意识

合理利用高等教育和科技资源，吸纳高素质人员进入公共安全科技领域，加强安全科学与工程一级学科建设和高层次专业人才队伍培养。将公共安全科技知识纳入国民教育，鼓励相关部门和单位建设宣传培训演练基地，鼓励公共安全教材与科普手册的编写与出版，充分利用广播、电视、网络、报纸等多种科普平台，加强公共安全知识的宣传，提高全民公共安全意识、知识水平和避险自救能力。

5. 城乡建设抗震防灾"十三五"规划

为做好"十三五"时期城乡建设抗震防灾工作，根据《中华人民共和国国民经济和社会发展第十三个五年规划纲要》和《住房城乡建设事业"十三五"规划纲要》，制定本规划。

一、规划背景

（一）"十二五"时期抗震防灾工作成效。

"十二五"时期，我国国民经济平稳较快发展，汶川、玉树等地震恢复重建任务顺利完成，住房城乡建设系统加大了城市抗震防灾规划、新建房屋建筑和市政公用设施抗震设防、既有建筑抗震加固和震后应急处置等工作力度，城乡建设抗震防灾体系日益完善，抗震防灾水平不断提升。

法规建设不断加强。《建设工程抗震管理条例》列入了国务院立法工作计划研究项目。出台了市政公用设施抗震设防专项论证、超限高层建筑工程抗震设防专项审查、推广应用减隔震技术、农村危房改造等方面的规范性文件，建立了抗震防灾工作定期统计制度。云南、四川、山西、贵州等地制定了建设工程抗震管理地方法规或规章。

标准体系逐步完善。总结吸收汶川、玉树等地震经验，开展了城乡建设抗震防灾技术标准体系研究工作，组织制修订了建筑抗震设计、减隔震技术应用、抗震鉴定加固、防灾避难场所设计等 20 多项相关工程建设标准。

城市抗震防灾规划编制与实施力度加大。开展城市抗震防灾规划标准制修订工作，加强城镇总体规划的抗震防灾专项、城市抗震防灾规划等编制管理，探索区域抗震防灾综合防御体系规划编制。完成 215 项城市抗震防灾规划，加强了上报国务院审批的城市总体规划的防灾内容审查。加强防灾避难场所建设管理研究，全国 97.6% 的设市城市至少建成了一个防灾避险公园。

新建工程抗震设防监管得到加强。持续强化抗震防灾法律法规、技术标准和管理制度的贯彻落实，在全国建筑工程质量安全监督执法检查、汶川地震灾后重建"回头看"等工作中，把工程抗震设防作为重要内容。完成超限高层建筑工程抗震设防专项审查近 5000 项、市政公用设施抗震设防专项论证 300 余项，累计建成减隔震建筑 3400 余栋。

既有建筑抗震加固稳步推进。全力配合做好全国中小学校舍安全工程，支持和指导喀什市老城区危旧房改造综合治理项目实施。新疆安居富民工程、北京老旧小区综合整治工程成效显著，新疆等地农村抗震民居经受了多次强震考验。各地加强农民自建房抗震设防指导，加大了村镇建设管理员和农村建筑工匠培训和管理力度。

地震应急处置能力得到提升。修订发布《住房城乡建设系统地震应急预案》，健全震后应急工作机制，完善涵盖震后抢险抢修抢通、应急供水、房屋安全应急评估、专家调配和物资调运、危房拆除、垃圾处理、临时建设、震害调查、重建规划和建设组织等快速响应和应急处置体系。积极应对历次重大地震灾害，指导、支持、配合救灾和重建工作。

专家队伍建设步伐加快。完成全国城市抗震防灾规划审查委员会、全国超限高层建筑工程抗震设防审查专家委员会换届工作，组建国家震后房屋建筑安全应急评估专家队，建立了全国市政公用设施抗震设防专项论证专家库，各地加强相应的技术力量，入库专家总计近5000名，建立产学研用全面覆盖、支撑有力的专家队伍。

（二）"十三五"时期抗震防灾工作面临的形势。

"十三五"期间，我国中高强度地震仍将处于多发时期，地震形势较为严峻，经济社会发展对城乡建设抗震防灾工作提出更高要求。

城乡建设抗震防灾基础依然薄弱。建设工程抗震管理缺少法律法规支撑，抗震防灾管理和技术力量薄弱。城市抗震设施建设数量不足，设防水平低，布局不均衡，应急保障和服务水平不高。农村自建住房抗震水平偏低，小震大灾情况时有发生。城镇不满足抗震设防标准或未进行抗震设防的房屋建筑存量大且底数不清，《中国地震动参数区划图》修订后这一短板更加凸显。

新型城镇化发展提出更高要求。党中央、国务院对坚持以防为主、防抗救相结合，坚持常态减灾和非常态救灾相统一，全面提升全社会抵御自然灾害的综合防范能力高度重视。《国家新型城镇化规划（2014—2020年）》、中央城镇化工作会议、中央城市工作会议高度关注城镇化安全发展问题，对提高城市建筑设防标准，合理规划布局和建设防灾避难场所等抗震设施，强化公共建筑物、城镇公共绿地和设施应急避难功能，加强灾后救援救助能力等工作提出明确要求，城乡建设抗震防灾任务繁重。

"一带一路"建设带来新的机遇。全球每年约70%的地震集中在"一带一路"沿线国家和地区，采用我国抗震技术建造的援外项目在地震中经受了考验。我国拥有特色鲜明、与亚洲传统房屋建筑相适应的抗震技术，且有不同烈度地区的震害经验和工程建设实践，在"一带一路"建设中可有更大作为。

二、总体要求

（一）指导思想。

全面贯彻落实党中央、国务院关于城乡建设防灾减灾的战略部署和新型城镇化要求，牢固树立和贯彻落实创新、协调、绿色、开放、共享的发展理念，以保障城乡安全发展为目标，以抗震防灾规划为龙头，以工程抗震设防为重点，推动抗震风险管控，推进抗震设施建设，加强制度建设和管理创新，着力构建与经济社会发展相适应的城乡建设抗震防灾体系，切实提升建筑抗震设防水平、城市抗震防灾水平和震后应急处置水平，不断提高全社会抵御地震灾害的综合防范能力。

（二）基本原则。

——预防为主，综合施策。坚持以防为主、防抗救相结合，坚持常态抗震防灾与非常态抗震救灾相统一，坚持抗震防灾规划与工程抗震设防协调发展，重视既有建筑抗震鉴定加固，强化震后应急处置能力建设。

——问题导向，补齐短板。提高房屋建筑抗震设防标准，加强抗震设施建设管理，加强房屋建筑风险监控，实施城乡全面设防、区域综合防御，点、线、面结合，突出重点，筑牢抗震防灾安全底线。

——管理规范，科学防灾。健全城乡建设抗震防灾体系，坚持法治思维，依法行政，统筹近期安排与长远谋划，强化科技创新与监督管理，提高抗震防灾科技支撑能力，提升抗震防灾工作规范化、制度化和法制化水平。

（三）规划目标。

——抗震设防水平明显提高。城镇新建房屋建筑和市政基础设施工程全面设防，乡村自建农房落实抗震措施。超限高层建筑工程抗震设防专项审查率达到100%，全面推行重大市政公用设施抗灾设防专项论证。高烈度设防区和灾后重建地区新建学校、医院建筑采用减隔震技术比例达到20%。

——抗震危房风险得到控制。基本完成现有农村危房改造。积极开展城镇棚户区改造工作，实现开工建设2000万套。推动开展城市房屋建筑抗震能力普查和加固改造，逐步减少抗震危房存量。

——抗震设施建设积极推进。高烈度设防区及地级以上城市全面开展抗震防灾规划编制，加强规划技术审查，推动城市防灾避难场所和生命通道体系建设，推动强震观测设施建设，加强抗震设施建设管理。

——抗震救灾体系基本健全。地级以上城市住房城乡建设系统地震应急预案100%覆盖，健全应急响应机制，完善专家队伍、抢险队伍、物资和装备等应急储备。地震重点监视防御区地级以上城市100%建立应急专家队伍。

——抗震防灾制度更加完善。推动加快《建设工程抗震管理条例》立法进程。建立健全城市抗震防灾规划、工程抗震设防、抗震设施建设、灾后应急处置等管理制度。

三、主要任务

（一）加强法规制度建设。

加快法规制度建设进程。加大力度推动国家及地方抗震管理立法工作。建立健全城市抗震防灾规划、抗震设施建设、超限高层建筑工程抗震设防、减隔震工程质量监管、既有建筑抗震加固、震后房屋建筑安全应急评估、震害调查等管理制度。

强化抗震防灾责任落实。加强抗震防灾责任体系建设，探索建立以抗震防灾规划编制实施、防灾避难场所有效覆盖率、工程抗震设防达标率、抗震风险监测控制到位率等为指标的城乡建设抗震防灾行政绩效评估和考核制度。

（二）完善技术标准体系。

强化抗震标准体系建设。加强抗震防灾技术标准制修订工作，完善抗震防灾设施建设相关标准，强化减隔震工程管理和装置检测认证，不断提高建筑工程抗震标准。

提升抗震防灾标准水平。探索建立震害调查制度，不断总结震害经验，及时将工程抗灾技术创新成果纳入标准规范。积极开展中外标准对比研究，提高中国标准与国际标准或发达国家标准的一致性，推进抗震标准翻译工作。

（三）严格新建工程抗震设防。

加强建设工程抗震管理。强化房屋建筑工程抗震设防监管，强化超限高层建筑工程抗震设防审查管理。全面推动实施市政公用设施抗震设防专项论证制度。大力推广减隔震技术，加强质量监管，切实提高建筑工程可持续抗震能力。

推动村镇建筑建设管理。完善村镇建筑安全选址和抗震防灾要求，加强对村镇建筑防灾设计与建设的指导，推动农房抗震措施普及。加强村镇工程建设防灾专业技术培训，提高基层管理和技术人员防灾意识，提升农房抗震设防水平。

（四）推动既有建筑加固改造。

推进城市建筑抗震风险排查。推动开展城市房屋建筑抗震能力普查工作，推动建立省市两级抗震风险监测平台，建立城市防灾能力档案和信息管理制度。

提升既有住房抗震能力。通过棚户区改造、抗震加固等，加快对抗震能力严重不足住房的拆除和改造。研究探索强制性与引导性相结合的房屋抗震鉴定和加固制度。继续实施农村危房改造工程，统筹推进农房抗震改造。

提升公共建筑综合抗震能力。研究制定城乡规划中避难建筑规划要求和控制指标，推动避难建筑建设，逐步提高我国建筑室内避难规模，提高学校、医院等公共建筑避难和保障能力。推动对人员密集公共建筑抗震能力普查和加固改造，推动开展文化遗产建筑及历史建筑抗震保护性鉴定加固工作。

（五）强化抗震规划编制实施。

推动区域抗震防灾综合防御。加强城镇体系规划中抗震防灾专项要求，加强重大地震断裂带地区、地震重点监视防御区抗震防灾综合防御体系建设，构建具有良好防灾功能的城镇布局，完善区域重大基础设施的应急救灾功能，加强抗震设施建设和抗震风险控制对策的统筹和协调。

严格防灾规划编制管理。加快城市抗震防灾规划编制进程，加强城市重大抗震风险排查，完善抗震设施布局。探索用作避难场所和应急通道的绿地、教育、体育等公共用地及公共空间的规划建设管控制度。推进镇、乡、村庄防灾规划编制工作。

推进城乡防灾设施建设。推动构建以防灾避难场所为中心，应急交通、供电、供水、通信等基础设施为支撑，应急指挥、医疗、物资、消防、环卫等服务设施配套齐全的抗震设施体系。开展抗震设施建设管理制度研究，强化公共建筑物和设施的应急避难功能。

完善城乡规划防灾措施。加强城镇总体规划、市政专项规划、乡村规划的抗震防灾措施，提升现有城乡规划体系中抗震防灾内容的科学性及可操作性。完善城乡抗震防灾规划监管体系，严格规划强制性措施落实，探索详细规划、城镇社区管理的防灾管控。

（六）促进抗震技术推广应用。

探索抗震防灾韧性城市建设。开展抗震防灾韧性城市建设体系研究，探索以提高承灾体抗震能力为重点的韧性城市建设。研究建立韧性城市风险评估、生命线工程抗震安全保障、应急处置和恢复等技术体系。

推动抗震防灾技术研究应用。加强装配式混凝土结构、钢结构和现代木结构建筑的抗震技术研究，加强适宜抗震防灾技术研究与应用。鼓励和支持减隔震、抗震加固改造等新型产业发展，有效发挥抗震防灾技术在建筑相关产业转型升级中的催化剂作用。

推进抗震防灾信息化建设。推进抗震防灾信息数据库建设，不断提升抗震防灾信息化水平，推动抗震防灾公共服务信息化综合管理平台和移动应用服务开发，对接抗震防灾宣传和防灾功能引导，提高政府管理效能。

（七）提升地震应急处置水平。

加强灾后应急处置能力建设。完善应急响应机制，增强各类防灾减灾应急预案的针对性、有效性和可操作性。健全各级震后房屋建筑安全应急评估专家队伍，制定应急评估技术指南，推动建立市政公用设施抢险抢修专业队伍，推动建立大型机械设备储备征用机制，加强应急队伍培训演练。

完善灾后恢复重建组织协调。不断总结灾后恢复重建经验，加强灾后恢复重建组织协调制度研究和技术指导，加强恢复重建工程质量监管，加强对社会力量参与重建工作的引导。推动灾后重建农村住房采用符合标准的防灾技术。

四、保障措施

（一）加强组织领导。

完善组织制度。加强住房城乡建设系统抗震防灾工作机构建设，保障必要工作条件。加强城乡建设抗震防灾的管理和协调，健全工作机制，强化责任落实。

严格规划实施。各级住房城乡建设主管部门加强对规划相关内容落实情况的评估，对规划实施情况进行跟踪分析和监督检查，加强城乡建设抗震防灾相关工作。

（二）完善政策配套。

加大保障力度。研究与我国经济社会发展相适应的城乡建设抗震防灾投入机制和政策措施。探索基于工作和成效的奖惩与引导机制，加快科技支撑体系建设，加强科技进步试点示范。

推动管理创新。加强城乡建设抗震防灾设防体系、技术体系和制度体系研究，加强顶层设计，加强法规制度建设，推动城乡建设抗震防灾行政问责、抗震设施规划建设、灾害风险监测预警等领域制度创新。

（三）强化队伍建设。

完善专家队伍。充分考虑灾害种类和地区差异，从不同学科领域、不同地域选择专家，健全城乡建设抗震防灾专家队伍。建立有效的专家参与工作机制，充分发挥专家咨询与辅助决策作用。

加强人才培养。加强抗震防灾技术培训，强化对注册执业人员继续教育的抗震防灾内容。引导各地建立城乡建设抗震防灾教育培训基地。

加大宣传力度。开展城乡建设抗震防灾宣传活动。引导各地采取多种方式加强抗震防灾文化建设，普及抗震防灾知识，开展演习演练活动。

（四）加强国际合作。

推广抗震技术。以"一带一路"战略实施为引导，以对外项目投资、技术输出和援建工程为依托，大力宣传我国抗震安居等防灾建设经验，推动我国先进适用抗震技术的国际应用，提升中国抗震技术和标准的国际认可度。

促进交流合作。鼓励推动抗震防灾技术的国际交流和双边多边合作，促进技术共享和产业联合发展。积极参加《2030年可持续发展议程》和《2015–2030年仙台减少灾害风险框架》，认真履行相关国际责任。

6. 国务院关于优化建设工程防雷许可的决定

国发〔2016〕39 号

各省、自治区、直辖市人民政府，国务院各部委、各直属机构：

根据简政放权、放管结合、优化服务协同推进的改革要求，为减少建设工程防雷重复许可、重复监管，切实减轻企业负担，进一步明确和落实政府相关部门责任，加强事中事后监管，保障建设工程防雷安全，现作出如下决定：

一、整合部分建设工程防雷许可

（一）将气象部门承担的房屋建筑工程和市政基础设施工程防雷装置设计审核、竣工验收许可，整合纳入建筑工程施工图审查、竣工验收备案，统一由住房城乡建设部门监管，切实优化流程、缩短时限、提高效率。

（二）油库、气库、弹药库、化学品仓库、烟花爆竹、石化等易燃易爆建设工程和场所，雷电易发区内的矿区、旅游景点或者投入使用的建（构）筑物、设施等需要单独安装雷电防护装置的场所，以及雷电风险高且没有防雷标准规范、需要进行特殊论证的大型项目，仍由气象部门负责防雷装置设计审核和竣工验收许可。

（三）公路、水路、铁路、民航、水利、电力、核电、通信等专业建设工程防雷管理，由各专业部门负责。

二、清理规范防雷单位资质许可

取消气象部门对防雷专业工程设计、施工单位资质许可；新建、改建、扩建建设工程防雷的设计、施工，可由取得相应建设、公路、水路、铁路、民航、水利、电力、核电、通信等专业工程设计、施工资质的单位承担。同时，规范防雷检测行为，降低防雷装置检测单位准入门槛，全面开放防雷装置检测市场，允许企事业单位申请防雷检测资质，鼓励社会组织和个人参与防雷技术服务，促进防雷减灾服务市场健康发展。

三、进一步强化建设工程防雷安全监管

（一）气象部门要加强对雷电灾害防御工作的组织管理，做好雷电监测、预报预警、雷电灾害调查鉴定和防雷科普宣传，划分雷电易发区域及其防范等级并及时向社会公布。

（二）各相关部门要按照谁审批、谁负责、谁监管的原则，切实履行建设工程防雷监管职责，采取有效措施，明确和落实建设工程设计、施工、监理、检测单位以及业主单位等在防雷工程质量安全方面的主体责任。同时，地方各级政府要继续依法履行防雷监管职责，落实雷电灾害防御责任。

（三）中国气象局、住房城乡建设部要会同相关部门建立建设工程防雷管理工作机制，

加强指导协调和相互配合，完善标准规范，研究解决防雷管理中的重大问题，优化审批流程，规范中介服务行为。

建设工程防雷许可具体范围划分，由中国气象局、住房城乡建设部会同中央编办、工业和信息化部、环境保护部、交通运输部、水利部、国务院法制办、国家能源局、国家铁路局、中国民航局等部门研究确定并落实责任，及时向社会公布，2016 年底前完成相关交接工作。相关部门要按程序修改《气象灾害防御条例》，对涉及的部门规章等进行清理修订。国务院办公厅适时组织督查，督促各部门、各地区在规定时限内落实改革要求。

本决定自印发之日起施行，已有规定与本决定不一致的，按照本决定执行。

国务院

2016 年 6 月 24 日

7. 社会消防技术服务管理规定

2013 年 10 月 18 日公安部部长办公会议通过，2014 年 2 月 3 日公安部令第 129 号发布，
2016 年 1 月 14 日公安部令第 136 号修订，自修订之日起施行

目　录

第一章　总则
第二章　资质条件
第三章　资质许可
第四章　消防技术服务活动
第五章　监督管理
第六章　法律责任
第七章　附则

第一章　总　则

第一条　为规范社会消防技术服务活动，建立公平竞争的消防技术服务市场秩序，促进提高消防技术服务质量，根据《中华人民共和国消防法》，制定本规定。

第二条　在中华人民共和国境内从事社会消防技术服务活动、对消防技术服务机构实施资质许可和监督管理，适用本规定。

本规定所称消防技术服务机构是指从事消防设施维护保养检测、消防安全评估等消防技术服务活动的社会组织。

第三条　消防技术服务机构及其从业人员开展社会消防技术服务活动应当遵循客观独立、合法公正、诚实信用的原则。

本规定所称消防技术服务从业人员，是指依法取得注册消防工程师资格并在消防技术服务机构中执业的专业技术人员，以及按照有关规定取得相应消防行业特有工种职业资格，在消防技术服务机构中从事消防设施维护保养检测的一般操作人员。

第四条　国家对消防技术服务机构实行资质许可制度。消防技术服务机构应当取得相应消防技术服务机构资质证书（以下简称资质证书），并在资质证书确定的业务范围内从事消防技术服务活动。

第五条　鼓励依托消防协会成立消防技术服务行业协会。消防技术服务行业协会应当加强行业自律管理，组织制定并公布消防技术服务行业自律管理制度和执业准则，弘扬诚信执业、公平竞争、服务社会理念，规范执业行为，促进提升服务质量，反对不正当竞争

和垄断,维护行业、会员合法权益,促进行业健康发展。

消防协会、消防技术服务行业协会不得从事营利性社会消防技术服务活动,不得从事或者通过消防技术服务机构进行行业垄断。

第二章　资质条件

第六条　消防设施维护保养检测机构的资质分为一级、二级和三级,消防安全评估机构的资质分为一级和二级。

第七条　消防设施维护保养检测机构三级资质应当具备下列条件:

(一)企业法人资格;

(二)维修用房满足维修灭火器品种和数量的要求,且建筑面积一百平方米以上;

(三)与灭火器维修业务范围相适应的仪器、设备、设施;

(四)注册消防工程师一人以上,具有灭火器维修技能的人员五人以上;

(五)健全的质量管理制度;

(六)法律、行政法规规定的其他条件。

第八条　消防设施维护保养检测机构二级资质应当具备下列条件:

(一)企业法人资格,场所建筑面积二百平方米以上;

(二)与消防设施维护保养检测业务范围相适应的仪器、设备、设施;

(三)注册消防工程师六人以上,其中一级注册消防工程师至少三人;

(四)操作人员取得中级技能等级以上建(构)筑物消防员职业资格证书,其中高级技能等级以上至少占百分之三十;

(五)健全的质量管理体系;

(六)法律、行政法规规定的其他条件。

第九条　消防设施维护保养检测机构一级资质应当具备下列条件:

(一)取得消防设施维护保养检测机构二级资质三年以上,且申请之日前三年内无违法执业行为记录;

(二)场所建筑面积三百平方米以上;

(三)与消防设施维护保养检测业务范围相适应的仪器、设备、设施;

(四)注册消防工程师十人以上,其中一级注册消防工程师至少六人;

(五)操作人员取得中级技能等级以上建(构)筑物消防员职业资格证书,其中高级技能等级以上至少占百分之三十;

(六)健全的质量管理体系;

(七)申请之日前三年内从事过至少二十项设有自动消防设施的单体建筑面积二万平方米以上的工业建筑、民用建筑的消防设施维护保养检测活动;

(八)法律、行政法规规定的其他条件。

第十条　消防安全评估机构二级资质应当具备下列条件:

(一)法人资格,场所建筑面积一百平方米以上;

(二)与消防安全评估业务范围相适应的设备、设施和必要的技术支撑条件;

(三)注册消防工程师八人以上,其中一级注册消防工程师至少四人;

（四）健全的消防安全评估过程控制体系；

（五）法律、行政法规规定的其他条件。

第十一条 消防安全评估机构一级资质应当具备下列条件：

（一）取得消防安全评估机构二级资质三年以上，且申请之日前三年内无违法执业行为记录；

（二）场所建筑面积二百平方米以上；

（三）与消防安全评估业务范围相适应的设备、设施和必要的技术支撑条件；

（四）注册消防工程师十二人以上，其中一级注册消防工程师至少八人；

（五）健全的消防安全评估过程控制体系；

（六）申请之日前三年内从事过至少十项单体建筑面积三万平方米以上的工业建筑、民用建筑的消防安全评估活动；

（七）法律、行政法规规定的其他条件。

第十二条 一个消防技术服务机构可以同时取得两项以上消防技术服务机构资质。同时取得两项以上消防技术服务机构资质的，应当具备下列条件：

（一）场所建筑面积三百平方米以上；

（二）注册消防工程师数量不少于拟同时取得的各单项资质条件要求的注册消防工程师人数之和的百分之八十，且不得低于任一单项资质条件的人数；

（三）拟同时取得的各单项资质的其他条件。

第十三条 在本规定实施前已经从事消防设施维护保养检测、消防安全评估活动三年以上，且符合本规定第九条、第十一条规定的资质条件的（二级资质从业时间除外），可以自本规定实施之日起六个月内申请临时一级资质。

临时一级资质有效期为二年，期限届满后，可以依照本规定申请相应的资质。

第十四条 一级资质的消防安全评估机构可以在全国范围内执业。其他消防技术服务机构可以在许可所在省、自治区、直辖市范围内执业。

第十五条 具备下列条件的一级资质的消防设施维护保养检测机构可以跨省、自治区、直辖市执业，但应当在拟执业的省、自治区、直辖市设立分支机构：

（一）取得一级资质二年以上，申请之日前二年内无违法执业行为记录；

（二）注册消防工程师十人以上，其中一级注册消防工程师至少八人，不包括拟转到分支机构执业的注册消防工程师及已设立的分支机构的注册消防工程师。

拟设立的分支机构注册消防工程师数量，应当不少于所申请的消防技术服务机构资质条件要求的注册消防工程师人数的百分之八十，且符合相应消防技术服务机构资质的其他条件。

消防技术服务机构的分支机构应当在分支机构取得的资质范围内执业。

第三章 资质许可

第十六条 消防技术服务机构资质由省级公安机关消防机构审批；其中，对拟批准消防安全评估机构一级资质的，由公安部消防局书面复核。

第十七条 申请消防技术服务机构资质的，应当向机构所在地的省级公安机关消防机构提交下列材料：

（一）消防技术服务机构资质申请表；

（二）营业执照等法人身份证明文件复印件；

（三）法人章程，法定代表人身份证复印件；

（四）从业人员名录及其身份证、注册消防工程师资格证书及其社会保险证明、消防行业特有工种职业资格证书、劳动合同复印件；

（五）场所权属证明复印件，主要仪器、设备、设施清单；

（六）有关质量管理文件；

（七）法律、行政法规规定的其他材料。

申请一级资质的，还应当提交二级资质证书和申请之日前三年内承担的消防技术服务项目目录。

第十八条 消防技术服务机构申请设立分支机构，应当向拟设立分支机构地的省级公安机关消防机构提交下列材料：

（一）设立消防技术服务分支机构申请表；

（二）资质证书复印件；

（三）所属注册消防工程师情况汇总表、注册消防工程师资格证书及其社会保险证明和身份证复印件；

（四）分支机构的从业人员名录及其身份证、注册消防工程师资格证书及其社会保险证明、消防行业特有工种职业资格证书、劳动合同复印件；

（五）分支机构的场所权属证明复印件，主要仪器、设备、设施清单；

（六）有关质量管理文件，对分支机构的管理办法；

（七）法律、行政法规规定的其他材料。

第十九条 省级公安机关消防机构收到申请后，对申请材料齐全、符合法定形式的，应当出具受理凭证；不予受理的，应当出具不予受理凭证并载明理由；申请材料不齐全或者不符合法定形式的，应当当场或者在五日内一次告知申请人需要补正的全部内容，逾期不告知的，自收到申请材料之日起即为受理。

第二十条 省级公安机关消防机构受理申请后，应当自受理之日起二十日内作出行政许可决定。二十日内不能作出决定的，经省级公安机关消防机构负责人批准，可以延长十日，并将延长期限的理由告知申请人。

对拟颁发消防安全评估机构一级资质证书的，省级公安机关消防机构应当自受理申请之日起二十日内审查完毕，并将审查意见以及申请材料报公安部消防局。公安部消防局应当自收到审查意见之日起十日内完成复核工作。

作出许可决定的，应当自作出决定之日起十日内向申请人颁发、送达资质证书；不予许可的，应当出具不予许可决定书并载明理由。

第二十一条 公安机关消防机构在审批期间应当组织专家评审，对申请人的场所、设备、设施等进行实地核查。

专家评审时间不计算在审批时限内，但最长不得超过三十日。专家评审的具体办法由公安部消防局制定并公布。

第二十二条 资质证书分为正本和副本，式样由公安部统一制定，正本、副本具有同等法律效力。资质证书有效期为三年。

申请人领取消防设施维护保养检测、消防安全评估一级资质证书时，应当将二级资质证书交回原发证机关予以注销。

第二十三条 消防技术服务机构的资质证书有效期届满需要续期的，应当在有效期届满三个月前向原许可公安机关消防机构提出申请。原许可公安机关消防机构应当按照本规定第十九条、第二十条规定的程序进行复审；必要时，可以进行实地核查。

经复审，消防技术服务机构不再符合资质条件，或者在资质证书有效期内有三次以上违反本规定第四十七条、第五十条第一款规定行为的，不予办理续期手续。

第二十四条 消防技术服务机构的名称、地址、注册资本、法定代表人等发生变更的，应当在十日内向原许可公安机关消防机构申请办理变更手续。

消防技术服务机构遗失资质证书的，应当向原许可公安机关消防机构申请补发。

原许可公安机关消防机构受理变更、补发资质证书申请后，应当进行审查，并自受理之日起五日内办理完毕。

第四章 消防技术服务活动

第二十五条 消防技术服务机构及其从业人员应当依照法律法规、技术标准和执业准则，开展下列社会消防技术服务活动，并对服务质量负责：

（一）三级资质的消防设施维护保养检测机构可以从事生产企业授权的灭火器检查、维修、更换灭火药剂及回收等活动；一级资质、二级资质的消防设施维护保养检测机构可以从事建筑消防设施检测、维修、保养活动；

（二）消防安全评估机构可以从事区域消防安全评估、社会单位消防安全评估、大型活动消防安全评估、特殊消防设计方案安全评估等活动，以及消防法律法规、消防技术标准、火灾隐患整改等方面的咨询活动。

第二十六条 一级资质、临时一级资质的消防设施维护保养检测机构可以从事各类建筑的建筑消防设施的检测、维修、保养活动。一级资质、临时一级资质的消防安全评估机构可以从事各种类型的消防安全评估以及咨询活动。

二级资质的消防设施维护保养检测机构可以从事单体建筑面积四万平方米以下的建筑、火灾危险性为丙类以下的厂房和库房的建筑消防设施的检测、维修、保养活动。二级资质的消防安全评估机构可以从事社会单位消防安全评估以及消防法律法规、消防技术标准、一般火灾隐患整改等方面的咨询活动。

第二十七条 消防设施维护保养检测机构应当按照国家标准、行业标准规定的工艺、流程开展检测、维修、保养，保证经维修、保养的建筑消防设施、灭火器的质量符合国家标准、行业标准。

第二十八条 消防技术服务机构应当依法与从业人员签订劳动合同，加强对所属从业人员的管理。注册消防工程师不得同时在两个以上社会组织执业。

消防技术服务机构所属注册消防工程师发生变化的，应当在五日内通过社会消防技术服务信息系统予以备案。

第二十九条 消防技术服务机构应当设立技术负责人，对本机构的消防技术服务实施质量监督管理，对出具的书面结论文件进行技术审核。技术负责人应当具备注册消防工程师资格，一级资质、二级资质的消防技术服务机构的技术负责人应当具备一级注册消防工程师资格。

第三十条 消防技术服务机构承接业务，应当与委托人签订消防技术服务合同，并明确项目负责人。项目负责人应当具备相应的注册消防工程师资格。

消防技术服务机构不得转包、分包消防技术服务项目。

第三十一条 消防技术服务机构出具的书面结论文件应当由技术负责人、项目负责人签名，并加盖消防技术服务机构印章。

消防设施维护保养检测机构对建筑消防设施、灭火器进行维修、保养后，应当制作包含消防技术服务机构名称及项目负责人、维修保养日期等信息的标识，在消防设施所在建筑的醒目位置、灭火器上予以公示。

第三十二条 具有消防设施维护保养检测资质的施工企业为其施工项目出具的竣工验收前的消防设施检测意见，不得作为建设单位申请建设工程消防验收的合格证明文件。

第三十三条 消防技术服务机构应当在消防技术服务项目完成之日起五日内，通过社会消防技术服务信息系统将消防技术服务项目目录以及出具的书面结论文件予以备案。

第三十四条 消防技术服务机构应当对服务情况作出客观、真实、完整记录，按消防技术服务项目建立消防技术服务档案。

特殊消防设计方案安全评估档案保管期限为长期，灭火器维修档案保管期限为五年，其他消防技术服务档案保管期限为二十年。

第三十五条 消防技术服务机构应当在其经营场所的醒目位置公示资质证书、营业执照、工作程序、收费标准、收费依据、执业守则、注册消防工程师资格证书、投诉电话等事项。

第三十六条 消防技术服务机构收费应当遵守价格管理法律法规的规定。

第三十七条 消防技术服务机构在从事社会消防技术服务活动中，不得有下列行为：

（一）未取得相应资质，擅自从事消防技术服务活动；

（二）出具虚假、失实文件；

（三）涂改、倒卖、出租、出借或者以其他形式非法转让资质证书；

（四）泄露委托人商业秘密；

（五）指派无相应资格从业人员从事消防技术服务活动；

（六）法律、法规、规章禁止的其他行为。

第五章 监督管理

第三十八条 县级以上公安机关消防机构依照有关法律、法规和本规定，对本行政区域内的社会消防技术服务活动实施监督管理。

消防技术服务机构及其从业人员对公安机关消防机构依法进行的监督管理应当协助和配合，不得拒绝或者阻挠。

第三十九条 县级以上公安机关消防机构应当结合日常消防监督检查工作，对消防技术服务质量实施监督抽查。

公民、法人和其他组织对消防技术服务机构及其从业人员的执业行为进行举报、投诉的，公安机关消防机构应当及时进行核查、处理。

第四十条　公安机关消防机构对发现的消防技术服务机构违法执业行为，应当责令立即改正或者限期改正，并依法查处，将违法执业事实、处理结果、处理建议及时通知原许可公安机关消防机构。

第四十一条　公安机关消防机构发现消防技术服务机构取得资质后不再符合相应资质条件的，应当责令限期改正，改正期间不得从事相应社会消防技术服务活动。

第四十二条　公安机关消防机构的工作人员滥用职权、玩忽职守作出准予消防技术服务机构资质许可的，作出许可的公安机关消防机构或者其上级公安机关消防机构，根据利害关系人的请求或者依职权，可以撤销消防技术服务机构资质。

公安机关消防机构及其工作人员不得设立消防技术服务机构，不得参与消防技术服务机构的经营活动，不得指定或者变相指定消防技术服务机构，不得滥用行政权力排除、限制竞争。

第四十三条　消防技术服务机构有下列情形之一的，作出许可的公安机关消防机构应当注销其资质：

（一）自行申请注销的；

（二）自行停止执业一年以上的；

（三）自愿解散或者依法终止的；

（四）资质证书有效期届满未续期的；

（五）资质被依法撤销或者资质证书被依法吊销的；

（六）法律、行政法规规定的其他情形。

第四十四条　省级公安机关消防机构应当建立和完善社会消防技术服务信息系统，公布消防技术服务机构及其注册消防工程师的有关信息，发布执业、诚信和监督管理信息，并为社会提供有关信息查询服务。

第六章　法律责任

第四十五条　申请人隐瞒有关情况或者提供虚假材料申请资质的，公安机关消防机构不予受理或者不予许可，并给予警告；申请人在一年内不得再次申请。

申请人以欺骗、贿赂等不正当手段取得资质的，原许可公安机关消防机构应当撤销其资质，并处二万元以上三万元以下罚款；申请人在三年内不得再次申请。

第四十六条　消防技术服务机构违反本规定，有下列情形之一的，责令改正，处二万元以上三万元以下罚款：

（一）未取得资质，擅自从事社会消防技术服务活动的；

（二）资质被依法注销，继续从事社会消防技术服务活动的；

（三）冒用其他社会消防技术服务机构名义从事社会消防技术服务活动的。

第四十七条　消防技术服务机构违反本规定，有下列情形之一的，责令改正，处一万元以上二万元以下罚款：

（一）超越资质许可范围从事社会消防技术服务活动的；

（二）不再符合资质条件，经责令限期改正未改正或者在改正期间继续从事相应社会消防技术服务活动的；

（三）涂改、倒卖、出租、出借或者以其他形式非法转让资质证书的；

（四）所属注册消防工程师同时在两个以上社会组织执业的；

（五）指派无相应资格从业人员从事社会消防技术服务活动的；

（六）转包、分包消防技术服务项目的。

对有前款第四项行为的注册消防工程师，处五千元以上一万元以下罚款。

第四十八条 消防技术服务机构违反本规定，有下列情形之一的，责令改正，处一万元以下罚款：

（一）未设立技术负责人、明确项目负责人的；

（二）出具的书面结论文件未签名、盖章的；

（三）承接业务未依法与委托人签订消防技术服务合同的；

（四）未备案注册消防工程师变化情况或者消防技术服务项目目录、出具的书面结论文件的；

（五）未申请办理变更手续的；

（六）未建立和保管消防技术服务档案的；

（七）未公示资质证书、注册消防工程师资格证书等事项的。

第四十九条 消防技术服务机构出具虚假文件的，责令改正，处五万元以上十万元以下罚款，并对直接负责的主管人员和其他直接责任人员处一万元以上五万元以下罚款；有违法所得的，并处没收违法所得；情节严重的，由原许可公安机关消防机构责令停止执业或者吊销相应资质证书。

消防技术服务机构出具失实文件，造成重大损失的，由原许可公安机关消防机构责令停止执业或者吊销相应资质证书。

第五十条 消防设施维护保养检测机构违反本规定，有下列情形之一的，责令改正，处一万元以上三万元以下罚款：

（一）未按照国家标准、行业标准检测、维修、保养建筑消防设施、灭火器的；

（二）经维修、保养的建筑消防设施、灭火器质量不符合国家标准、行业标准的。

消防设施维护保养检测机构未按照本规定在经其维修、保养的消防设施所在建筑的醒目位置或者灭火器上公示消防技术服务信息的，责令改正，处五千元以下罚款。

第五十一条 消防技术服务机构有违反本规定的行为，给他人造成损失的，依法承担赔偿责任；经维修、保养的建筑消防设施不能正常运行，发生火灾时未发挥应有作用，导致伤亡、损失扩大的，从重处罚；构成犯罪的，依法追究刑事责任。

第五十二条 本规定设定的行政处罚除本规定另有规定的外，由违法行为地的县级以上公安机关消防机构决定。

第五十三条 消防技术服务机构及其从业人员对公安机关消防机构在消防技术服务监督管理中作出的具体行政行为不服的，可以依法申请行政复议或者提起行政诉讼。

第五十四条 公安机关消防机构的工作人员指定或者变相指定消防技术服务机构，利用职务接受有关单位或者个人财物，或者有其他滥用职权、玩忽职守、徇私舞弊的行为，依照有关规定给予处分；构成犯罪的，依法追究刑事责任。

第七章　附　则

第五十五条　保修期内的建筑消防设施由施工单位进行维护保养的，不适用本规定。

第五十六条　本规定实施前已经从事社会消防技术服务活动的社会组织，应当自本规定实施之日起六个月内，按照本规定的条件和程序申请相应的资质。逾期不申请或者申请后经审核不符合资质条件，继续从事社会消防技术服务活动的，依照本规定第四十六条的规定处罚，并向社会公告。

第五十七条　本规定中的"日"是指工作日，不含法定节假日；"以上"、"以下"均含本数。

第五十八条　执行本规定所需要的文书式样，以及消防技术服务机构应当配备的仪器、设备、设施目录，由公安部制定。

第五十九条　本规定自 2014 年 5 月 1 日起施行。

第三篇　标准篇

　　《建筑防灾年鉴2012》、《建筑防灾年鉴2013》标准规范篇已对目前我国现行的大多数工程建设国家标准、行业标准、协会标准以及地方标准作出了概括和总结，这些标准规范涵盖抗震防灾规划，抗震设施分类，防灾减灾的设计、施工、检测、鉴定和加固等方面，是我国近20年来城乡建设防灾减灾标准化工作成果的缩影。本篇主要收录国家、行业、协会以及地方标准在编或修订情况的简介，主要包括编制或修编背景、编制原则和指导思想、修编内容与改进等方面内容，便于读者在第一时间了解到标准规范的最新动态，做到未雨绸缪。

1. 国家标准《建筑设计防火规范》编制简介

李引擎

中国建筑科学研究院，北京 100013

前言

该规范是根据住房和城乡建设部《关于调整〈建筑设计防火规范〉、〈高层民用建筑设计防火规范〉修订项目计划的函》（建标 [2009]94 号），由公安部天津消防研究所、四川消防研究所会同有关单位，在《建筑设计防火规范》GB 50016–2006 和《高层民用建筑设计防火规范》GB 50045–95（2005 年版）的基础上，经整合修订成统一的《建筑设计防火规范》。住建部 2014 年 8 月 27 日第 517 号文批准该标准，并于 2015 年 5 月 1 日开始执行。

该规范共分 12 章和 3 个附录，主要内容有：生产和储存的火灾危险性分类、高层建筑的分类要求，厂房、仓库、住宅建筑和公共建筑等工业与民用建筑的建筑耐火等级分级及其建筑构件的耐火极限、平面布置、防火分区、防火分隔、建筑防火构造、防火间距和消防设施设置的基本要求，工业建筑防爆的基本措施与要求；工业与民用建筑的疏散距离、疏散宽度、疏散楼梯设置形式、应急照明和疏散指示标志以及安全出口和疏散门设置的基本要求；甲、乙、丙类液体、气体储罐（区）和可燃材料堆场的防火间距、成组布置和储量的基本要求；木结构建筑和城市交通隧道工程防火设计的基本要求；满足灭火救援要求设置的救援场地、消防车道、消防电梯等设施的基本要求；建筑供暖、通风、空气调节和电气等方面的防火要求以及消防用电设备的电源与配电线路等基本要求。

一、规范编制的背景

原《建筑设计防火规范》在 1974 年编号是 TJ 16–74，1987 年国家计委批准修订后改为 GBJ 16–87。首部《高层民用设计防火规范》1982 年颁布，到 90 年代初这十几年是中国高层建筑发展的过渡期，在 1995 年修订后的《高层民用设计防火规范》编号为 GB 50045–95。作为建筑防火设计中基础性、通用性规范，它们自颁布实施以来，对于保障建筑消防安全，服务国家经济社会发展，保障人民群众生命财产安全，引导相关防火规范的制修订发挥了极其重要的作用。但是，随着我国经济社会和城市建设的迅猛发展，两部规范也面临一些亟待解决的问题。为吸取火灾事故教训，适应工程建设发展需要，增强规范的科学性、合理性和适用性，经住建部同意，公安部消防局于 2009 年组织有关单位对《建筑设计防火规范》和《高层民用建筑设计防火规范》进行了统一整合修订。

此次整合修订保留了两部规范中多年来行之有效的内容，使原两部规范在内容上能够无缝对接。同时，补充了两部规范不适应消防安全和工程建设发展需要的内容，修改了两部规范自身存在的不全面、相互之间以及与其他规范之间不协调等内容。具体表现在：

（一）工程建设急需解决的问题

1. 物流建筑的出现

随着物流业的发展，物流建筑已由单纯的仓库，变成集作业、包装、存储、信息提供、综合配置于一体的物流产业。它们的单体建筑面积通常要达几万平方米。 对于这类建筑，如何在满足建筑功能的前提下，合理地确定防火设计要求是一个急需研究解决的课题。

2. 综合商业体建筑大量出现

商业综合体的概念，源自城市综合体的概念，但是两者有着明显区别。城市综合体是以建筑群为基础，融商业零售、商务办公、酒店餐饮、公寓住宅、综合娱乐五大核心功能于一体的城中之城（功能聚合、土地集约的城市经济聚集体）。

而商业综合体，是将城市中商业、办公、居住、旅店、展览、餐饮、会议、文娱等城市生活空间的三项以上功能进行组合，并在各部分间建立一种相互依存、互有助益的能动关系，从而形成一个多功能、高效率、复杂而统一的综合体。

该类建筑的总建筑面积一般均为几十万平方米，是地上、地下立体，并集商业、展览、办公、酒店、公寓、住宅于一体的综合体项目（上海正在建造中国乃至世界最大的单体博展建筑——中国博览会会展综合体是 140 多万平方米），这些建筑在人员疏散、防火分区等方面存在需要研究解决的问题。

3. 大型储气罐的建设

为高效利用土地资源，方便管理，一些钢铁企业对大型储气罐的建设要求强烈，如需要建设的煤气柜可达 30 万立方米，而目前规范只对 10 万立方米以下的有规定。

4. 大型医院的建设

我国大型医院越来越多，有的建筑面积已有 20 多万平方米。而全国现有注册的医疗机构约有 30 万个，其中地市级的医院一般在 500 床位或者更多。这类医院液氧储罐的总容积都在 10 立方米或以上。因此，对于医院的用氧量要求及其储罐的布置以及医院内的避难与防火分隔，均需要进行调整。

5. 木结构建筑

木结构是单纯由木材或主要由木材承受荷载的结构，通过各种金属连接件或榫卯手段进行连接和固定。木结构体系抗震性能较高、取材方便、施工速度快，但易遭受火灾及白蚁侵蚀、雨水腐蚀。我国近几年虽对木材的燃烧特性、阻燃技术、某些主要建筑构件的耐火性能等开展过一些研究，但总体上，这些研究成果还不足以完全解决木结构建筑在中国发展过程中的防火安全问题。如何合理确定木结构建筑的高度和层数、防火间距、防火分隔、消防设施配置等，需要规范作出相应的规定。

（二）火灾事故暴露出的问题

1. 建筑外保温系统的防火

中央电视台新大楼北配楼、上海市静安区公寓大楼和沈阳市皇朝万鑫国际大厦等火灾引发了社会对建筑外保温系统的防火问题的关注。

2. 大型工业建筑的耐火等级要求

未保护的钢结构一般均在火灾后 20min 内发生坍塌。因此，要重视钢结构的防火保护，特别是要适当提高火灾危险性大的大型厂房、大型仓库的耐火等级。

3. 如何提高建筑中人员的疏散安全和超高层建筑的设防要求。

4. 自动灭火系统和火灾自动报警系统的设置范围和设施的安全使用。

（三）标准之间的协调问题

1. 两项标准之间及与国家的工程建设标准体系和其他相关标准之间存在不协调。

如《建筑设计防火规范》GB 50016-2006 共有条文 387 条，《高层民用建筑设计防火规范》GB 50045-1995（2005 年版）共有条文 214 条，两者有相同、相近要求的条文 170 条，约占《高层民用建筑设计防火规范》总条文的 80%。但这两项标准由于制修订时间不同，对同类问题的规定存在着不一致、不协调情况。如部分场所疏散人数与宽度计算方法、疏散距离要求，窗槛墙、窗间墙及防火挑檐的要求，建筑内的平面布置与防火分隔要求等。

2. 两项标准与《住宅建筑规范》、《城镇燃气设计规范》等标准也存在某些需要进一步协调的规定。另外国内近期还新编制了《消防给水和消火栓系统技术规范》、《建筑防烟排烟系统技术规范》等。目前工程建设消防技术规范的体系已较完善，相关规范的技术要求更加具体和充实。为此，有关的具体要求将不在本标准中规定。

二、规范整合工作的基本概况

（一）该规范基本维持了原《建筑设计防火规范》框架结构，对部分章节及其内容进行了调整。《建筑设计防火规范》整合修订本共有条文 422 条，其中：

1. 新增条文 69 条，修改 128 条，删除 115 条。

2. 新增第 7 章"灭火救援设施"和第 11 章"木结构建筑"，整合了第 8 章"消防设施的设置"。

（二）在规定该规范的强制性标准条文时，对直接涉及工程质量、安全、卫生及环境保护等方面的条文进行了认真分析和研究，共确定了 165 条强制性标准条文，约占全部条文的 39%。

（三）主要修改工作包括：

1. 将住宅建筑的高、多层分类统一按照建筑高度划分。

2. 调整了高层住宅建筑和建筑高度大于 100m 的高层民用建筑的防火技术要求。

3. 对有顶商业建筑利用步行街进行安全疏散，提出了具体的防火要求。

4. 调整、补充了建材、家具、灯饰商店营业厅和展览厅的设计疏散人员密度。

5. 增加了灭火救援设施和木结构建筑两章。

6. 对建筑外保温系统提出了防火要求。

7. 将消防设施的设置独立成章并取消了具体设计要求。

8. 补充了地下仓库、物流建筑、大型可燃气体储罐（区）等的防火要求，调整了液氧储罐等的防火间距。

9. 完善了防止建筑火灾竖向或水平蔓延的相关要求等。

10. 整合调整了原《建规》和《高规》两项标准间不协调的要求。

三、规范主要的修订内容

（一）建筑分类

1. 住宅建筑与原两规的规定及《住宅建筑规范》衔接。

2. 其他建筑仍按照 24m 划分。生产厂房和仓库部分保持与原规范一致，高层民用建筑的分类也保持一致，仍划分一类和二类，但划分标准根据社会发展和社会对消防安全的要求作了适当调整。

3. 对于规范未规定或明确的建筑，其类别根据规定类比确定。

（二）建筑高度大于 250m 的建筑

要求建筑高度大于 250m 的建筑，其防火设计应提交国家消防主管部门（即公安部消防局或其授权的机构）组织专题研究、论证。

（三）建筑高度大于 100m 的公共建筑

对这类建筑的耐火极限、防火间距、避难层（间）的设置和消防设施与应急照明等作出了相对高一些的要求。

（四）高层病房楼的避难间

参考国外对医疗建筑避难区域的规定，此次规范提出了避难间要求，它可以利用平时使用的房间，不需另外增加面积。

（五）有顶商业步行街进行疏散的要求

对有顶棚的商业步行街的长度、面积、疏散及消防设施等，提出了一些基本要求。

（六）民用建筑中人员安全疏散的要求

综合考虑建筑使用功能和用途、使用人数与特性、建筑面积、建筑高度和室内净空高度、疏散距离、安全出口的疏散能力以及消防设施配置情况等因素。对建筑的每个楼层应具有足够的疏散宽度、疏散出口，并疏散距离提出了具体的要求。

（七）部分建筑或场所的防火分区

根据不同耐火等级建筑的允许建筑高度或层数，将有些建筑防火分区最大允许建筑面积作了相应的调整。

（八）住宅建筑

对住宅建筑的高度定义、安全疏散、防火分区和室内消防设施配置，以及其与公共建筑关联等问题作出了规定。

（九）防止建筑火灾竖向或水平蔓延的相关要求

调整了防火墙要求，明确了防火隔墙、防火卷帘的设置要求，以防止火灾通过开口在建筑内和两座建筑间的蔓延。

（十）较系统地规定了灭火救援设施的设置要求

建筑防火设计必须为方便和快速进行灭火救援提高必要的条件，为此规范对相应的灭火救援设施作出了更为详细的规定。

（十一）适当调整了火灾自动报警系统和自动喷水灭火系统的设置范围

综合考虑建筑用途、重要性、建筑高度与室内空间高度、火灾特性和火灾危险性等因素，更合理地提出了设置有效的消防设施的要求。

（十二）补充了建筑外保温系统的防火要求

针对保温系统带来的火灾问题，此次规范新增加了建筑外保温系统的防火要求。

（十三）较系统地规定了木结构建筑的防火要求

如何合理确定木结构建筑的高度和层数、防火间距、防火分隔、消防设施配置以及提高木结构建筑的消防投资效益等，是当前木结构建筑在我国推广需解决的主要问题。经与相关规范协调后，此次较系统地确定了木结构建筑的防火技术要求。

（十四）补充了大型储罐的防火要求

调整了液氧储罐等的防火间距要求。

（十五）城市交通隧道

对城市隧道建筑的耐火等级、车行横通道的间距、辅助用房的分隔要求及其相应的分区、排烟要求及应急照明时间等作出了具体要求。

2. 国家标准《高填方地基技术规范》编制简介

席宁中

中国建筑科学研究院，北京，100013

一、背景

随着我国经济建设的发展，在山区及丘陵地区利用"开山填谷"解决工程建设用地的项目越来越多，由此形成的大面积、大土石方量、高填方地基的变形问题，原场地软弱地基的处理问题，高填方边坡的稳定以及高填方地基的排水等岩土工程问题日趋增多。如贵州省贵阳龙洞堡机场、贵州省铜仁机场、贵州省荔波机场、福建省三明沙县机场、云南省临沧机场、云南省昆明新机场、四川省九寨沟机场等工程都遇到大规模的高填方地基处理问题。

自 20 世纪 90 年代以来，中国建筑科学研究院参与贵州省贵阳龙洞堡机场、贵州省铜仁机场、贵州省荔波机场、福建省三明沙县机场等山区机场高填方地基处理工程，并针对山区机场高填方地基处理等问题开展了系统的试验研究，成功地解决了大块石、土夹混合料高填方地基加固填料的选配、分层填筑方法和强夯加固施工参数以及处理后地基检测方法等一系列关键技术问题。同时对强夯夯后地基提出了野外载荷试验、密度试验和沉降长期观测等切实可行的检测方法。

此外，还有不少研究人员结合工程实际对高填方地基的填筑处理、高填方地基的沉降及稳定性计算分析进行研究。如绵阳南郊机场、攀枝花机场、重庆万州五桥机场高填方地基采用强夯法进行填筑地基处理的试验；三峡库区的一污水处理厂工程中的厚度逾 60m 的高填方地基采用湿法填筑方法等；福建三明机场高填方工程沉降发展过程的计算；三峡机场工程中综合采用饱和土的一维固结沉降计算公式、非饱和土沉降的经验计算式、观测回归分析等三种方法来估计剩余沉降；九寨黄龙机场高填方地基工后沉降的预测分析和填方高边坡的静力稳定性等。

在近年来的工程实践中，高填方地基技术有很多成功的范例，取得了一定的成效。但高填方地基技术还没有统一的标准，在处理思路上相对还比较零散，未能达成共识，设计单位和施工单位在设计、施工和验收的过程中只能参考国内相关行业的标准。为此，中国建筑科学研究院和清华大学等单位结合国内多个高填方地基机场的建设，申报了国家 863 计划课题《山区机场高填方地基稳定及变形控制关键技术研究》以及专项研究课题《山区机场高填方地基处理设计与施工技术指南》，对高填方地基的相关问题进行了系统研究。

目前国家和各省所使用的国家标准、行业规范中尚未对高填方地基进行全面、详细、有针对性的分类、总结，更缺乏规范性的指导。有的规范中只对高填方地基技术处理作为条文之一简单提及。为了使今后高填方地基工程中有规范可以遵行，方便设计、施工、监理、检验及工程验收，使设计做得更加合理，质量更加可靠，结合多年的高填方地基的应用和实践研究总结，编制本规范。

二、编制原则和指导思想

《高填方地基技术规范》（报批稿）在编制过程中，编制组编制工作的指导思想主要有以下几点：

1. 严格按照规范编制的管理程序进行；

2. 结合高填方地基技术的特点，注重科学性、先进性、系统性和可操作性；

3. 注意与相关规范的协调和统一。

另外，在具体的编制过程中，始终把握以下编制原则进行工作：

1. 规范中涉及的内容在有关国家、行业标准中已有规定时，直接引用这些标准代替详细规定，避免规范之间的重复和矛盾；

2. 成熟的内容纳入规范，不成熟的、争议较大的不纳入；

3. 广泛征求意见，编制过程中的不同意见由领导小组统一协调。

三、主要编制内容

《高填方地基技术规范》（报批稿）以山区和丘陵地区的填筑地基形成场地或地基为技术背景，按工程测量和原场地勘察、原场地地基处理、填筑地基工程、边坡工程、排水工程和工程监测为技术路线，针对高填方地基的特点在处理要求和应用方面提出了成熟的工艺和施工方法。

1. 高填方地基根据使用功能不同，其设计要求、勘察和测量要求、填筑材料选取，地基处理压实度、变形要求等均不同，所以本规范第三章将高填方地基按工程建设场地进行了分区。在高填方地基上建造建（构）筑物，需要对高填方地基进行评价，填筑地基从完成到其上建（构）筑物施工之间有一个自然密实期，所以规范规定高填方地基上建（构）筑物的建造时间、顺序及加荷速率的安排应根据填筑完成后地基的实测沉降趋势，结合拟建工程的变形控制要求确定，且不得少于一个雨季的自然密实期。

2. 第四章工程测量和原场地勘察是高填方地基不可或缺的前置工作。高填方地基涉及的地域面积大，土石方量多，影响范围广，涉及山区和丘陵地区的溶洞、土洞以及水文地质条件复杂等问题，同时施工测量关乎土石方挖填以及工作量计算和验收等事项，故规范给出了测量的平面控制、高程控制、间距、布网精度、地形图和断面图的比例等要求；原场地岩土工程勘察根据勘察等级、建设场地分区等要求进行布置勘探线（点）的间距，对钻探和原位测试、岩土和水取样、室内试验等提出了要求，要求查明区内各种岩土的分布及物理力学参数、不良地质作用、挖方区的土石比例及相应的工程技术参数，查明不同年限的降雨量、岩溶地区和边坡地区等水文地质条件等，并对溶洞和土洞、边坡稳定、地下水和地表水处理进行评价和提出处理建议。

3. 第五章针对原场地地基处理作出了规定。主要针对高填方地基原场地存在软弱土层时需要根据不同土层厚度分别采用换填法、强夯置换法或复合地基法等建议；对于高填方地基中遇到的原始坡面与填筑地基结合处的设计、挖填交界面过渡段处理提出了具体的要求和工程做法，对于高填方建设区域原场地常遇到的溶洞、土洞以及落水洞根据填充物厚度和埋深不同分别提出了处理方法的建议。

4. 第六章对填筑地基工程作出了规定。规范给出了填筑材料的分类和要求、填筑范围以及采用强夯法、冲击碾压或振动碾压的施工设计参数和地基压（夯）实指标，对相邻施工工作面之间搭接部位处理提出了处理宽度要求和强夯施工参数及夯实指标的规定。对于往往忽视的分层回填的方式，规范要求采用堆填摊铺，不得抛填施工。

5. 第七章将边坡工程分为填筑前的原始边坡和因填筑所形成的挖方边坡和填筑边坡。规范按坡高和部位对边坡处理范围与稳定影响区进行了分区，给出了边坡稳定性分析需要的参数选取方法，计算稳定性方法以及填筑边坡稳定计算安全系数的取值。规范提出填筑地基的坡型和坡比的建议值，给出了坡体内、坡面排水设计要求。

6. 第八章排水工程包括地表排水和地下排水。地表排水包括场内排水和场外排水，地下排水包括原场地地基排水和填筑地基内排水。规范给出了排水工程的设计原则，排水沟、截洪沟、跌水的构造措施，以及质量检验要求等。

7. 高填方地基工程一般具有土石方量大、施工周期紧、建设环境复杂、相互影响因素多等特点，现有的土力学理论尚不能完全解决高填方地基工程设计中遇到的变形与稳定性问题。要在时间、空间上对高填方地基的变形与稳定性问题作出准确判断必须依赖高填方施工期间和施工完成后的现场监测成果。第九章工程监测给出了填筑地基、边坡工程和环境保护监测等监测内容、项目以及检测点的布设、测试点的安装和埋设要求、测试频率要求等。

四、结束语

编制组依托国家 863 计划课题《山区机场高填方地基稳定及变形控制关键技术研究》以及专项研究课题《山区机场高填方地基处理设计与施工技术指南》的研究成果及大量的工程实践，对国内高填方地基技术的相关文献进行详细的调查研究，认真总结实践经验，参考有关勘察、设计、施工及质量验收标准，在广泛征求意见的基础上，编制了《高填方地基技术规范》（报送稿）。

目前国外没有同类标准，我国国家标准、行业规范中尚未对高填方地基进行全面、详细、有针对性的分类、总结，更缺乏规范性的指导。《高填方地基技术规范》实施后将直接指导我国高填方地基的设计、施工、检测及工程验收，对保证工程质量、降低工程造价起决定性作用，对我国山区和丘陵地区经济发展以及推动地方社会进步具有重大意义。

3. 国家标准《城市综合防灾规划标准》编制简介

马东辉

北京工业大学抗震减灾研究所，北京，100124

一、背景

我国是遭受自然灾害损失最为严重的国家之一，城市防灾减灾救灾工作一直受到党和政府高度重视。随着《中华人民共和国城乡规划法》、《中华人民共和国突发事件应对法》和《汶川地震灾后恢复重建条例》、《自然灾害救助条例》以及《房屋建筑工程抗震设防管理规定》、《市政公用设施抗灾设防管理规定》等相关法律法规和部门规章的相继发布，以及多个特大和重大灾害经验的积累，各地各类防灾规划实践日益增多，编制城市综合防灾规划的需求日益扩大，因此需要通过制定《城市综合防灾规划标准》对我国城市综合防灾规划工作进行规范指导。

本标准编制过程中，总结分析了我国相关重大研究项目成果，针对城市综合防灾规划编制和实施试点进行了专题研究，形成了对城市综合防灾规划的定位、防御目标、规划内容、技术框架、技术路线以及各专项内容。通过对防灾安全布局和防灾设施的防灾措施开展专题研究和试点，为本标准制定有关设防水准、规划技术指标和防灾措施提供了依据。

本标准由住房和城乡建设部城乡规划标准化技术委员会组织相关部门负责人员和专家进行了多次研讨论证，反复讨论、修改、充实，先后两次审查并修改完善形成报批稿，最后由住房和城乡建设部组织进行强制性条文审查，并送相关部门进一步审定以定稿。

二、编制原则和指导思想

《城市综合防灾规划标准》（报批稿）在编制过程中，其指导思想主要有以下几点：

1. 坚持"以防为主，防抗避救相结合"的基本方针，强化落实法律法规要求；

2. 坚持以科学评估城市灾害风险为依据，落实防灾安全底线，优化城市防灾安全布局，建立和完善具备多道防线的城市防灾体系的基本技术理念；

3. 正确处理综合防灾与单灾种防灾的关系，合理定位综合防灾的核心是统筹，以主要灾害防御为主线，以安全布局和防灾设施为重点；

4. 正确处理综合防灾规划与其他规划的关系；

5. 正确处理规划行业和防灾行业的不同技术体系和技术需求。

三、主要的编制内容

《城市综合防灾规划标准》（报批稿）共分7个章节、3个附录，共有条文105条，其中强制性条文12条。现《城市综合防灾规划标准》（报批稿）已通过技术审查、标委会论证和强制性条文审查。

《城市综合防灾规划标准》（报批稿）的主要内容为：

1 总则：规定了《标准》制定的目的、适用范围，规划的基本防御目标，编制的一般原则和规定，与其他规划的协调关系，强制性措施的确定等内容。

2 术语：对《标准》中涉及的名词术语进行解释。

3 基本规定：规定了城市综合防灾规划基本技术路线、规划内容、重点要求、防御目标、设防水准等相关内容。

4 综合防灾评估：规定了城市灾害风险评估、用地安全评估、应急保障和服务能力评估的基本要求、技术思路、评估重点和风险辨识要求。

5 城市防灾安全布局：规定了城市防灾安全布局的基本内容和要求、用地安全布局、建设用地选址要求、风险控制区控制、重大危险源布局、防止灾害蔓延空间分割带设置、防灾控制界线、防灾分区控制等。

6 应急保障基础设施：规定了交通、供水、供电、指挥通信等应急保障基础设施的分级要求、评价和规划内容、设防标准、保障级别确定，各类应急保障基础设施规划要求、技术指标和防灾措施等内容。

7 应急服务设施：规定了应急服务设施的规划内容，应急服务设施的规划布局、设防标准和防灾措施，应急服务设施的规划技术指标、场址选择，应急标识体系的规划和设置技术要求等。

附录 A 城市用地防灾适宜性评价要求：规定了城市用地防灾适宜性评价标准。

附录 B 城市火灾影响评估要求：规定了城市火灾评估的基本技术流程、技术要求等。

附录 C 城市用地地质灾害分级：规定了地质灾害分级、易发性分级标准、危险性评价分级标准等。

附录 D 防灾控制界线技术要求：规定了防灾控制界线的类型、控制内容、应急通道和避难场所周边建筑影响控制方法、规划管控措施要求等。

四、结束语

《城市综合防灾规划标准》的编制，建立了我国城市综合防灾规划的基本技术体系，规范了我国城市综合防灾规划编制和实施，对完善我国城市总体规划的防灾专项及城市详细规划的防灾要求具有重要指导作用。中央城市工作会议提出要加强建设城市生命通道和防灾避难场所，本标准的提出对此项工作的开展具有重要技术支撑意义。

4. 国家标准《建筑抗震设计规范》局部修订简介

罗开海

中国建筑科学研究院，北京，100013

一、背景

《建筑抗震设计规范》GB 50011-2010（以下简称《抗震规范》）局部修订系根据住房和城乡建设部《关于印发 2014 年工程建设标准规范制订修订计划的通知》（建标【2013】169 号）的要求，由中国建筑科学研究院会同有关的设计、勘察、研究和教学单位共同完成。

本次修订主要是根据《中国地震动参数区划图》GB 18306-2015 和《中华人民共和国行政区划简册 2015》以及民政部发布 2015 年行政区划变更公报，对《抗震规范》"附录 A 我国主要城镇抗震设防烈度、设计基本地震加速度和设计地震分组"的相关内容进行更新和修订，及时解决《抗震规范》与《中国地震动参数区划图》GB 18306-2015 的衔接协调问题，同时对 2010 版《抗震规范》实施以来各方反馈较为集中、易产生歧义的部分条文进行了文字调整。

二、修订原则

此次局部修订的基本原则为：

1. 保持《抗震规范》现有的章节体例不变；

2. 保持规范要求的连贯性和延续性原则：根据各方反馈意见调整或修订部分条文时，以文字性调整为主；

3. 便于管理和使用的原则。

此次附录 A 的调整，考虑根据新的地震区划图和行政区划图进行编制，以省级行政单位为条，以地级市为款，以县级城镇为基本元素进行编制。对于县以下的镇、乡的抗震设防参数暂不给出。

三、局部修订简介

《抗震规范》共有 14 章 12 个附录，包括总则、术语和符号、材料、基本规定、场地、地基和基础、地震作用和结构抗震验算、多层和高层钢筋混凝土房屋、多层砌体房屋和底部框架砌体房屋、多层和高层钢结构房屋、单层工业厂房、空旷房屋和大跨屋盖建筑、土木石结构房屋、隔震和消能减震设计、非结构构件、地下建筑、附录等内容。

此次局部修订的主要工作内容包括两个方面，即：

1. 根据《中国地震动参数区划图》GB 18306-2015 和《中华人民共和国行政区划简册 2015》以及民政部发布 2015 行政区划变更公报，修订《抗震规范》附录 A "我国主要城镇抗震设防烈度、设计基本地震加速度和设计地震分组"。

2. 根据《抗震规范》实施以来各方反馈的意见和建议，对部分条款进行文字性调整。

修订过程中广泛征求了各方面的意见，对具体修订内容进行了反复的讨论和修改，与相关标准进行协调，最后经审查定稿。

此次局部修订，共涉及一个附录和10条条文的修改，分别为附录A和第3.4.3条、第3.4.4条、第4.4.1条、第6.4.5条、第7.1.7条、第8.2.7条、第8.2.8条、第9.2.16条、第14.3.1条、第14.3.2条。

四、结束语

此次局部修订，及时解决了《抗震规范》与新区划图 GB 10386-2015 的衔接协调问题，同时对 2010 版规范中易产生歧义的部分条文进行了文字调整，有利于工程实践的应用。审查会认为，《抗震规范》局部修订主要技术指标设置合理，能满足工程建设需要，操作适用性强，无重大遗留问题。此次局部修订对贯彻落实新版《中国地震动参数区划图》GB 18306-2015、保障建筑工程的抗震设防能力具有重要意义。

5. 行业标准《约束砌体与配筋砌体结构技术规程》编制简介

程绍革　唐曹明

中国建筑科学研究院，北京，100013

一、背景

我国目前仍是个砌体大国。砌体结构房屋是一种由脆性材料建成的建筑，其抗御地震灾害的能力较差，在历次地震中震害都较为严重。唐山地震后，我国提出在砌体结构中设置钢筋混凝土构造柱和圈梁的抗震构造措施，随后的几次规范修订加强了圈梁-构造柱的设置要求，有效地提高了多层砌体房屋的抗震能力。

20世纪90年代，我国开始对配筋砌体结构进行研究，并在全国各地开展工程试点应用，结构的层数与总高度限制不断突破，相关技术标准中也相应增加了有关配筋砌体结构的设计规定。经过十多年的发展，配筋砌体结构在我国逐渐走向成熟。

尽管我国关于砌体结构设计与施工的规范、标准众多，但相关的技术要求分散在不同的标准中，标准间也不可避免地存在着矛盾与不协调情况，工程设计人员参照多本标准进行工程设计，实际操作性较差，急切需要制订一部统一的针对约束与配筋砌体结构的抗震设计标准。

因此，根据原建设部《关于印发〈2002~2003年度工程建设城建、建工行业标准制订、修订计划〉的通知》（建标[2003]104号）的要求，批准中国建筑科学研究院会同有关单位对原规程《多层砖房设置钢筋混凝土构造柱抗震技术规程》JGJ 13/T13-94进行修订，编制工程建设行业标准《约束砌体与配筋砌体结构抗震技术规程》。

二、编制原则和指导思想

规程编制过程中，编制组进行了广泛而深入的调查研究，总结了我国约束砌体与配筋砌体结构设计与施工的工程经验，吸收了近年来的最新研究成果及一些国外的先进经验，进行了必要的补充试验。

为便于广大设计、施工、科研、学校等单位有关人员在使用本规程时正确理解和执行条文规定，《约束砌体与配筋砌体结构技术规程》编制组按章、节、条顺序编制了本标准的条文说明，对条文规定的目的、依据以及执行中需要注意的有关事项进行了说明。但是条文说明不具备与规程正文同等的法律效力，仅供使用者作为理解和把握规程规定的参考。

三、主要的编制内容

规程主要技术内容是：1. 总则；2. 术语和符号；3. 材料；4. 静力设计；5. 抗震设计；6. 构造要求；7. 施工质量控制、检验及验收要点。

规程修订的主要内容是：1.将原规程的应用范围扩大，使之适用于约束砌体与配筋砌体房屋；2.规程的内容由单一的设置构造柱多层砖房抗震设计扩大到约束砌体与配筋砌体房屋的静力设计、抗震设计；3.增加了约束砌体与配筋砌体房屋的静力设计规定；4.补充与完善了约束砌体与配筋砌体房屋的构造要求；5.增加了施工检验与验收的相关规定。

四、结束语

目前，我国砌体结构建筑量大面广，为既保证结构抗震安全，又节省投资，常采用约束砌体与配筋砌体结构。本标准的实施将为约束砌体与配筋砌体结构的设计、施工提供更加详细的技术依据，减轻结构在地震中的破坏程度，从而使砌体结构适用面更加广阔，就地取材，具有显著的经济效益。

本标准的实施将能更好地提高砌体结构的抗震能力，从而保障人民生命财产安全，具有较大的社会效益。

从建筑全寿命周期的角度来衡量对生态环境的影响，标准的发布实施有利于推动绿色墙体的发展，充分利用工业废渣，节能减排，保护生态环境，减少环境污染，符合低碳经济发展的要求，具有显著的环境效益。

第四篇 科研篇

　　近年来，我国的防灾减灾工作取得了一定成效，但在重大工程防灾减灾等基础性科学研究方面距世界先进水平还有一定的差距，尤其是灾害作用机理和工程防御技术方面的原创性科学研究极度匮乏。随着中央对建筑防灾减灾能力的重视和人们对建筑安全要求的不断提高，全国各地众多的科研单位和企业的研发人员积极投身防灾减灾的科研中，成功地解决了建筑防灾减灾领域中遇到的一些技术难题，并将其以论文的形式共享。本篇选录了在研项目、课题的研究进展、关键技术、试验研究和分析方法等方面的文章 14 篇，集中反映了建筑防灾的新成果、新趋势和新方向，便于读者对近年来建筑防灾减灾领域的研究进展有较为全面的了解和概要式的把握。

1. 单面水泥砂浆面层加固低强度砖墙的抗震性能试验研究

罗瑞　唐曹明　程绍革

中国建筑科学研究院，北京，100013

引言

砌体结构建筑物在我国广泛存在，并且大部分为 20 世纪 70~90 年代修建 [1]，由于年久失修、使用功能改变、抗震设防标准提高等因素，为数众多的砌体结构房屋承载力已不满足现行标准要求，亟待加固 [2-3]。水泥砂浆面层加固法是砌体结构加固中最常使用的方法之一，同时也是一种简单、有效的抗震加固方法 [4-6]；雅安市国张中学在汶川地震中承重横墙出现裂缝，用钢筋网水泥砂浆面层加固后，在芦山地震中仅出现轻微破坏 [7]；汉旺镇一座 20 世纪 70 年代以前修建的无筋砌体结构中，将钢丝网水泥砂浆面层和其他加固方式配合使用，其结构在汶川地震中表现出了良好的抗震性能 [8]。

目前《砌体结构加固设计规范》GB 50702–2011 [9]（以下简称规范）和《建筑抗震加固技术规程》JGJ 116–2009 [10]（以下简称规程）都有关于水泥砂浆面层加固法的规定和计算方法；对于砌体墙经水泥砂浆面层加固后的抗震受剪承载力，二者采用了不同的计算公式，计算结果存在着明显差异 [11-14]。钢筋网水泥砂浆面层加固砖墙的试验研究，绝大部分于 20 世纪 80 年代初进行 [15-18]，一方面当时试验条件有限，试验加载常采用与实际情况不太相符的对角单调加载方式，试验测量的数据也有限，不能很好地得到加固后砖墙的工作机理；另一方面现在的加固材料、施工工艺都有了新变化，原有的试验结果可能也并不适应当前的情况。

鉴于上述问题，在中国建筑科学研究院标准规范研究课题（20140122336230030）的支持下，对水泥砂浆面层加固砖墙进行了补充试验研究，依据试验结果，分析、研究加固后墙体的工作机理及水泥砂浆面层加固对砖墙抗震性能的影响。

一、试验概况

为研究竖向压应力、面层厚度、砖墙厚度以及砌筑砂浆强度等级对加固效果的影响，设计了 30 片低强度砖墙试件（采用低强度砂浆砌筑砖墙模拟实际工程中大量存在的老旧、风化的低强度砖墙），试件编号及相应参数如表 4.1–1 所示。所有试件当面层厚度为 20mm 时均为素水泥砂浆面层；40mm 厚时为配筋面层，配筋采用 A6 间距 300mm×300mm 的绑扎钢筋网，锚筋采用 L 型 A6 钢筋按梅花形方式布置，设计间距为 600mm，钢筋型号为 HPB235。试件均采用强度等级为 MU10 的烧结普通砖按一顺一丁方式砌筑，砌筑砂浆分别为 M0.4、M1.0 的水泥石灰砂浆，面层加固砂浆为 M10 的水泥砂浆。

试件厚度为 240mm，尺寸均为 1061mm×1615mm，高宽比为 0.66，试件及混凝土底梁、顶梁设计图如 4.1–1，底梁、顶梁均用 C30 混凝土浇筑，梁上均留有长度为 1645mm、深度为 30mm 的槽，以便砌筑砖墙，砖墙与底梁、顶梁的交界处用 1 : 3 水泥砂浆砌筑，防止试验时墙体与顶梁、底梁发生滑移。为使面层不直接承受竖向荷载,加固面层与底梁之间留有10mm的缝隙,同时面层顶部与顶梁不连接。试件竖向压应力有0.1MPa、0.3MPa及0.6MPa几种,分别模拟实际工程中6层砌体房屋的顶层、中间层和底层承重墙。

试件制作过程如图4.1-2所示,试件由两人按分层流水作业法砌筑,砌筑完成养护一周后进行加固,加固流程为锚筋定位钻孔、植入锚筋、绑扎钢筋网以及抹水泥砂浆面层。

试件编号及试验参数

表4.1-1

组别	编号	墙厚/mm	砌筑砂浆	竖向压应力/MPa	面层厚度/mm	组别	编号	墙厚/mm	砌筑砂浆	竖向压应力/MPa	面层厚度/mm
I	EW-0.4-0-0.1	240	M0.4	0.1	—	V	EW-0.4-0-0.3	240	M0.4	0.1	—
	EW-0.4-D20-0.1				20		EW-0.4-D20-0.3				20
	EW-0.4-D40-0.1				40		EW-0.4-D40-0.3				40
	SW-0.4-0-0.1				—		SW-0.4-0-0.3				—
	SW-0.4-D20-0.1				20		SW-0.4-D20-0.3				20
	SW-0.4-D40-0.1				40		SW-0.4-D40-0.3				40
II	EW-1.0-0-0.1	240	M1.0	0.1	—	VI	EW-1.0-0-0.3	240	M1.0	0.6	—
	EW-1.0-D20-0.1				20		EW-1.0-D20-0.3				20
	EW-1.0-D40-0.1				40		EW-1.0-D40-0.3				40
	EW-1.0-0-0.1				—		EW-1.0-0-0.3				—
	EW-1.0-D20-0.1				20		EW-1.0-D20-0.3				20
	EW-1.0-D40-0.1				40		EW-1.0-D40-0.3				40
III	EW-0.4-0-0.6	240	M0.4	0.6	—	IV	EW-1.0-0-0.6	240	M1.0	0.6	—
	EW-0.4-D20-0.6				20		EW-1.0-D20-0.6				20
	EW-0.4-D40-0.6				40		EW-1.0-D40-0.6				40

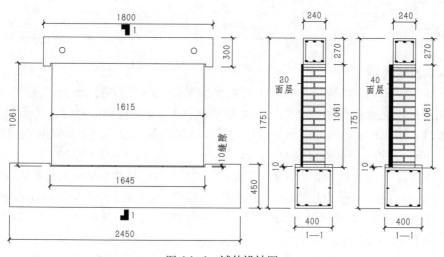

图4.1-1 试件设计图

(a) 制作底梁及顶梁模板

(b) 试件砌筑

(c) 绑扎钢筋网

(d) 抹水泥砂浆面层

图 4.1-2　试件制作过程

二、试验结果及分析

(一) 试验过程及破坏现象

将墙体的破坏类型分为四类,分别为主拉应力破坏 (DC)、滑移破坏 (S)、弯曲 (摇摆) 破坏 (R) 以及墙角压碎破坏 (TC),各试件的破坏类型如表 4.1-2 所示。

各试件破坏类型汇总　　　　　　　　　　　　　　　　表 4.1-2

试件编号	破坏类型	试件编号	破坏类型	试件编号	破坏类型
EW-0.4-0-0.1	DC	EW-0.4-D20-0.3	DC、S	SW-1.0-0-0.1	R、S、TC
EW-0.4-0-0.3	DC	EW-0.4-D20-0.6	DC	SW-1.0-0-0.3	DC
EW-0.4-0-0.6	DC	EW-1.0-D20-0.1	S、R、TC	SW-0.4-D20-0.1	S、DC、TC
EW-1.0-0-0.1	DC	EW-1.0-D20-0.3	S、DC、TC	SW-0.4-D20-0.3	DC
EW-1.0-0-0.3	DC	EW-1.0-D20-0.6	DC	SW-1.0-D20-0.1	S、R、TC
EW-1.0-0-0.6	DC	EW-0.4-D40-0.1	S、TC	SW-1.0-D20-0.3	S、TC
EW-1.0-D40-0.1	R、TC	EW-0.4-D40-0.3	S、R、TC	SW-0.4-D40-0.1	S、TC
EW-1.0-D40-0.3	S、TC	EW-0.4-D40-0.6	TC	SW-0.4-D40-0.3	DC
EW-1.0-D40-0.6	TC	SW-0.4-0-0.1	DC	SW-1.0-D40-0.1	S、R、TC
EW-0.4-D20-0.1	S	SW-0.4-0-0.3	DC	SW-1.0-D40-0.3	S、TC

1. 未加固砖墙

10 片未加固砖墙除 SW-1.0-0-0.1 外均发生剪切破坏 (后者由于竖向压应力小、砌筑砂浆强度低,先发生弯曲破坏然后发生滑移破坏),发生剪切破坏的试件裂缝为 X 型交叉斜裂缝,图 4.1-3 是部分未加固试件的最终破坏照片。以发生剪切破坏的试件 EW-0.4-0-0.1 为例,其主要试验现象如下:

试件加载到 -35kN 时,墙上出现拉方向斜裂缝,此时位移为 0.66mm;加载到 45kN 时,推方向出现斜裂缝,位移为 0.58mm,此后采用位移控制加载;经 2Δ 循环加载后,墙上斜裂缝自东向西连通 (砖墙为南北朝向,作动器位于砖墙东侧);此后随着位移的增大,推、拉方向的斜裂缝持续变宽,同时在墙中部继续出现少量短斜裂缝,经 4Δ 循环加载后,荷载下降到 85% 以下,继续加载到 7Δ 后终止试验,试件最终破坏情况如图 4.1-3a。

(a)EW-0.4-0-0.1　　　(b)EW-1.0-0-0.1　　　(c)EW-0.4-0-0.6　　　(d)EW-1.0-0-0.6

图 4.1-3　未加固试件最终破坏图

2. 加固后砖墙

加固后试件破坏模式与未加固试件有明显区别，破坏类型更多，四种破坏模式在试件中均有呈现，以下对部分有代表性的试件进行描述。

试件 EW-0.4-D20-0.1（滑移破坏）主要破坏过程为：

（1）水平荷载增加到 55kN 时，试件首先在砂浆面（北面）东侧下部出现水平缝，砖面（南面）未出现裂缝，此时位移为 0.62mm；加载到 -55kN 时，砖面第二、三皮砖的水平灰缝开裂，裂缝从墙西侧延伸到墙中部，砂浆面在对应位置也出现水平裂缝，位移为 0.54mm，此后由位移控制加载；

（2）经 1Δ 循环加载后，砂浆面水平缝继续发展并沿东西方向连通，砖面出现了推方向水平缝以及跨越四皮砖的推方向斜裂缝；

（3）2Δ 循环加载后，砖面推方向斜裂缝发展到与水平缝相交，砖面水平缝发展到贯通；此后，随着位移的加大，墙体沿水平通缝滑移，砂浆面继续出现自水平缝向下发展的短斜裂缝，水平缝以上无变化，砖面在墙角位置出现短斜裂缝，水平缝以上的斜裂缝没有发展，同时砂浆面层与砖墙在墙角处发生剥离，墙角处部分砖块被压坏、脱落；经 7Δ 循环加载后，水平荷载下降到 85% 以下，试验终止，试件破坏如图 4.1-4a。

试件 EW-1.0-D40-0.1（弯曲摇摆破坏）主要破坏过程为：

（1）试验加载到 -10kN 时，砖面（南面）西侧面一、二皮砖之间出现水平缝，此时位移为 0.08mm；加载到 50kN 时，东侧面一、二皮砖之间出现水平缝，此时位移为 0.51mm，此后采用位移控制加载；

（2）经 2Δ 循环加载后，水平缝在一、二皮砖之间连通；之后随着水平位移的加大，墙体发生滑移并来回"摇摆"，但以"摇摆"变形为主，砖面水平缝以上以及砂浆面均没有出现裂缝，墙角砖块与砂浆逐渐被压碎脱落，面层底部与砖墙逐渐剥离空鼓；9Δ 循环加载后，拉方向荷载降低到 85% 以下，继续加载到 10.5mm 后终止试验（推方向水平荷载至 10.5mm 循环加载时仍为极限荷载的 85% 左右）。试件最终破坏如图 4.1-4 b。

试件 EW-0.4-D20-0.6（剪切破坏）主要破坏过程为：

（1）水平荷载达到 -120kN 时，墙体西侧面一、二皮砖之间出现水平缝，此时位移为 0.71mm；加载到 135kN 时，砖墙东侧面一、二皮砖之间出现水平缝，此时位移为 0.87mm，此后采用位移控制加载；

（2）经 2Δ 循环加载后，砖面及砂浆面层推、拉方向均出现了斜裂缝，砂浆面推方向为一条沿墙高上下连通的斜裂缝，拉方向斜裂缝跨越 1/2 墙高，砖面斜裂缝为多条分布较均匀的短斜裂缝；

（3）经 3Δ 循环加载后，砂浆面拉方向斜裂缝沿墙高连通，砖面推、拉方向斜裂缝同样延伸到沿墙高连通；随着位移的加大，墙顶角、底角的主裂缝越来越宽，墙中部砖块及砂浆破坏持续加大并慢慢脱落，砂浆面层上的斜裂缝越来越大，在 4Δ 时砂浆面层脱落；经 6Δ 循环加载后，荷载降低到 85% 以下，继续加载到 7Δ 后试验终止，最终破坏如图 4.1-4 c。

试件 EW-1.0-D40-0.6（斜压破坏）主要破坏过程为：

（1）水平荷载增加到 -165kN 时，试件西侧面一、二皮砖之间出现水平缝，裂缝未延伸到砖面及砂浆面上，位移为 0.71mm；荷载达到 180kN 时，墙体东侧面一、二皮砖之间出现水平缝，位移为 0.95mm，此后采用位移控制加载；

（2）经 2Δ 循环加载后，推、拉方向水平缝连通，同时在砖面东侧下部出现了两条跨越 2 皮砖的拉方向短斜裂缝；

（3）经 3Δ 循环加载后，砖面东、西侧各出现一条短斜裂缝；随着位移的加大，角部砖块、砂浆被压碎，墙体发生摇摆变形，砂浆面层与砖墙下部逐渐脱开，砖面裂缝慢慢向上发展，墙体下部砖块、砂浆大量被压坏至松散脱落，两侧底角破坏较为严重，砖墙上部破坏较轻，砂浆面层未出现裂缝；经 9Δ 循环加载后，荷载降低到 85% 以下；继续加载到 10Δ 后试验终止。试件最终破坏如图 4.1-4 d。

发生剪切破坏试件 EW-1.0-D20-0.6 以及剪切 - 斜压破坏试件 EW-0.4-D40-0.6 最终破坏如图 4.1-4e、图 4.1-4f。

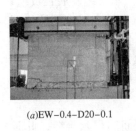   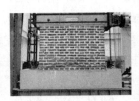

(a)EW-0.4-D20-0.1　　(b)EW-0.4-D40-0.1　　(c)EW-0.4-D20-0.6　　(d)EW-1.0-D40-0.6

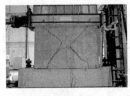 

(e)EW-1.0-D20-0.6　　(f)EW-0.4-D40-0.6

图 4.1-4　加固后试件最终破坏图

（二）水平荷载—位移滞回曲线

图 4.1-5 是部分试件的滞回曲线。通过对比分析可以发现，加固后试件比未加固试件的滞回曲线更加饱满；40mm 面层加固砖墙比 20mm 面层加固砖墙的滞回曲线更加饱满，尤其是竖向压应力为 0.6MPa 的情况；对于未加固试件 EW-0.4-0-0.6，其滞回曲线有明显的捏拢现象，加固后试件 EW-0.4-D20-0.6、EW-0.4-D40-0.6 滞回曲线的捏拢现象明显减弱；试件 EW-1.0-0-0.6 的滞回曲线所围面积很小，经加固后，试件 EW-1.0-D20-0.6、EW-1.0D4-0-0.6 的滞回曲线明显增大。

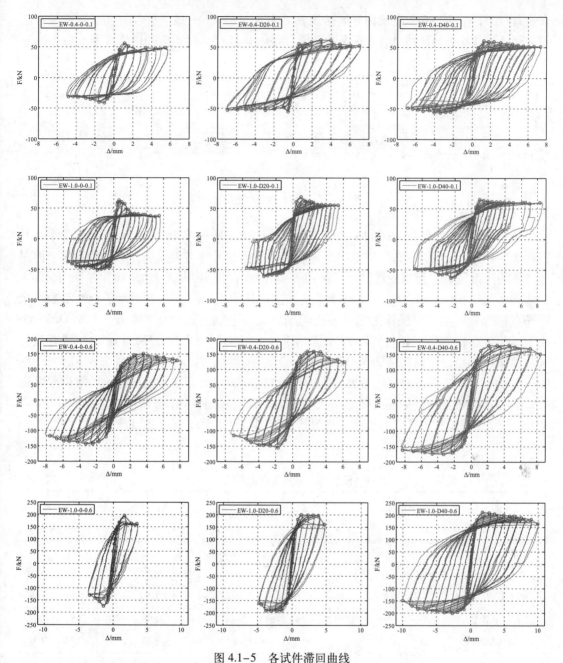

图 4.1-5　各试件滞回曲线

（三）骨架曲线

图 4.1-6 为部分试件的水平荷载—位移骨架曲线。通过对比分析可知，各组试件中加固后试件的骨架曲线更高，并且在加载后期骨架曲线也更平缓，说明加固后试件承载力更大同时承载力的衰减速率更慢；竖向压应力为 0.1MPa 时，40mm 面层加固砖墙的骨架曲线没有明显优于 20mm 面层加固砖墙，而竖向压应力为 0.6MPa 时，前者的骨架曲线更高并且在位移较大时更加平缓；图 4.1-6c 中试件 EW-0.4-D20-0.6 在加载过程中面层发生了脱落如图 4.1-4c，其骨架曲线在后期较为陡峭，承载力下降较快，以至其承载力略低于

未加固砖墙。图 4.1-6 中各试件开裂荷载 F_{cr}、开裂位移 Δ_{cr}、极限荷载 F_u、极限荷载对应的位移 Δ_{Fu} 以及极限位移 Δ_u（水平荷载下降到极限荷载 85% 时对应的位移），列入表 4.1-3。

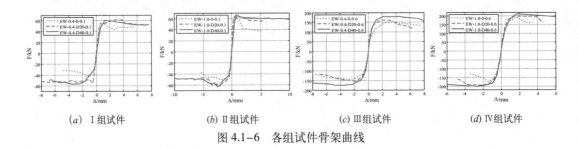

(a) Ⅰ组试件　　　(b) Ⅱ组试件　　　(c) Ⅲ组试件　　　(d) Ⅳ组试件

图 4.1-6　各组试件骨架曲线

通过对比分析表 4.1-3 数据可知，加固后试件的极限荷载均大于未加固试件，如 EW-0.4-D40-0.1、EW-0.4-D40-0.6 分别较未加固试件平均提高 23.3% 和 20.6%；加固后试件的极限位移除面层脱落试件 EW-0.4-D20-0.6 外，均大于未加固试件，对于 EW-1.0-D40-0.1、EW-1.0-D40-0.6 分别为未加固试件的 4.3 倍和 4.0 倍；对于延性系数，除第Ⅲ组试件外，加固后试件的延性系数均明显大于未加固试件（试件 EW-0.4-D20-0.6 由于面层发生脱落所以延性较小）；加固后试件在竖向压应力为 0.1MPa 时的开裂荷载与未加固试件相当，竖向压应力为 0.6MPa 时明显高于未加固砖墙，如试件 EW-0.4-D20-0.6、EW-0.4-D40-0.6 分别可提高 21.4% 和 38.6%。40mm 面层加固试件的极限位移以及除 EW-0.4-D40-0.1 外的延性系数均大于 20mm 面层加固试件；竖向压应力为 0.6MPa 的 40mm 面层加固试件，其开裂荷载和极限荷载能明显大于 20mm 面层加固试件。

各试件承载力、变形数据汇总　　　　　　　　　　　　　　　表 4.1-3

编号	F_{cr}/kN		F_u/kN		Δ_{cr}/mm		Δ_{Fu}/mm		Δ_u/mm		μ
	+	−	+	−	+	−	+	−	+	−	
EW-0.4-0-0.1	45	−35	55.7	−41.3	0.58	−0.66	1.13	−1.02	2.18	−2.61	3.86
EW-0.4-D20-0.1	55	−55	61.9	−55.2	0.62	−0.54	2.92	−0.54	6.03	−7.00	11.34
EW-0.4-D40-0.1	—	−39	60.5	−57.0	—	−0.66	1.26	−3.37	6.14	−7.10	10.76
EW-1.0-0-0.1	60	−45	63.3	−50.6	0.54	−0.41	0.64	−1.95	1.44	−3.53	5.64
EW-1.0-D20-0.1	60	−45	68.4	−60.3	0.40	−0.51	0.96	−3.43	2.51	−3.97	7.03
EW-1.0-D40-0.1	50	−10	65.2	−63.1	0.51	−0.08	0.97	−2.47	10.56	−4.48	38.35
EW-0.4-0-0.6	110	−100	151.1	−143.0	0.91	−0.52	3.57	−2.45	7.19	−7.21	10.88
EW-0.4-D20-0.6	135	−120	160.2	−154.8	0.87	−0.71	2.50	−1.73	4.51	−5.42	6.41
EW-0.4-D40-0.6	140	−150	180.3	−174.3	0.81	−1.17	4.52	−3.30	8.07	−8.41	8.58
EW-1.0-0-0.6	160	−140	194.8	−173.0	0.88	−0.64	1.65	−1.39	2.28	−2.12	2.95
EW-1.0-D20-0.6	180	−160	200.0	−192.7	0.82	−0.80	1.36	−2.15	4.06	−4.73	5.43
EW-1.0-D40-0.6	180	−165	210.6	−199.3	0.95	−0.72	1.76	−2.64	8.99	−8.68	10.76

注：表中"—"表示试验中未量测到该数值。

（四）刚度退化

图 4.1-7 是部分试件的刚度退化曲线，采用对数坐标绘制以便于比较位移较大时的刚度。通过对比分析可知，加固后试件刚度退化曲线更加平缓，说明其刚度退化速率更慢；加固后试件刚度曲线位于未加固试件上方，尤其是位移较大时；竖向压应力为 0.1MPa 时，40mm 面层加固试件的刚度曲线与 20mm 面层加固试件相当，竖向压应力为 0.6MPa 位移较大时，前者刚度衰减更慢，刚度明显大于后者；对于试件 EW-0.4-D20-0.6，位移较小时其刚度曲线位于未加固试件上方，随着位移的加大，其面层遭受了严重破坏并发生脱落，导致其刚度衰减加剧以至于刚度略小于未加固试件。

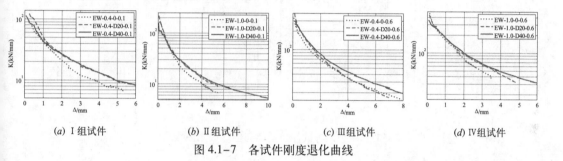

(a) I 组试件　　　　(b) II 组试件　　　　(c) III 组试件　　　　(d) IV 组试件

图 4.1-7　各试件刚度退化曲线

（五）耗能分析

图 4.1-8 是部分试件等效黏滞阻尼系数与试件顶点水平位移的关系曲线。通过对比分析可知，除 I 组试件外，40mm 面层加固试件的等效黏滞阻尼系数先小于 20mm 面层加固试件，随着位移加大后，前者等效黏滞阻尼系数上升到大于后者，说明 40mm 面层加固试件在位移较小时进入塑性的程度低于 20mm 面层加固试件，耗能能力稍弱，当位移增大后前者表现出更好的耗能能力。将加固后试件与未加固试件相比可知，对于竖向压应力为 0.1MPa 的试件，加固后试件的等效黏滞阻尼系数始终小于未加固试件，这是由于加固后试件发生滑移或摇摆破坏，破坏程度始终不大；竖向压应力为 0.6MPa 时，加固后试件的等效黏滞阻尼系数在位移较小时先低于未加固试件，随着位移的增加进入塑性程度加大，前者表现出更强的耗能能力，试件 EW-0.4-D20-0.6 的等效黏滞阻尼系数始终大于未加固砖墙。

图 4.1-9 是部分试件总耗能与试件顶点水平位移关系曲线。对比分析可知，位移较小时，加固后试件的总耗能与未加固试件相当，随着位移的加大，加固后试件在同等位移下的总耗能更大（除 EW-0.4-D20-0.1），说明虽然加固后试件进入塑性更慢，但由于其承载力更大，可使总耗能高于未加固试件。

表 4.1-4 是图 4.1-8 中试件总耗能及等效黏滞阻尼系数。通过表中数据可知，加固后试件的总耗能均大于未加固试件，其中 EW-1.0-D20-0.1、EW-0.4-D20-0.6 分别由于试验误差和面层发生脱落以至总耗能略小于未加固试件；单面 40mm 面层加固试件的总耗能大于 20mm 面层加固试件；竖向压应力为 0.1MPa 时，加固后试件的等效黏滞阻尼系数略小于未加固试件，竖向压应力为 0.6MPa 时前者大于后者（EW-1.0-D20-0.6 略小于未加固试件）。

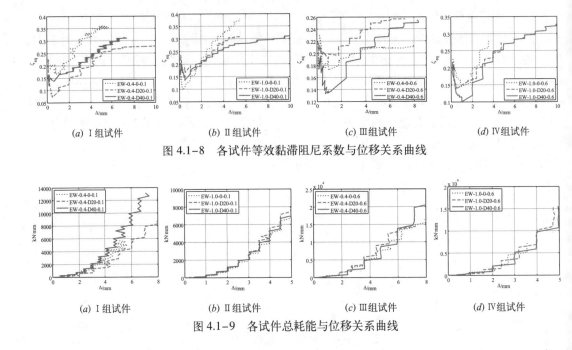

(a) I组试件　　(b) II组试件　　(c) III组试件　　(d) IV组试件

图 4.1-8　各试件等效黏滞阻尼系数与位移关系曲线

(a) I组试件　　(b) II组试件　　(c) III组试件　　(d) IV组试件

图 4.1-9　各试件总耗能与位移关系曲线

各试件总耗能及等效黏滞阻尼系数　　　　　　表 4.1-4

编号	总耗能	ζ_{eq}	编号	总耗能	ζ_{eq}	编号	总耗能	ζ_{eq}
EW-0.4-0-0.1	5721	0.361	EW-0.4-D20-0.1	10458	0.279	EW-0.4-D40-0.1	13097	0.313
EW-1.0-0-0.1	9031	0.379	EW-1.0-D20-0.1	8296	0.310	EW-1.0-D40-0.1	16214	0.318
EW-0.4-0-0.6	16177	0.212	EW-0.4-D20-0.6	14268	0.255	EW-0.4-D40-0.6	23079	0.252
EW-1.0-0-0.6	7629	0.291	EW-1.0-D20-0.6	15243	0.274	EW-1.0-D40-0.6	56925	0.327

（六）钢筋应变

图 4.1-11 是部分 40mm 面层加固试件的钢筋应变，各应变片位置如图 4.1-10 所示，字母 V、H、M 分别代表纵筋、水平筋及锚筋。通过对比分析可知，对于竖向压应力为 0.1MPa 的加固试件，纵筋、水平筋及锚筋的应变均不大，这是由于该试件发生滑移或摇摆破坏，面层未出现裂缝，从而钢筋应变较小；竖向压应力为 0.6MPa 的试件 EW-0.4-D40-0.6，V2 的应变达到了 1500με，说明纵筋已经屈服，此外可以发现，该试件纵筋的应变大于水平筋及

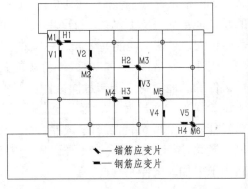

图 4.1-10　钢筋及锚筋应变片布置图

锚筋的应变；EW-1.0-D40-0.6纵筋及水平筋应变较小，M3锚筋应变达到2000με。由此说明，对于竖向压应力较低发生滑移破坏或摇摆破坏的试件，可以适当减小纵筋、水平筋、锚筋的数量或直径；对于竖向压应力较高发生剪切或斜压破坏的试件，应增加纵筋和锚筋的数量或直径。

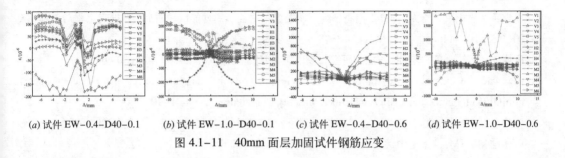

(a) 试件 EW-0.4-D40-0.1   (b) 试件 EW-1.0-D40-0.1   (c) 试件 EW-0.4-D40-0.6   (d) 试件 EW-1.0-D40-0.6

图 4.1-11　40mm 面层加固试件钢筋应变

三、结论

通过对未加固及单面水泥砂浆面层加固低强度砖墙的拟静力试验，得到如下结论：

1. 单面水泥砂浆面层加固低强度砖墙后，对于竖向压应力为 0.1MPa 的砖墙可改变原砖墙脆性破坏的模式（剪切破坏）而发生延性破坏（滑移或摇摆破坏）；对于竖向压应力为 0.6MPa 的砖墙仍发生剪切或斜压破坏，但裂缝发展更多且分布更加均匀。

2. 单面水泥砂浆面层加固低强度砖墙后，砖墙滞回曲线会变得更加饱满，承载力、刚度的衰减速率减慢，极限荷载、极限位移以及延性系数均能得到提高，开裂荷载在竖向压应力为 0.6MPa 时能明显增大，此外，可以在延缓砖墙进入塑性的同时提高其总耗能，竖向压应力为 0.6MPa 时可提高原砖墙的等效黏滞阻尼系数。

3. 单面 40mm 钢筋网水泥砂浆面层加固的低强度砖墙，在提高原砖墙总耗能、极限位移以及延性系数方面优于 20mm 面层加固墙；对于开裂荷载、极限荷载、刚度及承载力退化速率、等效黏滞阻尼系数，则在竖向压应力为 0.6MPa 时能明显好于 20mm 面层加固墙。

4. 对于竖向压应力为 0.1MPa 的低强度砖墙，20mm 水泥砂浆面层加固和 40mm 钢筋网水泥砂浆面层加固的效果相差不大，采用 20mm 面层加固即可有效提高墙体承载力，改变未加固墙体脆性破坏的模式；但对于竖向压应力为 0.6MPa 的砖墙，采用单面 20mm 素水泥砂浆面层加固后可能会在地震作用下发生严重破坏甚至面层脱落，对人员生命财产安全构成威胁，这种情况下应采用 40mm 钢筋网水泥砂浆面层加固。

5. 若采用单面 40mm 钢筋网水泥砂浆面层加固低强度砖墙，在竖向压应力为 0.1MPa 可减小配筋数量或钢筋直径；对于竖向压应力为 0.6MPa 的砖墙可以增加纵筋及锚筋的配筋数量或直径来提高加固效果。

6. 对于竖向压应力为 0.6MPa 的低强度砖墙，纵筋即使不锚入底梁也能达到屈服，因此现行砌体结构加固标准[9][10]中，要求将钢筋网水泥砂浆面层中的纵筋锚入圈梁或基础的规定，对于底层低强度砖墙采用钢筋网水泥砂浆面层加固时可适当放松或取消。

参考文献

[1] 施楚贤. 砌体结构理论与设计（第三版）[M]. 北京：中国建筑工业出版社，2014. 4–90.

[2] 张斯，徐礼华，杨冬民等. 纤维布加固砖砌体墙平面内受力性能有限元模型 [J]. 工程力学，2015，32(12)：233–242.

[3] 尚守平，唐雨喜，李龙. HPFL 窄条带组合砖圈梁构造柱抗震性能试验研究 [J]. 地震工程与工程振动，2014(3)：105–110.

[4] 唐曹明. 既有建筑抗震加固方法的研究与应用现状 [J]. 施工技术，2010，40(5)：6–10.

[5] Elgawady M，Lestuzzi P，Badoux M. A review of conventional seismic retrofitting techniques for urm[C]//13th International Brick and Block Masonry Conference，2004：1–10.

[6] 住房和城乡建设部防灾研究中心，中国建筑科学研究院科技发展研究院. 历史建筑保护性加固案例 – 砌体结构册 [M]. 北京：中国建筑工业出版社，2016. 235–251.

[7] 张永群. 预制钢筋混凝土墙板加固砌体结构的抗震性能研究 [D]. 哈尔滨：中国地震局工程力学研究所，2014.

[8] 李碧雄，甘立刚，王清远. 基于震害和数值分析的加固建筑结构抗震性能评估 [J]. 四川大学学报（工程科学版），2010，42(5)：145–152.

[9] 砌体结构加固设计规范 GB 50702–2011[S].

[10] 建筑抗震加固技术规程 JGJ 116–2009[S].

[11] 刘培，程绍革，白雪霜. 钢筋网水泥砂浆面层加固砖墙承载力增强系数的研究 [J]. 建筑科学，2014，30(3)：70–73.

[12] 程绍革，刘培，白雪霜. 水泥砂浆面层加固砖墙抗震受剪承载力计算的探讨 [J]. 建筑结构，2014，44(11)：34–37.

[13] 罗瑞，唐曹明，程绍革. 砖墙用水泥砂浆面层加固的抗震受剪承载力计算方法探讨 [J]. 工程抗震与加固改造，2015，37(5)：123–130.

[14] 罗瑞，唐曹明，程绍革. 水泥砂浆面层加固法抗震受剪承载力计算公式的适用性讨论 [J]. 工业建筑，2016，46(1)：179–185.

[15] 朱伯龙，吴明舜，蒋志贤. 砖墙用钢筋网水泥砂浆面层加固的抗震能力研究 [J]. 地震工程与工程振动，1984，4(1)：70–81.

[16] Tso W，Pollner E，Heidebrecht A. Cyclic loading on externally reinforced masonry walls[C]//Proceedings，1974：1177.

[17] 楼永林. 夹板墙的试验研究与加固设计 [J]. 建筑结构学报，1988，9(4)：1–12.

[18] Jabarov M，Kozharinov S，Lunyov A. Strengthening of damaged masonry by reinforced mortar layers[C]//7th World Conference on Earthquake Engineering，Istanbul，1980：73–80.

2. 大跨度无柱地铁车站的地震响应振动台试验研究

李翔宇[1, 2] 官剑飞[1, 2] 刘明保[1, 2] 万征[1, 2]
1. 中国建筑科学研究院地基基础研究所，北京，100013；
2. 建筑安全与环境国家重点实验室，北京，100013

引言

与普通地铁车站相比，新型的预应力大跨度无柱地铁车站采用预应力技术，可取消中柱支撑，跨度可达 18m 以上，能为地下结构的使用提供更大的空间和舒适度，提升地铁地下结构的建筑功能 [1]。

内张拉预应力技术是实现大跨无柱地铁车站的关键技术。在地铁车站箱形结构横断面中采用环形预应力束，预应力筋设置在平行于结构横断面的框架内，中间锚具张拉锚固端设置在框架内侧面的张拉槽内，便产生了内张拉预应力混凝土框架箱形结构 [2]。北京地铁亦庄线宋家庄站—肖村桥站明挖区间示范工程的应用验证了单层无柱大空间地下结构可行性和内张拉预应力技术的可靠性 [3]。在此基础上，开展对双层预应力密排框架箱形地下结构的研究势在必行。

已有的震害表明，地下结构一旦破坏会造成巨大的社会及经济损失，且修复存在很大困难，因此对城市地铁地下结构的抗震性能的研究日益受到人们的重视。振动台模型试验是了解地下结构地震破坏机理与形态的重要手段。近年来，国内外学者相继开展了对常规地下车站的大型振动台模型试验的开拓性研究 [4-6]，本次试验以双层大跨度无柱地铁车站为研究对象，通过大型振动台模型试验探索地震作用下大跨车站结构的动力响应规律。

一、试验介绍

本次试验以乌鲁木齐轨道交通 1 号线南湖广场站为工程背景，该地区抗震设防烈度为8 度，选取原型中部 5 榀预应力密排框架结构作为试验对象。

1. 模型试验设计

试验中各参数的设计相似系数详见表 4.2-1 所示。

设计相似系数   表 4.2-1

物理性能	物理参数	相似常数符号	关系式	设计相似常数
几何特性	长度	S_L	S_L	1/15
材料特性	应变	S_ε	S_σ / S_E	1.000
	应力	S_σ	S_σ	1.000
	弹性模量	S_E	S_σ	1.000

续表

物理性能	物理参数	相似常数符号	关系式	设计相似常数
材料特性	等效质量密度	S_ρ	$S_\sigma / (S_a \cdot S_L)$	4.300
	质量	S_m	$S_\sigma \cdot S_L{}^2 / S_a$	1.270×10^{-3}
荷载性能	集中力	S_F	$S_\sigma \cdot S_L{}^2$	4.444×10^{-3}
	线荷载	S_q	$S_\sigma \cdot S_L$	1/15
	面荷载	S_P	S_σ	1.000
	力矩	S_M	$S_\sigma \cdot S_L{}^3$	2.963×10^{-4}
动力特性	阻尼	S_c	$S_\sigma \cdot S_L{}^{1.5} \cdot S_a{}^{-0.5}$	0.009
	周期	S_T	$S_L{}^{0.5} \cdot S_a{}^{-0.5}$	0.138
	频率	S_f	$S_L{}^{-0.5} \cdot S_a{}^{0.5}$	7.246
	速度	S_v	$S_a \cdot S_L{}^{0.5}$	0.483
	加速度	S_a	S_a	3.500
	重力加速度	S_g	S_g	1.000

2. 试验设备

本试验在中国建筑科学研究院抗震实验室的地震模拟振动台上进行。该振动台的主要性能指标如表 4.2-2 所示。

振动台系统的主要技术指标　　　　　表 4.2-2

台面尺寸（锚栓中心距离）：6m×6m		工作频率：0.1~50Hz		
标准负荷：60t		最大负荷：80t		
最大倾覆力矩：180t·m		最大偏心力矩：60t·m		
方向		X	Y	Z
最大加速度（g）	最大负荷	±1.2	±0.8	±0.6
	标准负荷	±1.5	±1.0	±0.8
最大速度（cm/s）	连续振动	±70	±90	±70
	持续 10s 振动	±100	±125	±80
最大位移（cm）		±15	±25	±10

试验采用箱型截面钢框架支撑结构体系，图 4.2-1 为模型箱实物照片。模型箱内部采用 14mm 厚的木板作为箱体侧壁，木板内侧设置 180mm 聚苯乙烯泡沫塑料板，箱底部设置 16mm 厚的钢板。采用 PMSAP 对空载模型箱进行频率分析，得到在振动方向上模型箱第一阶振型的自振频率为 91Hz，该自振频率远超过模型地基体系的自振频率。

3. 模型材料

根据几何相似比 1/15 及车站结构原型尺寸，得到车站结构模型尺寸，见图 4.2-2 所示。

车站结构采用 C50 混凝土浇筑，并根据相似比计算结果在模型上施加人工质量。选取北京地区表层常见的黏质粉土作为模型土材料，具体参数见表 4.2-3。振动台试验时敲击法测试土层等效剪切波速，结果表明，震前波速为 266m/s，震后波速为 260.9m/s，可以认为，振动台试验前后土层波速略有减小，基本不变。

地基土的物理力学参数				表 4.2-3
含水率 (%)	重度 (kN/m³)	孔隙比 (e)	α_{1-2} (MPa⁻¹)	E_s (MPa)
14.6	20.13	0.54	0.16	9.86

a. 模型箱   b. 车站模型

图 4.2-1　模型箱及车站模型实物照片

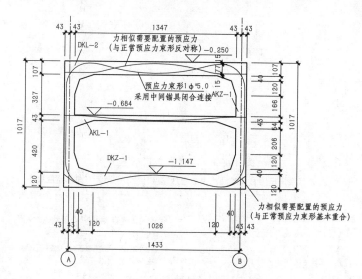

图 4.2-2　车站结构模型示意图

4. 传感器的布置

试验所需的传感器有阵列式位移计 (SAA)、加速度计传感器、钢筋应变计和土压力盒，具体布置方案如图 4.2-3 所示。其中，SAA（见图 4.2-4 所示）是一种基于微电子机械系统测试原理测试加速度和位移的传感器，具有精度高、可重复利用、自动实时采集等特点 [7]。

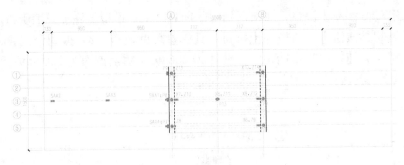

a. 站厅层顶（标高 −0.250m）

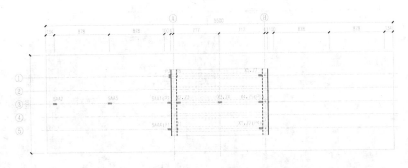

b. 站台层顶（标高 −0.684m）

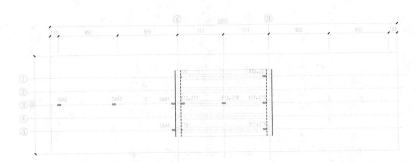

c. 基础顶（标高 −1.147m）

图 4.2-3　传感器布置示意图

注：*P* 代表土压力盒，*X* 代表 *X* 方向加速度计，*Z* 代表 *Z* 方向加速度计。

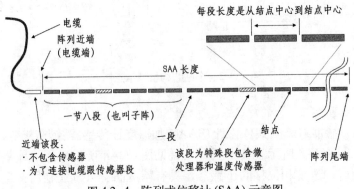

图 4.2-4　阵列式位移计（SAA）示意图

5. 地震波的选择与输入

试验中各振动加载工况详见表 4.2-4 所示。

振动台试验加载工况

表 4.2-4

试验内容	工况号	输入波形	输入方向	实际加速度峰值（g）
扫频试验	S1	白噪声	X	0.050
	S2	白噪声	Z	0.050
	S3	白噪声	X+Z	0.050
一级加载	S4	Kobe 地震波	X	0.206
	S5	Kobe 地震波	Z	0.251
	S6	Kobe 地震波	X+Z	0.180
	S7	El-Centro 地震波	X+Z	0.190
	S8	北京人工波	X+Z	0.162
扫频试验	S9	白噪声	X+Z	0.050
二级加载	S10	Kobe 地震波	X+Z	0.473
扫频试验	S11	白噪声	X+Z	0.050
三级加载	S12	Kobe 地震波	X+Z	0.68
扫频试验	S13	白噪声	X+Z	0.050
四级加载	S14	Kobe 地震波	X+Z	0.925
扫频试验	S15	白噪声	X+Z	0.050
五级加载	S16	Kobe 地震波	X+Z	1.179
扫频试验	S17	白噪声	X+Z	0.050

注：试验中 X 方向指沿模型箱长边的水平方向，Z 方向为垂直方向。

二、试验结果分析

在整个试验过程中，未发现模型结构出现明显的裂缝。

1. 模型结构的动力特性

在不同级别振动作用前后，均用白噪声对结构模型进行扫频试验，通过对各加速度测点的频谱特性、传递函数以及时程反应的分析，得到模型结构在各振动工况前后的自振频率和阻尼比，见表 4.2-5 所示。由表可知，模型结构频率随输入地震动幅值的加大而降低，阻尼比则随之提高，但变化幅度均不大。

模型结构的自振频率和阻尼比

表 4.2-5

工况号	加速度传感器的 X 方向		加速度传感器的 Z 方向	
	f_1（Hz）	ξ（%）	f_2（Hz）	ξ（%）
S1	16.50	2.0	—	—
S2	—	—	27.80	2.1

续表

工况号	加速度传感器的 X 方向		加速度传感器的 Z 方向	
	f_1 (Hz)	ξ (%)	f_2 (Hz)	ξ (%)
S3	16.32	2.1	27.50	2.1
S9	16.00	2.1	27.50	2.2
S11	16.07	2.1	26.40	2.8
S13	16.14	2.1	26.60	3.0
S15	15.90	2.2	26.30	3.2
S17	15.87	2.3	26.72	3.2

注：以上根据测点X8、Z11相关数据分析得到，测点位置详见图4.2-3。

2. 模型结构的动力特性

通过振动台数据采集系统可以获得各地震工况下台面及结构的加速度响应规律，图4.2-5 为工况 S6 作用下台面加速度测试结果。

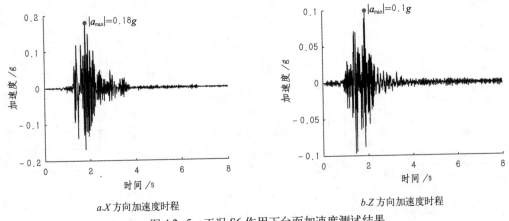

a.X 方向加速度时程　　　　　　　b.Z 方向加速度时程

图 4.2-5　工况 S6 作用下台面加速度测试结果

图 4.2-6 为台面输入不同级别 Kobe 波时结构中楣框架不同位置处测点 X 方向的加速度峰值规律。由 a、b 两图可知，随着输入地震动峰值的增大，顶板、中板和底板处的 X 方向加速度峰值都不断增大。同一工况作用时，顶板的加速度峰值最大，中板处次之，底板处最小；随着台面地震作用的增大，顶板、中板及底板处 X 方向的放大系数总体呈下降趋势，但在二级加载时放大系数下降较大，在三级加载时有一定的提升。这主要是因为随着地震动激励逐渐增强，土体非线性不断明显，土体传递地震波的能力减弱，使地震波的放大效应减弱。同一工况作用时，顶板的放大系数最大，中板处次之，底板处最小。

图 4.2-7 为台面输入不同级别 Kobe 波时结构中楣框架不同位置处测点 Z 方向的加速度规律。由 a、b 两图可知，随着输入地震动峰值的增大，顶板、中板和底板处的 Z 方向加速度峰值总体呈增长趋势，但在三级加载时加速度峰值下降较大，在四级加载时有一定的提升。除二级加载时三个位置处加速度峰值较为接近外，其他级别的振动加载时，顶板的加速度峰值最大，中板处次之，底板处的最小；随着台面地震作用的增大，顶板、中板

和底板处的 Z 方向放大系数总体呈下降趋势，但在二级加载时放大系数下降较大，之后在三级加载时有一定的提升。相同级别的振动加载时，顶板的加速度峰值最大，中板处次之，底板处最小。

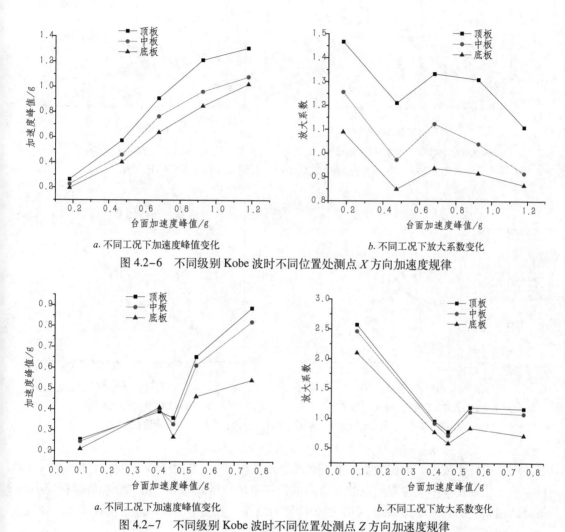

a. 不同工况下加速度峰值变化　　　　　b. 不同工况下放大系数变化

图 4.2-6　不同级别 Kobe 波时不同位置处测点 X 方向加速度规律

a. 不同工况下加速度峰值变化　　　　　b. 不同工况下放大系数变化

图 4.2-7　不同级别 Kobe 波时不同位置处测点 Z 方向加速度规律

3. 模型结构的位移响应规律

图 4.2-8 为台面输入 Kobe 波时不同工况下结构中榀框架不同位置处测点 X 方向的位移规律。由 a 图可知，随着输入地震动峰值的增大，顶板、中板和底板处的 X 方向位移峰值都不断增大。相同级别的振动加载时，除第四级加载时顶板的位移峰值略小于中板和底板外，其他加载工况下，均为顶板处最大。由 b 图可知，随着台面地震作用的增大，中板靠近土位置及其中间位置测点 X 方向的位移峰值都不断增大，且相同级别的振动加载时，中板靠近土位置的位移峰值大于中板中间位置的峰值。

图 4.2-9 为台面输入 Kobe 波时不同工况下中榀框架测点 Z 方向的位移规律。由 a 图可知，随着输入地震动峰值的增大，顶板、中板和底板处的 Z 方向位移峰值总体增大趋势。相同级别的振动加载时，除第二级加载时三处位置的位移峰值非常接近外，其他加载工况

139

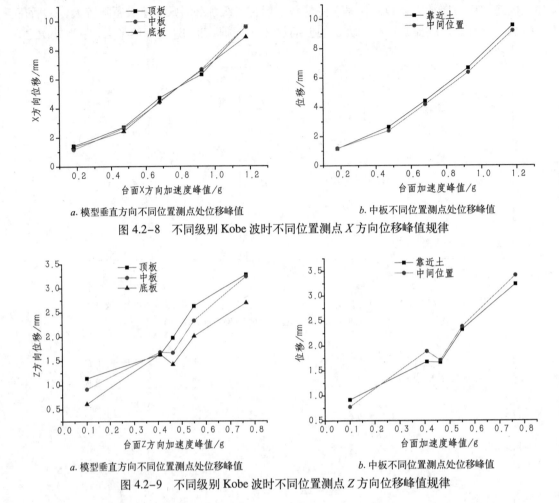

a. 模型垂直方向不同位置测点处位移峰值　　　　　b. 中板不同位置测点处位移峰值

图 4.2-8　不同级别 Kobe 波时不同位置测点 X 方向位移峰值规律

a. 模型垂直方向不同位置测点处位移峰值　　　　　b. 中板不同位置测点处位移峰值

图 4.2-9　不同级别 Kobe 波时不同位置测点 Z 方向位移峰值规律

下，均为顶板处最大，中板次之，底板最小。由 b 图可知，随着台面地震作用的增大，中板靠近土位置及其中间位置测点的 Z 方向的位移总体呈增大趋势，但二级加载时有较小的下降。相同级别的振动加载时，中板中间位置的位移峰值大于中板靠近土位置测点的峰值。

　　4. 相邻位置 SAA 与加速度计测试结果的对比

SAA 与加速度计测得的加速度峰值的差值　　　　　表 4.2-6

台面输入地震波		顶板测点		中板测点		底板测点	
		X方向	Z方向	X方向	Z方向	X方向	Z方向
S4	加速度计与 SAA 测得的加速度峰值的差值（%）	5.7	–	2	–	6.1	–
S5		–	6.2	–	11.7	–	7.8
S6		0.4	2.3	1.3	2	1.5	10.2

140

续表

台面输入地震波		顶板测点		中板测点		底板测点	
		X 方向	Z 方向	X 方向	Z 方向	X 方向	Z 方向
S7	加速度计与 SAA 测得的加速度峰值的差值（%）	6.5	17.3	13	3.2	13	2.5
S8		21.4	9.8	2.3	23.7	1.45	6.7
S10		1	1.8	4.6	17.3	2.9	7.5
S12		5.3	4.7	2.2	6.1	5	0.4
S14		7.1	18.6	7	11.9	11.6	2.2

不同工况下，相邻位置 SAA 与加速度计测试对比结果如表 4.2-6 所示，图 4.2-10 为 S6 工况下顶板相邻位置 SAA 与加速度计测点的加速度时程。由以上图表可知，位置相近处的 SAA 节点和加速度计测点的加速度数据较为接近，相差不大，这也验证了 SAA 在动力测试中的可靠性。

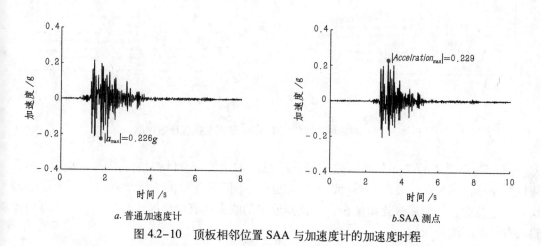

a. 普通加速度计　　　　　　　　　　　　b. SAA 测点

图 4.2-10　顶板相邻位置 SAA 与加速度计的加速度时程

5. SAA 加速度测试数据分析

SAA1 靠近车站模型中榀框架处，用胶带将其粘贴在结构上，由表 4.2-6 可知，其测得的加速度时程与结构上相邻位置加速度计的结果相近；SAA2 埋设在土中，与 SAA1 相距 1.8m。具体位置详见图 4.2-3。

图 4.2-11 为不同级别加载时 SAA 测点加速度峰值规律。由该图 a 可知，X 方向振动下，对于相同埋深测点，一级和二级加载时，土中测点的 X 方向加速度峰值一般都大于靠近结构测点的峰值；三级及以上加载工况时，结构底板以上到顶板处测点（距离箱底位移 1.52m~2.32m）的加速度峰值均略大于相同埋深处土中的测点，而对于其他位置，土中测点的加速度峰值则大于靠近结构测点的峰值。由图 b 可知，Z 方向振动下，相同埋深时，土中测点的加速度峰值一般都大于靠近结构测点的峰值。

图 4.2-12 为一级加载时不同种类波作用下 SAA 测点加速度峰值规律。由以上 a、b 两图可知，对于相同埋深测点，采用 Kobe 波、EL-Centro 波、人工波一级加载时，土中测点的加速度峰值一般都大于靠近结构测点的峰值。

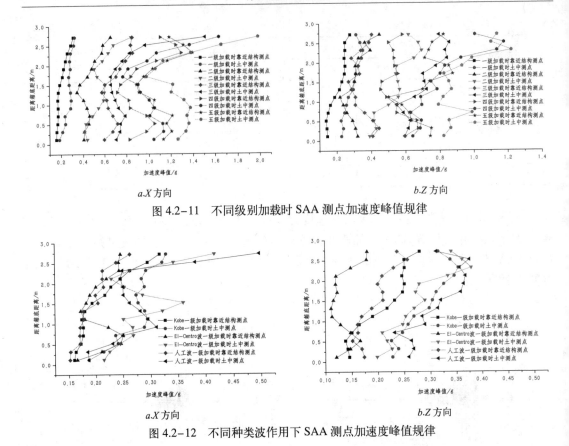

a.X 方向　　　　　　　　　　　　*b.Z* 方向

图 4.2-11　不同级别加载时 SAA 测点加速度峰值规律

a.X 方向　　　　　　　　　　　　*b.Z* 方向

图 4.2-12　不同种类波作用下 SAA 测点加速度峰值规律

图 4.2-13 为 SAA2 不同埋深处的测试节点的加速度傅立叶幅谱。由该图可知，对于埋设在土中的 SAA2，采用 Kobe 波一级加载时，不同埋深处的测试节点由下至上产生的反应不断减弱，高频成分逐渐减少，而且其他振动波也具有同样规律，显示出土体对振动输入有显著的滤波作用。

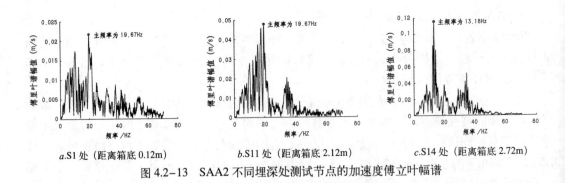

*a.*S1 处（距离箱底 0.12m）　　　*b.*S11 处（距离箱底 2.12m）　　　*c.*S14 处（距离箱底 2.72m）

图 4.2-13　SAA2 不同埋深处测试节点的加速度傅立叶幅谱

三、结论

通过大比例尺模型振动台试验，研究了大跨度无柱地铁车站结构的抗震性能，主要结论如下：

1. 位置相近处的 SAA 和普通加速度计测点的加速度时程和峰值规律较为接近，相差不大，验证了 SAA 在动力测试中的可靠性。

2. 模型结构频率随输入地震动幅值的加大而降低，阻尼比则随之提高，但变化幅度均不大。

3. 土体对振动输入有显著滤波作用，相同埋深处土中测点的加速度峰值一般大于车站结构测点的加速度峰值。

4. 随着输入地震动峰值的增大，车站结构的加速度峰值和位移峰值呈增大趋势，同时，随着土体非线性特性更加明显，土体传递地震波的能力不断减弱，放大系数总体呈下降趋势。

参考文献

[1] 唐小微，付培帅，李宏等.双层预应力大跨度地铁车站结构震害模拟与分析 [J]. 东北大学学报（自然科学版），2015，36(6)：892–896.

[2] 刘明保，宫剑飞，乐贵平等.明挖区间隧道无柱大空间预应力结构设计 [J]. 岩土工程学报，2010，32（增刊 2）：371–374.

[3] 刘明保，聂永明，乐贵平等.某明挖大跨区间预应力密排框架箱形结构的抗裂控制 [J]. 建筑科学，2012，28（增刊）：308–311.

[4] 陶连金，王沛霖，边金.典型地铁车站结构振动台模型试验 [J]. 北京工业大学学报，2006，32(9)：798–801.

[5] 杨林德，季倩倩，郑永来等.软土地铁车站结构的振动台模型试验 [J]. 现代隧道技术，2003，40(1)：7–11.

[6] 陈国兴，王志华，宰金珉.考虑土与结构相互作用效应的结构减震控制大型振动台模型试验研究 [J]. 地震工程与工程振动，2001，21(4)：117–127.

[7] 薛丽影，倪克闯.阵列式位移计在动力测试中的应用 [J]. 地震工程学报，2014，36(4)：1093–1097.

3. 考虑相邻基坑相互影响的基坑支护设计

王曙光　　张雪婵

中国建筑科学研究院, 地基基础研究所, 北京, 100013

引言

随着我国经济的发展、城市化进程的加快, 城市建设中建设用地紧张的矛盾越来越突出, 地下空间的开发利用成为城市建设的客观要求。城市中基坑开挖的规模不断扩大, 深度也越来越大。由于城市建设用地紧张, 城市建筑物越来越密集, 新建建筑周边往往紧邻建（构）筑物、道路、管线等, 而深大基坑施工将对周围环境产生很大影响, 因此基坑周边环境越来越复杂。在这种情况下, 基坑设计的稳定性问题仅是必要条件, 大多数情况下的主要控制条件是变形, 从而使得基坑工程的设计从强度控制转向变形控制[1]。

如果基坑周边有已有的建（构）筑物、道路、管线等, 由于这些建（构）筑物、道路等是已经存在的, 在支护结构的设计中可以将其视为荷载进行计算, 按预先确定的变形指标进行控制。本文介绍的这个基坑工程紧邻另外一个基坑, 由于两个工程的业主方在资金和工期的问题上无法协调, 因此两个基坑不能统一设计施工, 只能按两个基坑分别设计施工, 其中一个基坑施工的过程中另一个基坑也处于动态的施工过程, 因此基坑支护设计更为复杂。该基坑工程支护结构设计时, 先采用常规方法进行设计, 然后采用数值分析对两个基坑可能出现的不同开挖工况进行模拟, 分析考虑两个基坑相互影响的多种工况下的支护构件的内力和变形, 对常规设计进行修正, 确保设计安全可靠。

一、工程概况

昆明某基坑工程（基坑 A）, 基坑深 10.45m。基坑北侧为市政道路; 基坑南侧为 7 层砖混住宅楼, 距离基坑最近处约 9m, 住宅楼采用桩基础; 基坑西侧为 6 栋 7 层住宅楼, 天然地基, 最近处距离基坑约 7.8m; 基坑东侧紧邻另外一个基坑（基坑 B）, 两基坑相邻部位支护桩轴线距离仅为 1.7m, 该基坑深度为 14.5m, 支护结构采用支护桩加内支撑, 内支撑采用两道钢筋混凝土支撑。基坑总平面图见图 4.3-1。

土性指标　　　　　　　　　　　　　　　　　　　　　　　　　　表 4.3-1

岩性及编号	含水率 $w(\%)$	天然重度 $\gamma(kN/m^3)$	孔隙比 e	塑性指数 I_p	液性指数 I_L	黏聚力 c (kPa)	内摩擦角 φ (°)	压缩模量 E_s (MPa)
杂填土①		17.0				10	10	4.00
黏土②	31.8	18.8	0.87	20.0	0.20	35	11	5.95
黏土③₁		18.2	0.95	19.7	0.40	25	7	4.18

续表

岩性及编号	含水率 $w(\%)$	天然重度 $\gamma(kN/m^3)$	孔隙比 e	塑性指数 I_p	液性指数 I_L	黏聚力 c (kPa)	内摩擦角 φ (°)	压缩模量 E_s (MPa)
粉砂③₂	24.0	19.2	0.70			13	15	6.58
黏土④₁	34.1	19.1	0.91	17.7	0.46	25	8	3.56
粉砂④₂		20.0	0.66			12	15	6.09
黏土⑤₁	33.3	19.1	0.89	17.4	0.43	25	11	4.27
粉砂⑤₁¹		19.3	0.62			12	16	6.46
泥炭质土⑤₁²	52.5	16.4	1.33	21.0	0.62	20	3	3.00
粉砂⑤₂		18.7	0.69			12	18	6.95

根据勘察报告，本场地土层由表层人工素填土层、第四系冲积层及第四系湖沼相地层组成。地面下勘察深度范围内的土层划分为 7 个大层，分别是杂填土①层、黏土②层、黏土③₁层、粉砂③₂层、黏土④₁层、粉砂④₂层、黏土⑤₁层、粉砂⑤₁¹层、泥炭质土⑤₁²层、粉砂⑤₂层。其中粉砂③₂层为中等液化土，粉砂④₂层为轻微液化土，粉砂⑤₁¹层为轻微液化土，综合判定场地液化等级为中等液化。勘察期间在勘探深度范围地下水类型主要为孔隙性潜水，稳定水位在地面下 0.50～0.80m，主要含水层为粉土和粉砂层，受大气降雨补给。工程地质剖面图见图 4.3-2，土的物理力学指标见表 4.3-1。

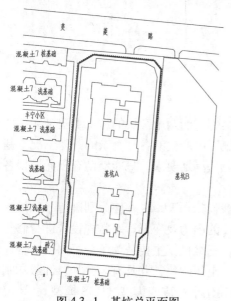

图 4.3-1　基坑总平面图

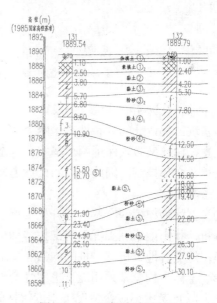

图 4.3-2　工程地质剖面图

二、基坑支护设计

1. 初步设计

拟建基坑深 10.45m，周边环境较复杂。支护结构采用支护桩加内支撑。初步设计时不考虑相邻基坑的开挖工况，按规范方法确定支护结构的参数，如支护桩的直径、间距、嵌固深度、内支撑结构的布置等，其中内支撑的布置让开了主楼的布置，支护结构不影响主楼的正常施工。基坑西侧邻近建筑物，为保证周边建筑物的安全，支护结构采用咬合桩方案，其中支护桩采用直径为1.2m的钢筋混凝土灌注桩，支护桩间距1.7m，支护桩中间的咬合桩采用直径为0.8m的素混凝土灌注桩，起到止水帷幕的作用。基坑东侧紧邻基坑B，该处采用支护桩加桩间旋喷的支护结构，支护桩采用直径为1.0m的钢筋混凝土灌注桩，支护桩间距1.5m，桩间帷幕采用三重管高压旋喷桩，由于该处相邻两基坑的支护桩之间的轴线距离为1.7m，因此旋喷桩可将两排支护桩之间的土体加固为整体。基坑B深14.5m，设计采用了两道钢筋混凝土支撑，拟建的基坑A仅需要一道内支撑，为了保证两个基坑受力的合理性，基坑A的支撑标高与基坑B的第一道支撑标高一致。基坑剖面图见图4.3-3。初步设计时初步确定支护结构的参数，其具体的配筋以及支护参数是否需要调整，需根据数值计算结果综合确定。

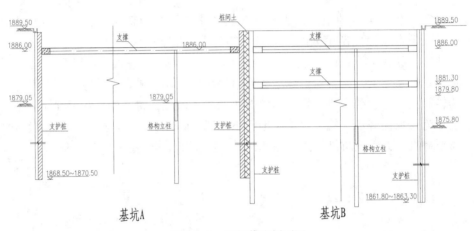

图4.3-3　相邻基坑剖面图

2. 考虑相互影响的基坑支护设计

本基坑工程设计的复杂性在于两个基坑紧邻，而两个基坑的施工工况又无法协调，但是基坑支护设计又必须保证两个基坑在动态施工中产生的各种复杂的开挖工况下基坑工程的安全性及变形控制。因此常规的设计方案无法满足要求，只能借助有限元模拟各种复杂的施工工况。

为了更好地模拟两个基坑的开挖工况，我们采用Plaxis软件分别进行了二维、三维有限元分析，找出最不利工况下的支护结构构件的内力及变形，对常规设计进行修正。其中二维模拟能更好地分析支护桩的内力和变形，三维模拟主要是为了分析内支撑构件的内力和变形。土体本构模型采用能考虑塑性变形、土体硬化，并具有区分加、卸载和刚度随应力变化，以及考虑小应变情况下刚度特性的硬化土小应变模型（HSS模型）。该模型在基坑工程中的适用性和优越性已被很多学者所认同[2, 3]，HSS模型参数物理意义及确定方法可参看程序用户手册及相关文献[4-6]。

考虑到两个基坑体量基本相当，其每步开挖的土方量以及开挖后的支护结构工程量也相当，数值分析中为了尽可能模拟两个基坑开挖的工况，确定按以下五种工况进行二维数值模拟：①基坑A和基坑B同步开挖，②基坑A比基坑B开挖快一步，③基坑B比基坑A快一步开挖，④基坑B比基坑A快两步开挖，⑤不考虑基坑B。

（1）模型参数

基坑 A 与基坑 B 支护桩分别采用 C25 和 C30 混凝土。支护桩采用板单元进行模拟，在二维有限元分析中，需要将支护桩的刚度按平面应变进行等效计算。本工程基坑 A 左侧支护桩桩径 1.2m，桩间距 1.7m，右侧支护桩桩径 1.0m，桩间距 1.5m；基坑 B 左侧支护桩桩径 1.2m，桩间距 1.6m，右侧支护桩桩径 1.2m，桩间距 1.5m。两个基坑的支撑均采用 C30 混凝土支撑，采用等值弹簧单元模拟。支护桩与支撑的计算参数分别如表 4.3-2 和表 4.3-3 所示。

支护桩计算参数 表 4.3-2

结构	材料	EA (kN/m)	EI (kN·m^2/m)
基坑 A 左侧	C25	2.51×10^7	1.68×10^6
基坑 A 右侧	C25	2.05×10^7	9.16×10^5
基坑 B 左侧	C30	2.74×10^7	1.91×10^6
基坑 B 右侧	C30	2.80×10^7	2.04×10^6

注：EA 为单位基坑宽度的支护桩轴向刚度；EI 为单位基坑宽度的支护桩抗弯刚度。

支撑计算参数 表 4.3-3

结构	材料	EA (kN)	L (m)
基坑 A 支撑	C30	2.88×10^7	10.0
基坑 B 第一道支撑	C30	1.92×10^7	7.5
基坑 B 第二道支撑	C30	2.43×10^7	7.5

注：EA 为支撑轴向刚度；L 为支撑间距。

土体硬化土小应变模型计算参数如表 4.3-4 所示，卸荷再加荷泊松比 v_{ur} 取 0.2，R_f 取 0.9。

土体硬化土小应变模型计算参数 表 4.3-4

土层	c /kPa	φ /°	ψ /°	E_{50}^{ref} /MPa	E_{oed}^{ref} /MPa	E_{ur}^{ref} /MPa	G_0^{ref} /MPa	$\gamma_{0.7}$	m
①	10	10	0	8.00	4.00	40.00	80.00	5×10^{-5}	0.8
②	35	11	0	11.90	5.95	59.50	119.00	5×10^{-5}	0.8
③$_1$	25	7	0	8.36	4.18	41.80	83.60	5×10^{-5}	0.8
③$_2$	13	15	0	13.16	6.58	65.80	131.60	5×10^{-5}	0.5
④$_1$	25	8	0	7.12	3.56	35.60	71.20	5×10^{-5}	0.8
④$_2$	12	15	0	12.18	6.09	60.90	121.80	5×10^{-5}	0.5
⑤$_1$	25	11	0	8.54	4.27	42.70	85.40	5×10^{-5}	0.8
⑤$_1^1$	12	16	0	12.92	6.46	64.60	129.20	5×10^{-5}	0.5
⑤$_2$	18	6	0	13.90	6.95	69.50	139.00	5×10^{-5}	0.5

注：c 为土体黏聚力；φ 为土体内摩擦角；ψ 为土体剪胀角；E_{50}^{ref} 为参考割线模量；E_{oed}^{ref} 为参考切线模量；E_{ur}^{ref} 为参考卸载再加载模量；G_0^{ref} 为参考初始剪切模量；$\gamma_{0.7}$ 为阈值剪应变；m 为刚度应力水平相关幂指数。

（2）支护桩的内力分析

采用图 4.3-3 的计算模型进行了二维的有限元模拟，分析了前面确定的五种开挖工况下支护桩的内力及变形。模型建立及网格划分见图 4.3-4，其中图 4.3-4a 为开挖前的模型，图 4.3-4b 为基坑开挖完成的模型。

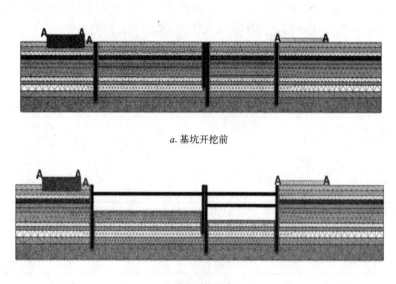

a. 基坑开挖前

b. 基坑开挖完成

图 4.3-4　二维有限元模型

图 4.3-5、图 4.3-6 分别为五种工况下的基坑 A 西侧及东侧的支护桩位移及弯矩。对于该基坑西侧的支护桩，考虑相邻基坑相互影响时得到的支护结构水平位移比常规设计、不考虑相互影响得到的水平位移明显增大，其中位移最大的工况为基坑 A 比基坑 B 开挖快一步的工况，支护桩最大水平位移增大约 50%。该基坑西侧的支护桩弯矩也是同样的规律，考虑相互影响得到的弯矩比不考虑相互影响得到的弯矩增大，弯矩最大的工况为基坑 A 比基坑 B 开挖快一步的工况，支护桩弯矩增大约 10%，支护桩配筋时应适当增加。对于该基坑东侧的支护桩，当两侧基坑都开挖时，其位移和弯矩比常规设计都要减小很多，

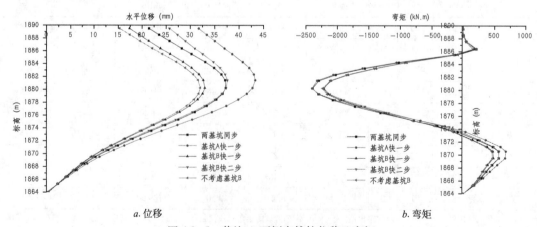

a. 位移

b. 弯矩

图 4.3-5　基坑 A 西侧支护桩位移及弯矩

但是考虑到如果基坑 A 开挖时，基坑 B 可能不一定开挖，此时该基坑东侧的支护桩的受力状态和常规设计是一致的，因此该侧的支护桩按常规设计的弯矩进行配筋。图 4.3-3 中基坑 B 与基坑 A 基本对称，因此基坑 B 的西侧支护桩反映出与基坑 A 东侧支护桩相似的特征，基坑 B 的东侧支护结构反映出与基坑 A 西侧相似的特征。

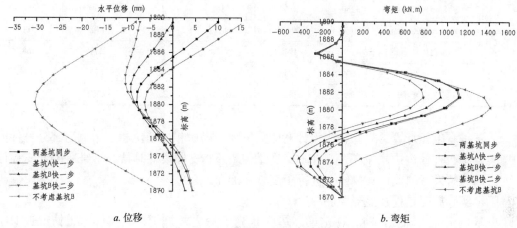

a. 位移   b. 弯矩

图 4.3-6　基坑 A 东侧支护桩位移及弯矩

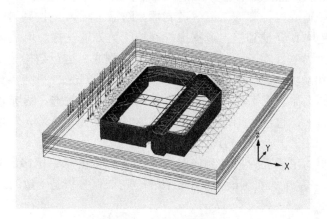

图 4.3-7　三维有限元模型

三维有限元分析支撑体系轴力及弯矩　　　　　　　　　　　　　表 4.3-5

杆件		轴力 (kN)			弯矩 (kN.m)		
		两基坑同步	基坑 B 快一步	基坑 B 快二步	两基坑同步	基坑 B 快一步	基坑 B 快二步
基坑 A	1200mm×800mm	12165	11154	10180	566	493	714
	1000mm×800mm	8686	8549	9205	935	903	842
	800mm×800mm	4086	3851	3668	441	416	380
	700mm×700mm	2577	2449	2707	352	301	327
	腰梁	3624	3419	3603	2506	2422	2196

续表

杆件		轴力 (kN)			弯矩 (kN.m)		
		两基坑 同步	基坑 B 快一步	基坑 B 快二步	两基坑 同步	基坑 B 快一步	基坑 B 快二步
基坑 B	800mm × 800mm	5541	5641	5535	394	422	411
	700mm × 700mm	3230	3165	2882	276	360	366
	900mm × 900mm	11073	10192	11172	485	488	511
	750mm × 750mm	4198	4942	5480	333	371	468
	第一道腰梁	3009	3258	3276	967	878	2196
	第二道腰梁	2608	2892	3142	2589	2304	2632

将三维有限元计算结果与初步设计对比后发现，考虑相邻基坑相互影响后部分杆件内力增大，多数杆件内力增幅不超过 10%，见表 4.3-5。支撑设计时结合三维有限元支撑体系内力计算结果对原设计支撑体系进行了复核和加强。

三、实际施工过程及变形监测

该基坑工程实际施工时，在前期，基坑 B 先于基坑 A 施工，其具体施工情况近似于数值模拟中的工况④基坑 B 比基坑 A 开挖快一步，基坑 A 在地面施工完支护桩和帷幕时，基坑 B 开挖到第一道支撑标高施工第一道支撑，随后基坑 A 开挖到第一道支撑标高施工第一道支撑时，基坑 B 开挖到第二道支撑标高施工第二道支撑。但是基坑 B 第二道支撑尚未完全施工完，该项目停工了，然后基坑 A 开挖到底，进行结构施工，这个工况又与数值模拟基坑 A 和基坑 B 同步开挖的工况②相似。由此可见，基坑 A 设计时所考虑的工况涵盖了该基坑的实际施工工况。目前基坑 B 仍处于停工状态，基坑 A 的主体结构一栋已经结构封顶、另一栋也已经出地面了，基坑 A 的内支撑已拆除，基坑已回填完成。工程实践证明该基坑的设计是安全的。

基坑监测表明，在基坑 A 开挖到底时，基坑 A 西侧的水平位移最大，基坑顶部最大水平位移为 38mm。基坑的实测最大水平位移部位与数值分析是一致的。

四、结论

城市建设用地紧张、建筑物越来越密集，基坑周边环境越来越复杂，使得基坑工程的设计从强度控制转向变形控制。

昆明某基坑紧邻另外一个在施基坑，周边环境更加复杂，基坑设计时需要考虑两个基坑的相互影响。该基坑工程支护结构设计时，先采用常规方法进行设计，然后采用数值分析对两个基坑可能出现的不同开挖工况进行模拟，分析考虑两个基坑相互影响的多种工况下的支护构件的内力和变形，对常规设计进行修正。工程实践证明该基坑的设计是安全的。

参考文献

[1] 王曙光. 复杂周边环境基坑工程变形控制技术 [J]. 岩土工程学报，2013，35(supp.1)：474–477.

[2] 徐中华，王卫东. 敏感环境下基坑数值分析中土体本构模型的选择 [J]. 岩土力学，2010，31(1)：258–264，326.

[3] 尹骥. 小应变硬化土模型在上海地区深基坑工程中的应用 [J]. 岩土工程学报，2010，32(S1)：166-172.

[4] BENZ T. Small-strain stiffness of soils and its numerical consequences[D]. Stuttgart：University of Stuttgart，2006.

[5] SCHANZ T，VERMEER P A，BONNIER P G. Formulation and verification of the hardening-soil model[C]. Balkema，Rotterdam：1999.

[6] 张雪婵. 软土地区狭长型深基坑性状分析 [D]. 杭州：浙江大学，2012.

4.BIM 技术在精细化消防设备管理中的应用研究

李铁纯　王佳　周小平

建筑消防安全监控实验室，北京建筑大学，北京，100044

引言

建筑消防设施是建筑物内设置的火灾自动报警系统、自动喷水灭火系统、消火栓系统等用于防范和扑救建筑物火灾的消防设备设施的总称。它是保证建筑物消防安全和人员疏散安全的重要设施，是现代建筑的重要组成部分。消防设备在建筑火灾预警、人员疏散以及火灾救援中具有举足轻重的作用。如果消防设备得不到及时的维护，就会导致消防设备无法正常工作、建筑火灾风险度增加等问题。大型建筑消防设备系统复杂，如何将消防设备信息、空间信息与人员信息进行有效而合理的组织，使消防设备运维管理人员能快速获取所需资料，全面了解消防设备运维现状，已经成为消防设备运维管理中亟待解决的问题。

美国卡内基梅隆大学 Akcamete 等研究了将 BIM 技术应用于设备设施计划性维护中，并分析了 BIM 在设施管理中的潜在优势，有助于设施的预防性保养。佛罗里达大学 Kazi A. S. 等研究了将 BIM 技术与 RFID 技术相结合应用到建筑设施构件的制作、安装与管理中，建立了基于 BIM 的建筑设施管理系统框架。清华大学胡振中教授开发了基于 BIM 的机电消防设备智能管理系统（BIM-FIM2012），为设备系统的安全运行提供了高效的手段和平台支持。CCDI 过俊等开发了基于 BIM 的建筑空间与设备管理系统，具有设备信息查询、报修及计划性维护等功能。以上系统均实现了 BIM 技术与设备设施管理的结合，但其研究多是集中在非消防设备领域，如何利用 BIM 技术提高消防设备的精细化管理尚未提及。

本文研究的目的在于应用 BIM 技术提高传统消防设备运维管理的信息化与可视化程度，使消防设备的所有信息可以完整无损地传递于建筑的全生命周期中，从而提高目前消防设备的运维管理水平，保证消防设备与建筑的安全运行。

一、传统消防设备运维管理的弊端

1. 消防设备存在信息孤岛

目前，传统消防设备运维所需的各类信息大多还是以电子文档资料和二维 CAD 图纸的形式存在。不同岗位人员电脑资料存储分散、组织混乱，缺乏标准化的信息组织流程，导致汇总困难，无法为决策提供及时、有效、准确的信息。大型建筑消防设备系统复杂，消防设备信息主要以二维图纸为主，但二维图纸具有抽象、信息碎片化等缺陷，缺乏直观的交流平台，当需要查询某些消防设备的具体安装位置或者需要了解故障消防设备的上下游构件之间的联系时就变得十分困难，只有真正常年在第一线对各种消防设备极其熟悉的运维管理人员才能准确找到消防设备的具体位置和查看故障消防设备的影响范围。由此看来，消防设备运维管理所需的信息都存在，但彼此之间没有关联，信息沟通闭塞，无法实现部门间数据信息的传递与共享。

2. 消防设备运维信息的真实性难以保证

消防设备运维管理的主要目的是通过采集消防设备运行中产生的运维数据，展示给相关管理人员，通过管理人员对消防设备的运维管理使建筑内的消防设备在运行中保持正常运转状态以达到消防设备功能，相关管理人员还要根据消防设备运行情况制定运维管理预案、处理紧急情况。事实上，巡检、记录、保养等各种消防设备运维数据还是以各种电子表格和纸质版材料进行保存，一旦发生安全事故或重大应急事件，各种电子表格和纸质版材料极其容易被安全责任人篡改，无法保留最初的证据来防止员工作假，最终导致的现状是人员责任划分不明确，无法实现责任的追究，难以保障安全。因此，采用建筑信息模型技术提升信息化、走向精细化管理才是提高消防设备信息监管可靠性的正确途径。

二、构建可视化 BIM 消防设备模型

本研究中，基于 BIM 的消防设备运维管理，可以解决二维 CAD 消防设备图纸直观性较差的弊端，实现可视化的消防设备模型呈现。BIM 以三维数字技术为基础，集成了建筑工程项目中消防设备的各种相关信息，因此所创建的建筑消防设备模型已包含了消防设备实体的属性信息，消防设备竣工模型稍加处理便可直接调用。

为提高消防设备运维实用性与针对性，本研究首先将继承运维阶段的 BIM 模型去冗余，建立适用于运维阶段的建筑消防设备模型，如图 4.4-1 所示。该建筑为天津某高校工程实训中心，总建筑面积 9600 平方米，消防设备系统复杂，属于大型现代建筑。基于 BIM 构建的建筑消防设备模型，充分利用 BIM 信息整合的特点，将消防设备各种属性信息规范化整合到 BIM 模型中，实现信息的快速查询和各类信息统计。同时，BIM 提供了可视化的思路，将消防设备构件、管线形成一种三维立体实物图的形式进行表达与展示，可视化的特点为一个不熟悉现场消防设备的维修维护人员进行维修提供了可能，降低了对本地维护人员的依赖性。

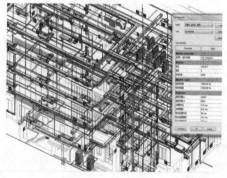

图 4.4-1　可视化的建筑及消防设备模型

三、基于 BIM 的消防设备运维管理平台

BIM 模型实际就是与现实建筑相匹配的虚拟建筑，每一个消防设备构件对象虽一一对应现实建筑，但并没有具体的属性信息，对实际的消防设备运维管理并没有实质的帮助，所以仅仅有了 BIM 模型并不能实现建筑消防设备的运营维护管理。因此，需要建立基于 BIM 的消防设备运维管理平台来实现建筑消防设备的有效管理。

1.B/S 三层体系结构

为了解决建筑消防设备运维管理者在空间上的距离及使用的便捷性，本系统采用 B/S 结构，使用者操作灵活，还能为建筑消防设备运维管理业务提供更好的技术支撑，如图 4.4-2 所示。表示层提供给用户一个视觉上的界面，它用于接收用户输入的消防设备信息及浏览操作数据，并显示相应输出的应用数据。业务逻辑层是界面层和数据层的桥梁，它将具体的业务处理逻辑如消防设备资料管理、消防设备巡检管理、派单管理等编入程序中。数据层定义、维护消防设备数据的完整性、安全性，并响应逻辑层的请求，访问数据。基于 BIM 的建筑消防设备可视化运维管理流程如图 4.4-3 所示。

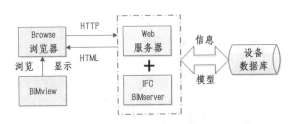

图 4.4-2　基于 B/S 的消防设备运维管理架构

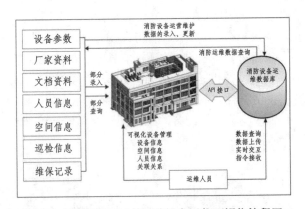

图 4.4-3　基于 BIM 的消防设备运维可视化流程图

2. 消防设备模型与运维数据互联互通

"图"即 BIM 模型，"数"即建筑消防设备运维相关数据，二者均以不同形式的实体存在，彼此之间是静态的、无关联的。为实现真正意义上的"图数联动"，本研究通过编码技术确定建筑消防设备及其构件的 ID 标识，映射到消防设备运维数据库中的文档资料数据，构建 BIM 模型与建筑消防设备运维数据库的 E-R 图，如图 4.4-4 所示；其次，通过更新维护平台接口 API 开发，将不断更新的消防设备运维信息存储于消防设备运维数据库中，与消防设备模型对象匹配，进而实现动态、及时、可持续的消防设备运维管理。最后，运维人员在 BIM 模型中点击消防设备对象，平台通过消防设备编号自动在数据库中查询、检索相关消防设备运维信息，同样在数据库查询到某个消防设备亦可将其定位于 BIM 模型中。

3. 消防设备模型数据存储 -IFC 文件

IFC 定义建筑全生命周期中的信息如何提供、如何存储，并为建筑消防设备不同专业保留数据，当前 IFC 是 BIM 模型中使用最广泛、最成熟的开源标准。IFC 在消防设备设

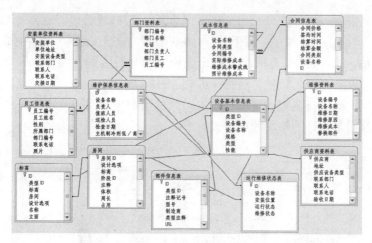

图 4.4-4　数据库表 E-R 图

施资料管理方面，提供有 JAVA 语言编写的免费的 BIMserver 使用，BIMserver 可以创建一台能使用 IFC 数据的服务器并支持上传 IFC 数据到该服务器。BIMserver 主要用于 IFC 资料进行消防设备模型管理、用户管理、查询功能、变更警告等，并能依照 IFC 文件中所包含的几何信息创建消防设备模型的浏览，建筑消防设备模型 IFC 结构如图 4.4-5 所示。

　　本研究首先将标准 BIM 消防设备模型 IFC 文件中的不同数据类型直接转换成 Microsoft SQL 的数据类型保存在数据库中；其次，通过开发更新维护平台 API 接口连接 BIM 消防设备模型与消防设备运维数据库、更新和维护 BIM 模型与数据库，保证 BIM 模型与消防设备管理对象保持一致，数据及时更新；最后，通过二次开发基于 tomcat 的 bimserver 模型在线服务系统，实现 WebGL 下的消防设备模型三维可视化浏览，如图 4.4-6 所示。

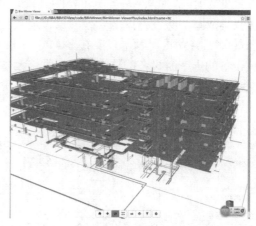

图 4.4-5　建筑消防设备模型的 IFC 结构　图 4.4-6　基于 WebGL 下的消防设备模型浏览

4. 协同移动客户端

　　BIM 技术与建筑消防设备运维管理结合减轻了运维的压力，提高了运维管理效率。如何及时更新消防设备运维情况，考核一线运维人员的实时工作状态，就变得非常重要。随着科技的不断进步，移动互联网的发展给这个难题带来了新的解决方案。

目前，手持移动 PDA（Personal Digital Assistant）消防设备已经非常普及，为开展"移动互联 +BIM"运维提供了前提。基于此，本课题采用"前端 + 后台"的整体框架设计模式，利用移动互联技术实现 PDA 与消防设备运维管理平台的协同，如图 4.4-7 所示。运维人员通过扫描消防设备二维码，查看相关消防设备的系统模型、基本参数、维保记录等信息，移动终端还可将消防设备巡检表单及巡检人员到位情况拍照及时上传至平台，保证数据的客观真实性，改变了以往的被动管理模式。

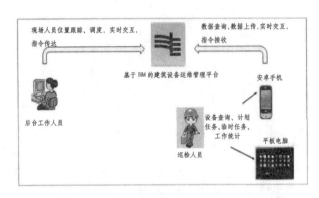

图 4.4-7 PDA 终端与运维管理平台协同

四、消防设备运维管理平台实现与应用

在具体的消防设备运维业务中，基于 BIM 的建筑消防设备运维管理平台实现了 BIM 模型与消防设备运维数据库间的互通互联，通过可视化的消防设备模型，将建筑消防设备的基本信息、维修保养记录、消防设备应急决策、统计报表等各类状态信息进行可视化的表达与展示，相比于传统的消防设备管理模式，利用 BIM 技术进行消防设备运维管理比传统的方式更为直观，如图 4.4-8 所示，杜绝信息孤岛的发生。同时利用 BIM 的可视化功能，可以快速找到故障消防设备或是管线的位置及其与附近管线、消防设备的空间关系。遇到消防设备故障等突发状况时，只要在 BIM 消防设备运维管理平台中找到该设备并可查询到控制该设备的上下游设备的信息，观察维修设备周围环境，就能够及时正确地获取设备相关信息，根据这些信息迅速作出判断，及时对突发状况进行处置，将问题控制在最小范围内。

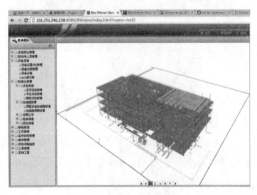 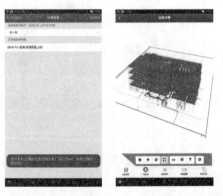

图 4.4-8 建筑消防设备运维管理平台界面　　图 4.4-9 移动端 PDA 消防设备管理应用

借助当前最先进的移动互联网技术，运维人员通过 PDA 去执行消防设备日常运维业务，将消防设备运行情况通过移动终端及时反馈给管理人员，避免消防设备运维信息更新的滞后与延迟，方便运维管理人员在第一时间了解消防设备运维情况。同时，借助各类设备机房已有的 Wifi 信号，通过记录不同设备机房 Wifi 信号 mac 码地址来匹配运维人员是否出现在正确的位置，否则将无法完成消防设备巡检、维保等任务的执行与提交，如图 4.4-9 所示，从而保证了消防设备运维信息的准确性。

五、结语

消防设备是建筑中保护人民生命财产安全的重要保障，不能等到消防设备出现故障再修理，更不能不修理，一定要维持消防设备的正常运行，防患于未然，这是建筑消防设备运维管理的职责所在。基于 BIM 技术建立的建筑消防设备运维管理平台，利用 BIM 的信息集成和三维可视化特点，可快速定位并查询消防设备资料信息。同时，平台通过协同移动客户端，可以更好、更及时地了解人员与消防设备运维状态。本文将 BIM 技术与移动互联技术应用于建筑消防设备运维管理中，使运维阶段的建筑消防设备管理更加高效、科学，对提高建筑消防设备的精细化管理水平具有非常重要的现实意义。

参考文献

[1] 过俊，张颖 . 基于 BIM 的建筑空间与设备运维管理系统研究 [J]. 土木建筑工程信息技术，2013，5（3）：41–49.

[2] 张睿奕 . 基于 BIM 的建筑设备运行维护可视化管理研究 [D]. 重庆：重庆大学，2014.

[3] 何关培 . BIM 第二维度 [M]. 北京：中国建筑工业出版社，2011.

[4] 武惠敏等 . BIM 在建筑项目物业管理空间中的应用 [J]. 项目管理技术，2015，13（10）：57–63.

[5] 张冰 . 基于 BIM 的地铁车站机电设备运维管理 [J]. 科学中国人，2015，4：57–59.

[6] 刘林，齐振华 . 基于 BIM 的大型建筑物业管理平台应用 [J]. 建筑经济，2015，5（5）：78–80.

[7] 林天扬，王佳，周小平 . 基于 BIM 的可视化消防管理平台研究 [J]. 建筑科学，2015，31（6）：152–155.

[8] 王廷魁，张睿奕 . 基于 BIM 的建筑设备可视化管理研究 [J]. 工程管理学报，2014，3(28)：32–36.

[9] 邱刚 . ERP 系统在设施设备管理中的应用 [J]. 中国物业管理，2011.

5. 城市基础设施韧性的定量评估方法研究综述

李亚　翟国方　顾福妹

南京大学建筑与规划学院，南京，210093

引言

目前，韧性城市的研究已成为学界热点，国内外均有相关的成果。2013年纽约市发布"一个更加强大、更具韧性的纽约"计划以应对未来可能遭受的自然灾害；2015年日本推行国土韧性计划，旨在提升城市应对灾害的能力；2015年中国城市规划年会设置"风险社会与弹性城市"分论坛，以探讨国内韧性城市的未来发展。从整体来看，目前国内韧性城市的研究大部分还停留在定性的层面，而对于其更关键与核心的定量评估研究较少。要增强韧性城市的研究的科学性和完整性，定量评估必不可少。城市基础设施是城市的生命线，也是城市韧性的最重要、最基础的要素。因此，本研究以城市基础设施为出发点，通过对国内外城市市政设施的韧性定量评估方法的梳理和总结，为深化和完善我国城市韧性的定量评估方法的研究提供有益借鉴。

一、城市基础设施的韧性

1. 韧性的基本内涵

生态学家 Holling 最早提出"韧性"的概念，并首次将韧性的思想应用到系统生态学（systems ecology）的研究领域，用以定义生态系统稳定状态的特征[1]。最初，韧性被定义为系统恢复平衡的速度，应对危机并恢复的能力，适应新环境的能力，具有内在的坚固性、弹性与适应性，抵御外部影响并恢复的能力等[2]。自20世纪90年代以来，学者对韧性的研究逐渐从自然生态学向其他学科延展[3]。韧性被应用于工程、社会与经济等领域，其内涵不断得到丰富。地震工程综合研究中心（MCEER）将韧性定义为"系统在地震发生时减少震动的可能并吸收震动、地震发生后及时恢复的能力"[4]。Bruneau 等通过对社区地震灾害韧性的研究，把社区的地震韧性定义为"社区吸收破坏并迅速恢复的能力"，提出韧性的特性包括坚固性、冗余度、谋略性及迅速度，并把韧性系统分为四个相互关联的子系统：工程韧性、组织韧性、经济韧性及社会韧性[5, 6, 7]。Francis 与 Bekera 等对现有韧性定义的总结，认为"抵御能力、吸收能力与恢复能力"是韧性系统的三个主要特征[8]。

由于不同研究领域对"韧性"概念的界定角度和方式有很大差异，同一概念被不同的研究学者运用时内涵有所不同，因此，大量学者对"韧性"的概念展开了深入讨论。尽管对概念的认知还未达成共识，Francis 所提出的韧性的三大特征还是得到了普遍认可，并为韧性系统评估计算奠定了基础。

进入21世纪以来，"韧性"这一概念在灾害管理中的应用不断扩大。2005年国际减灾会议确认将韧性纳入灾害议程中的重要性，并提出"灾害响应"的理念[9]。作为城市正常运转的保障，城市基础设施一直是研究者关注的重点。韧性的引入为城市基础设施可靠性的研究注入了新的活力，有关基础设施韧性的研究越来越多。Bruneau 等认为基础设施韧性指城市基础设施对灾害的应对和恢复能力，如基础设施和生命线的保障能力等[5]。邵亦文、徐江等从城市韧性的角度指出，基础设施韧性是指建成结构和设施脆弱性的减轻，同时也涵盖生命线工程的畅通和城市社区的应急反应能力[3]。综上所述，基础设施的韧性可以理解为灾害发生时抵御灾害、吸收损失并及时恢复至正常运行状态的能力。

2. 韧性与脆弱性辨析

"脆弱性"一词原指受到伤害的可能性，最初用于描述被流行病感染的概率大小。20世纪 70 年代，脆弱性开始用于生态学领域的研究；80 年代，应用延伸至灾害学及社会经济系统领域。由于研究领域的差异，脆弱性的定义表述尚未有统一标准。政府间气候变化专门委员会（IPCC）的评估报告中将脆弱性定义为系统容易受到气候变化造成的不良后果影响或者无法应对其不良影响的程度，是系统外在气候变化的特征、强度和速率、敏感性与适应性的函数；联合国减灾战略（UN/ISDR）提出脆弱性是由自然、社会、经济和环境因素及过程共同决定的系统对各种胁迫的易损性，是系统的内在属性。暴露、敏感性和适应性被认为是脆弱性的三个主要方面。

脆弱性与韧性是一组相关的概念，都被认为是系统的内在属性，且均易受到外界环境的影响。对于两者的评估与判断，不仅涉及对风险的变化认知过程，还涉及经济、社会和行为等各个方面。两个概念的区别在于脆弱性关注于灾害发生的可能性，是一种结果；而韧性强调系统应对灾害以及从灾害中恢复的能力，是一个过程。韧性是系统在不同吸引域内的一种状态转换，而脆弱性至少是指系统在同一稳定结构模式（stability landscape）内的结构变化[10]。脆弱性用于描述研究系统的稳定性、抗干扰能力和灾害的易发性，而韧性更多被理解为生态系统的一种更新、重组和不断发展的能力[11]。

对于韧性与脆弱性的关系，不同的学者所持看法有所差异。脆弱性评价是作为风险评价的一部分，是风险评价的基础，因此，Francis 与 Bekera 将系统脆弱性的评价纳入韧性评价框架中，Turner 等认为韧性与脆弱性是彼此包含的关系，Cutter、Aven 等则认为脆弱性或韧性作为其他一些概念（风险等）的一部分而存在。联合国减灾署（UNISDR）最新的文件中指出韧性是最终的目标，而脆弱性分析、评价与灾害减缓则作为实现最终目标的策略[12]。

二、城市基础设施韧性定量评估的基本方法

城市基础设施韧性的定量评估方法最初源于地震工程学领域。Bruneau 等在对社区地震韧性的研究中提出社区地震韧性是指灾害发生时社区减缓灾害、吸收灾害影响并采取恢复措施减轻破坏及应对未来灾害的能力。社区地震韧性可以通过提升社区基础设施（例如生命线等）应对地震灾害的能力来实现。基础设施面对灾害时所呈现的状态可以通过系统机能曲线的变化进行描述[13]。因此，社区的地震韧性可以通过基础设施机能随时间的变化曲线进行表征，如图 4.5-1 所示：

其中，用基础设施质量 Q 表示系统机能，$Q(t)$ 表示系统机能曲线。当地震发生时即 t_0，对基础设施造成破坏，$Q(t)$ 减小；随着有效应

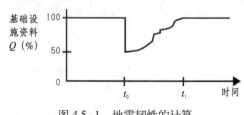

图 4.5-1　地震韧性的计算

对措施的采取，系统逐渐恢复，$Q(t)$ 逐渐增加；t_1 表示系统恢复至正常状态。因此，社区地震的韧性 R，可以用系统机能随时间的变化函数来表示：

$$R = \int_{t_0}^{t_1} \left[100 - Q(t) \, dt \right]$$

(1)

此外，社区地震韧性的确定不仅要依据地震发生的全过程的变化，并且要考虑不同震级地震发生的可能性。并非所有的社区在震后都能恢复至原有水平，对于原有基础设施水平较低的社区，其震后的基础设施可以恢复至更高水平。

在此基础之上，Bruneau 等通过对医疗设施系统的地震韧性计算研究提出式（1）中系统机能 $Q(t)$ 的计算方式：

$$Q(t) = 100 - \left[L \cdot F \cdot \partial_R \right] = 1 - \left[L(t_{OE}) \cdot f(t, t_{OE}, T_{RE}) \cdot \partial_R \right]$$

(2)

式（2）中：L 或 $L(t_{OE})$ 表示系统所失去的机能，F 或 $f_{rec}(t, t_{OE}, T_{RE})$ 表示灾害发生时间点 t_{OE} 后系统恢复的机能，α_R 表示相关系数。

此后，Bruneau 等依据地震工程综合研究中心（MCEER）对韧性的定义，提出韧性可以通过图 4.5-2 表示为系统机能曲线与横纵坐标轴所围成的面积[9]。$Q(t)$ 表示系统机能曲线，是一个关于时间 t 的连续分段函数，具有随机性。对单一的灾害事件，韧性可以表示为：

$$R = \int_{t_{OE}}^{t_{OE}+T_{LC}} Q(t) / T_{LC} dt$$

(3)

其中

$$Q(t) = [1 - L(1, T_{RE})][H(t - t_{OE}) - H(t - (t_{OE} + T_{RE}))] \times f_{Rec}(t, t_{OE}, T_{RE})$$

(4)

式（3-4）中：$L(I, T_{RE})$ 表示系统所失去的机能；$f_{Rec}(t, t_{OE}, T_{RE})$ 表示恢复的机能；$H()$ 表示函数；T_{LC} 表示系统控制时间；T_{RE} 表示系统从灾害 E 中恢复的时间；t_{OE} 表示灾害 E 发生的时间。

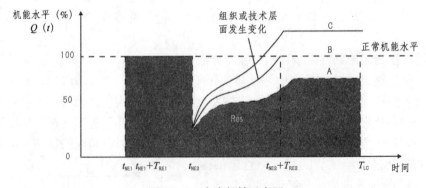

图 4.5-2　灾害韧性示意图

Bruneau 等学者的研究为社区地震韧性的评估提供了方法与思路，上述模型与计算方法为系统韧性的定量评估奠定了基础，得到了学术界的认可。随着研究的不断深入，不同学者对基础模型与方法不断地进行改进与完善，提出了不同的城市基础设施韧性定量评估的方法。

三、基于机能曲线的基础设施韧性计算的方法

1. "三阶段" 基础设施韧性计算模型

Ouyang、Dueñas-Osorio、Min[14] 三位学者利用 Bruneau 等提出的典型灾害发生时，基础设施机能反应过程的曲线模型作为基础，建立基础设施韧性的评价框架（图4.5-3）。该评价模型主要用于测度基础设施系统的技术层面的韧性，作者称其为 "三阶段" 韧性分析框架。

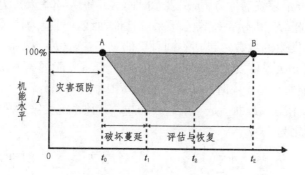

图 4.5-3　灾害事件下系统机能变化曲线

如图 4.5-3 所示，面对外来破坏的干扰，系统性能的变化可以分为三个阶段。第一阶段（$t<t_0$）为灾害防御阶段，主要反映系统对灾害的抵御能力，用灾害发生的频率与最初的破坏水平共同作为反映指标；第二阶段（$t_0<t<t_1$）为灾害吸收阶段，系统受到破坏后，破坏在系统内部蔓延的过程，该阶段系统性能的变化与系统对灾害吸收能力有关；第三阶段（$t_1<t<t_E$）为系统恢复阶段，此阶段主要为系统的受灾评估与灾后恢复，主要反映系统的恢复能力，恢复所需时间与恢复所需资源共同作为衡量系统恢复力的指标。这三个阶段共同构成了一个典型的灾害发生情况下基础设施系统的反映过程。第一个阶段主要是点状的破坏，针对系统内部的关键节点；第二阶段为面状的破坏，把系统关键节点的失效转移到系统网络的破坏；第三阶段为恢复响应，系统内部开始修复。为了增加系统的韧性，在不同的阶段需要采取不同的应对策略（表 4.5-1）。

不同阶段系统韧性提升策略举例　　　　　　　　　　　　　　表 4.5-1

阶段	衡量韧性的相关因子	韧性提升策略（举例）
第一阶段 （抵御能力）	灾害频率、最初的破坏水平	运用灾害管理的方法分辨并加固关键节点
		运用灾害模型提高灾害的应对能力
		及时跟踪、更新基础设施系统的最新运作数据
		提高决策者的决策能力
第二阶段 （吸收能力）	最严重的受灾水平	调整基础设施的拓扑学结构
		设计系统的冗余度
		增加基础设施自我修复、自我适应的反应机制
第三阶段 （恢复能力）	恢复时间、恢复代价	建立有效的灾后联络通道
		提升决断层灾后迅速决断的能力

通过对"三阶段"韧性评价框架的建立，作者提出系统韧性的计算方法，即利用系统性能曲线，通过计算受灾后性能曲线与时间轴所围合的面积与正常情况下性能曲线与时间轴围合面积的比值作为衡量韧性的标准，计算公式如下：

$$AR = E\left[\frac{\int_0^T P(t)\,dt}{\int_0^T TP(t)\,dt}\right] = E\left[\frac{\int_0^T TP(t)\,dt - \sum_{n=1}^{N(T)} AIA_n(t_n)}{\int_0^T TP(t)\,dt}\right] \tag{5}$$

式（5）中：E 表示系统韧性方程；T 表示时间（其中 $T=365$ 天）；$P(t)$ 表示系统受灾时系统系能曲线；$TP(t)$ 表示系统常态下系统性能曲线，可能为连续直线，也可能为随机曲线；n 表示灾害发生的次数，包括不同种类的灾害；$N(T)$ 表示事情在 T 时间内总的发生次数；t_n 表示第 n 次事件发生的时间；$AIA_n(t_n)$ 表示 t_n 时间第 n 次事件发生时的受损面积，即常态下性能曲线与受灾时系统性能曲线所围合的面积。

在实际应用中，假设 $TP(t)$ 是一条连续的线，并且系统受灾后总能恢复到原有状态，那么式（5）可以简化为：

$$AR = \frac{TP \times T - E\left[\sum_{n=1}^{N(T)} AIA_n(t_n)\right]}{TP \times T} = \frac{TP - E\left[\frac{1}{T}\sum_{n=1}^{N(T)} AIA_n(t_n)\right]}{TP} \tag{6}$$

其中受灾面积 $AIA_n(t_n)$ 是一个与第 n 次灾害类型相关的随机变量，并且与最初的受灾水平、最大的受灾水平、恢复时间、恢复效率等相关。在第 n 次事件中可能包含不同种类的灾害，因此，该函数既适用于单一灾种时间的韧性计算，也可以用于多灾种事件的韧性计算。

2. 基于韧性特征的基础设施韧性计算

韧性概念的发展与韧性评估发展相辅相成。Francis 与 Bekera[8] 在对韧性定义与韧性评估框架发展过程的研究基础之上，提出的韧性评价框架包含五个方面（图 4.5-4），即系统要素识别、脆弱性分析、韧性目标设定、决策者认知、韧性能力。

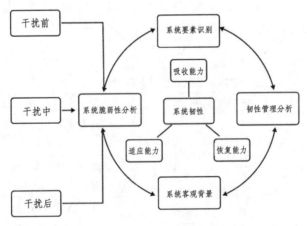

图 4.5-4　韧性评价框架

在对韧性框架的讨论基础之上，依据系统机能函数，作者将韧性系统的三大核心能力与受灾时间结合，提出了一种系统韧性的计算方法（图 4.5-5）。假设 S_P 表示系统恢复速度的因子，F_0 表示系统的初始性能水平，F_d 表示系统受到破坏后的未采取措施前的性能水平，F_r^* 表示采取措施后系统恢复的性能水平，F_r 表示采取措施后系统完全恢复状态下的性能水平，t_δ 表示时间，ρ_i 表示韧性计算函数，那么韧性的基础计算公式表示如下：

$$\rho_i\left(S_p, F_r, F_d, F_0\right) = S_p \frac{F_r F_d}{F_0 F_0} \tag{7}$$

$$\text{其中 } S_p = \begin{cases} \left(t_\delta / t_r^*\right) \exp\left[-a\left(t_\delta - t_r^*\right)\right] & t_r \geq t_r^* \\ \left(t_\delta / t_r^*\right) & t_r < t_r^* \end{cases} \tag{8}$$

式（8）中：t_δ 表示系统失效时间；t_r 表示系统完全恢复所需时间；t_r^* 表示系统恢复至平衡态所需时间；a 表示控制变量。

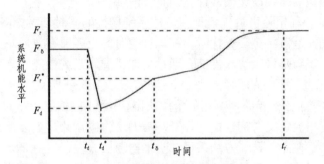

图 4.5-5　系统机能随时间变化情况

系统机能曲线依据系统类型的不同可以用不同的变量表示。依据 MCEER 研究成果，灾害韧性可以用系统失效的可能性、失效的结果与从灾害影响中恢复所需时间共同来计算。

假设在基础计算（7）中加入事件 i 发生时系统的脆弱性，作者把系统脆弱性定义为系统失败的可能性，用含有参数 z 的函数表示系统失败的可能性，那么系统在事件 i 发生时其脆弱性可以表示为：

$$f\left(\mu \big| z_i\right) \tag{9}$$

结合基础计算（9），系统韧性计算公式如下：

$$f\left(\mu \big| z_i\right) \cdot \rho_i\left(S_p, F_r, F_d, F_0\right) \big| t_d, K \tag{10}$$

把脆弱性与韧性综合考虑的想法，引发了对预期系统机能的退化度这一因素的考虑，用 ζ 表示。因为韧性策略的实施对系统脆弱性会产生影响，该因子可以在之后的决策分析框架中作为加权因子，计算公式如下：

$$\zeta = \sum_i P_r[D_i] \cdot f\left(\mu \big| z_i\right) \cdot \rho_i\left(S_p, F_r, F_d, F_0\right) \tag{11}$$

由于在事件发生可能性的评定中，存在人为因素，研究者对事物发生可能性的看法将会对结果产生影响，因此，引入信息熵的概念，用于表达人为因素对事件结果影响的概率。引入变量 φ 表示专家或者决策层对系统机能降低的影响。假设干扰 D 出现的可能性是关于随机变量 λ 的函数。那么可以创造一个把 h（D，λ，φ）作为综合因素考虑在内的熵权重的韧性计量公式：

$$\eta_i = -\sum_i \rho_i\left(S_p, F_r, F_d, F_0\right)\big|_{td,\,Kh}\left(D_i, \lambda_i, \varphi\right)$$

$$= -\sum_i \rho_i\left(S_p, F_r, F_d, F_0\right)\big|_{td,\,K}\left[P_r\left(D_i\middle|\lambda_i, \varphi\right)\log\left(D_i\middle|\lambda_i, \varphi\right) + P_r\left(\lambda_i\middle|\varphi\right)\log\left(\lambda_i\middle|\varphi\right)\right] \tag{12}$$

从计算流程可以看出，该方法从以下几个方面构建韧性概念：首先定义了一个计算韧性的基础模型 ρ_i；其次，把韧性定义为概率性事件，把对恢复力、适应力的评估与对潜在的不利影响的事件的认知联系在一起；最后，为了提高系统韧性，综合考虑了韧性因子、系统脆弱性与干扰事件发生的可能性。该计算方法在系统内部韧性评估的基础之上，考虑了外界因素可能产生的干扰，较为综合全面。

3. 基于最优模型的基础设施韧性计算

Vugrin[15] 等学者利用随机最优模型在评估系统韧性的同时，考虑降低防灾投入成本。作者认为系统的韧性是系统遭受干扰时，在幅度与时间上能够有效地减少灾害对系统性能的破坏。灾害的出现会降低系统的性能，通过采取措施，系统性能恢复到原有水平，因此可以用减少的性能表示系统的损失（图 4.5-6），即 SI。系统恢复需要资源的支出，总的恢复策略（TRE）代表恢复策略所利用的资源支出，并且不同恢复策略对 SI 有不同的影响。灾害预防阶段的支出被定义为韧性提升投资（REI）。作者认为，当涉及系统韧性时需要把这三种元素同时考虑在内。计算方法采用二阶最佳随机方程，其中 REI 为第一阶变量，恢复措施 TRE 为第二阶变量。所选测度范围分为设施的节点(生产节点,使用节点,传输节点)与传输网络两部分。

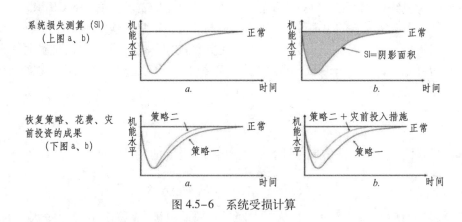

图 4.5-6 系统受损计算

该计算方法通过引入最优模型对原有的韧性计算进行了拓展，同时考虑了灾前、灾后两个不同阶段基础设施韧性的提升，并强调了不同策略对韧性提升及投入成本的影响，对决策者的行为选择具有重要的指导意义。

4. 相互关联基础设施的韧性计算

Reed[16] 等指出现有关于基础设施韧性的研究多为单一的设施韧性的评价与计量，较少考虑不同基础设施之间的相互影响，因此，在对前人的研究基础之上，提出用投入—产出模型将不同基础设施之间的相互联系纳入韧性计算的范畴。

其研究中所涉及的基础设施网络来自于 Chang 等人所提出的 11 种相互关联的基础设

施与 Rinaldi 等提出的结构 [17, 18]，包括电力、电信、交通、公用设施、建设、商业、急救系统、金融系统、食物供应、政府与医疗系统。用灾害中设施中断的客户端占总客户端的比例表示基础设施系统的脆弱性；利用 Bruneau 等提出利用灾害中基础设施机能随时间的变化曲线计算基础设施的韧性；分别用 R_1、R_2、$\cdots$、R_n 表示不同类型基础设施的韧性，R_s 表示不同类型基础设施韧性之间的相互关系，方程式为：

$$R_s = g\left(R_1, \cdots R_i, \cdots, R_n\right) \tag{13}$$

在 Haimes[19] 研究基础之上，用投入—产出模型来表示基础设施之间的相互联系，如下：

$$X = AX + c \tag{14}$$

式（14）中：X 表示子系统失效的向量；A 表示不同子系统之间相互关系的矩阵；c 表示干扰向量，根据系统的脆弱性求得。

该方法综合系统韧性模型、投入—产出模型与脆弱性模型，在计算系统韧性的同时考虑到了不同基础设施之间的相互影响。作为探索性的研究与尝试，该方法对现有的研究具有一定的指导意义，但由于计算流程较为理想化，在实际应用当中仍存在较大的阻力。

四、应对长期气候变化的基础设施韧性计算

国内 NING 、LIU[20] 等学者通过对城市污水排放系统的研究，提出针对长期潜在风险的基础设施韧性模型。该研究目的是探究城市人口与降雨量变化的情况下，城市污水排放系统的韧性变化。作者把污水系统视为一个完整的网络系统，包括了污水处理系统与排放系统。污水量受外界的影响会产生波动，这一内在属性被认为代表了系统的韧性吸收能力或者对外界干扰的抵御能力，因此，这一特性被作者定义为污水系统的韧性。文中采用管网所能承受的水体排放量来衡，系统韧性分析框架如图 4.5-7 所示。

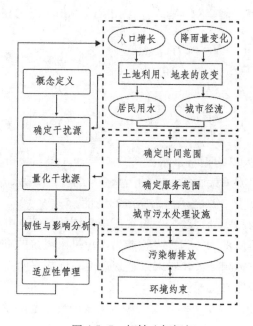

图 4.5-7　韧性分析框架

在该研究中，外部干扰主要指城市污水与城市径流在时间及空间的变化，工业污水排放被设定为恒定不变，暂不考虑特殊情况例如台风、内涝等的影响。

外部干扰的计算基于土地利用的方法。利用 GIS 建立有关地形地貌、气候的变化、土地利用类型、水体排放口的位置、容纳水体等外部干扰因子的数据库。依据供水管网设计手册，引入城市污水排放量与每个网格系统中污染物排放量的计算函数：

$$Q_s^p = K_l \left[f(x) \sum_{i=1}^{3} P_{i,s} q_{i,j}^n + \left(1 - f(x) A_s q_j^a \right) \right] \tag{15}$$

$$E_s^p = c^p Q_s^p \tag{16}$$

式中，K_l 表示所消费水量转化为污水量的转化系数；$P_{i,s}$ 表示网格 s 中的人口数量 i；$q_{i,j}^p$ 指每天网格 s 中 j 类用地中人均水消费量；A_s 表示网格 s 的面积；q_j^a 指单位面积的水消耗量；Q_s^p 指网格 s 中水消费总量；E_s^p 指网格 s 中污染物排放总量；c^p 指污水中污染物浓度。

为了简化计算，采用暴雨管理模型中的时间平均浓度（EMC）来表示城市径流。

$$Q_s^r = k_j q A_s$$
$$E_s^r = Q_s^r (EMC) \tag{17}$$

式中，k_j 指降雨量转化为城市径流的系数；q 表示降雨量；EMC 表示城市径流中污染物的平均浓度；Q_s^r 指网格 s 中城市径流量；E_s^r 指网格 s 中城市径流中污染物的总量。

因此，每个单元网格中污水与污染物的总量可以表示为：

$$Q_s = Q_s^p + Q_s^r$$
$$E_s = E_s^p + E_s^r \tag{18}$$

根据研究框架，城市污水系统的韧性可以依据环境承载力（Enviroment Carrying Capacity，简称 ECC）与普通污染物释放量 (Ordinary Pollution Emission，简称 OPE) 之间的关系，韧性计算表示如下：

$$R_v = \frac{(O_{in} + D_{in}) - \ln^{ECC}}{DL} < 0 \qquad OPE - ECC > 0$$

$$R_v = 0 \qquad OPE - ECC = 0$$

$$R_v = \sqrt{\frac{DR_{in}^* \cdot DR_{in}^*}{DL^2}} > 0 \qquad OPE - ECC < 0 \tag{19}$$

式中，O_{in} 表示居住人口的正常排水量；D_{in} 指浮动人口与城市径流所引起的干扰流入量；ln^{ECC} 表示假设达到环境承载力的最大的污水量；DL 表示污水处理平台的设计承载量；DR_{in}^* 表示城市径流的最大量；R_v 表示污水系统的韧性。

该方法从环境承载力与实际径流的关系来衡量系统的韧性，并针对城市排水系统的改进提出建议。研究者主要从抵御能力、吸收能力考虑排水系统的韧性，较少考虑系统的恢复能力，且该方法受时空影响较大，对未来系统韧性的预测方面需要提升。

五、基础设施韧性评估方法对比总结

除上述评估方法之外，国外一些学者从其他角度进行了基础设施韧性评价框架的构建与应用。

Attoh-Okine[21] 等利用信度函数框架，提出城市基础设施韧性指标，并用于测度高速公路网络的韧性。

Omer[22] 等利用网络拓扑结构提出了一种定量计算，用于定义并测度电信网络系统的韧性。他们把韧性定义为灾后网络的传输价值与灾前网络传输价值之比，其中传输价值代表通过系统传送的信息量。

Tierney and Bruneau[23] 将灾害韧性定义为社会单元减缓灾害、灾害发生时吸收灾害、采取措施减轻灾害损失与影响的能力，并提出韧性三角形描述基础设施质量随时间变化的情况，韧性提升的目标是减少韧性三角形的大小。

Todini[24] 认为城市供水系统是一个封闭的环状系统，城市用水可以流向任何方向。将问题简化为供水系统韧性与成本两个目标函数的最优化问题，在韧性与成本之间形成一个帕累托最优（Pareto Optimality）解集。

综上所述，基础设施韧性计算的方法由于角度不同存在一定的差异。其中以 Bruneau 教授所提出的计算方法最为基础，之后不同的学者从各自的角度进行了延伸与拓展，从而得出新的计算思路。为了清晰反映各种方法的异同，现列表4.5-2。

主要基础设施韧性评估方法的比较   表4.5-2

	分类	优点	不足
基础计算方法	社区地震韧性计算方法	为系统韧性的计算奠定了基础	该模型仍处于概念阶段，在实际应用中仍面临计算上的挑战
	面积计算法	提供了一种韧性计算的具体方法	实际应用中仍面临计算上的挑战，需要大量数据
基础模型的拓展	"三阶段"韧性计算方法	不仅适用于单一灾种的韧性计算，也可以用于多灾种的韧性计算	测度基础设施系统的技术层面的韧性，缺乏对社会、经济层面的韧性考虑
	基于韧性特征的基础设施韧性计算	在系统内部韧性评估的基础之上，考虑了外界因素可能产生的干扰，该计算方法较为综合	主要针对已发生的灾害事件的基础设施韧性的计算，缺少预测的能力
	基于最优模型的基础设施韧性计算	在对系统韧性计算的基础之上，考虑了经济层面的投入	考虑因素单一，未来需要多阶模型进行综合计算
	相互关联基础设施的韧性计算	考虑了韧性计算中不同类型基础设施之间的相互影响	仅为实验性探索，还需进一步完善
其他计算方法	应对长期气候变化的基础设施韧性计算	重点关注与城市内部发展变化对基础设施韧性的影响	计算需要大量动态数据作为支撑

六、结论与展望

"韧性"一词在近几年才开始引起国内学者的关注。国内现有对基础设施的风险研究主要围绕脆弱性展开，缺少对韧性的考虑。随着自然的或人为的灾害风险的不断增加，基础设施服务水平在应对灾害及灾后恢复中的重要性的凸显，针对基础设施韧性的研究已经成为城市规划和城市风险研究的共同热点之一。目前，我国处于城镇化快速发展阶段，城市面临着巨大的压力。城市中不断出现的洪涝灾害、高温、干旱等极端气候现象不断对城市的基础设施进行着考验，不断涌现的城市问题再一次引发人们对城市基础设施安全性与可靠性的思考。学习发达国家的经验，建设更加安全、更具韧性的基础设施系统应当成为城市发展的目标。

韧性概念的出现为基础设施风险应对的研究提供了新的角度。不同于传统方法，基础设施韧性的研究不仅可以提高基础设施的规划与设计的标准，还可以转变对基础设施的认识与管理方式。从已有的研究来看，未来基础设施韧性计算方法需要在以下方面进行完善：（1）现有研究主要针对单一的基础设施系统，由于现有基础设施之间的关联度越来越大，故障可能在不同系统之间进行传播，因此，关联基础设施的韧性计算将是未来研究与关注的重点；（2）计算方法主要来源于地震工程领域，计算方法中较少考虑系统外部因素，如政策、人力、资金等因素对基础设施韧性的影响，在之后的研究方法中应该综合考虑，以全面提升城市基础设施的韧性；（3）由于数据与实证的不足，现有方法未来预测性不强，作为应对未来变化的方法，提升预测的有效性是未来研究中应当考虑的；（4）基础设施韧性的计算需要因地制宜，应结合城市的环境与未来的发展，以得到较为准确的计算结果。

参考文献

[1] Holling CS. Resilience and stability of ecological systems[J]. Annu Rev Ecol Syst，1973，(4)：1-23.

[2] Cimellaro GP，Reinhorn AM，Bruneau M. Resilience of a health care facility.
In：Proceedings of annual meeting of the Asian Pacific network of centers for earthquake engineering research(ANCER)，Korea，2005.

[3] 邵亦文，徐江. 城市韧性：基于国际文献综述的概念解析 [J]. 国际城市规划，2015(2)：48-54.

[4] Franchin P，Cavalieri F. Probabilistic assessment of civil infrastructure resilience to earthquakes [J]. Computer-Aided Civil and Infrastructure Engineering，2014，(30)：583-600.

[5] Bruneau M，Chang SE，Eguchi RT，et al. A framework to quantitatively assess and enhance the seismic resilience of communities[J]. Earthq Spectra，2006，19(4)：737-8.

[6] Multidisciplinary Center for Earthquake Engineering Research (MCEER).Engi-neering resilience solutions. University of Buffalo：2008.

[7] Zobel CW. Representing perceived trade-offs in defining disaster resilience[J]. Decis Support Syst，2010，(50)：394-403.

[8] Francis R，Bekera B. A metric and frameworks for resilience analysis of engineered and infrastructure systems[J]. Reliability Engineering & System Safety，2014，(121)：90-103.

[9] Cimellaro G，Reinhorn A，Bruneau M. Framework for analytical quantification of disaster resilience[J]. Eng Struct，2010，(32)：3639-49.

[10] 方修琦，殷培红. 弹性、脆弱性和适应——IHDP 三个核心概念综述 [J]. 地理科学进展，2007(5)：11-22.

[11] Gunderson L H，Holling CS(eds).Panarchy：Understanding Transformations in Human and Natural Systems[M]. Washington DC：Island Press，2002.

[12] Fekete A，Hufschmidt G，Kruse S. Benefits and challenges of resilience and vulnerability for disaster risk management [J].International journal of disaster risk science，2014，5(1)：3-20.

[13] Bruneau M，Reinhorn AM. Exploring the concept of seismic resilience for acute care facilities[J]. Earthq Spectra，2007，23(1)：41-62.

[14] Ouyang M，Dueñas-Osorio L，Min X. A three-stage resilience analysis framework for urban infrastructure systems [J]. Structural Safety，2012，(36)：23-31.

[15] Turnquist M，Vugrin E. Design for resilience in infrastructure distribution networks [J]. Environment Systems & Decisions，2013，33(1)：104-120.

[16] Reed DA，Kapur KC，Christie RD. Methodology for assessing the resilience of networked infrastructure[J]. IEEE Syst J，2007，3(2)：174-80.

[17] S.E.Chang，T.McDaniels，D.A.Reed，Mitigation of extreme events：Electric power outage and cascading effects. In Proc. USC Center for Risk and Economic Analysis of Terrorism Events (CREATE) Symp. On the Economic Cost and Consequences of Terrorism，Los Angeles，CA，2004，(8)：20-21.

[18] Rinaldi，S.，Peerenboom，J.，Kelly，T. Identifying，Understanding and Analyzing Critical Infrastructure Interdependencies[J]. IEEE Control Systems Magazine，2001，21(6)：11-25.

[19] Y.Y.Haimes，Risk Modeling，Assessment，and Management. New York：Wiley，2004：837-837.

[20] Ning X，Liu Y，Chen J. Sustainability of urban drainage management：a perspective on infrastructure resilience and thresholds [J]. Frontiers of Environmental Science & Engineering，2013，7(5)：658-668.

[21] Najja W，Gaudiot JL.Network resilience：a measure of network fault tolerance[J].IEEE Transactions on Computers，1990，39(2)：174-181.

[22] Omer M，Nilchiani R，Mostashari A. Measuring the resilience of the trans-oceanic telecommunication cable system[J].IEEE Systems Journal，2009，3(3)：295-303.

[23] Tierney K.，Bruneau M. Conceptualizing and measuring resilience：a key to disaster loss reduction[J].TR News，2007，(6)：14-17.

[24] Todini E. Looped water distribution networks design using a resilience index based heuristic approach[J]. Urban Water，2000，2(2)：115-22.

[25] Henry D，Ramirez-Marquez JE. Generic metrics and quantitative approaches for system resilience as a function of time [J]. Reliability Engineering & System Safety，2012，(99)：114-122.

[26] Cimellaro GP，Fumo C，Reinhorn AM，Bruneau M. Quantification of seismic resilience of health care facilities. MCEER technical report-MCEER-09-0009. Multidisciplinary Center for Earthquake Engineering Research，Buffalo，2009.

[27] Holling CS. The resilience of terrestrial ecosystems：local surprise and global change. In：Clark WC，Munn RE (eds). Sustainable Development of the Biosphere[M]. Cambridge University Press，New York：292-317.

[28] Labaka L，Hernantes J，Sarriegi J M. Resilience framework for critical infrastructures：An empirical study in a nuclear plant [J]. Reliability Engineering & System Safety，2015，(5)：92-105.

[29] Gunderson L H，Holling CS. eds. Panarchy：Understanding Transformations in Human and Natural Systems[M]. Washington DC：Island Press，2002.

[30] Berkes F，Colding J，Folke C(eds). Navigating Social-Ecological Systems：Building Resilience for Complexity and Change[M]. UK：Cambridge University Press，Cambridge，2003.

[31] Ouyang M，Wang Z. Resilience assessment of interdependent infrastructure systems：With a focus on joint restoration modeling and analysis [J]. Reliability Engineering & System Safety，2015，(5)：74-82.

[32] Gallopin G C. Linkages between vulnerability，resilience，and adaptive capacity[J]. Global Environmental

Change，2006，(16)：293-303.

[33] Prior T，Hagmann J. Measuring resilience：methodological and political challenges of a trend security concept [J]. Journal of risk research，2014，17(3)：281-298.

[34] Vugrin ED，Warren DE，Ehlen MA，Camphouse RC. A framework for assessing the resilience of infrastructure and economic systems. In：Kasthurirangan C，Gopalakrishnan，Peeta S (eds).Sustainable and Resilient Critical Infrastructure System[J]. New York：Springer-Verlag，2010：77-116.

[35] Mayor R.Bloomberg. A stronger，more resilient New York[R].The City of New York，2013.

[36] http：//weibo.com/p/1001603901122086576874.

[37] http：//www.cas.go.jp/seisaku/kokudo_kyoujinka/index.html.

[38] 李彤玥，牛品一，顾朝林 . 弹性城市研究框架综述 [J]. 城市规划学刊，2014(5)：23-31.

[39] 徐江，邵亦文 . 韧性城市：应对城市危机的新思路 [J]. 国际城市规划，2015(2)：1-3.

[40] 黄晓军，黄馨 . 弹性城市及其规划框架初探 [J]. 城市规划，2015(2)：50-56.

[41] 蔡建明，郭华，汪德根 . 国外弹性城市研究述评 [J]. 地理科学进展，2012(10)：1245-1255.

[42] 牛志广，高希丽，王晨晨 . 城市供水管网脆弱性评价研究进展 [J]. 中国安全科学学报，2012(6)：157-163.

[43] 王淑良，岳昕，于巍巍，姬长全 . 基础设施系统脆弱性研究综述 [J]. 重庆交通大学学报（自然科学版），2014(4)：168-174.

6. 大跨钢结构抗火设计方法

王广勇

住房和城乡建设部防灾研究中心，北京，100013

引言

浙江佛学院二期工程弥勒圣坛龙华法堂建筑结构采用单层网壳结构，网壳构件采用箱形截面梁。该建筑结构南北方向长度183m，东西方向长度120m，建筑面积21600m²，建筑结构属于典型的大跨钢结构。

大跨钢结构建筑往往人员密集，更易发生火灾，如果火灾导致建筑结构破坏或倒塌，将会造成人员疏散和消防扑救的彻底失败，导致较大的生命和财产损失。因此，大跨钢结构抗火设计十分重要。目前，在网架结构耐火性能方面有部分研究成果[1-5]，还缺乏完善的大跨钢结构的抗火设计方法。

实际工程中，往往根据空气温度是否高于某一温度值（例如300℃或200℃）确定是否采取防火保护，不进行抗火设计。这种方法忽略了高温下构件受热膨胀受到结构整体的约束而不能自由膨胀，从而导致结构及构件内力增加，当构件内力超过其承载力时将会引起结构局部破坏或整体倒塌。这种方法给大跨钢结构的抗火安全埋下较大隐患。因此，科学地进行大跨钢结构的抗火设计尤为重要。

本文以弥勒圣坛龙华法堂大跨网壳结构抗火设计来阐述大跨钢结构抗火设计的一般方法和步骤。

一、大跨钢结构抗火设计的一般步骤

建筑结构抗火设计是火灾高温下结构安全的设计和校核，结构抗火设计首要的工作是确定火灾温度场。根据《建筑钢结构防火技术规范》CECS 200：2006[6]和国家标准《建筑钢结构防火技术规范》（报批稿），大空间建筑可采用根据实际火灾荷载大小和分布确定的火灾温度场。本项目依据建筑室内火灾荷载的分布和数量，利用火灾模拟软件FDS进行建筑火灾的数值模拟，利用数值模拟的温度场对结构耐火性能进行进一步校核。

获得火灾空气温度之后，需要进行结构及构件的传热分析，确定火灾下结构或构件的温度场。之后，需要进行建筑结构及其构件在火灾高温条件下的抗火设计及防火保护设计。上述过程如图4.6-1所示。

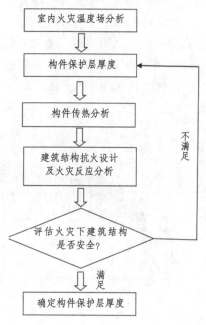

图4.6-1　建筑结构抗火设计的一般过程

171

二、建筑火灾温度场数值模拟

1. 火灾场景设计

在考虑实际火灾荷载大小及分布的基础上，同时考虑对钢结构抗火的不利布置，确定结构抗火设计采用的火灾场景。本项目选择的 4 个典型火灾场景 A、B、C、D 布置如图 4.6-2 所示，详述如下。

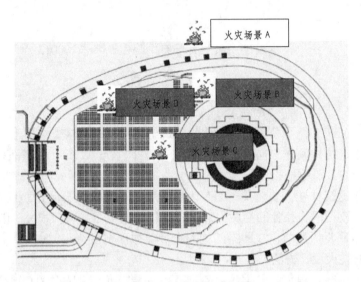

图 4.6-2　典型火灾场景布置

首先以火灾场景 A 为例对建筑内部火灾温度场的发展变化进行研究。火灾场景 A 的火灾模拟 FDS 计算模型中设置了温度测点测试火灾下钢结构表面附近空气的温度变化。

2. 火灾空气温度发展过程

火灾场景 A 时各个测点的温度—时间关系曲线如图 4.6-3 所示，上述测点均距离火源中心比较近。从图中可以看出，起火时间 $t=3000\text{s}$ 时各测点的温度已将到达稳定状态。受计算时间限制，3000s 之后不再进行温度场的计算分析。从图中还可以看出，网壳附近大部分温度较低，而靠近火源中心处温度较高。

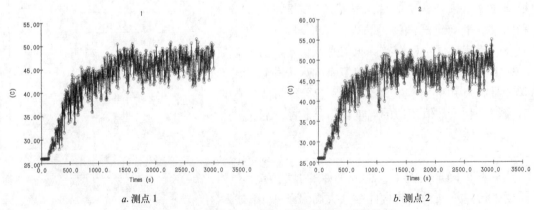

a. 测点 1　　　　　　　　　　　　　　　b. 测点 2

图 4.6-3　火灾场景 A 时典型测点温度－时间关系

三、构件抗火设计

采用清华大学建筑设计研究院有限公司提供的 MIDAS GEN 网壳结构计算模型，该模型考虑了各种恒载、活载以及不同风向角的风荷载，该模型应能满足常规的结构设计要求。网壳结构计算模型如图 4.6-4 所示。

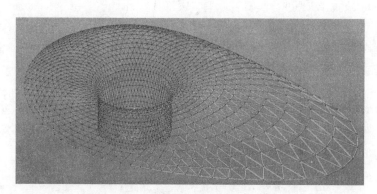

图 4.6-4　龙华法堂网壳钢结构计算模型

1. 火灾工况下的荷载效应组合

目前还没有可完成构件层次上的结构抗火设计软件，如果通过手算进行网壳结构的抗火设计，由于计算量巨大，难以保证工程进度及设计精度。由于火灾高温下受火构件材料的弹性模型和强度降低，抗火设计要根据构件的温度修改构件材料的屈服强度和弹性模量。本项目在通用结构分析及设计软件 MIDAS GEN 软件的基础上，通过对原程序模型数据进行修改使之能正确考虑高温下材料性能改变。同时，采用编制后处理程序，按照《钢结构防火技术规范》CECS 200：2006 对构件抗火承载承载力的验算内容，对 MIDAS GEN 程序的内力计算结果进行后处理的基础上完成了网壳结构抗火验算。

按照《钢结构防火技术规范》CECS 200：2006 结构抗火设计的相关要求，按照承载能力验算的一般方法，利用清华大学建筑设计研究院有限公司提供的计算模型，增加火灾作用荷载组合，然后进行考虑火灾荷载组合的荷载效应组合。根据《钢结构防火技术规范》CECS 200：2006，本项目抗火设计时考虑的火灾荷载组合包含：（1）恒载和活载频遇值组合之后再和温度效应进行标准组合；（2）恒载和活载的准永久组合之后再和风荷载和温度效应进行组合，活荷载和风荷载要考虑不利分布。共进行如下 14 种荷载组合的温度和荷载效应组合（其中一个风向考虑正反两个方向），其中荷载组合 1 和荷载组合 14 分别为：

（1）荷载组合 1：γ_0（恒载 +0.4 全跨活载 + 温度效应标准值）

（2）荷载组合 14：γ_0（恒载 +0× 活载 + 温度效应标准值 +0.4 风荷载（统计平均压力风荷载））

本项目耐火极限为一级，结构耐火重要性系数 γ_0 取 1.15。网壳结构抗火设计时荷载组合分别考虑恒载、活载、风荷载及温度效应参与组合的 14 种组合，对每个构件选择 14 种组合的内力最大值作为控制内力进行下一步构件的抗火承载能力验算。需要说明的是，温度效应既包括火灾导致的温度升高，也包括由于室内温度相对于结构合拢温度的温升，为这两种温升之和。考虑到建筑夏天室内温度实际情况，假定室内温度相对于结构合拢时的温升为 20℃。

2. 火灾效应组合下网壳构件承载能力验算

(1) 构件高温下的强度验算

网壳结构杆件大多承受弯矩和轴力，火灾下构件承受的轴压力增加，导致构件整体轴力增加，因此，需要按照拉弯和压弯构件进行强度验算。根据《钢结构防火技术规范》CECS 200：2006 公式 7.2.5 进行验算：

$$\frac{N}{A_n} \pm \frac{M_x}{\gamma_x W_{nx}} \pm \frac{M_y}{\gamma_y W_{ny}} \leqslant \eta_{sT} \gamma_R f \tag{1}$$

式中符号参见 CECS 200：2006。

(2) 构件高温下的稳定性验算

压弯和拉弯构件的稳定性验算根据《钢结构防火技术规范》CECS200：2006 公式 7.2.6 进行。火灾下压弯钢构件绕强轴 x 轴弯曲和绕弱轴 y 轴弯曲时的稳定性应分别按式 (1) 和式 (2) 验算：

$$\frac{N}{\varphi_{xT} A} + \frac{\beta_{mx} M_x}{\gamma_x W_x (1 - 0.8N / N'_{ExT})} + \eta \frac{\beta_{ty} M_y}{\varphi_{byT} W_y} \leqslant \eta_{sT} \gamma_R f \tag{2}$$

$$N'_{ExT} = \pi^2 E_{sT} A / (1.1 \lambda_x^2)$$

$$\frac{N}{\varphi_{yT} A} + \eta \frac{\beta_{tx} M_x}{\varphi_{bxT} W_x} + \frac{\beta_{my} M_y}{\gamma_y W_y (1 - 0.8N / N'_{EyT})} \leqslant \eta_{sT} \gamma_R f \tag{3}$$

$$N'_{EyT} = \pi^2 E_{sT} A / (1.1 \lambda_y^2)$$

式中符号参见 CECS 200：2006。

利用上一步计算得的控制内力：轴力 N、强轴弯矩 M_x、弱轴弯矩 M_y，按照上述公式进行拉弯和压弯构件的稳定性验算。本项目通过编制后处理程序对温度升高的钢构件完成抗火验算，温度不升高常温构件则采用 MIDAS GEN 进行抗火验算。

3. 网壳结构各构件抗火验算

这里以火灾场景 A 为例进行说明，其余火灾场景时的计算方法相同。分析表明，荷载组合 1、荷载组合 14 产生的效应最大，这里首先重点分析这两种火灾和荷载组合情况下的安全性。

火灾场景 A 条件下，当火灾空气温度稳定之后，当起火时间 t 为 3h 时网壳结构在典型火灾和荷载组合 1 下的组合应力比如图 4.6-5 所示。从图中可见，荷载组合 1 时各钢结构构件的组合应力比均小于 1.0，说明构件的抗压弯、抗拉弯强度满足安全要求。

火灾场景 A 条件下，当火灾空气温度稳定之后，当起火时间 t 为 3h 时网壳结构在典型火灾和荷载组合 1 条件下的压弯（拉弯）强度、稳定性、抗剪强度验算结果如图 4.6-6 所示。每个构件上标注三个值，对于梁构件来说，其中第一个为组合强度验算应力比，第二个为稳定验算应力比，第三个为抗剪验算应力比。对于柱构件来说，第一个标注数值为强度应力比，第二个和第三个分别为绕强轴和弱轴的稳定验算应力比。对每个构件来说，只有上述三个值均不大于 1.0 的时才表示该构件是安全的，如果其中有一个值大于 1.0，则说明该构件是不安全的。通过分析，荷载组合 1 时各钢结构构件的强度和稳定应力比均

图 4.6-5　荷载组合 1 应力比

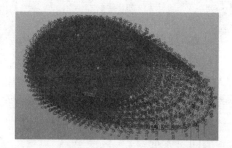

图 4.6-6　荷载组合 1 强度及稳定性验算结果

小于 1.0，说明构件的强度和稳定性满足安全要求。

　　火灾场景 A 条件下，当火灾空气温度稳定之后，当起火时间 t 为 3h 时网壳结构在典型火灾和荷载组合 14 的组合应力比如图 4.6-7 所示。从图中可见，荷载组合 14 时各钢结构构件的组合应力比均小于 1.0，说明构件的抗压弯、抗拉弯强度满足安全要求。

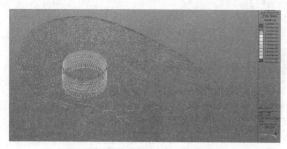

图 4.6-7　荷载组合 14 应力比

图 4.6-8　荷载组合 14 强度及稳定性验算结果

　　火灾场景 A 条件下，当火灾空气温度稳定之后，当起火时间 t 为 3h 时网壳结构在典型火灾和荷载组合 14 的强度及稳定性验算结果如图 4.6-8 所示。从图中可见，荷载组合 14 时各钢结构构件的强度和稳定应力比均小于 1.0，说明构件的强度和稳定性满足安全要求。

　　从以上分析结果可知，火灾场景 A 条件下，如果网壳屋盖及支撑筒壳结构不涂刷钢结构防火涂料，当火灾发生时间到达 3h 时，在火灾和荷载效应组合下，网壳屋盖及支撑筒壳构件抗火验算均合格。

四、网壳整体结构耐火性能分析及抗火设计

1. 网壳整体结构耐火性能计算模型的建立

　　《钢结构防火技术规范》CECS 200：2006 5.2.5 条规定跨度大于 80m 的建筑结构和特别重要的建筑结构要进行整体结构抗火分析。《建筑结构抗倒塌设计规范》CECS 392：2014 4.1.1 条规定重要的大跨结构要进行建筑结构抗火灾倒塌设计。本项目网壳跨度超过 100m，跨度大，为大跨度网壳结构，几何非线性效应明显。网壳为单层网壳，结构冗余度不大，在灾害作用下易发生失稳和倒塌破坏。另外，本项目为重要的公共建筑，人员较多，也经常举办公共活动，建筑结构的重要性较高。依据上述规定，本项目进行了整体结构的抗火性能分析。

　　本项目利用 ABAQUS 的热力耦合功能计算本建筑物钢结构的耐火性能。依据清华大学建筑设计研究院有限公司提供的 MIDAS GEN 计算模型，建立了本项目整体钢结构耐火

性能分析及抗火设计的计算模型。

本项目钢构件截面一般为箱型截面，采用 ABAQUS 软件的空间三维二次梁单元 B32 模拟网壳结构各钢构件。B32 梁单元有三个节点，精度较高，单元长度可以采取较大值，可以在采用较少单元的前提下获得较高精度。该梁单元可以考虑剪切变形、弯曲变形及翘曲变形，可考虑截面不同位置处温度的不同，可完全满足本项目钢结构抗火验算要求。为了提高计算精度，采用同一模型同时分析结构的局部破坏及整体破坏，划分网格时采用较密的网格密度。

网壳钢结构支撑与周边的混凝土大梁上，部分混凝土大梁支撑与基础上，另一部分支撑于钢筋混凝土柱上。混凝土大梁截面为 L 形，采用 ABAQUS 中 Arbitrary 梁截面定义 L 形梁截面。利用上述方法建立的计算模型如图 4.6-9 所示。

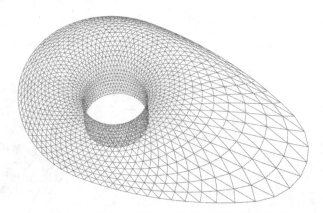

图 4.6-9　网壳结构耐火性能 ABAQUS 计算模型

模拟结构受力和受火的实际过程，计算过程采用三个分析步。第一个分析步为静力荷载分析步，分析类型采用静力分析，该分析步内线性施加火灾荷载组合下的设计荷载组合。第二分析步计算常温下结构温度应力分析步，分析相对于合拢温度结构正常使用时的温度升高条件下的温度内力，该分析步温升取 20℃，该分析步分析类型为静力分析。第三分析步为火灾情况下结构的反应分析步，该分析步在第二步的基础上，施加火灾下的高温，分析火灾下的结构反应，包括变形、应力、是否倒塌等。由于火灾下结构的变形较慢，动力效应可忽略，该步仍采用静力分析步。上述第二分析步考虑结构由于室内环境温度升高导致的结构附加内力，第三分析步考虑火灾温度升高导致的结构内力增加，这种分析过程考虑了结构的最不利状态，使结果偏于安全。

第三分析步根据火灾模拟结果得到空气温度场，之后进行结构传热计算确定结构构件的温度。火灾空气温度场分析的时间长度为 3000s，但通过对分析结果的分析，3000s 时温度场已经稳定，基本不再变化，为了减少温度场计算时间，3000s 之后的测点温度按照 3000s 时取值。确定钢结构构件的温度之后，进行火灾高温下整体结构的反应分析。

2. 网壳整体结构耐火性能分析及抗火设计

这里仍以火灾场景 A 为例进行分析，其余火灾场景下的分析过程相同。

荷载组合 1 是恒载、活载和火灾高温效应的组合。

环境升温前，在静力荷载作用下（即第一分析步末）网壳结构的各力学性能指标，包括总体变形（U，Magnitude，单位 m）、竖向变形（U，$U3$，单位 m；以向上为正）、米塞斯应力（S，Mises，单位 Pa；该应力为折算应力，对于梁单元，该应力为梁截面正应力的绝对值）、塑性应变（PE，PE11），如图 4.6-10 所示。假设合拢温度为 0℃，自合拢温度升温至室温时网壳结构的各个力学性能指标如图 4.6-11 所示。可见，20℃的室内环境升温作用下网壳的应力有所增加，网壳向下的位移减小。可见，20℃室内环境升温作用下，网壳构件发生热膨胀导致应力增加，同时筒壳发生热膨胀变形抵消部分荷载产生的向下变形。另外，总体上看，室内环境升温作用下，构件应力不大，变形不大，构件塑性变形为 0。

　　火灾场景 A 条件下，起火升温后（即在第三分析步）各起火时刻 t 网壳的各力学性能指标分别如图 4.6-12 所示。从以上各图可见，随升温时间增加，网壳的应力增加较快，最大应力由 146MPa 升至 317MPa。至起火时间 t 为 3h 时，网壳构件的应力均在 317MPa 以下，所有构件的塑性应变为零。随受火时间增加，结构总体上向下的变形减小，向上的变形增加，这是因为结构受热发生热膨胀变形导致的。可见受火过程中，网壳结构出现了明显热膨胀变形。

　　选取网壳两个典型的节点 A 和节点 B 分析其受火过程中的竖向位移变化趋势，这两个节点位置如图 4.6-10a 所示。这两个节点位于网壳的变形较大处，基本上能反映网壳的整体变形。网壳钢结构典型节点 A 和节点 B 竖向位移（$U3$）－起火时间（t）关系曲线如图 4.6-13 所示。从图中可见，起火后随火灾温度升高，节点 A 竖向位移向上增加，节点 B 竖向位移向下增加，之后基本保持恒定，位移几乎不再变化。至受火 3h 时，这两点的竖向位移基本保持不变。可见，起火 3h 时间内，网壳结构没有出现破坏现象，网壳保持稳定状态，网壳结构满足安全要求。

　　从以上网壳受火过程中的力学性能指标看，起火 3h 之内，网壳的变形基本保持稳定，没有出现结构整体或者局部破坏。可见，该火灾场景下，荷载组合 1 荷载效应组合作用下，网壳结构的耐火时间大于 3h。

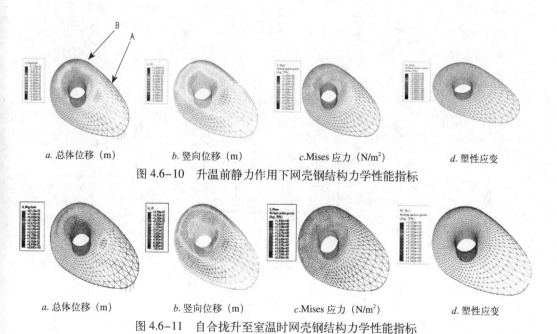

a. 总体位移（m）　　　　b. 竖向位移（m）　　　c.Mises 应力（N/m²）　　　　d. 塑性应变

图 4.6-10　升温前静力作用下网壳钢结构力学性能指标

a. 总体位移（m）　　　　b. 竖向位移（m）　　　c.Mises 应力（N/m²）　　　　d. 塑性应变

图 4.6-11　自合拢升至室温时网壳钢结构力学性能指标

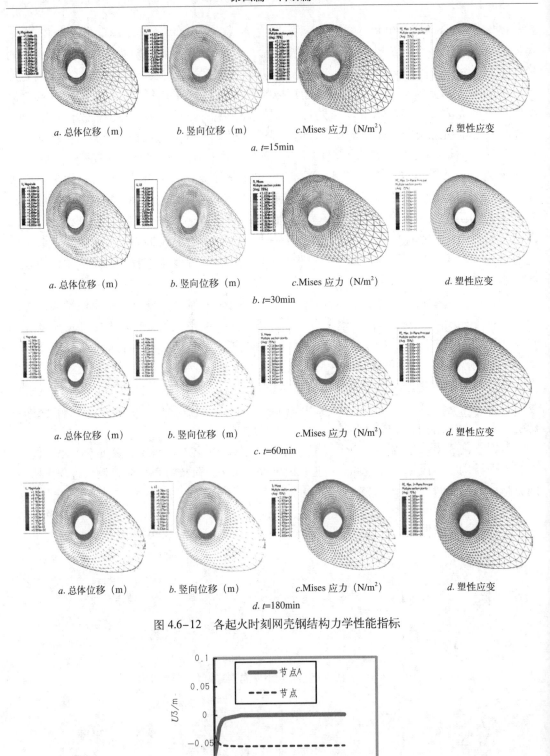

a. 总体位移（m）　　b. 竖向位移（m）　　c.Mises 应力（N/m²）　　d. 塑性应变

a. t=15min

a. 总体位移（m）　　b. 竖向位移（m）　　c.Mises 应力（N/m²）　　d. 塑性应变

b. t=30min

a. 总体位移（m）　　b. 竖向位移（m）　　c.Mises 应力（N/m²）　　d. 塑性应变

c. t=60min

a. 总体位移（m）　　b. 竖向位移（m）　　c.Mises 应力（N/m²）　　d. 塑性应变

d. t=180min

图 4.6-12　各起火时刻网壳钢结构力学性能指标

图 4.6-13　网壳钢结构典型节点竖向位移 U3—起火时间 t 关系

分析表明，荷载组合 14 工况下火灾下网壳整体结构变形较小，没有发生倒塌，结构满足安全要求。荷载组合 1 是恒载和火灾最大效应组合，荷载组合 14 是恒载和风荷载的最大效应组合，这两个荷载组合代表了向下荷载效应组合的最大值，其余荷载组合效应均小于这两组荷载组合，其余荷载组合下整体结构的抗火安全性可由这两组荷载组合的结果推断。由于荷载组合 1 和组合 14 作用下网壳结构在火灾下是安全的，可以推断出，在不涂覆钢结构防火涂料时，本文设定的 3h 时间长度火灾作用下，其余荷载组合作用下网壳结构仍然是安全的。

3. 网壳整体结构抗火验算结论

本文进行了典型火灾场景下大跨网壳整体结构的抗火验算，整体结构的抗火验算表明，在 3h 的火灾持续时间内，典型火灾场景下本项目大跨网壳整体结构能够保证整体结构安全。考虑到本文设定的火灾考虑了对结构抗火不利的典型设置，设定的火灾能够代表对结构的不利作用，因此，可以得出如下结论：当不涂覆钢结构防火涂料时，在本项目的实际火灾持续作用下，在火灾持续发展的 3h 时间内本项目大跨网壳结构的整体结构是安全的。

五、结论

本文介绍了大跨钢结构构件及整体结构的抗火设计方法，首先采用火灾数值模拟的方法确定火灾温度场，然后通过考虑对流和辐射传热确定了结构构件的温度，同时考虑火灾和荷载的效应组合，进行了大跨网壳结构构件和整体结构的抗火设计，抗火设计为建筑结构的防火保护提供了直接依据。

参考文献

[1] 王广勇，王娜．网架结构耐火性能分析 [J]．北京工业大学学报，2013，39(10)：1509–1515.

[2] 王娜，王广勇．网架结构实用防火保护方法研究，建筑科学 [J]，2012，29（1）：20–24.

[3] 王广勇，郑蝉蝉，张东明．火灾下预应力网架结构的力学性能．建筑科学，2013，29(7)：80–84.

[4] BS EN1991–1–2：2002：Actions on structures–Part 1–2：General actions–Actions on structures exposed fire. [S]. 2002.

[5] BS EN1993–1–2：2005：Design of steel structures–Part 1–2：General rules–Structural fire design [S]. 2005.

[6] 中国工程建设标准化协会行业标准．建筑钢结构防火技术规范 CECS 200：2006[S]. 2006.

7. 超高层建筑结构与基础安全保障技术研究

肖从真[1]　李建辉[1]　陈凯[1]　赵作周[2]　高文生[1]　韩林海[2]　周建龙[3]

1. 中国建筑科学研究院，北京，100013；

2. 清华大学，北京，100084；

3. 华东建筑设计研究院有限公司，上海，200002

一、研究背景

随着世界技术、经济的不断发展，人口不断涌入城市，对城市居住、休闲、办公和商业等空间都提出了更高的要求，尤其是城市人均土地面积很小的情况下，高层、超高层建筑除了作为标志性建筑成为一个城市甚至国家的名片之外，也为解决大城市中心区用地紧张问题提供了一种有效解决途径，可以说在城市建设与经济发展过程中，发展高层建筑已经成为一种必然选择。

近年来随着经济的发展和城市化进程的推进，我国超高层建筑的建设呈现加速态势，全国大中城市新开工的住宅和公共建筑中高层建筑的高度与比例不断升高。目前492m高的上海环球金融中心已投入使用；拟建的塔顶高度达632m的上海中心和648m的深圳平安金融中心均已动工，多栋高度超过500m的超高层建筑处于设计之中。根据中国建筑学会建筑结构分会高层建筑委员会的统计，截至2008年，我国境内建筑高度超过150m的高层建筑已经超过250栋，第100名的高层建筑主体高度也达到180m，我国已经成为世界高层建筑发展的中心之一。而且值得指出的是，目前发展高层建筑的趋势正在向我国二、三线城市扩展。可以预见，高层建筑必将成为我国量大面广的主要建筑形式之一。

综合来看，由于受到业主和建筑师为实现建筑功能以及在建筑艺术、建筑造型方面体现创新等因素的影响，目前我国的高层及超高层建筑普遍具有超高、超大、功能复杂、造型新奇等特点，不但其规模和复杂程度在国际上少见，而且绝大部分建筑均突破了我国现行相关技术标准与规范的适用条件与范围，由此引发了一系列关乎建筑功能提升与安全保障方面的技术问题，引起了我国政府以及工程技术人员的关注，也成为公众议论的焦点。特别是从近年来的多起高层建筑火灾事故以及地基破坏导致的建筑倒塌与损坏等安全事故来看，高层建筑结构的安全是关系我国国计民生的重大课题，必须引起足够的重视。

应该指出的是，随着近年来高层以及超高层建筑在我国逐渐增多，在具体的超高层项目工程建设过程中，我国工程技术人员发挥了极大的主观能动性与创造性，采用了许多新技术、新产品和新工艺，给出了许多有效的针对性解决技术与方案，积累了一定的实践经验。但是总的来说，超高层建筑对于我国建筑设计与施工人员来说还是一个新生事物，对于涉及超高层建筑结构与基础安全关键技术中的抗风安全保障关键技术、抗震安全保障关键技术、地基基础安全保障关键技术以及耐火性能和抗火设计关键技术等方面的研究还十分匮乏，深入系统性研究更是尚未开展。

二、研究目标

本课题立足于我国超高层建筑结构与基础安全关键技术的研究，以提高超高层建筑安全性能、提升超高层建筑功能为目标，从超高层建筑结构抗风安全保障关键技术、超高层建筑结构抗震安全保障关键技术、超高层建筑地基基础安全保障关键技术、超高层建筑结构耐火性能和抗火设计关键技术以及超高层建筑结构与基础安全技术集成及工程示范五个方面开展我国超高层建筑结构与基础安全关键技术的研究，为我国超高层建筑的安全建设、正常运营及其具有抵御灾害性事件的能力提供强有力的科学支撑与技术保障，解决制约我国超高层建筑进一步发展的技术障碍。

本课题的研究成果，一方面将为实际工程应用提供技术保障与技术难题的解决方案，提升超高层建筑的功能与安全；另一方面增加我国超高层建筑设计及施工的技术储备，为我国相关规程的编制及修订提供研究依据，推动我国建筑结构技术进步，进一步提高我国高层及超高层建筑的设计技术水平，促进我国超高层建筑设计、施工与安全保障技术的发展。

三、研究内容

1. 超高层建筑结构抗风安全保障关键技术研究

进行不同风速剖面下的典型超高层建筑风洞测压试验，评估风速剖面对超高层建筑风荷载取值的影响；通过数值模拟和风洞试验考察地貌转换区域超高层建筑不同位置的风速变化规律，提高超高层建筑风荷载取值的准确性。对以往实测资料调研总结，给出超高层建筑超过梯度风高度时的风速取值建议。

研究城市高层建筑群体干扰情况下的风致响应机理及影响因素，提出改善风致振动的合理建筑布局方案；通过试验研究复杂高层建筑的风荷载，总结分布特征及变化规律，给出简单实用的风荷载计算方法，为风荷载设计提供参考；依据模型试验及实际工程，分析复杂高层建筑耦合风振的影响因素，总结避免较大耦合风振的有效措施；研究高层建筑风振气动弹性效应，给出不利的风速范围、结构参数及几何外形，为工程设计提供参考；对以上成果进行归纳总结，形成一套经济实用的风振计算方法和改善方案，为实际工程提供指导，并有效提升城市高层建筑的抗风性能。

2. 超高层建筑结构抗震安全保障关键技术研究

（1）高度 400m 以上的超高层建筑巨柱—核心筒—伸臂—巨型支撑结构体系的抗震设计理论与设计方法研究，包括抗震性能研究，计算地震作用的地震动强度指标研究，地震损伤机理及地震损伤控制方法研究，剪重比等结构抗震安全控制指标研究。

（2）高性能组合构件抗震性能和设计方法研究，包括钢板混凝土组合剪力墙和钢管高强混凝土组合剪力墙两种组合构件。

（3）超高层建筑结构震后功能快速恢复技术研究，包括震后功能快速恢复策略研究，震后快速恢复连梁及其性能和设计方法研究。

（4）超高层建筑基底剪重比参数合理控制方法。

3. 超高层建筑地基基础安全保障关键技术研究

针对我国国情的实际情况、我国城市化发展方向及超高层建筑发展趋势，从地基基础设计的安全性出发，考虑我国当前在超高层建筑地基基础设计方面的现状，目前急需从以下三个方面进行重点研究：①高层建筑桩基抗震性能的研究资料较少，我国较为系统的地基基础震害研究资料基本基于唐山大地震的震害调查研究，随着全球进入地震高发期，以及近年来我国超高层建筑的快速发展，有必要对超高层建筑桩基础的抗震性能进行进一步研究；②随着我国经济尤其是沿海地区经济的快速发展，超高层建筑的高度越来越高，我国沿海地区的地质特点决定桩基础的长度也越来越长，目前国内最长的桩基长度超过100m，桩身弹性压缩占总变形量的比例越来越大，传统的不考虑桩身弹性压缩的桩基础计算模型需要进一步改进，有必要对超长桩的承载力特征、变形特性以及超长桩的桩土协同工作进行进一步的研究；③高层建筑桩筏基础内力设计方法目前尚不成熟，整体弯矩和局部弯矩如何考虑目前尚未明确统一，考虑上部结构—基础—地基共同作用下按变形控制原则进行超高层建筑基础筏板的内力计算方法和主裙一体超高层建筑的变形控制指标需进一步进行研究。

4. 超高层建筑结构耐火性能和抗火设计关键技术研究

（1）超高层建筑火灾蔓延特性及温度场分布规律

紧密围绕高层和超高层火灾的特点，结合典型工程实例，研究超高层建筑火灾荷载的分布特点和超高层建筑室内及室外火灾的蔓延特性，确定典型超高层建筑室内和室外火灾温度场发展和分布规律。

（2）超高层建筑结构中关键部件的耐火性能

进行超高层建筑结构中典型结构构件和关键连接节点的耐火性能，提出其耐火极限确定方法。

（3）高层建筑框架结构的耐火性能和抗火设计方法

研究高层建筑框架结构的耐火性能，深入研究结构中梁、板、柱的相互作用、结构耐火极限状态的确定、承载机理、抗倒塌破坏规律。在上述研究的基础上提出框架结构抗火设计方法。

（4）火灾后高层建筑结构性能评估方法

研究考虑温度和荷载耦合的火灾全过程作用后超高层建筑结构中关键构件和节点的承载能力，包括火灾全过程及火灾后结构的工作机理、破坏特征等规律，在此基础上深入研究高层建筑结构火灾后力学性能评估方法。

5. 超高层建筑结构与基础安全技术集成及工程示范

通过对超高层建筑结构与基础安全保障技术的集成并结合现有的超高层结构设计的工程经验，将相关技术应用于实际工程，并根据示范工程的技术特点，在实际工程中有选择地做一些试验研究及现场测试。拟在 3 个 250m 高度以上的超高层建筑进行应用示范，进行圆钢管混凝土试验、伸臂桁架的节点试验、大直径嵌岩桩试验及地震振动台试验、巨型多箱钢管混凝土柱试验、地震振动台试验等。同时还会在部分工程中进行必要的安全监测，此外还通过对已建超高层工程的抗风、抗震、基础安全设计的技术参数、实测的长期沉降、水平及竖向变形、用户实际使用评价等资料的分析，对安全技术的适用性、可靠性进行验证并提出相应的技术应用建议，为今后相关技术标准的修订提供参考。

四、主要研究成果

本课题编制技术标准 1 部：《建筑工程风洞试验方法标准》JGJ/T 338—2014；编写指南1 部：《超高层建筑结构新技术指南》；形成重要技术研究成果 5 项；完成示范工程 3 项：天

津高银 117 大厦、武汉绿地中心、武汉中心；获得授权国家发明专利 1 项，授权实用新型专利 4 项，申请国家发明专利 1 项，申请国家实用新型专利 1 项；获得软件著作权 3 项；发表学术论文 43 篇，其中 SCI 收录 1 篇，EI 收录 18 篇；培养技术带头人及骨干 13 名，博士后 3 名，博士 4 名，硕士 11 名。

1. 超高层建筑结构抗风安全保障关键技术研究

（1）进行不同风速剖面下的典型超高层建筑风洞测压试验，评估风速剖面对超高层建筑风荷载取值的影响；通过数值模拟和风洞试验考察地貌转换区域超高层建筑不同位置的风速变化规律，提高超高层建筑风荷载取值的准确性。对以往实测资料调研总结，给出超高层建筑在超过梯度风高度的风速取值建议。

通过对比典型超高层建筑在四种不同地貌下的同步测压风洞试验结果，研究不同截面高层建筑迎风及背风相关系数及相干函数的变化规律，并与已有研究建议公式计算结果进行比较。在风洞试验基础上，利用方形和矩形截面高层建筑的算例，对比研究不同高度及不同截面厚宽比下，考虑迎风—背风相关性以对顺风向风振的影响。

针对我国现行建筑结构荷载规范规定的削角和凹角两种角沿修正形式，进行了 7 种截面形式高层建筑模型的风洞测压试验，分析了角沿修正比对建筑风荷载的影响。

（2）研究城市高层建筑群体干扰情况下的风致响应机理及影响因素，提出改善风致振动的合理建筑布局方案；通过试验研究复杂高层建筑的风荷载，总结分布特征及变化规律，给出简单实用的风荷载计算方法，为风荷载设计提供参考；依据模型试验及实际工程，分析复杂高层建筑耦合风振的影响因素，总结避免较大耦合风振的有效措施；研究高层建筑风振气动弹性效应，给出不利的风速范围、结构参数及几何外形，为工程设计提供参考；对以上成果进行归纳总结，形成一套经济实用的风振计算方法和改善方案，为实际工程提供指导，并有效提升城市高层建筑的抗风性能。

对实际超高层建筑群进行了群体和单体塔楼两次同步测压风洞试验，考察风向及塔楼位置对顺、横风向和扭转方向的主体结构承受风荷载以及围护结构的极值风压的影响，并结合风压试验结果及 CFD 流场计算结果分析干扰机理。

在边界层风洞中对 10 个典型超高层建筑模型进行了测压试验，获得了测点层的顺风向、横风向和扭转方向的风荷载，对横风向风荷载的功率谱、相关系数和水平、竖向相干函数进行了细致分析。通过水平向和竖向相关系数及相干函数分析流场绕流的特点，总结了横风向风力对扭转的贡献。

针对不同的等效静力风荷载计算方法定义了单响应及多响应可靠性指标。理论分析表明采用 LRC 及多模态贡献方法计算等效静力时，非等效目标可靠度指标取决于响应均方根及该响应与等效目标之间的相关性。

根据超高层建筑横风向风致响应的特点，提出了超高层建筑横风向风振计算的响应谱法，公式简单、易于理解，响应谱法具有较好的操作性，可为超高层建筑横风向抗风设计提供参考。

提出了基于时程计算风振响应的广义坐标合成法，通过广义坐标的协方差矩阵求解响应统计值。该方法大幅减少了结构风振分析的计算规模和计算量，快速、高效、准确。

采用时域分析更好地研究顺风向、横风向和扭转风振对高层建筑的影响，也可以较为直接明了地得出不同高度处荷载的相关性。

提出了一种确定高层建筑等效静力风荷载的方法：选择结构基底响应的最大值和最小值作为等效目标，通过扩展的 LRC 方法确定结构等效静力风荷载。该方法计算的等效静力风荷载引起的效应与动力计算结果更为接近。

通过理论推导设计了超高层建筑弯扭耦合气动弹性试验的底座设备，通过试验表明气弹底座测试设备能够准确测量结构的响应。通过对方形、矩形和偏心结构的模型设计，测量了超高层建筑在风荷载作用下的顶点加速度响应，试验和分析表明，当结构发生偏心时，结构平动响应及扭转响应均会增大。

为保证风洞试验质量，提高试验可靠性，研究编制建筑工程风洞试验的相关标准。我国建筑工程风洞试验的理论体系和工程应用分析框架已基本成型，风洞标准充分考虑了具体规定的可行性和可操作性，并将在以后的实施中总结经验，不断完善。

2. 超高层建筑结构抗震安全保障关键技术研究

（1）高度 400m 以上的超高层建筑巨柱—核心筒—巨型支撑结构体系的抗震设计理论与设计方法研究，包括抗震性能研究、计算地震作用的地震动强度指标研究。

发展了超高层建筑巨柱—核心筒—巨型支撑结构的数值建模、参数确定和动力响应分析方法，选取某 500m 级超高层建筑巨柱 - 核心筒 - 巨型支撑结构为例，分析了罕遇地震作用下的动力响应和损伤演化规律，并完成了结构的易损性分析，建议了适用于超高层建筑的地震动强度指标。

（2）高性能组合构件抗震性能和设计方法研究，包括钢板混凝土组合剪力墙和钢管高强混凝土组合剪力墙两种组合构件。

提出了"端部埋置圆钢管的钢板混凝土组合剪力墙"和"分布式钢管高强混凝土组合剪力墙"的形式，通过系列试验系统研究两类高性能钢—混凝土组合剪力墙的抗震性能，发展了高效数值分析模型，提出了承载力计算模型、抗震设计方法和构造措施建议。

（3）超高层建筑结构震后功能快速恢复技术研究，包括震后功能快速恢复策略研究，震后快速恢复连梁及其性能和设计方法研究。

提出了综合使用高性能构件和可更换构件提升超高层建筑结构震后功能快速恢复能力的策略，创新发展了可更换钢连梁的形式和连接方式，通过系列试验系统研究可更换钢连梁的抗震性能，提出了可更换钢连梁的抗震设计方法和构造措施建议。

（4）超高层建筑基底剪重比参数合理控制方法。指出了我国目前采用的设计反应谱在长周期部分与国外反应谱的差别和问题，基于震害实例，分析了远场地震的特征和对超高层建筑的影响，提出了超高层建筑考虑长周期地震影响的另一种控制方法，并通过实际工程算例进行了验证，表明该控制方法是可行的。

3. 超高层建筑地基基础安全保障关键技术研究

（1）研制了大型层状剪切试验土箱，开展了成层土中桩基、复合地基与嵌岩桩振动台模型试验及数值计算与理论分析，揭示了桩—土运动相互作用的若干规律：①成层土地基中，中间软土对桩—土体系地震响应有显著影响；②桩基的桩身弯矩幅值出现在软硬土层交界及桩顶处，而复合地基桩身弯矩幅值出现在软硬土层交界处；③相同地震作用下，复合地基承台的水平位移幅值明显大于桩基承台水平位移幅值；④桩端是否嵌岩对上部结构体系地震响应无显著影响。给出了土层波速、加速度与桩身曲率间的解析表达式。

（2）完成了现场大型单、群桩模型试验与工程实测及理论分析，揭示了超高层建筑长桩基础的承载力与沉降特性规律：①群桩基础端阻具有明显的沉降硬化效应，端阻力提高幅度随桩距的增大而减小；②软土与非软土地基中长桩的荷载传递和桩身压缩性状相似，桩基沉降应考虑桩身压缩；③群桩桩端平面以下地基土整体压缩变形及压缩层深度随桩距增大而减小。据此提出的 Mindlin 解均化应力沉降计算方法，其计算值与工程案例实测值基本一致。

（3）完成了室内大型模型试验和现场原位测试及分析对比，取得如下主要成果：①揭示高层建筑下不同刚度梁板式筏基的反力、变形及破坏特征，提出了梁板式筏基的变形控制设计指标；②提出大底盘高层建筑基础的变形控制条件和构造设计措施；③给出大底盘高层建筑基础弯矩简化计算原则。

基于上述成果，对超高层建筑地基基础设计提出了如下建议：①桩基础抗震性能目标应与上部结构抗震性能目标相协调；②应考虑成层地基中软弱土层对桩身地震响应的不利影响，桩身纵筋应穿过软弱土层，交界面附近箍筋应加密；③Ⅱ、Ⅲ、Ⅳ类场地建筑工程设防分类为乙类或甲类的建筑，在覆盖层厚度 ≥ 30m 且波速 < 180m/s 的条件下桩基需进行运动相互作用验算；④梁板式筏基梁的挠度控制指标不宜超过 0.5‰，区格板的挠度控制指标不宜超过 1‰；⑤拐角形高层建筑下筏板整体挠度不宜超过 0.5‰，高层建筑两翼围合的三角形裙房区域相邻跨间差异沉降不宜超过 1‰；⑥当平板式筏基的整体挠曲小于或等于 0.2‰ 且筏板的抗裂度大于或等于 2 时，其弯矩计算仅需考虑局部弯曲，否则尚需考虑整体弯曲的作用。

4.超高层建筑结构耐火性能和抗火设计关键技术研究

（1）超高层建筑火灾蔓延特性及温度场分布规律

紧密围绕高层和超高层火灾的特点，结合典型工程实例，研究了超高层建筑火灾荷载的分布特点和高层建筑室内及室外火灾的特性，对高层建筑火灾进行了数值模拟。

（2）超高层建筑结构中关键部件的耐火性能

针对超高层建筑结构中典型型钢混凝土柱构件，在不考虑约束和考虑约束的情况下，对其耐火极限进行了研究，提出了其耐火极限计算方法。

（3）高层建筑框架结构的耐火性能和抗火设计方法

针对单榀型钢混凝土柱—型钢混凝土梁平面框架结构，进行了火灾试验，建立了有限元模型，在上述研究的基础上对该框架的耐火极限的影响因素进行了分析。

（4）火灾后高层建筑结构性能评估方法

以型钢混凝土柱和型钢混凝土梁柱节点为例，研究考虑温度和荷载耦合的火灾全过程作用后该类构件和节点的承载能力，包括火灾全过程及火灾后结构的工作机理、破坏特征等规律，在此基础上深入研究高层建筑结构火灾后力学性能评估方法。

依托项目："十二五"国家科技支撑计划课题"超高层建筑结构与基础安全保障技术研究"（2012BAJ07B01）

8. 电力系统震害分析与抗震防灾对策

于文[1]　葛学礼[1]　朱立新[2]

1. 中国建筑科学研究院，北京，100013；
2. 住房和城乡建设部防灾研究中心，北京，100013

引言

城市电力系统是维系现代城市功能和保障人民正常生活的基础性设施，是生命线系统的重要组成部分，在国民经济中起着重要作用。一旦遭到破坏，城市将会因服务功能中断而处于瘫痪状态，严重影响社会秩序和经济发展。

近年来的重大地震灾害表明，城市电力系统是城市生命线系统中的薄弱环节，易遭受地震破坏，如 1995 年阪神地震造成 10 座火力发电厂、48 座变电站和 38 处电力线路破坏[1]；1999 年我国台湾集集地震中因沙土液化造成输电塔破坏导致北部地区电力中断[2]；2008 年汶川地震造成包括 1 座 500kV 变电站、13 座 220kV 变电站、66 座 110kV 变电站在内的大量电力设备损毁和建筑物破坏[3]等。

电力系统的破坏造成供水、通信等其他生命线系统功能的丧失，影响应急救灾和恢复重建工作的进行。因此，开展电力系统的抗震研究，总结其震害特征和破坏机制，并提出合理有效的抗震防灾对策与措施，对城市生产生活及区域经济的安全发展具有重要意义。

一、电力系统受灾特点

国内外历次强震的震害表明了电力系统的脆弱性，其运行方式和结构上的特点决定了其在地震作用下独有的受灾特点。

1. 薄弱环节多，易损性高

电力系统不同于一般的工业与民用建筑，工程环节多、结构形式复杂的特点使其抵御地震破坏的薄弱环节相对较多、易损性较高。另外，电力系统跨越长、覆盖面大的特点也加大了其遭受破坏的概率。

2. 破坏具有相关性和牵动性

电力系统由发、变、输、配、用五个环节组成，其运行具有特定的流程，只有各个环节都处于正常的工作状态时才能保证整个系统的正常运转。当地震造成系统内部一个或多个重要环节因破坏处于失效状态时，即使其他部分仍然完好，也会严重影响整个系统的正常运转，甚至会引起整个系统的瘫痪。这种破坏的相关性和牵动性正是由城市生命线工程的运行特点所决定的。

另一方面，各城市生命线工程之间互相协调、牵制的关系也使得城市生命线工程在遭受地震破坏时，会"牵一发而动全身"，任何一个生命线工程的破坏都会对其他生命线工程乃至整个城市造成不良影响，并且进一步影响震后抢险救灾工作的进行。

3. 间接损失严重

电力系统是城市基础设施得以运转的直接动力来源，一旦遭受地震破坏，除了会造成直接损失外，还会因城市正常生产、生活秩序的破坏造成进一步的间接损失。1995 年阪神地震中，由于电力支撑的通信网络中断，影响紧急情况下的通信；交通信号停止运行引起交通堵塞，导致救火行动延迟；停电导致供水系统的瘫痪也加重了火灾的蔓延。

4. 易引起次生灾害

城市地震次生火灾的发生与电力系统遭受地震破坏有直接关系。据抽样调查，阪神地震中，由于房屋倒塌，使电器线路处于短路状态，恢复供电后引起多处火灾，约占火灾总数的一半左右。

5. 灾后恢复难度大

城市电力电缆较多采用地下埋设的方式，工程的隐蔽性使得破坏位置难以查找确定，增大了恢复难度，延长了恢复时间。

二、电力系统震害及破坏机制

电力系统由发电厂、变电站和输电线路、配电站和用户五部分组成，对电力系统进行抗震可靠性分析，可以将其看作由"点"与"线"组成的网络系统，发电厂、变电站可简化为网络中的节点，输电线路可抽象为连接各节点的"线"。以下分别阐述各节点和线路的地震破坏机制。

1. 节点的地震破坏

电力系统的节点主要包括建构筑物和电气设备，电气设备又可分为户外和户内两部分。

(1) 建 (构) 筑物

电力系统的构筑物主要是支撑电气设备的构架和支架，由于电气设备自重荷载较大且多为高位布置，造成重心偏高、质量和刚度分布不均匀，遭遇超烈度地震时易因刚度和强度不足而发生破坏，在基本烈度作用下，基本无破坏发生。

变电站的主控楼、设备室等建筑物的主体结构破坏是常见的震害形式。图 4.8-1 所示为汶川地震中，安县 220kV 变电站主控楼和设备室完全倒塌，室内设备全部毁坏，幸无人员伤亡。

(2) 户外设备

1) 电力变压器

电力变压器的主要震害有移位、倾覆、重瓦斯保护跳闸、漏油、套管断裂漏油等。造成震害的主要原因是电力变压器浮放在轨道或基础平台上，未采取固定措施，或虽采取了固定措施，但强度不足，地震力将固定螺栓剪断或将焊缝拉开而导致过大的位移，轻者导致顶部瓷套管被拉坏，重者脱轨倾覆，撞坏散热器和替油泵等附属设备，甚至烧毁。图 4.8-2 所示为汶川地震中，草坡升压站的主变压器与基础无固定措施导致滑落、倾斜。

2) 电瓷型高压电气设备

包括断路器、隔离开关、电压和电流互感器、避雷器、变压器瓷套管及支柱绝缘子等，主要震害是瓷套管或瓷柱断裂，使设备倾斜或跌落。

电瓷型高压电气设备的震害原因主要有以下几方面：

a. 脆性材料，阻尼比小，抗弯和抗剪强度低，一旦外力超过允许值即产生断裂，尤其在与其他材料连接处，变形互不协调易使脆性瓷柱裂损，如隔离开关的折断处一般都在根

图 4.8-1　汶川地震中，安县 220kV 变电站
主控楼和设备室完全倒塌

图 4.8-2　汶川地震中，变电站主变压器与基础
无固定措施导致滑落、倾斜

部金属法兰与瓷件结合部位。图 4.8-3 所示为云南丽江地震中，北门坡变电站隔离开关折断坠地。

b. 体型高柔，且上部重量较大，地震水平力作用下根部的弯矩较大，图 4.8-4 所示为汶川地震中，草坡升压站断路器在根部折断。

c. 设备固有频率与地震波的卓越频率接近，容易产生共振。

d. 设备支架对地面运动有放大作用，支架越高，放大作用越显著，因此，高位布置的设备比低位布置的震害严重。

3）母线

母线本身的强度较高，其破坏通常是由于附件损坏而引起的。例如支持母线的棒式支柱绝缘子在地震中折断，从而使母线坠落；地震中软母线晃动，使软母线拉力成倍增大，造成悬挂软母线的绝缘子破坏，从而使母线坠落；或者相间距离偏小的母线在地震中剧烈晃动，造成相间瞬间短路放电而烧伤母线或烧熔金具，从而使母线坠落。

（3）户内设备

户内设备如开关柜、控制屏、交换机、微波机等的地震破坏主要取决于两点：一是房屋的抗震能力，如果房屋在地震作用下倒塌，则其中的设备无疑将遭到破坏；二是设备与基础（基座）的锚固程度，如果设备与基座无锚固或锚固不牢，地震中将引起位移或倾倒破坏。

图 4.8-3　丽江地震，北门坡变电站
隔离开关折断坠地图

图 4.8-4　汶川地震，草坡升压站
断路器在根部折断

蓄电池组浮搁在蓄电池柜上未设护栏而在地震中倾倒和摔坏的实例屡见不鲜。如云南普洱南郊 35kV 变电站地震中蓄电池从柜中掉落摔坏造成停电；而丽江北门坡变电站的蓄电池组设有防护栏，地震中完好无损，如图 4.8-5 所示。

2. 线路的地震破坏

输电线路一般由输电塔和输电线组成，震害表现为输电塔的构件折断、塔体倾斜倾倒和输电线断裂。虽然输电塔连接的输电线的低频振动对输入地震能量有解耦作用，但在高烈度区，也会有因输电塔顶部摇摆过大和输电线的拉拽作用被拉弯或折断的现象出现。更为普遍的破坏是地震所引起的次生灾害，如地面变形、不均匀沉降、滑坡、泥石流或沙土液化造等成塔体倾斜、倾倒、构件损坏。图 4.8-6 所示为汶川地震中，映秀境内一处输电塔因山体滑坡而倾倒。

图 4.8-5　丽江地震，北门坡变电站隔蓄电池组有防护栏，地震中完好无损

图 4.8-6　汶川地震，映秀境内一处输电塔因山体滑坡而倾倒

三、电力系统抗震防灾对策

1. 工程措施

工程措施一般指工程设施对外界作用的直接抵抗措施，采取工程抗震措施的主要目的是提高工程设施的抗震能力。电力系统工程抗震措施主要包括以下几方面。

（1）土建工程

新建电力工程建构筑物的抗震设防：

1）场地选择。在高烈度区建设电厂、变电站时，应选择对抗震有利的场地，如基岩和稳定土层，避免在活动断层附近、有液化、滑坡可能及采空区等不良地质构造的地区建设。

2）平面布置。厂区、站区平面布置中，各类建筑物和生产设施之间符合抗震、抢险安全距离和疏散通道要求。

3）结构设计。新建建构筑物应按现行《建筑抗震设计规范》[4] 和《电力设施抗震设计规范》[5] 的要求进行设计并采取相应的抗震措施。

对于现有的建构筑物应按现行《建筑抗震鉴定标准》[6] 的要求进行抗震鉴定，根据建筑物在电力系统中的重要性，适当提高主控楼、设备楼的抗震标准，并依据现行《建筑抗震加固技术规程》[7] 的要求进行加固。

（2）电气设备

新建电力工程电气设备的抗震措施应符合现行《电力设施抗震设计规范》、《电气设施抗震鉴定技术标准》[8] 和《工业企业电气设备抗震鉴定标准》[9] 的要求，对现有的电气设备也应按此标准进行抗震检查与鉴定，对不符合要求的及时采取加固措施，要点如下：

1）主变压器的锚固应考虑其抗位移和抗倾覆的能力，使底座与基础有牢固的连接措施，基础可适当加宽。

2）开关柜、控制屏、交换机、微波机等户内设备用螺栓或电焊固定于地面上，不得浮搁。

3）断路器、隔离开关、互感器、避雷器、支柱绝缘子等电瓷型高压电气设备，应尽可能提高瓷套管的强度，并选用抗震型产品，对具有支柱的细长型设备增设减震器或阻尼器，改变设备体系的频率和阻尼比，从而降低设备的地震反应。

4）设备引线和设备之间的连线应优先采用软线连接，连线应有一定的垂度，采用硬连接时，应有软导线过渡，以免地震时因设备的振动特性不同产生相互作用。

5）蓄电池应设抗震架保护，电池之间宜用软导线或电缆连接；电容器牢固地固定在支架上，引线用软导线。

（3）输配电线路

输电塔和电线杆应避开突出的山脊、高耸孤立的山丘等对地震有放大作用的地段和可能发生滑坡、山崩、液化等地质灾害的地段。

2.非工程措施

尽管工程措施是抵御地震的直接措施，但不是唯一的措施，一方面工程措施造价昂贵，使得防御标准不能过高，另一方面由于地震的随机性和突发性，超防御标准的灾害时有发生，仍然会造成巨大损失[10]。因此，还采取另一种措施来防御地震，即非工程措施。

电力系统抗震防灾的非工程措施主要包括技术立法和编制抗震防灾规划。技术立法主要指相关国家法律法规和技术标准规范的颁布和实施，技术法规的执行是强制性的，对减轻生命线工程的灾害损失，具有不可替代的重要作用。

电力系统抗震防灾规划着眼于整个城市，涵盖了规划的防御目标、抗震能力现状（基本情况）、抗震方面存在的主要问题、抗震防灾对策（措施）和应急与抢险预案五个方面，是全面提高电力系统综合抗震能力的有效措施。

四、结语

我国电力系统在地震中受灾较重，随着社会进步和经济发展，对电力系统的稳定性提出了更高的要求，因此，针对电力系统在抗震方面存在的不足，应从以下几方面进行改进：

1.对变电站建构筑物和电力设施进行抗震能力评估，对不符合抗震要求的及时采取加固措施。

2.逐步将新技术、新材料应用于工程实践中，如将隔震减震技术应用到电力设施的建造，用新型的高强高硅瓷或其他可塑性绝缘材料来代替现有电瓷型高压电气设备中的瓷件。

3.用网络分析的方法研究电力系统整体的抗震可靠性，对于我国电力工业的总体布局、设备设置和抗震防灾具有重要的意义。

4.建立健全各大电网公司的地震应急响应机制和震后电力快速恢复机制，将地震灾害对电网的冲击降低到最小。

参考文献

[1] 中国赴日地震考察团.日本阪神大地震考察[M].北京：地震出版社，1995.

[2] ASCE-TCLEE：Chi-Chi, Taiwan, Earthquake of September 21, 1999：Lifeline performance, edited by Anshel J. Schiff and Alex K. Tang/ American Society of Civil Engineering, USA (2000).

[3] 于永清，李光范，李鹏等.四川电网汶川地震电力设施受灾调研分析[J].电网技术，2008，32（11）：T1-T6.

[4] 建筑抗震设计规范 GB 50011-2010 [S].北京：中国建筑工业出版社，2010.

[5] 电力设施抗震设计规范 GB 50260-2013 [S].北京：中国计划出版社，2013.

[6] 建筑抗震鉴定标准 GB 50023-2009 [S].北京：中国建筑工业出版社，2009.

[7] 建筑抗震加固技术规程 JGJ 116–2009[S]. 北京：中国建筑工业出版社，2009.

[8] 电气设施抗震鉴定技术标准 SY 4063–1993 [S]. 北京：石油工业出版社，1993.

[9] 工业企业电气设备抗震鉴定标准 GB 50994–2014 [S]. 北京：中国计划出版社，2015.

[10] 葛学礼，朱立新，蔡晓悦等. 生命线工程受灾的破坏机制、减灾对策及投入效益估计 [J]. 中国减灾，1998，8（1）：29–33.

9. 采用碎石桩的地基抗震加固性能研究

孙大圣[1]　杨润林[1]　唐曹明[2]

1. 北京科技大学土木与环境工程学院，北京，100083；
2. 中国建筑科学研究院抗震所，北京，100013

保证地基具有良好的抗震性能一直是岩土工程研究的热点内容，其中土体的液化是造成地震时地基破坏的首要原因，地基的液化目前是一个比较复杂的问题[1-6]。对地基的抗液化处理以往学者对其进行了研究[7-11]，其中碎石桩是目前可取的一种加固地基的方式[12, 13]，碎石桩的加固机理包括密实、排水减压和减震等。但目前对于碎石桩加固地基机理和效果的研究还不成熟[14, 15]。对此，本文研究了碎石桩对地基抗液化性能的影响，同时也研究了不同加固方案对其加固性能的影响。

一、碎石桩加固方案及计算参数

1. 加固方案

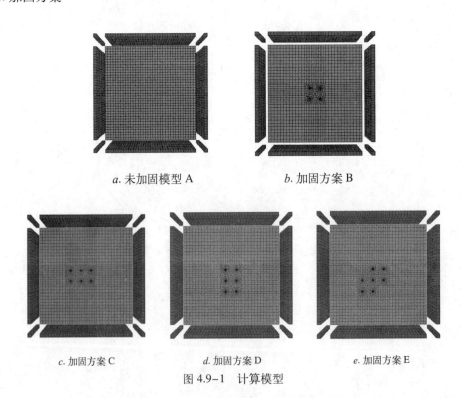

a. 未加固模型 A　　　　*b.* 加固方案 B

c. 加固方案 C　　　　*d.* 加固方案 D　　　　*e.* 加固方案 E

图 4.9-1　计算模型

图 4.9-1 中模型 *a* 是未加固地基，加固方案 *b* 是用 4 根碎石桩加固的地基；方案 *c* 是

在方案 b 的基础上在其地震方向上均匀另加两根碎石桩构成的区格 I；方案 d 是在模型 b 的基础上在其垂直地震方向上另加两根碎石桩构成的区格 II；方案 e 是在模型 b 的基础上在其左下角另加三根碎石桩构成的区格 III。

2. 计算参数

模型中自上而下为 1 m 厚的非液化土层、8 m 厚的液化土层、1 m 厚的非液化土层，横向和纵向长度分别为 18 m（图 4.9-2）。

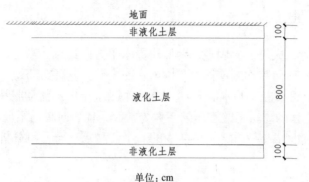

单位：cm

图 4.9-2　几何模型

地基采用碎石桩进行加固，碎石桩桩径为 0.6 m，桩间距为 2 m。模型见图 4..9-3。根据碎石桩体、土等材料的受力变形特点砂土本构模型选为 Finn 模型。Finn 模型实质上是在 Mohr-Coulomb 模型的基础上增加了动孔压的上升模式，并假定动孔压的上升与塑性体积应变增量有关。碎石桩采用了 Mohr-Coulomb 模型，模型参数表 4.9-1。

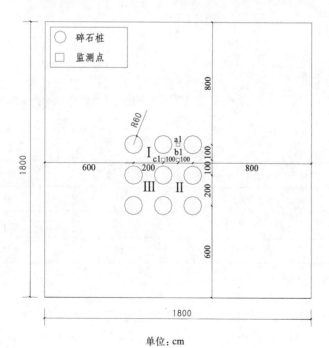

单位：cm

图 4.9-3　碎石桩和监测点布置平面

材料参数 表4.9-1

材料	厚度 m	ρ (kg/m³)	C (kPa)	φ (°)	K (MPa)	G (MPa)	渗透系数 K (cm/s)
非液化土层	1	1040	10	25	14.71	5.64	1.00E-07
液化土层	8	1440	0	30	29.41	11.28	1.00E-02
非液化土层	1	1100	15	25	14.71	5.64	1.00E-07
碎石桩	10	2100	/	/	227.4	75.8	/

模型静力分析时,底部边界固定,两侧边界水平方向约束。动力计算时,模型两侧用自由场边界。碎石桩顶面为加载过程中孔压为0的边界,模型底部为不透水的边界。

在计算过程中,符合以下基本假定:土体完全饱和,土中水流动服从达西定律;土颗粒、孔隙水不可压缩;土体的渗透系数和压缩系数为常数,且各向渗透系数均相等。

在模型中选取如图4.9-3和图4.9-4中的6个监测点进行监测分析。监测点具体信息见表4.9-2。

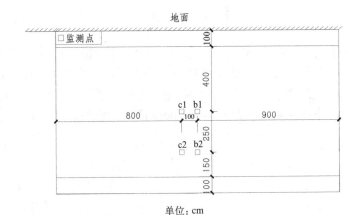

单位:cm

图4.9-4 碎石桩和监测点布置剖面

监测点位置 表4.9-2

监测点	坐标 (x, y, z) /m	监测点	坐标 (x, y, z) /m
a1	(9, 10, 5)	b2	(9, 9, 2.5)
a2	(9, 10, 2.5)	c1	(8, 9, 5)
b1	(9, 9, 5)	c2	(8, 9, 2.5)

3. 地震波

1940年5月18日美国加利福尼亚州帝谷地震在EI-Centro台站记录的地震加速度波,该记录被广泛应用于地震反应分析中。在模型底部采用了EI-Centro南北方向的波作为输入地震波,振幅为0.34 g,计算过程中,作为水平输入地震波。

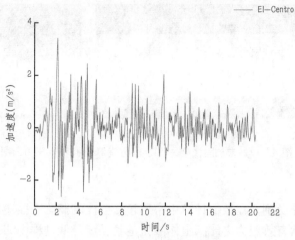

图 4.9-5　加速度时程曲线

二、模拟结果分析

1. 加固效果分析

（1）超静孔隙水压力（图 4.9-6）

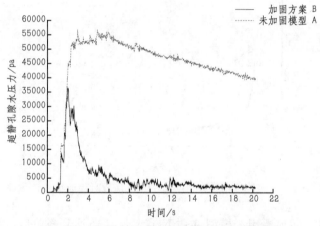

图 4.9-6　监测点 b_2 的超静孔隙水压力时程曲线

　　模型 A 中 b_2 点超静孔隙水压力达峰值后，在地震过程中基本不变，超静孔隙水压力基本没有消散。相比之下，模型 B 中 b_2 点超静孔隙水压力达到峰值后，在地震过程中发生明显消散现象。证明了碎石桩的排水减压效应。

　　为了进一步更加具体清晰的对碎石桩的排水减压的效应进行研究，为此对未加固模型 A 和方案 B 的孔隙水压力云图进行分析。

　　从图 4.9-7 中 a 云图可以看出，水平方向上，水平位置相同的土层孔隙水压力相近，且分布十分均匀，液化特性在水平方向相同；竖直方向上，可以明显看出土层的孔隙水压力随其深度的增加而不断增加。

　　从图 4.9-7 中 b 云图可以看出，在地震发生过程中，土层中的水以两根桩为中心形成一个排水通道，呈凹坑形，由于碎石桩的存在，四周的水均向外排出。

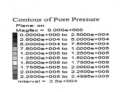

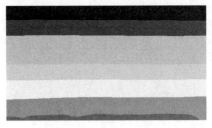

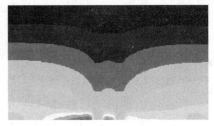

a. 未加固模型 A 的孔隙水压力云图　　　　　b. 加固方案 B 的孔隙水压力云图

图 4.9-7　未加固模型 A 和加固方案 B 的孔隙水压力云图

（2）超孔压比

由于计算精度的影响，在数值计算中常用超孔压比的概念来描述液化，超孔压比为超静孔隙水压力与初始有效应力之比。土体液化是其强度降低过程中的流动现象，流动破坏时的土体强度与土性和应力相关，而孔压比则未必达到 1.0，饱和砂土振动孔压比在 0.6~0.7 左右时，已出现局部液化的宏观现象[16]。选择模型 A 和 B 中监测点 b_2 的超孔压比进行分析。

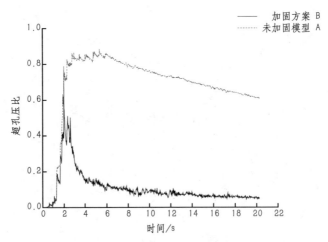

图 4.9-8　监测点 b_2 的超孔压比时程曲线

由图 4.9-8 可以明显看出，模型 A 中 b_2 点超孔压比达到峰值后，基本不变，稳定后超过了临界值，可知已发生了液化。在地震开始的 0~2 s 期间，超孔压比迅速上升，达到峰值。但由于碎石桩的作用，超孔压比迅速下降，直至最后达到稳定。由上不难看出，模型 B 中 b_2 点的超孔压比远小于模型 A 中 b_2 点超孔压比，说明碎石桩对地基的排水减压作用是显著的。

（3）加速度

由图 4.9-9 可知，地震刚开始时，两个监测点的加速度由零开始增大，监测点 b_1 在 2 s 附近加速度达到峰值，而高度较 b_1 低的监测点 c_2 在 5s 左右加速度达到峰值，而且监测点 c_2 点峰值远远大于监测点 b_1 的，说明土层底部较上部振动的厉害。随后两个监测点在 10s 之后随着 EI-Centro 地震波规律振动。

2. 邻近区格碎石桩对同一监测点抗液化性能的分析

在地震作用下，由于实际工程条件的限制，在有限的空间内对液化地基的加固及碎石

196

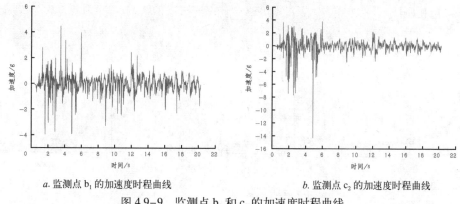

a. 监测点 b_1 的加速度时程曲线　　　　　b. 监测点 c_2 的加速度时程曲线

图 4.9-9　监测点 b_1 和 c_2 的加速度时程曲线

桩的优化布置显得尤为重要，通过有限元数值分析，比较加桩位置的不同即构成区格的不同，对地基的加固有何影响。

（1）超静孔隙水压力

由图 4.9-10 可知，监测点 a_1 在加固方案 c、d、e 中的超静孔隙水压力基本相近，即方案 c、d、e 对监测点 a_1 的加固效果差别是不大的。监测点 a_2、b_1、b_2 和监测点 a_1 类似，三个模型对于监测点的加固效果大体相同。对于监测点 c_1 来说，在地震开始 0~4.5 s 期间内，监测点 c_1 在三个方案中的超静孔隙水压力较为接近，但 4.5 s 以后直至结束，监测点 c_1 在方案 c 中的超静孔隙水压力呈跳跃式变化，但一直是最小的，在方案 e 中次之，在方案 d 中的超静孔隙水压力是最大的。由此可知，方案 d 中的碎石桩对监测点 c_1 的加固效果是最差，方案 e 次之，方案 c 中的碎石桩对监测点 c_1 的加固效果最优。监测点 c_2 所反映出的规律与监测点 c_1 类似。

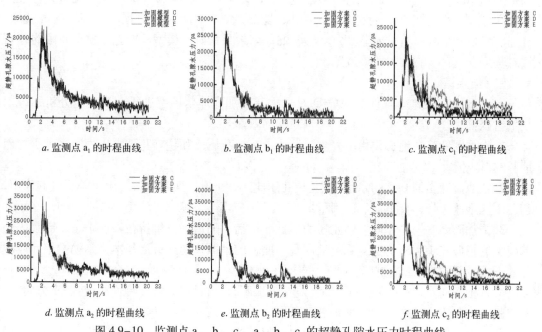

a. 监测点 a_1 的时程曲线　　　b. 监测点 b_1 的时程曲线　　　c. 监测点 c_1 的时程曲线

d. 监测点 a_2 的时程曲线　　　e. 监测点 b_2 的时程曲线　　　f. 监测点 c_2 的时程曲线

图 4.9-10　监测点 a_1、b_1、c_1、a_2、b_2、c_2 的超静孔隙水压力时程曲线

（2）超孔压比

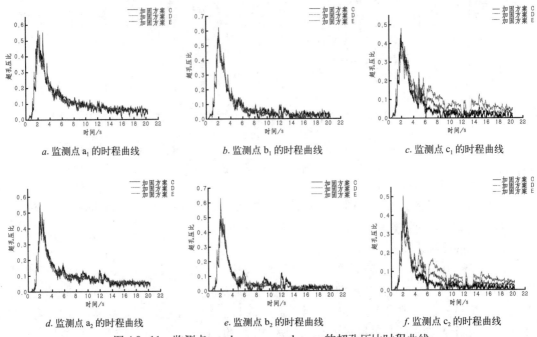

a. 监测点 a_1 的时程曲线　　　　　b. 监测点 b_1 的时程曲线　　　　　c. 监测点 c_1 的时程曲线

d. 监测点 a_2 的时程曲线　　　　　e. 监测点 b_2 的时程曲线　　　　　f. 监测点 c_2 的时程曲线

图 4.9-11　监测点 a_1、b_1、c_1、a_2、b_2、c_2 的超孔压比时程曲线

如图 4.9-11 可以明显看出，监测点 a_1 在方案 c、d、e 中的超孔压比时程曲线比较接近，也就是说方案 c、d、e 中的碎石桩对监测点 a_1 的加固效果可以认为是相近的。监测点 a_2、和监测点 a_1 情况类似，也就说明了方案 c、d、e 中的碎石桩对监测点 a_2 的加固效果比较接近。监测点 b_1 和 b_2 也同样。而对于监测点 c_1 来说，方案 d 中监测点 c_1 的超孔压比最大，模型 e 次之，模型 c 中监测点 c_1 的超孔压比最小。监测点 c_2 的超孔压比时程图与监测点 c_1 类似。可知，模型 c 中的碎石桩对监测点 c_1、c_2 的加固效果最好，模型 e 次之，模型 d 中的碎石桩对监测点 c_1、c_2 的加固效果最差。

三、结束语

通过运用有限差分软件 FLAC3D 对未加固和加固地基模型进行动力响应分析，得出以下结论：

1. 未加固地基在地震作用下发生了液化，其超孔压比和超静孔隙水压力远远大于加固地基的对应值。

2. 在地震开始的 0~2 s 期间，地基超孔压比迅速上升，达到峰值。由于碎石桩的作用，超孔压比迅速下降，直至最后达到稳定。

3. 未加固地基模型超静孔隙水压力达到峰值后，随后一直维持在峰值上下，而加固地基模型的超静孔隙水压力达到峰值后出现了明显的消散作用，最后基本回到初始值，体现了碎石桩较强的排水减压的能力。

4. 水平方向上，水平位置相同的土层孔隙水压力分布均匀，液化特性相同；竖直方向上，土层的孔隙水压力随其深度的增加而不断增加。

5. 在地震发生过程中，土层中的水以两根桩为中心形成一个凹坑形的排水通道，周围的水由于碎石桩的存在而向外排出。

6. 通过对比,在已有加固地基的碎石桩的基础上,另在对应地基模型地震方向上加入碎石桩,在左侧构成区格 I 地基的超孔压比是小于区格 II(在对应垂直地震方向加上碎石桩所构成的区格)的。而在已有地基加固模型上的左下角加入碎石桩,所构成区格 III 的地基超孔压比位于两者之间。也就是说,加入区格 I 的加固效果最好,而在地震垂直方向上另加碎石桩的加固效果是最差的。

7. 总体来说,在地震开始 0 ~ 4.5 s 期间内,加入碎石桩所构成的区格 I、II、III 的超静孔隙水压力几乎是相同的,而 4.5 s 之后直至地震结束,加入碎石桩所构成区格 I 的超静孔隙水压力是最小的,区格 III 的次之,而所构成区格 II 的超静孔隙水压力是最大的。由此可说明,在地震方向上布置碎石桩的加固效果要优于其他方向。

10. 针对地震灾害的综合医院救灾安全性评价及减灾策略

郭小东[1]　李晓宁[1]　王志涛[2]
1. 北京工业大学北京城市与工程安全减灾中心；
2. 北京工业大学建筑与城市规划学院

一、背景

我国是地震灾害频发的国家，也是受地震影响最为严重的国家之一。地震往往造成大量的人员伤亡和不可估量的经济损失。作为城市生命线系统中的重要工程，医院要在保证自身安全的前提下，承担应急救援的艰巨任务。这对医院的防灾、抗灾、救灾能力是极大的考验(图 4.10–1)。2004 年 12 月，因地震引发的印度洋海啸严重影响到周边国家和地方医疗卫生系统导致其无法继续提供医疗服务，其中位于印度尼西亚北部亚齐省有一半以上的卫生机构受到不同程度的破坏。2005 年在巴基斯坦发生

图 4.10–1　汶川震后芦山县人民医院内部破坏情况

地震中，震中地区有 49% 的卫生机构被地震完全毁坏，无论是城市内现代综合医院，还是偏远地区的诊所和大小药房，都受到严重破坏[1]。2008 年汶川地震，当地超过 1.1 万所医疗机构遭到地震不同程度的破坏[2]。

地震发生后综合性医院不仅要能经受灾难造成的破坏，还要在灾后继续使用，维持不间断救治功能，承担救灾的社会责任[3]。因此，需要建立起一套科学的医院救灾安全性评价体系。同时，对影响医院救灾安全性的重要方面进行合理化设计或改造，从而为国内医院建设提供防灾救灾方面的指导，以便在灾害发生后更好地发挥医疗系统的重要作用，为社会提供紧急医疗服务，减轻人员伤亡。

二、国内外研究进展

国际医疗机构联合协会（JCAHO）强调要对医院建筑进行安全评估工作[4]。医院建筑不仅要确保建筑内人员安全，而且还要在灾后为该区域提供医疗服务。1971 年美国南加州西尔马市发生 6.7 级地震,造成当地 4 家医院损毁严重。于是加州医院法(Alfred E.Alquist Hospital Seismic Safety Act) 在 1973 年编入加州建筑标准规范，并颁布实施。对于医院法颁布之前建造的医院建筑，《地震安全议员法》(Senate Bill 1953) 中要求所有医院建筑要在 2030 年以后均能在大震后继续提供医疗服务。"9·11"事件以后，2001 年美国颁布 Interagency Domestic Terrorism Concept of Operation Plan（CONPLAN），为灾后医疗救援提供参考和指导依据。该计划中由设立的灾后指挥中心来领导救援，同时对平时宣传学习

和培训演习投入足够的重视 [5]。2008 年，泛美卫生组织（PAHO）提出一套为应对各类灾害而对医院安全进行综合性判断的指南 [6, 7]，该指南分为 4 个部分（选址部分、结构部分、非结构部分和医疗管理部分），共提出 145 个详细的评判指标。20 多年的应用实践证明该评价适用于医院安全性的判断，后推广至全美范围使用。

日本对医院建筑的救灾安全性要求主要建立在《建筑基准法》、《灾害救助法》的基础上，通过严格的法律强制性要求和完备的应急医疗体系管理，在紧急条件下医院救灾的安全性完全可以得到有效的保障，灾后医院的救灾功能可以充分发挥 [8]。

我国对医院救灾安全性的研究多数集中在应急医疗救援体系和管理方面，或者仅仅从建筑防灾安全角度来考虑设计和建造，各专业之间相对独立。相比之下，国内对医院救灾安全性的综合性研究资料较少。

三、救灾安全性评价指标体系

建立综合医院救灾安全性评价体系的核心是建立有权重赋值的评价模型，对综合医院应急救灾安全性作出量化评价。

对于评价指标的选取，应当遵循系统性、代表性、可行性、可衡量性相结合的原则。为此，结合地震发生的时序性，体现防灾减灾中"防、抗、避、救"理念，从功能性角度出发，整理出指标选择的逻辑思路，如图 4.10-2 所示。

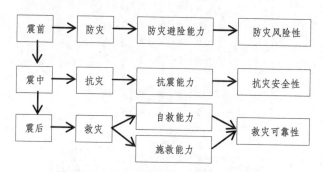

图 4.10-2 评价指标初选及层面关系分析

研究中评价指标分为两类，即强制性指标和一般性指标。强制性指标是对评价的强制性要求，对总目标影响大，必须满足全部强制性指标要求才能进行一般性指标的评价。相对强制性指标来说，一般性指标对评价总目标的影响虽然较弱些，但也对总目标起着重要的影响。

1. 强制性指标

强制性指标包括两个：场地条件和建筑物抗震设防水平。

（1）场地条件

根据《综合医院建筑设计规范》JGJ 49-88 的要求，在新建医院的选址和规划中，要考虑周围环境和医院相互间的影响 [9]。根据《建筑抗震设计规范》GB 50011-2010 的要求，医院选址应避免在可能发生泥石流、山体滑坡等易发生自然灾害的地段，要在科学的地质勘探后，选择对建筑抗震有利的地段建设。

（2）建筑抗震设防条件

《建筑工程抗震设防分类标准》GB 50223-2008 中对防灾救灾建筑中的医疗建筑设防

类别作出明确说明，将其归为特殊设防类或重点设防类建筑[10]。

2. 一般性指标

依据系统分析的方法，将影响综合医院救灾安全性要素进行划分，即将总体目标逐层分解为若干子目标，最后形成评价体系的目标层、准则层 A（一级指标）、参量层 B（二级指标）和指标层 C（三级指标）。这样使整个评价体系层次清楚，避免指标重复，便于后期指标权重的计算。

根据以上对评价指标思路研究的分析和梳理，本文确定目标层为研究的总目标，即"针对地震灾害的综合医院救灾安全性"，准则层 A 为"A1 防灾风险性"、"A2 抗灾安全性"、"A3 救灾可靠性"，参量层见图 4.10-3。

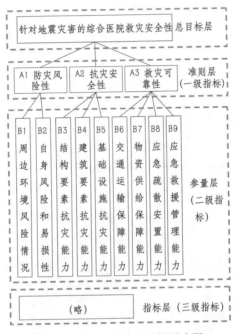

图 4.10-3　评价体系分级层次图

主要二级指标及三级指标说明如下：

（1）B1 周边环境风险情况

① C1 医院建筑是否在周边建筑物、构筑物的垮塌范围距离以外；

② C2 灾时院区周边应急救援道路安全性。

（2）B2 自身风险和易损性情况

① C3 院内感染病房楼、制氧站、医疗垃圾收集站、放射科室等灾时危险源与相邻构、建筑物的安全距离及其防护措施；

② C4 建筑立面外维护结构是否使用外挂幕墙（包括玻璃、石材、金属幕墙等）。

（3）B3 结构要素抗灾能力

① C5 建筑主体结构是否满足抗震性能要求；

② C6 建筑结构尤其是重要功能房间（如手术室、计算机控制中心等）是否采用隔震减震设计。

（4）B4 建筑要素抗灾能力

① C7 建筑内部空间疏散性；

② C8 应急消防水源及消防设施配置；

③ C9 建筑非结构部件抗震性（包括非承重墙、顶棚装饰构件、办公家具等）；

（5）B5 基础设施抗灾能力

① C10 基础设施抗震性（包括机电设备、供水、供电等管线、通信系统等设施）；

② C11 重要医疗设备和实验物品设备抗震性。

（6）B6 交通运输保障能力

① C12 区域交通可达性（即外部交通安全保障能力）；

② C13 院内是否专门设置应急救护绿色通道，并配有明确的应急标识系统（即院内交通安全保障能力）。

（7）B7 物资保障能力

① C14 是否有充足的救灾物品、药品及医疗用品；

② C15 是否有备用供电及能源供应系统；

③ C16 是否有备用生活用水和饮用水供应系统；

④ C17 是否有备用医疗气体供应系统；

⑤ C18 特定功能房间应急救援保障。

（8）B8 应急疏散安置能力

① C19 院区内部是否有可供疏散避难的空旷场地；

② C20 扩容救护空间的预留；

③ C21 有无周边医疗场所或替代救护场所。

（9）B9 应急救援和管理能力

① C22 对外通信系统及通信工具配置情况；

② C23 是否设立应急组织，并有系统的应急预案和工作流程；

③ C24 应急队伍学科人员能力和配置情况；

④ C25 平日是否进行应急培训和演练。

3. 指标权重的确定

各级指标分别选用德尔菲法和层次分析法两种评价方法计算权重，再以这两种计算权重结果的几何平均数作为最后权重。若一级指标下属只有两个二级指标项，则只采用德尔菲法计算指标权重。采用层次分析法确定权重时，应进行一致性检验。指标权重最终的计算结果见表 4.10-1。

针对地震灾害的综合医院救灾安全性评价指标权重汇总　　　　表 4.10-1

一级指标 A	一级权重	二级指标 B	二级权重	三级指标 C	三级权重
A1	0.25	B1	0.38	C1	0.51
				C2	0.49
		B2	0.62	C3	0.62
				C4	0.38

续表

一级指标 A	一级权重	二级指标 B	二级权重	三级指标 C	三级权重
A2	0.46	B3	0.40	C5	0.62
				C6	0.38
		B4	0.33	C7	0.36
				C8	0.25
				C9	0.39
		B5	0.27	C10	0.58
				C11	0.42
A3	0.29	B6	0.37	C12	0.60
				C13	0.40
		B7	0.25	C14	0.24
				C15	0.22
				C16	0.22
				C17	0.16
				C18	0.16
		B8	0.18	C19	0.48
				C20	0.27
				C21	0.25
		B9	0.20	C22	0.27
				C23	0.29
				C24	0.27
				C25	0.17

由表 4.10-1 可以看出，就总目标"针对地震灾害的救灾医院安全性"而言，三个一级指标中"抗灾安全性"的权重比例约占总比例的一半，是三项中最为重要的因素，在灾害来临时医院能承受住灾害的破坏力是保证后续救援工作的前提，所以承担救灾任务的综合医院在设计时应重点加强抗灾安全性的建设，为救灾工作提供安全保障能力；"救灾可靠性"和"防灾风险性"的权重值近似，在救灾医院建设时，应综合考虑这两个方面因素，降低受灾风险的同时增强医疗救援的保障能力。

各二级指标中，结构安全、医院自身安全程度和医院建筑因素对医院安全影响较为突出。在医院新建或改建时，首先应该考虑医院主体建筑结构的安全性，加强医院建筑的抗震性能，从根本上保证医院建筑的安全性；同时注意医院内部易损性因素，降低这部分因素对医院安全造成的威胁；同时在医院建设时，考虑预留建筑疏散空间、应急消防设施的配置情况并重视增强建筑非结构部件的抗震性能。"基础设施抗灾能力"、"交通运输保障能力"、"周边风险情况"和"物资供给保障能力"的影响较前三项指标的影响稍弱，权重值相差较小，说明这四个方面的影响程度相当，设计或改造时需要均衡考虑。"应急救援和管理能力"和"应急疏散安置能力"的影响因素较弱，但作为安全性中不可缺少的一部分，特别要注意院区空间扩容的可能性，以及救灾医院周边医疗场所（点）的设置和建设情况，这也是保证医院救援安全的重要前提。

4.评价结果分级

根据评价总得分的情况，将安全性评价分为五个等级。分值不同对应的等级不同，每个级别的分数划分情况见表4.10-2。

针对地震灾害的综合医院救灾安全性评价等级划分　　　表4.10-2

评价等级	优秀	良好	一般	较差	不合格
分值	100≥得分≥90	90>得分≥80	80>得分≥70	70>得分≥60	60>得分

评价等级为"优秀"的医院在地震时优先作为救灾医院来使用，并且使用时其安全程度值很高，具备足够的安全保障条件和充足的物资保障条件。

评价等级为"良好"的医院其安全程度值较高，但存在少数几项指标不达标的情况。应针对未达标的指标项进行改进，达到要求后仍可以考虑选择这样的医院作为地震时救灾医院使用。

评价等级为"一般"的医院其安全程度值不高，存在一些指标不达标的情况。应针对其未达标的指标项进行改进，并结合现状进行救灾安全性优化设计。这样的医院作为地震时备选救灾医院使用。

评价等级为"较差"的医院其安全程度值偏低，有多项指标不达标的情况，存在大量的安全隐患，不适合地震时作为救灾医院使用。应进行多方面综合改善和优化，提高医院安全性。

评价等级为"不合格"的医院其安全程度值非常低，多数评价指标不达标，地震时极容易发生安全事故，无法执行救灾任务，完全不适合在地震时作为救灾医院使用。应全方位进行检查与整改，消除安全隐患，采取多种措施对医院进行优化改善，以减少地震时人员伤亡和财产损失。

四、综合医院救灾安全性优化策略

针对影响综合医院救灾安全性的主要因素，提出优化设计策略如下：

1.提高主体结构的抗震性能。从建筑场地选址、设防水平、建筑体型、结构布置、建筑材料、施工质量等方面提高综合医院的抗震性能。如建筑平面布置应简单规整，避免出现平面不规则、立面不规则、结构刚度中心与质量中心偏离较大的情况。

2.综合性救灾医院可选择抗震新技术体系，如隔震技术、消能减震技术等。实践证明，美国北岭地震后的南加州大学医院、日本阪神地震后的川崎市立医院由于采用了隔震技术，在震后都发挥了重要的医疗救援作用。

3.提高医院内部空间的疏散性 [8]。对于医院这类有特殊疏散行为人群的建筑，我国的规范中并没有对其疏散空间作出特别规定。日本为有效疏散设立连通外阳台，这与我国《综合医院建设标准》中考虑到避难交叉感染，病房楼不宜设置阳台的标准出发点完全不同。因此应考虑对医院建筑疏散空间优化设计。如考虑在病房楼端处靠近楼梯间的位置设置临时避难间，增设防火门等防火措施，平时可作为办公室或休息室使用，灾时作为临时避难使用。

4.增强非结构构件和设备与主体结构的连接。非结构部分从抗震方面来说包括两部分，一部分是对侧位移有要求的部件，这部分会因其附着主体结构的损坏而损坏，如隔墙、吊顶、建筑饰面、设备管道等；另一种非结构部分会因楼面晃动而造成损坏，如一些对震动敏感的电气、医疗设备、置物架等。可见，非结构部分是维持医院医疗救护功能的基本保证。因此，应提高救灾医院非结构构件抗震的构造措施，如拉结措施、柔性连接措施、隔离措施等[11][12]。

5.提高综合救灾医院的物资保障能力。综合救灾医院应设有专门区域或结合平时功能房间（如仓库、药库或利用地下建筑空间增设物资库房等）来放置医疗救灾物品及药品器械等；医院应至少具备两种应急供电、应急供水和应急供氧的设施。

6.综合救灾医院应预留可扩容的救护空间。医院救护空间预留要求设计时医院空间应有一定的灵活扩展性，平时可以维持正常的就诊工作，灾时能够应对大量的患者，转化为应急需要的医疗空间[13]。

五、结论

随着医学科技的发展、医疗需求的复杂多变，要求医院在救灾安全性方面具有抵抗灾害的防御能力、较强的适应能力、功能转换的应变能力和及时有效的救灾能力。

选择综合医院进行救灾任务时，应建立一套适合我国国情的综合医院救灾安全性评价体系，并根据评价的结果对医院设计或改造提出改进和优化的策略，从而提高我国医院对灾害的防御能力和应急救护能力。

参考文献

[1] John A.Cross Megacities and Small Towns：Different Perspectives on Hazard Vulnerability.Environmental Hazards .2001，(3)：63-80.

[2] 马黎进，董靓 . 关于医疗建筑灾后重建的几点思考 [J]. 广西城镇建设，2010(4)：61-63.

[3] Kaji AH，Koenig KL，Lewis RJ. Current hospital disaster preparedness. JAMA，2007，298(18)：2188-2190.

[4] JOINT COMMISSION EMERGENCY MANAGEMENT STANDARDS EFFECTIVEJANUARY. http：//www.trainforemergencymanagement.com/JCAHO.html.

[5] Meyers S. Disaster preparedness：hospitals confront the challenge.Lessons learned from Oklahoma City and Manhattan provide national guidance. Trustee，2006，59(2)：12-14.

[6] Evaluation Forms for Safe Hospital[K].Pan American Health Organization，2008.

[7] Safe Hospital Evaluator Guide. Pan American Health Organization，2008.

[8] 李晓蕾 王鹏 . 日本医疗建筑的防灾设计 [J]. 科技资讯，2009(25)：244-245.

[9] 综合医院建筑设计规范 JGJ 49-88[S].

[10] 建筑工程抗震设防分类标准 GB 50223-2008[S].

[11] Seismic safety of non-structural elements and contents in hospital buildings. Gol-UNDP Disaster Risk Management Programme.2007.

[12] Design Guide in improving hospital safety in Earthquake，Floods，and High Winds.FEMA577，2007.

[13] American College of Emergency Physicians. Health care system surge capacity recognition，preparedness，and response. Ann Emerg Med，2005，45(2)：239-239.

11. 城镇洪水灾害预警模型仿真研究

李振平　黄玉钏

国家安全生产监督管理总局通信信息中心，北京，100013

引言

在全球气候温暖化与高度城镇化的背景下，暴雨洪涝成为世界各地许多城镇的重要威胁。城镇是区域性的经济、政治、文化中心，人口大量聚集和财富集中，一旦遭受洪水等重大灾害，将导致重大人员伤亡与经济损失。近年来，我国大中城市频繁遭受洪水困扰，2012 年北京"7·21"特大暴雨、2013 年"菲特"超强台风灾害给受灾城市带来了巨大损失，也暴露出现有城市洪水灾害风险管理体系中存在的问题，加强洪水灾害预测已经刻不容缓。如何才能有效预测水灾风险的增长，保障城市的防洪安全，已成为一个重大课题，涌现了大量关于洪水分析模型、洪水预报模型、气象分析模型、气象预报模型、洪水调度模型的课题，并取得了一定成果。钟登华等人对城市洪水预报及分析模型进行了研究，通过建立城市洪水模型，联立求解连续方程和曼宁方程进行洪水分析[1]。李芳英等人对城镇小流域洪水计算经验公式进行了研究[2]。傅春梅研究了基于 GIS 的城镇洪水灾害风险评价[3]。李吉芝研究了基于 GIS 的全国主要城市洪水灾害风险评价。本文通过对城市典型洪水灾害事件的剖析与比较，归纳了城市水灾害的特点，建立了基于神经网络的城镇洪水灾害预警模型，该模型具有简单易操作的特点，但是对训练数据要求较高，需要借鉴城市的气象数据，并对排水系统作一定的处理。

首先来分析一下城镇洪水的分类。按洪水发生季节，分为春季洪水、夏季洪水、秋季洪水、冬季洪水；按洪水发生地区，分为山地洪水、河流洪水、湖泊洪水、海滨洪水；按洪水的流域范围，分为区域性洪水、流域性洪水；按防洪设计要求，分为标准洪水、超标准洪水，或设计洪水与校核洪水；按洪水重现期，分为常遇洪水、较大洪水、大洪水、特大洪水；按洪水成因和地理位置的不同，分为暴雨洪水、融雪洪水、冰凌洪水、山洪、溃坝洪水、海啸、风暴潮。最为常用的是按洪水成因所划分。

其次总结一下城镇洪水的特点[5]。汛期雷暴雨的次数和暴雨量增加；洪水难以下渗减少；水流量和速度大；汇流速度快；洪峰流量加大；雨水滞留；河道堵塞；基础资料收集困难（下垫面情况如不透水面积、排水管网布设等情况收集难度大）；预报难度大。

一、城镇洪水灾害预警模型

1. 城镇洪水灾害预警输入模型

根据城镇洪水的分类，我们将城镇洪水的成因归为三类：一、自然条件，包括雨量、乌云密度等因素；二、城市的排水系统不完善等因素；三、人为因素，包括疏通排水系统等。这样我们可以认为城镇洪水模型是一个三维输入一维输出的模糊处理系统。

根据以上分析，我们可以设计一个模糊控制器[6-8]，用该控制器发布洪水预警。

首先设计自然条件的输入模块及属性。气象条件的范围 [-3，3]，-3 表示天气晴朗，3 表示特大暴雨，其余线性对应降水量的大小，也就是降水量归一化在区间 [-3，3] 之中。我们将自然条件的降水分为三类：气象温和，没有雨或只有小雨，记做 qxsamll，其隶属函数采用高斯分布，高斯分布的参数为 [1.5 -3]，其中 1.5 为高斯分布的方差，-3 为高斯分布的均值；气象一般，有中雨或大雨，记做 qxmidlle，其隶属函数采用高斯分布，高斯分布的参数为 [1.5 0]，其中 1.5 为高斯分布的方差，0 为高斯分布的均值；气象恶劣，有暴雨、特大暴雨，记做 qxbig，其隶属函数采用高斯分布，高斯分布的参数为 [1.5 3]，其中 1.5 为高斯分布的方差，3 为高斯分布的均值。设置效果参看图 4.11-1。

高斯分布（Gaussian distribution）又名正态分布（Normal distribution），其数学表达式如公式 (1) 所示。若随机变量 x 服从一个数学期望为 μ、方差为 σ^2 的高斯分布，记为 $N(\mu, \sigma^2)$。

$$f(x) = \frac{1}{\sqrt{2\pi}\sigma} \exp(-\frac{(x-\varphi)^2}{2\sigma^2}) \tag{1}$$

我们将城镇的排水能力（对应区间 [-3，3]）分为三类：排水系统较差，记做 pspoor，其隶属函数采用高斯分布，高斯分布的参数为 [1.5 -3]，其中 1.5 为高斯分布的方差，-3 为高斯分布的均值；排水一般，记做 psmidlle，其隶属函数采用高斯分布，高斯分布的参数为 [1.5 0]，其中 1.5 为高斯分布的方差，0 为高斯分布的均值；排水系统完善，记做 psgood，其隶属函数采用高斯分布，高斯分布的参数为 [1.5 3]，其中 1.5 为高斯分布的方差，3 为高斯分布的均值。设置效果参看图 4.11-2。

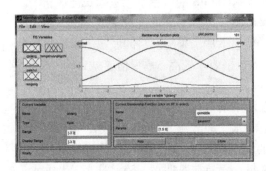 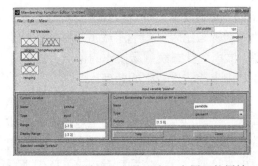

图 4.11-1 气象条件分类及隶属函数属性　　图 4.11-2 城镇排水条件分类及隶属函数属性

同理，我们将人工的干预能力（政府、社会、个人的针对洪水应急能力等，对应区间 [-3，3]）分为三类：人工干预较差，记做 rgpoor，其隶属函数采用高斯分布，高斯分布的参数为 [1.5 -3]，其中 1.5 为高斯分布的方差，-3 为高斯分布的均值；人工干预一般，记做 rgmidlle，其隶属函数采用高斯分布，高斯分布的参数为 [1.5 0]，其中 1.5 为高斯分布的方差，0 为高斯分布的均值；人工干预较强，记做 psgood，其隶属函数采用高斯分布，高斯分布的参数为 [1.5 3]，其中 1.5 为高斯分布的方差，3 为高斯分布的均值。设置效果参看图 4.11-3。

2. 城镇洪水灾害预警输出模型

气象预警信号，一般都有蓝、黄、橙、红四种颜色等级，严重程度依次加重，分别表示一般、较重、严重、特别严重，蓝色为最低级别预警，红色为最高级别预警。我们将系统输出分为三类预警，即蓝色预警（yjblue）、黄棕色预警（yjyellowandorange）、红色预警（yjred）。这里采用三角形隶属度函数建立输出规则，蓝色预警、黄棕色预警、红色预警三角隶属函数设置参数依次为 [−3 −3 0]、[−1 0 1]、[0 3 3]。设置效果参看图 4.11−4。

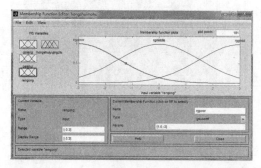

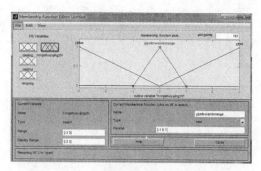

图 4.11−3　人工干预能力分类及隶属函数属性　　图 4.11−4　城镇洪水灾害预警输出分类
及隶属函数属性

3. 城镇洪水灾害预警模型规则

我们设置的对应规则，参考专家系统的经验。比如，对于 qxsamll, psgood, rggood 同时输入，我们显然设置为 yjblue，规则表示如公式 (2)。

$$if\ (qxsamll, psgood, rggood)\ ,then\ yjblue \tag{2}$$

同理，我们可以设置其他相关规则。其图形化表示如图 4.11−5 和图 4.11−6。

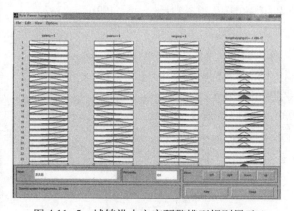

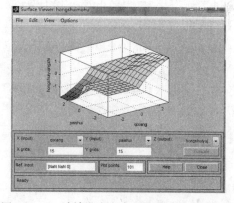

图 4.11−5　城镇洪水灾害预警模型规则展示 1　　图 4.11−6　城镇洪水灾害预警模型规则展示 2

4. 城镇洪水灾害预警模型仿真

我们根据上述理论对城镇洪水灾害预警模型进行仿真。仿真参数如下：某地区气象变化为最大幅度为 3 的正弦函数，城市排水能力为斜率为 1 的斜坡函数，人工干预设备幅度为 3 的阶跃函数，我们加入城镇洪水灾害预警模型进行仿真，如图 4.11−7 所示。

我们得到预警值如图 4.11−8 所示。我们可以看到在第 10 个仿真节拍时预警已经处于 yjblue 的范围内，这与实际相符。

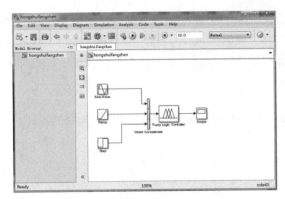 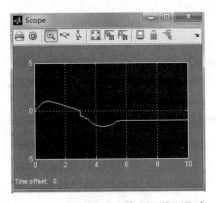

图 4.11-7　城镇洪水灾害预警模型仿真示意图　　图 4.11-8　城镇洪水灾害预警模型仿真
　　　　　　　　　　　　　　　　　　　　　　　　　　　　　结果示意图

二、结论

本文为解决城镇洪水灾害预警模型建立过于复杂的难题，应用了模糊控制理论对进行城镇洪水灾害预警建模。城镇洪水灾害预警是对可能发生不同危险程度洪水灾害进行防灾减灾的有效手段之一，是洪水灾害自然属性和社会经济属性的综合反映，对于减灾防灾决策和管理非常重要。通过仿真表明了该方法的可行性，从而从理论上解决了城镇洪水灾害预警模型建模过于复杂的难题。

参考文献

[1] 钟登华，李文颖. 城市洪水预报及分析模型研究 [J]. 河北水利水电技术，2004(2)：8-10.

[2] 李芳英，段洪雷. 城镇小流域洪水计算经验公式的研究 [J]. 太原理工大学学报，1991(2)：23-27.

[3] 傅春梅. 基于 GIS 的城镇洪水灾害风险评价研究 [C]. 西南大学，2011.

[4] 李吉芝. 基于 GIS 的全国主要城市洪水灾害风险评价 [C]. 北京大学，2004.

[5] 薛燕. 城市洪水预报特点与方法解析 [M]. 中国水利学会学术年会，2010.

[6] 诸静. 模糊控制理论与系统原理 [M]. 机械工业出版社，2005.

[7] 曾光奇，胡均安. 模糊控制理论与工程应用 [M]. 华中科大出版社，2006.

[8] 李国勇. 神经模糊控制理论及应用 [M]. 电子工业出版社，2009.

12. 大型展览建筑群消防设计难点及解决方案探讨

王大鹏

中国建筑科学研究院，北京，100013

引言

展览建筑是作为展出临时陈列品之用的公共建筑，最早的大型展览馆建筑是 1851 年建造的伦敦水晶宫，而随着社会需求的增加，世界各地的大型展览建筑越来越多。现在世界上最大的展览中心是米兰国际展览中心，总面积近 500 万 m^2，总展出面积近 140 万 m^2。

展览建筑人流集散量大，需有足够的群众活动广场和停车面积，而随着建筑技术的发展和人们对服务设施质量要求的提高，大型、综合性、有独特外观的展览建筑不断出现，常形成集展览、商业、酒店及办公于一体的展览建筑群，这对消防设计提出了更高的要求，常由于功能需求而很难满足现行消防规范，主要体现在：

1. 展厅为大空间且屋顶为异形结构，造成防火分区无法划分。

2. 展厅规模大，造成建筑进深大，疏散距离超长或位于建筑中部的防火分区设置安全疏散出口困难。

3. 展厅体量大，排烟系统设置困难。

目前，经常采用的解决方案是：

1. 在展厅中设置防火隔离带（一般 9m 间距，顶部设置 25% 的自然排烟天窗）作为若干防火分隔的防火分隔措施。

2. 采用消防炮作为大空间的自动灭火系统。

3. 采用线性光束感烟探测器或吸气式感烟探测器作为大空间的火灾探测报警系统[1]。

4. 参照美国消防规范《购物中心、中庭和大面积建筑的烟气管理系统指南》(NFPA92B) 所提供的计算公式计算排烟量[2]。

5. 按国内规范设计疏散宽度、疏散距离，采用避难走道解决疏散距离超长或无直接对外出口等设计难题[3, 4]。

6. 通过烟气模拟软件、人员疏散模拟软件评估整个方案的可行性。

上述措施可解决大部分项目的设计难题，但对于超大型建筑群，如建筑进深远超 120m 时（《建筑设计防火规范》GB 50016–2014 6.6.14 条明确规定：任一防火分区通往避难走道的门至该避难走道最近直通地面的出口的距离不应大于 60m[4]），疏散方案就遇到了更大困难。昆明滇池国际会展中心是典型的展览建筑群，因功能需要设置了大体量的展厅，而整个建筑进深远大于 120m，遇到了上述典型消防设计难题，本文探讨其解决方案和分析过程。

一、项目概况

昆明滇池国际会展中心所属地块位于昆明市主城区南部的官渡区，纵贯南北 2600m，横跨东西1700m。地块设置了国际会展中心、国际会议中心、大型商业、酒店、风情商业街、海洋乐园、商务CBD等，是典型的集展览与配套设施于一身的建筑群。会展中心位于地块南部，建筑规模789183.57m²，由大平台（标高14.0m）划分为两层，呈半圆环状，外径东西约803.8m，南北约544.1m，像孔雀开屏的羽翼，围绕着中部半径较小、未完全闭合的商业建筑（建筑规模357020.08 m²），如图4.12-1。

图4.12-1　建筑群效果图

会展建筑屋面最高点约44.7m，为一类高层，14.0m标高的大平台将其分为上下两个层面。商业建筑也为两层，二层地面标高7.0m，屋顶为大平台（标高14.0m）。商业建筑分别通过14.0m标高、7.0m标高的连桥与会展建筑连接，如图4.12-2。

值得注意的是，本项目商业建筑本身为多层建筑，但由于通过平台与展馆连接，无法视作单体建筑：商业建筑与会展建筑之间为局部带有连廊或盖板的环形通道（宽约31m，总长约776m）。

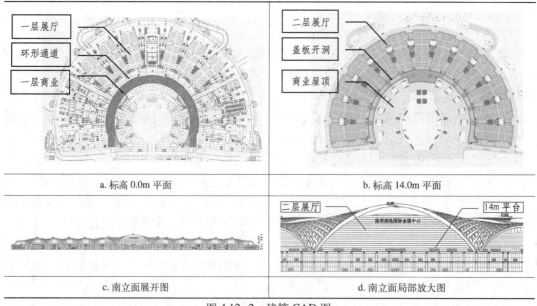

图4.12-2　建筑CAD图

二、消防设计难点与解决策略

本项目有如下特点：

1."大平台"设计理念

本项目在 14.0m 标高设计了连通展厅、风情商业街、海洋乐园的巨大平台，平台也将二层展厅与一层展厅完全分隔为上下两部分。在设计上，二层展厅人员主要通过大平台出入。

2."环形通道"设计理念

本项目半环形的展厅围绕中部半环形的商业建造，功能各自独立，但通过平台连通，二者之间设置了宽约 31m 的半环形通道组织交通。

本项目与一般展览建筑群类似，也遇到了防火分区、疏散问题。对于展厅防火分区过大的问题可采用内部设置防火隔离带、加强排烟并通过相关计算验证解决。但本项目还有突出的消防设计难点：

1. 局部疏散距离过长

大平台下展厅外边缘与商业内边缘间距约 312m，建筑内疏散距离远超规范量级。

2. 部分防火分区无直接对外出口

由于建筑进深长，环形通道两侧防火分区无直接对外疏散出口。

针对上述两个难点，结合项目特点，提出如下特殊解决策略：

1."大平台"作为人员疏散的安全区

本项目 14.0m 标高大平台将整个建筑分为上下两个部分，大平台具备如下条件：

①大平台完全开敞且面积巨大，可容纳所有二层展厅人员。

②可设置消防车道且在二层展厅周边成环形。

③设置室外消火栓，满足规范相关要求。

在上述条件下，大平台可作为人员疏散的安全区，二层展厅人员改竖向疏散为水平疏散，从而解决二层展厅人员疏散问题，如图 4.12-3。

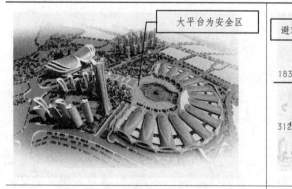

图 4.12-3　二层展馆平层疏散

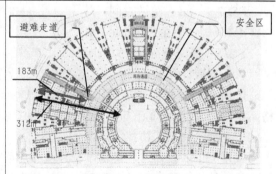

图 4.12-4　首层环形通道为安全区

2."环形通道"作为人员疏散的安全区

本项目 0.0m 标高环形通道宽约 31.0m，通过在通道上方的盖板开洞，使其成为室外空间，不仅可以将商业建筑和展馆建筑进行横向防火分隔，也可作为人员疏散的安全区，将建筑两侧边缘的间距由原来的 312m 缩短为 183m，且环形通道两侧无直接对外出口的防火分区人员可将通往环形通道的出口作为安全出口，疏散距离仍不满足规范要求的区域设置避难走道，如图 4.12-4。

为实现此目标，环形通道采取了如下消防措施：

①环形通道两端开敞、中部顶板开洞面积不小于通道地面面积的 37%。

②采用不燃材料进行装修。

③通道每隔 50m 设置 $DN\,65$ 的消火栓，并应配备消防软管卷盘。

④设置消防应急照明、疏散指示标志和消防应急广播系统。

⑤仅作为交通空间（通行小汽车和电车，禁止通行大货车）使用。

上述条件大大降低了环形通道本身的火灾风险，为了减少两侧建筑对环形通道空间的影响，还应考虑如下措施：

①环形通道周边以建筑面积不大于 300m^2 的商铺为主。

②商铺间隔墙的耐火极限不低于 2.00h，分隔至楼板，店铺面向环形通道一侧，在房间之间的分隔部位两侧分别设置宽度不小于 1.0m、耐火极限不低于 1.00h 的实体墙。

③面向环形通道的商铺采用防火墙（橱窗形式）、自动喷水冷却系统保护的防火玻璃与环形通道进行分隔，玻璃两侧均设置喷头保护。

上述措施使得环形通道的消防安全性大大提高，可作为人员疏散的安全区，但其消防安全性应通过人员疏散计算及烟气计算评估。

三、消防安全性分析

1. 分析原理及工具

在消防安全工程学上，疏散设计需达到的标准是：人员可用疏散时间（烟气沉降时间）大于人员必需疏散时间：

$$RSET + TS < ASET \tag{1}$$

式中：

$RSET$——必需疏散时间，s；

$ASET$——可用疏散时间，s；

TS——安全裕度，s。

（1）疏散计算工具：

选用 STEPS 软件，它由英国 Mott MacDonald 设计，运算的基础和算法是基于细小的"网格系统"，其计算精度已与美国国家规范的计算结果进行比较，更保守。

（2）烟气计算工具：

选用 Fluent 软件，它是基于计算流体力学三大定律的流体力学计算软件，其理论基础是流体连续性方程（如式 2），Fluent 软件本身不带烟气能见度模型，计算时采用自定义函数的方法将烟气能见度计算原理（如式 3）导入，获得烟气能见度计算结果。

连续方程：

$$\frac{\partial \rho}{\partial t} + \nabla \cdot \rho u = 0 \tag{2}$$

式中：

ρ —流体密度；

u —速度矢量；

$$S = \frac{C}{K_m \cdot \rho \cdot Y_s}$$

(3)

式中：

S —空间能见度，m；

C —无量纲常数；

K —消光系数；

K_m —比消光系数；

Y_s —烟气的质量浓度。

2. 计算与讨论

本项目环形通道上方大平台的开洞比例决定了排烟效果和人员疏散效率：平台开洞面积越大，环形通道越接近室外，越利于烟气排出，但由于二层展馆需利用盖板向大平台疏散，开洞会减小展厅至平台中部的有效疏散宽度，不利于疏散，因此环形通道上方的开洞面积不能无限大，也不能过小。经对不同开洞面积时排烟效果和疏散效果的对比得到了如下结论：

①从疏散计算结果看：与开洞率 31.7% 相比，开洞率 66.7% 时二层展厅人员疏散至大平台的行动时间增加了 230.1%；开洞率 37.0% 时增加了 210.3%，可见开洞率越大，人员疏散时间越长。

②从烟气计算结果看：开洞率 66.7% 和 37.0% 的排烟效果均好于 31.7%；但与开洞率 37.0% 相比，开洞率 66.7% 时的烟控效果无本质性、大范围的改变，可见当开洞率达到一定程度，其对烟控效果的贡献不会显著增加。

设计方案应在保证烟控效果的前提下尽量为人员疏散提供条件，因此最后将开洞率定为 37%。此条件下烟气和疏散的计算结果如图 4.12-5 和图 4.12-6，满足消防安全要求。

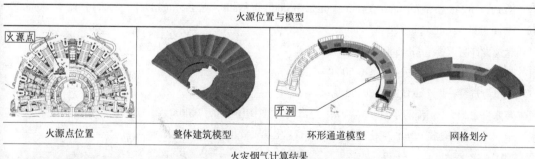

火源位置与模型			
火源点位置	整体建筑模型	环形通道模型	网格划分

火灾烟气计算结果			
二层环道上方 2m1800s 能见度	二层环道上方 2m1800s 温度	三层环道上方 2m1800s 能见度	三层环道上方 2m1800s 温度

图 4.12-5 烟气计算模型及计算结果

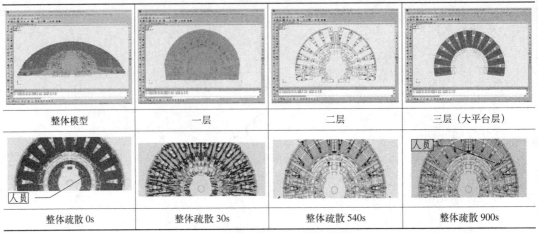

图6　疏散计算模型及计算结果

四、结语

本文列举了大型综合展览建筑群常遇到的典型消防问题，分析了解决策略，研究了昆明滇池国际会展中心遇到的特殊消防问题和解决方案。虽然独特的建筑设计可带来与众不同的观感，但也同时带来消防设计的难题，影响设计和工程进度。为建设项目的顺利开展，笔者给出如下建议：

①建设项目应尽早考虑消防设计影响，建议在立项阶段或方案筛选阶段引入消防专业。

②大型展览建筑群在布局上应多考虑室外庭院、室外广场和作为区域分隔的室外通道，以减少消防设计阻力，保证项目顺利完成。

参考资料

[1] 火灾自动报警系统设计规范 GB 50116–2013[S].

[2] NFPA92B Standard for Smoke Management Systems in Malls，Atria，and Large Spaces [S]，National Fire Protection Association，2000.

[3] 建筑设计防火规范 GB 50016–2014[S].

[4] 高层民用建筑设计防火规范 GB 50045–95 [S].

[5] 展览建筑设计规范 JGJ 218–2010 [S].

[6] 蒋永琨主编. 中国消防手册 [M]. 上海：上海消防技术出版社，2006.

[7] 李引擎主编. 建筑防火性能化设计 [M]. 北京：化学工业出版社，2005.

13. 城镇生命线系统安全运行和应急处置技术研究与示范

黄弘　王岩

清华大学公共安全研究院工程物理系，北京

引言

随着城镇化进程的加速，各类危险源和人口、建筑密集分布区域形成交叉扩散的趋势，危险源与居住区、生活区之间的边界日益模糊，已成为威胁城镇公共安全的重大隐患。城镇化进程中生命线系统的拓展与人员密集区域的交叉使其安全问题进一步凸显，重大灾害与事故时有发生，严重影响城镇的安全运行。2010 年 3 月武汉天然气管线爆炸导致 4000 户停气，千余人疏散。2013 年 11 月青岛"11·22"中石化输油管道爆炸特别重大事故致 62 人死亡、9 人失踪，136 人受伤。城镇化进程中的生命线系统主要特点表现为地下条件复杂，隐蔽性高，日常检测困难；线长面广、数量多且布局复杂，易形成相互作用，引发重大灾害事故；易受环境、腐蚀、占压和第三方破坏等人为活动影响等。在城镇安全问题日趋复杂、生命线系统安全保障受到政府、社会和公众的普遍高度重视的当前，城镇化进程中的生命线系统风险评估、监测预警与应急处置关键技术研究具有重要的现实意义。

"城镇生命线系统安全运行与应急处置技术研究与示范"是"十二五"国家科技支撑计划（2015）课题。课题目标为依据城镇公共安全保障的需求，针对城镇化进程中生命线系统日益凸显的灾害事故隐患，重点面向燃气、供热、供水系统，以保护城镇公共安全为核心目标，围绕典型城镇生命线系统的风险评估—监测预警—应急处置等开展技术攻关，研发生命线一体化应急决策系统，并选取国家可持续发展实验区开展应用示范，为城镇安全运行管理、生命线系统突发事件预警、应急与安全规划提供决策参考，为社会治理能力现代化提供科技支撑。

一、研究内容

1. 城镇生命线系统动态脆弱性分析与综合风险评估技术

研究物理脆弱性和社会脆弱性叠加的生命线系统动态脆弱性分析技术，针对我国城镇化过程中生命线系统的关键问题建立脆弱性分析模型，辨识生命线系统的关键节点和危险地域；研究生命线系统相互作用和叠加风险；研究典型城镇灾害背景下的城镇生命线系统综合风险评估技术，绘制综合风险区划图。

2. 城镇生命线系统多方式动态监测和反演预警技术

研究多方式相结合的城镇生命线泄漏早期监测预警技术。建立基于质量/体积平衡法、分布式检测法等多种技术集成的城镇生命线早期监测系统，进行实时监测并在异常时及时预警；研究基于可调谐激光吸收光谱技术的高精准气体泄漏监测技术，研制 GIS 和 GPS 相结合的移动式监测设备进行高精度探测溯源；研究综合考虑大气和土壤内泄漏物质扩散的反演溯源预警技术，构建地面移动式管线泄漏监测快速预警平台。

3. 城镇生命线系统重大灾害事故情景构建技术

开展城镇典型生命线系统重大突发事件情景构建研究，推演此类突发事件发生后可能出现的情景以及可能造成的后果，分析事故的演化规律及关键影响因素；结合城镇生命线系统重大事故模拟，构建多种因素耦合影响的事件链模型，进行城镇生命线系统重大事故模拟与情景构建研究；以重大事故情景和应急预案为基础，研究模拟实际应急过程的多个应急角色协同演练模型及方法，在重大事故情景与协同演练模型的基础上，研发基于情景的重大灾害与事故模拟演练系统。

4. 城镇生命线系统重大灾害事故应急协同处置技术

建立针对生命线系统的事故场景模型，在此基础上研究城镇生命线系统重大灾害事故"情景－应对型"应急决策方法；针对目前救援过程协调能力方面可能存在的问题，研究基于"应急一张图"的城镇生命线系统应急协同处置技术；研究城镇生命线系统重大灾害事故下的灾害信息发布与人员疏散技术，建立充分利用各种传播媒体的灾害信息发布模式。

5. 城镇生命线系统应急决策一体化云平台研发

基于灾害种类与生命线系统特征，开展生命线系统一体化应急决策云平台架构设计；结合城镇化特点，研究城镇化进程中的生命线系统重大灾害事故应急决策多模型的集成技术；结合城镇信息数据网，研究生命线重大灾害事故态势与应急决策的时空可视化方法；研发重大灾害事故后的智能化应急决策系统，搭建城镇生命线系统应急决策一体化云平台。

6. 城镇生命线监测预警与应急处置系统应用示范

利用课题研究成果，在国家可持续发展实验区进行示范，验证项目研究成果的科学性和可行性，为政府领导决策提供参考。为从整体上增强城镇生命线系统防灾减灾能力、促进安全建设与城镇建设的有机结合和协调发展提供支持。

二、研究概述

1. 城镇生命线系统动态脆弱性分析与综合风险评估技术

基于复杂网络方法和水力计算方法对城镇生命线系统进行了级联失效分析和物理脆弱性分析，从人口脆弱性、职业脆弱性、经济脆弱性和基础设施脆弱性等四个维度构建指标体系，使用改进的层次分析法对北京市进行了社会脆弱性分析，并将物理脆弱性和社会脆弱性按照区域进行叠加，形成生命线系统的综合脆弱性分析结果。分析了城镇管网系统的运行环境、供需关系，对城镇地下管线运行安全进行了关联分析，将城镇地下管线运行要素之间的关联分为输入—输出关联、结构关联、依赖关联和需求性关联四大类。将城镇管网系统事故分为点灾害、线灾害、面灾害三种类型，建立以时间—空间—业务三个维度为基础的城镇管网系统事故风险治理思路，对设施层、服务层和社会层的灾害进行后果分析和综合风险评估（图 4.13-1～图 4.13-4）。

2. 城镇生命线系统动态监测和反演预警技术

研究开发了基于 NDIR 原理的燃气浓度监测和管线压力监测等多检测方法相结合的分布式地下燃气管线泄漏监测终端，以及基于 GIS 和三色报警指示的地下燃气管线泄漏监测与预警软件平台，构成了基于分布式检测法的地下燃气管线泄漏监测预警系统。研究开发了基于可调谐激光吸收光谱技术的高精准气体泄漏监测技术和装备。针对燃气管线泄漏浓度较低，检测精度较高，系统研究了多次反射样气室及其车载安装方式和波长调制技术，保证了在恶劣条件下测量的精度及稳定性。构建了基于贝叶斯推理的燃气泄漏源反演方法，从准确性、时效性和对不确定性的量化能力这三个方面，对马尔可夫链蒙特卡罗方法（MCMC）、序贯蒙特卡罗方法（SMC）和集合卡尔曼滤波方法（EnKF）这三种源项估计的随机方法进行了比较研究（图 4.13-5 ~ 图 4.13-8）。

图 4.13-1　物理脆弱性分析

图 4.13-2　社会脆弱性分析

图 4.13-3　综合脆弱性分析

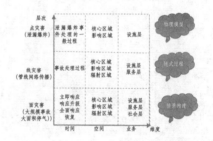

图 4.13-4　综合风险评估

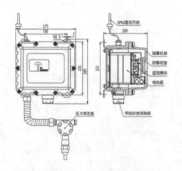

图 4.13-5　分布式监测终端

图 4.13-6　燃气泄漏监测系统软件

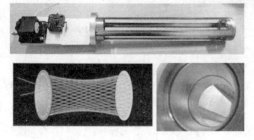

图 4.13-7　高精准气体监测设备

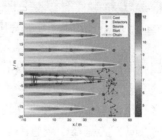

图 4.13-8　泄漏源反演

3. 城镇生命线系统重大灾害事故情景构建技术

以时间、空间、业务三个维度为切入点，基于物理模型—链式过程—情景构建路线，建立了城镇生命线系统点灾害、线灾害、面灾害事故情景构建框架模型。从情景设计—情景推演—应急任务与能力分析三个层面入手，建立了城镇生命线系统事故情景构建技术路线，即通过对设施层、服务层、社会层的灾害后果分析，构建情景演化过程，提炼灾害情景下各单位在预防、处置、恢复阶段的应急任务，从业务连续性角度出发对应急能力展开评价，将所需应急能力与现有应急能力匹配，展开差距分析和应急能力提升建议的过程。在此基础上，开展了北京市燃气多门站停气事件情景构建。研发了基于情景的重大灾害与事故模拟演练系统，实现情景的数字化展示，形成网络化、多角色的协同交互式模拟应急演练平台。系统可同时支持不少于 8 个用户的协同操作，支持演练情景的灵活设计、持续扩展与改进，适用于政府应急管理与指挥处置机构、应急演练培训教学机构等单位开展信息化、虚拟化的高效应急演练与培训，满足各级应急管理与指挥人员针对城市生命线系统灾害事故开展应急演练与培训教学的需求，实现检验预案、培训人员、磨合机制、完善准备等工作目标（图 4.13-9 ~ 图 4.13-12）。

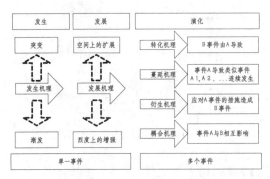

图 4.13-9 灾害链形成机理

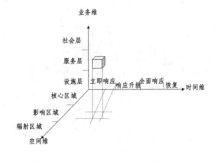

图 4.13-10 情景构建三维示意图

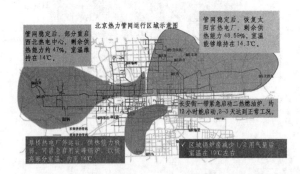

图 4.13-11 燃气多门站停气情景构建

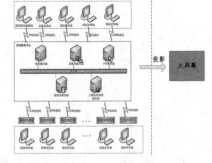

图 4.13-12 重大灾害与事故模拟推演系统

4. 城镇生命线系统重大灾害事故应急协同处置技术

针对应急信息分布范围广、结构多样、内容复杂，难以进行实时信息的汇聚和整合，多部门、多层次应急信息的共享交换与服务缺乏统一的支持平台，无法满足应急管理的实际需求；应急演练实施难，应急决策缺乏有效信息支撑，决策结果不科学等问题，开展城镇生命线系统重大灾害事故网络化"应急一张图"体系架构、灾害信息与空间信息数据组织模型和网络化"应急一张图"信息平台研究。以网络化"应急一张图"作为应急信息汇聚、信息管理、服务共享、决策支持的可视化平台，实现多源异构数据整合及服务、多类型应用终端一致化、多层级用户之间协同化的应用（图4.13–13）。

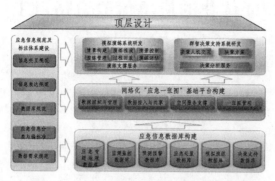

图 4.13– 13　网络化"应急一张图"设计

5. 城镇生命线系统应急决策一体化云平台研发

基于燃气、热力、供水等管网系统特征与危化品泄漏、火灾爆炸等典型灾害，结合两大管网系统重大灾害处置的实时性、安全性、可靠性等特点，研究了城镇生命线系统一体化应急决策云平台总体架构设计和重大灾害事故应急决策多模型的集成技术；利用示范城市基础地图数据，生命线管网数据，建立生命线重大灾害事故态势与应急决策的时空可视化方法；研发了重大灾害事故后的智能化应急决策系统，搭建城镇生命线系统应急决策一体化云平台，完成了平台的需求分析与系统设计（图4.13–14、图4.13–15）。

图 4.13–14　系统总体架构图

图 4.13–15　系统首页

三、结论

依据城镇公共安全保障的需求，针对城镇化进程中生命线系统日益凸显的灾害事故隐患，围绕典型城镇生命线系统的风险评估—监测预警—应急处置等关键环节，研究城镇生命线系统脆弱性分析与综合风险评估技术、城镇生命线系统动态监测和反演预警技术、城镇生命线系统重大灾害事故情景构建技术、城镇生命线系统重大灾害事故应急协同处置技术和城镇生命线系统应急决策一体化云平台。成果为城市安全运行管理，生命线系统突发事件预警、应急与安全规划提供决策参考。

致谢：本研究受到国家科技支撑计划课题（2015BAK12B01）资助，特此感谢！

14. 基于智能优化的应急疏散道路自主评价模型

刘朝峰[1]　郭小东[2]

1. 河北工业大学土木工程学院，天津，300401；
2. 北京工业大学抗震减灾研究所，北京，100124

引言

在非常规突发事件的应急处置中，道路网络是应急框架中的重要组成部分，是救援和疏散的生命线。近年来，特大地震发生的频度、强度和造成的损失显著增加，因灾害引起的道路网络异常状态复杂，使其通行能力不能充分发挥，成为应急疏散的瓶颈，直接导致疏散（或救援）能力的下降和损失范围的扩大[1-4]。如2008年5月，四川汶川特大地震，由于道路系统损坏严重，导致应急疏散和应急救援延迟，从而导致巨大的人员伤亡和经济损失。其中，重灾区内的都汶高速公路、国道213和317线、省道S303线损毁尤为严重，如都汶公路，80%道路损毁，全线交通中断110多天[5, 6]。可见，道路的应急疏散能力对减轻灾害损失具有重要意义。

本文结合多指标综合评价技术和改进双链量子遗传算法，将其引入城市路网的应急疏散能力评价中，建立了城市路网的应急疏散能力的自主评价方法，为城市的抗震防灾规划中道路应急疏散能力评估提供理论基础。通过实例计算，评价结果与主成分分析法、随机模拟综合评价法计算结果对比分析，验证了该方法的可行性和有效性。

一、自主评价

1. 评价问题的描述

设评价路段为 O_i（$i=1, 2, 3, \cdots, n$），评价路段的评价指标为 x_j（$j=1, 2, 3, \cdots, m$），则评价路段的指标值矩阵为 X。计算之前需要对评价指标进行标准化处理，处理后的指标值矩阵仍记为 X。

$$X = [x_{ij}] = \begin{bmatrix} x_{11} & x_{12} & \cdots & x_{1m} \\ x_{21} & x_{22} & \cdots & x_{2m} \\ \vdots & \vdots & & \vdots \\ x_{n1} & x_{n2} & \cdots & x_{nm} \end{bmatrix} \tag{1}$$

2. 指标优势度的计算

在确定评价路段竞争视野的基础上，评价主体 O_i（$i \in N$）在评价指标 x_j（$j=1,2,3,\cdots, m$）上相对竞争视野内的被评价路段 O_l 的竞争强度为：

$$d_{il}^{(i)} = x_{ij} - x_{lj}, i \in N, l \in N, j \in M \tag{2}$$

222

评价主体在评价指标 x_j 上的绝对优势度 $\lambda_i^{(j)}$ 和相对优势度 $\lambda_i'^{(j)}$ 为[7]：

$$\lambda_i^{(j)} = \sum_{m=1}^{k_i} d_{im}^{(j)} \bigg/ \sum_{l=1}^{n_i} \left| d_{il}^{(j)} \right| \tag{3}$$

$$\lambda_i'^{(j)} = e^{\sum_{l=1}^{n_i} d_{il}^{(j)}} \bigg/ \sum_{j=1}^{m} e^{\sum_{l=1}^{n_i} d_{il}^{(j)}} \tag{4}$$

式中：k_i 为竞争强度取值为非负的个数。

3. 位置加权向量和评价值的确定

设位置加权向量为 $\omega = (\omega_1, \omega_2, \cdots, \omega_m)^T$，$\omega_j \in (0, 1)$，$\sum_{j=1}^{m} \omega_j = 1$，其中 ω_j 由下式得到[7]：

$$\omega_j = q^{\sum_{k=1}^{j} \eta_k} \bigg/ \sum_{j=1}^{m} q^{\sum_{k=1}^{j} \eta_k} \tag{5}$$

式中：$0 < q < 1$，$\eta_k = 1 - (\alpha\lambda_i^{(k)} + \beta\lambda_i'^{(k)})$ $(k \in M)$；α 和 β 和表示评价者对于指标绝对优势度和相对优势度的偏好程度，$\alpha + \beta = 1$，α，$\beta \in [0, 1]$，α 和 β 的值可以根据评价者的偏好事先确定，无特殊情况可令 $\alpha = \beta = 0.5$。

以绝对优势度 $\lambda_i^{(j)}$ 和相对优势度 $\lambda_i'^{(j)}$ 分别为第一诱导分量和第二诱导分量；a_{kj} 是评价单元 o_k 的评价指标重新排序后第 j 个评价指标的取值，则在评价主体 o_i 下第 k 个被评价路段的评价值为[8]：

$$Y_k(\langle \lambda_i^{(1)}, \lambda_i'^{(1)}, x_{k1} \rangle, \cdots, \langle \lambda_i^{(m)}, \lambda_i'^{(m)}, x_{km} \rangle)$$
$$= \sum_{j=1}^{m} \omega_j a_{kj} \quad (k \in N) \tag{6}$$

根据等比 OWA 算子思想，可由下述规划模型求解各评价指标的位置加权向量[8]：

$$\max \ orness(\omega) = \frac{1}{m-1} \sum_{j=1}^{m} \left((m-j)\omega_j \right)$$

$$s.t. \begin{cases} \omega_j = q^{\sum_{k=1}^{j} \eta_k} \bigg/ \sum_{j=1}^{m} q^{\sum_{k=1}^{j} \eta_k}, j \in M \\ 0 < q < 1, \ 0 < \omega_1 \leq 0.5 \end{cases} \tag{7}$$

4. 最优评价值的求解

（1）利用双链量子遗传算法[9-12]优化求解目标函数式（7）得到位置加权向量和评价值向量；

（2）利用上步所求的评价值向量构成评价值矩阵：$Y = (y^{(i)}, y^{(i)}, \cdots, y^{(n)})$，确定最优评价值向量 $y^* = (y_1^*, y_2^*, \cdots, y_n^*)^T$，具体算法如下[7]：

$$\max \sum_{k=1}^{j} \left(y^T, y^{(i)} \right)^2$$
$$s.t. \ \|y\|_2 = 1 \tag{8}$$

其中 $\max_{\|y\|_2} \sum_{i=1}^{n} (y^T, y^{(i)})^2 = \sum_{i=1}^{n} \left[(y^*)^T y^{(i)} \right]^2 = \lambda_{\max}$，$\lambda_{\max}$ 为实对称矩阵 YY^T 的最大特征根，y^* 为

$\lambda_{\max}$ 对应的 YY^T 的正特征向量，且 $\|v^*\|_2=1$。

二、实例分析

以某天北京市快速路（取其中 15 条）应急交通状态监测数据[13] 为例进行分析。其中 Speed 表示速度；Time0 表示时间负荷裕度；Free 为畅通可靠度；Travel 为行程时间可靠度；Space 为空间负荷裕度；LOS 为日常状态下的道路交通服务水平。选取城市中 15 个典型路段作为计算对象，各指标的监测数据见表 4.14-1 所示。

典型路段各指标检测数据　　　　　　　　　　　　　　　　表 4.14-1

对象	名称	TIME	Speed	Time0	Free	Travel	Space	LOS
1	衙门口桥西铁路涵西 900 米→老山模具	18：13	90.930	0.9800	0.6655	0.9410	0.8208	1
2	怡海花园→花乡桥	7：30	85.692	0.9800	0.6890	0.9156	0.8375	1
3	水屯漫水桥→卢沟桥北路	17：13	80.316	0.9833	0.6951	0.9522	0.8417	1
4	学知桥→花园北路	6：31	64.600	0.9867	0.5805	0.9205	0.7500	2
5	丰台乡镇企业职校→岳各庄桥	8：11	61.549	0.9533	0.4746	0.8071	0.6208	2
6	下蜓桥→芳群路	7：30	56.298	0.9067	0.4438	0.7390	0.5667	2
7	百子湾火车站→四方桥	19：24	62.689	0.9500	0.4145	0.6475	0.5042	2
8	四方桥→百子湾火车站	19：24	48.448	0.8700	0.3156	0.4814	0.2750	3
9	长虹桥→兆龙饭店	8：11	58.000	0.7100	0.3463	0.3747	0.3375	2
10	新兴桥→莲花桥	6：30	22.876	0.5967	0.4114	0.8194	0.4969	5
11	分钟寺桥→周家庄路西口	8：11	40.064	0.6250	0.3774	0.4021	0.4125	3
12	新发地北桥→新发地北桥南铁路桥	6：30	61.887	0.8600	0.2286	0.1347	0.1500	2
13	兆龙饭店→白家庄	17：12	38.231	0.6667	0.2964	0.6924	0.2417	4
14	青岛海信日立空调公司→北沙滩桥南天桥	16：29	60.199	0.6650	0.2989	0.2410	0.2458	2
15	太阳宫→和平里桥	16：29	48.024	0.7125	0.2249	0.3112	0.1458	3

注：本文仅对 Speed 列数据进行处理，分别除以 100，其他数据不变。

采用极值预处理法对表 4.14-1 中的数据进行无量纲化，依据式（2）、（3）和（4）进行计算得到各评价路段的绝对优势度和相对优势度，重新对各评价主体下的评价路段进行排序；利用改进的加速双链量子遗传算法优化求解目标函数式（7），得到典型路段的位置加权向量和评价值向量；根据式（8）可求解得到最大特征值为：$\lambda_{\max}=82.2844$，其对应的特征向量为：$y^*=(0.4157，0.4135，0.4131，0.3614，0.3042，0.2673，0.2658，0.1682，0.1380，0.1366，0.1103，0.1191，0.1125，0.0969，0.0774)^T$。为了对比分析该方法的有效性和可行性，将本文方法的评价结果与随机模拟法[14]、主成分分析法[15] 评价结果进行比较，结果见表 4.14-2 和见图 4.14-1。

典型路段评价值向量 表 4.14-2

典型路段	评价结果及排序		
	本文方法	随机模拟法	主成分分析法
1	0.416 (1)	1.933 (1)	0.863 (1)
2	0.414 (2)	1.667 (3)	0.856 (2)
3	0.413 (3)	1.800 (2)	0.850 (3)
4	0.361 (4)	1.533 (4)	0.769 (4)
5	0.304 (5)	1.400 (5)	0.692 (5)
6	0.267 (6)	1.627 (6)	0.643 (6)
7	0.266 (7)	1.133 (7)	0.639 (7)
8	0.168 (8)	0.885 (10)	0.500 (8)
9	0.138 (9)	0.740 (8)	0.490 (9)
10	0.137 (10)	0.951 (9)	0.479 (10)
11	0.110 (13)	0.312 (12)	0.452 (11)
12	0.119 (11)	0.537 (13)	0.445 (12)
13	0.113 (12)	0.457 (14)	0.442 (13)
14	0.097 (14)	0.318 (11)	0.440 (14)
15	0.077 (15)	0.067 (15)	0.396 (15)

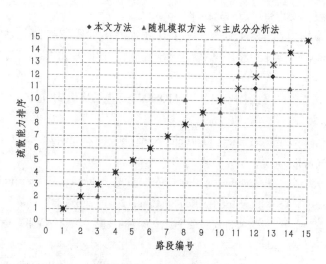

图 4.14-1 评价结果比较

由表 4.14-2 中三种方法的评价结果和图 4.14-1 的对比分析可知：本文方法的评价结果与主成分分析法的评价结果基本一致；而与随机模拟法的评价结果相比，有些评价路段的应急疏散能力排序不一致，但两种方法评价结果大体一致。究其原因，随机模拟法属于一种主观评价法，而本文方法和主成分分析法属于客观评价法。可见，通过不同方法评价结果的对比分析验证了本文方法的可行性和有效性，能够有效评价城市路网的应急疏散能力。

三、结束语

1. 从应急疏散角度，选取速度、时间负荷裕度、空间负荷裕度、畅通可靠度、行程时间可靠度等5个因素作为评价指标体系，结合双链量子遗传算法和自主评价方法建立了城市应急疏散道路自主评价模型。

2. 通过实例计算，表明本文方法的评价结果与其他两种方法的评价结果基本一致，验证了本文方法是合理、可靠的，对城市路网应急疏散能力评价具有很好的适用性。利用该模型可以得到一个具体数值，进而可以对不同评价路段的应急疏散能力进行排序。

3. 由于路网的应急疏散能力评价属于多因素综合评价问题，涉及的影响因素较多，评价指标有待进一步完善、修正，使应急疏散能力评价结果更为精确、合理。

参考文献

[1] 王永明，周磊山，刘铁民. 非常规突发事件中的城市路网疏散能力评估与交通组织方案设计 [J]. 系统工程理论与实践，2011，31(8)：1608-1616.

[2] 陈坚，晏启鹏，霍娅敏等. 基于可靠性分析的城市灾害应急物流网络设计 [J]. 西南交通大学学报，2011，46(6)：1025-1032.

[3] 向灵芝，崔鹏，钟敦伦等. 四川地震区泥石流危害道路的定量分析——以汶川县肖家沟为例 [J]. 西南交通大学学报，2012，47(3)：387-393.

[4] 袁媛，汪定伟. 灾害扩散实时影响下的应急疏散路径选择模型 [J]. 系统仿真学报，2008，20(6)：1563-1566.

[5] 韩用顺，崔鹏，朱颖彦等. 汶川地震危害道路交通及其遥感监测评估——以都汶公路为例 [J]. 四川大学学报（工程科学版），2009，41(3)：273-283.

[6] 王晓. 城市道路交通系统抗震可靠性研究及应用 [J]. 福建：福建农林大学交通运输工程，2009.

[7] 易平涛，李伟伟，郭亚军. 基于二维 IOWA 算子的客观自主式评价方法 [J]. 运筹与管理，2011，20 (6)：182-187.

[8] 姚爽，郭亚军，易平涛. 基于多维诱导分量的拓展 IOWA 算子及其应用 [J]. 东北大学学报（自然科学版），2009，30(2)：298-301.

[9] Grover L K. A fast quantum mechanical algorithm for database search[C]// Proc of the 28th Annual ACM Symp on Theory of Computation，New York，USA：1996：212-215.

[10] Keogh E J，Chakrabartik，Pazzanim，et al. Dimensionality reduction for fast similarity search in large time series databases[J]. Knowledge Information Systems，2001，3(3)：263-286.

[11] 王柏，张忠学，李芳花等. 基于改进双链量子遗传算法的投影寻踪调亏灌溉综合评价 [J]. 农业工程学报，2012，28(2)：84-90.

[12] Karaboga N，Cetinkaya B. Design of minimum phase digital IIR filters by using genetic algorithm[C]. Proc of the 6th Nordic Signal Processing Symposium. Espoo，2004，29-32.

[13] 江伟. 城市道路应急疏散能力综合评价的研究 [D]. 北京：北京交通大学交通运输学院，2009.

[14] 郭亚军，易平涛，李玲玉. 基于随机模拟的综合评价方法及应用 [J]. 东北大学学报（自然科学版），2010，31(10)：1499-1503.

[15] 范东凯，曹凯. 基于主成分分析法的城市道路交通安全评价 [J]. 中国安全科学学报，2010，20(10)：147-151.

第五篇 成果篇

　　"十一五"和"十二五"期间，国家、地方政府和企业都加大了防灾减灾的科研投入力度，形成了众多具有推广价值的科研成果，推动了我国建筑防灾减灾领域相关产业的不断进步。通过对科技成果的归纳总结，一方面可以正视自己取得的成绩并进行准确定位，另一方面可以看出行业发展轨迹，确定未来发展方向。本篇选录了包括综合防灾、抗震技术、耗能减震、防灾信息化在内的7项具有代表性的最新科技成果。整理、收录以上成果，是希望借助防灾年鉴的出版机会，和广大科技工作者充分交流，共同发展，互相促进。

1. 超限高层建筑工程抗震设防技术要点

一、主要完成单位

中国建筑科学研究院，建设部防灾研究中心

二、主要完成人

黄世敏　唐曹明　戴国莹　罗开海　吴彦明　杨韬　聂祺　黄茹蕙　郭浩　白雪霜　罗瑞　肖青　张军

三、成果简介

目前，我国高层建筑发展具有以下特点①发展迅速，数量多，地域分布广泛；②建筑高度不断增加，超高层建筑以混合结构、组合结构为主；③结构体型日趋复杂；④新型结构体系不断涌现。

这些复杂体型的高层建筑，许多超出了现行设计规范的要求，无法借鉴以往的工程经验和震害资料，需要进行更深入的研究。特别是许多项目采用了国外设计师的作品，但一些境外建筑师来自非地震区，缺乏抗震设计经验，有些建筑方案特别不规则。而在日本神户、我国台湾及"5.12"汶川地震中，一些特别不规则的建筑受到了严重破坏。国家现已对所有地区实行抗震设防，因此对这些复杂体型的高层建筑抗震安全问题必须予以重视。

为保证建筑结构的设计质量，对于特殊的超过规范要求的高层建筑（超限高层建筑），建设部于2003年发布了《超限高层建筑工程抗震设防管理规定》（建设部令第111号），设立了全国超限高层建筑工程抗震设防审查专家委员会，编写了《超限高层建筑工程抗震设防专项审查技术要点》（以下简称"技术要点"）。由政府部门组织专家对超限高层建筑进行专项超限审查，在审查通过后方可实施。

根据多年来超限审查的经验积累，各科研单位和高校针对超高和复杂高层建筑进行了大量的研究，以及国家"十一五"和"十二五"持续对重大建筑结构方面的科研投入，在超高和复杂高层建筑结构方面获得了一些新的研究成果，这些成果在新发布的"审查要点"的修订中得到了体现。

鉴于《超限高层建筑工程抗震设防专项审查技术要点》是专家们研究成果和工程经验的高度浓缩，加之新"审查要点"于2015年刚颁布，吸纳了最新研究成果。为使广大技术人员更好地理解和应用该技术要点，本课题在统计全国质量大检查中发现的问题和分析施工图审查的现状及存在的若干问题的基础上，结合平时解答来自全国各地对有关抗震问题的经验，仔细分解、研读《超限高层建筑工程抗震设防专项审查技术要点》，对容易产生歧义的条款予以详细解读，并提出切实可行的质量控制和质量检查的办法，以规范超限高层建筑技术文件的编制和审查；借鉴多年的全国质量大检查经验，设计出方便易操作的超限高层建筑抗震设计检查表，保障工程建设质量。

本研究首先梳理、分析了高层建筑发展的必要性及现状，指出存在的问题与不足；其次，阐述了建质 [2015] 67 号"技术要点"的主要修改及研究背景，阐明建质 [2015]67 号

较建质 [2006]220 号主要增加了"①对超限工程的类型及判定标准进行了梳理；②补充完善了'屋盖超限'工程的审查要点；③对框架 - 核心筒结构外框承担剪力提出了明确规定；④对剪力墙受拉的情况提出了明确规定"。等四项工作；第三，对一些抗震设计的重要概念及建质 [2015]67 号"技术要点"有关条款进行解读，包含"①复杂高层建筑结构；②超限高层建筑结构；③超限高层建筑结构计算时程分析时选波方法"三个大的方面内容；第四，归纳总结出"超限高层建筑抗震设计检查表"；最后，给出一些设计建议。

2. 城市运行风险监测与评估系统

一、主要完成单位

清华大学，北京城市系统工程研究中心，北京辰安科技股份有限公司

二、成果简介

城镇化进程的快速发展，使得城市运行系统风险因素急剧增加，突发事件多发频发。传统的城市静态信息监测和单维度风险评估技术难以满足多维度、多层次、时变特征复杂的城市运行风险监测与评估，以及城市精细化管理需求。本项目系统开展城市运行风险监测与评估基础理论研究、关键技术与集成系统研发、应用示范和技术推广，为实现城市持续平稳安全运行提供创新管理模式和强大科技支撑。

项目主要成果和创新点如下：

1. 提出了城市运行系统本体模型和运行要素关联模型，以及多层次多尺度风险评估理论框架，为城市运行风险监测与评估提供理论基础，实现了系统性的城市运行风险理论的突破。

2. 建立了城市运行"单元—设施—系统"多层级信息采集分析技术（如图 5.2-1 所示），形成了城市运行仿真及异兆识别技术，构建了城市地下管线基础信息的多层次体系及采集流程，实现对城市运行系统的整体把握，改变了"只见树木，不见森林"的城市运行管理模式。

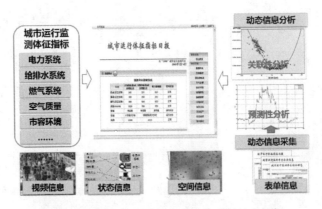

图 5.2-1　城市运行动态信息采集分析技术框架

3. 构建了基于事件关联拓扑的城市运行风险分析模型，建立了基于多灾种耦合与事件链演化动力学的城市综合风险分析技术及系统（如图 5.2-2 所示），建立了社会和物理脆弱性耦合的城市社区脆弱性分析与区划技术，以及燃气管网事故多米诺效应的定量风险评估模型，实现对城市运行风险的综合分析及其薄弱环节的精确识别。

4. 构建了安全保障型城市评价指标体系与标准，研发出"监测—仿真—评估"驱动的城市运行安全综合评价系统，提出了"人—物—环境—管理"社区安全综合评价技术及工

230

图 5.2-2　城市综合风险评估与区划系统示意

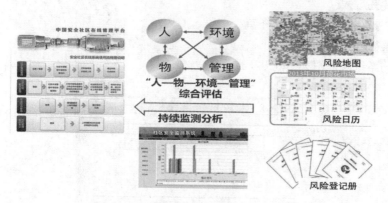

图 5.2-3　社区安全诊断技术支撑工具

具（如图 5.2-3 所示），为安全城市评价提供了有效的管理工具和科学依据。

　　项目成果解决了城市运行多层级风险监测与多维度风险评估等难题，突破了城市运行动态信息采集分析、基于多灾种耦合的综合风险评估、城市运行安全综合评价等技术瓶颈，为践行"预防为主，关口前移"的安全理念提供了技术手段，为推进我国城市建设与安全发展提供了分析工具和评价依据，实现了理论创新、技术创新、系统创新推动管理模式创新，产生了巨大的社会和经济效益。

3. 基于 BIM 与 GIS 结合的工程项目场景可视化与信息管理系统

一、主要完成单位

北京科技大学

二、主要完成人

孙韬文　张宗才　袁静雨　许镇

三、成果简介

本研究的系统流程图如图 5.3-1 所示。

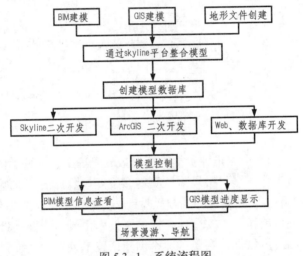

图 5.3-1　系统流程图

本研究综合 Skyline、ArcGIS、Web 以及数据库技术，设计并开发了结合 BIM 与 GIS 的工程项目三维场景可视化与信息管理系统。该系统为工程管理提供了可视化的三维界面，实现了微观与宏观场景的结合，全面、真实地展示了工程项目场景；通过对 GIS 模型颜色的控制以及图表资料，从多方面展示了工程进度信息，有利于管理人员快速直观地了解现场情况和进度。系统为工程项目提供了可视化、数字化、网络化的管理工具。

BIM 技术目前主要应用于单体建筑，其属性信息可以精细到构件级别，具有可视化程度高、建筑信息全面、协调性好等众多优势；但是对于整个园区或城区这样的宏观建筑群，BIM 技术则具有宏观模型建模能力差、模型数据量大、可视化预处理时间长等众多弊端。GIS 技术经过几十年的研究与应用已经较为成熟，能够很好地处理海量的大范围地形数据，计算效率较高，系统运行流畅，对于宏观模型展示具有独特的优势；但是对于微观模型的展示则是其短板，它无法创建精细化的建筑模型、模型信息粗略。因此，把 BIM 与 GIS

技术结合起来，可以同时展示微观与宏观数据，将为工程可视化及管理提供更丰富、全面的信息。

国内外的专家、学者针对 BIM 与 GIS 技术的结合已经做了一些研究，主要分为基于软件平台的结合、基于 IFC 与 CityGML 标准的结合。有学者采用 CGB(CAD/ Google Earth/BIM) 架构，通过 Google Earth 平台实现了基于 BIM 与 GIS 技术在场地分析的应用 [1]；中国铁路总公司研究人员运用组件式 GIS 开发技术和 BIM 的概念，通过 ArcGIS 平台开发了基于 GIS 和 BIM 的铁路信号设备数据管理及维护系统 [2]；国外学者 Isikdag U 等人提出了一个从 BIM 模型自动转换为不同 LOD CityGML 模型的框架，实现了模型基础数据的融合 [3]。

本系统基于 Skyline 平台，整合了 BIM 模型和 GIS 数据，实现了微观模型与宏观场景、数据的结合；通过软件二次开发、Web 和数据库技术，对微宏观模型进行动态控制，开发了基于 BIM 与 GIS 的三维工程场景可视化与管理系统，实现了 BIM 模型信息查看、GIS 模型进度显示、工程进度数据多样化展示等功能。

四、算例展示

本算例是一个基于三维可视化及网络技术的工程信息管理系统，为市政 BT 项目建设全周期提供辅助决策及增值服务。同时该算例探索了 BIM 与 GIS 的结合、三维可视化及网络技术在市政 BT 项目建设管理中的可行性及应用。

系统对项目中的两项房建工程和三项桥梁工程进行了 BIM 建模。针对房建工程中存在一些异形幕墙、特殊的门窗构件等情况，分别采用了内建体量、新建构件族等方式进行建模；针对桥梁工程的构件，分别根据设计图纸创建了桥面、桥台、桥墩等参数化族，然后对三座桥梁实现了快速建模，见图 5.3-2 和图 5.3-3。

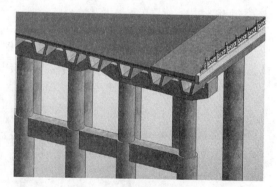

图 5.3-2　建筑 BIM 模型　　　　　　图 5.3-3　桥梁 BIM 模型

根据道路设计文件，在 ArcGIS 软件内对路面进行了建模，形成路网 shp 文件，然后根据需求将 shp 文件离散化为等间距的多边形网格，然后根据坐标信息将其编号，创建网格 ID 数据库。然后将 BIM 模型、shp 文件等 GIS 数据和地形文件 MPT 通过 Skyline 平台进行整合，完成场景匹配之后如图 5.3-4 和图 5.3-5 所示。

在道路的进度数据录入之后，后台程序会自动将进度数据转化为网格 ID 数据，然后更新道路属性表，重新设置 shp 文件的网格颜色属性。在网页端刷新 fly 文件之后，在三维窗口，将会使用不同颜色表示道路的不同进度，其中红色表示未完成部分，绿色表示已

完成部分，如图 5.3-6 所示。除了在三维视图里显示进度之外，还可以通过曲线统计图和
进度统计表来补充说明进度情况，如图 5.3-7 所示。

图 5.3-4　场景匹配之后的整体视图

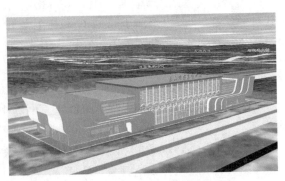

图 5.3-5　场景匹配之后的局部视图

图 5.3-6　道路工程整体进度

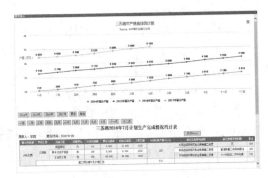

图 5.3-7　产值统计图与进度统计表

同时管理人员可以通过系统录入接口及时上传里程碑事件、重大危险因素及当月安全
活动等资料，及时了解掌握工程信息，并作出决策，见图 5.3-8。

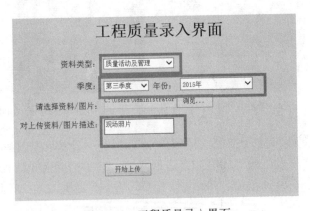

图 5.3-8　工程质量录入界面

通过录入接口上传相关工程资料，按上传日期排序显示在列表中，并且通过点击下载
的按钮下载所需的工程资料，见图 5.3-9。

里程碑事件
上传日期
事件描述
资料下载
2016-8-31
采购合同
点击下载
2015-8-12
招投标
点击下载
2015-3-17
项目建议书审批
点击下载
上传日期按时间顺序倒叙排列
新建下载任务
网址：
http://gis.ustb.edu.cn/cdqj/document/%e9%87%8c%e7%a
名称：
里程碑事件_20160824102806.docx
WORD文档 12 KB
下载到：
D:\360安全浏览器下载
剩7.33 GB
浏览
使用迅雷下载
直接打开
下载
取消

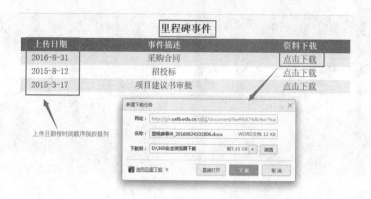

图 5.3-9　上传到系统的里程碑事件列表

系统数据实时显示，可以实时显示重大危险因素的状态、监控频次、采取的防治措施等内容并且可以及时导出 EXCEL 表格，查看当月重大安全因素问题，及时作出调整及排查相关危险因素，采取相应的补救措施，提高工程安全质量，见图 5.3-10。

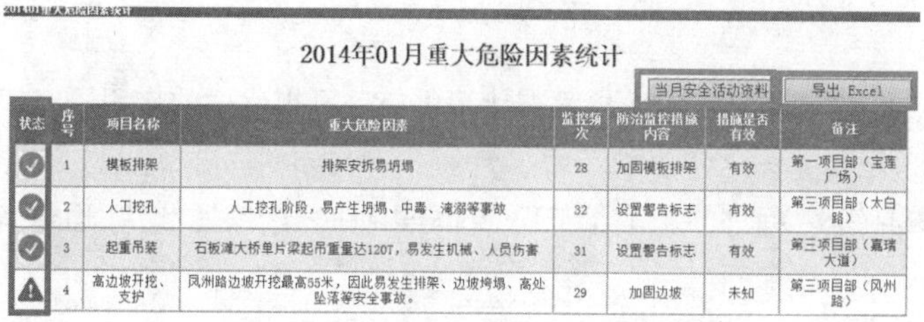

2014年01月重大危险因素统计
当月安全活动资料
导出 Excel
状态
序号
项目名称
重大危险因素
监控频次
防治监控措施内容
措施是否有效
备注
1
模板排架
排架安拆易坍塌
28
加固模板排架
有效
第一项目部（宝莲广场）
2
人工挖孔
人工挖孔阶段，易产生坍塌、中毒、淹溺等事故
32
设置警告标志
有效
第三项目部（太白路）
3
起重吊装
石板滩大桥单片梁起吊重量达120T，易发生机械、人员伤害
31
设置警告标志
有效
第三项目部（嘉瑞大道）
4
高边坡开挖、支护
凤洲路边坡开挖最高55米，因此易发生排架、边坡垮塌、高处坠落等安全事故。
29
加固边坡
未知
第三项目部（凤州路）

图 5.3-10　上传到系统里的重大危险因素统计列表

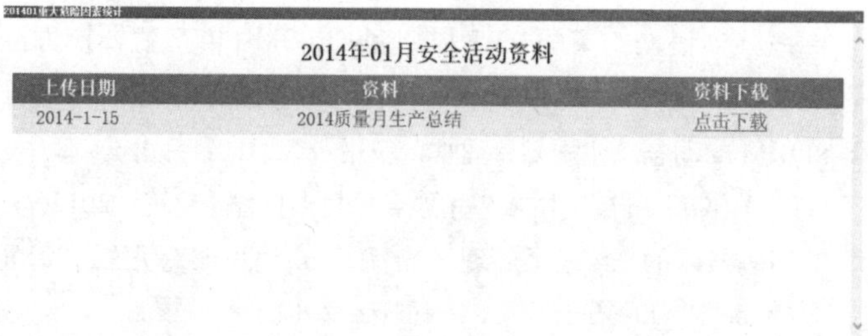

2014年01月安全活动资料
上传日期
资料
资料下载
2014-1-15
2014质量月生产总结
点击下载

图 5.3-11　上传到系统里的安全活动资料

系统可以通过点击相应的单项工程，自动导航到该工程所在位置，同时还可以实现汽车视角的模拟驾驶，通过鼠标控制驾驶方向，从而改变观察者空间来达到从不同角度、不同位置观察场景的功能。并且能够全面真实地展现工程场景，可以更加直观地了解现场情况。本研究还通过调用 Skyline 的其他视图控制命令，在 Web 端实现了三维视图的平移、放大、缩小、旋转、环视、截屏等功能，如图 5.3-12 和图 5.3-13 所示。

本研究通过综合利用 ArcGIS、Skyline 二次开发、Web 及数据库技术，将 BIM 与 GIS 相结合，开发了结合 BIM 与 GIS 的三维工程场景可视化管理系统。本系统将宏观的地形、路网等 GIS 数据与微观的 BIM 模型相结合，为工程管理提供了可视化的三维界面，真实

图 5.3-12　导航到某一单项工程位置

图 5.3-13　模拟驾驶查看道路建成效果

地再现了全面的工程场景；三维视图与图表资料相结合，从多方面展示了工程进度信息，有利于管理人员快速直观地了解现场情况和进度信息，在工程管理中可发挥辅助决策的作用。

参考文献

[1] 郑云，苏振民，金少军.BIM 与 GIS 技术在建筑供应链可视化中的应用研究 [J]. 施工技术，2015，44(6)：59-63.

[2] 刘延宏. 基于 BIM+GIS 技术的铁路桥梁工程管理应用研究 [J]. 交通世界 (运输 . 车辆)2015（9）：30-33.

[3] Isikdag U, Zlatanova S. Towards defining a framework for automatic generation of buildings in CityGML using building Information Models[M]//3D Geo-Information Sciences. Springer Berlin Heidelberg, 2009：79-96.

[4] 赵霞，汤圣君，刘铭崴等. 语义约束的 RVT 模型到 CityGML 模型的转换方法 [J]. 地理信息世界，2015(2)：15-20.

[5] 张敏杰. 基于 GIS 和 BIM 的动态总体规划管理平台应用研究 [J]. 绿色建筑，2016（2）：77-79.

[6] 王卫伟. 智慧园区的 BIM、GIS 和 IOT 技术应用融合探讨 [J]. 智能建筑，2015(7)：46-48.

[7] 褚海峰. 基于 GIS 与 BIM 技术的三维总图管理系统 [J]. 城市建设理论研究，2015(6).

[8] Skyline Programer's Guide. Skyline Software System.Inc. 2012.

4. 基于智能手机的消防应急响应系统

一、主要完成单位
北京科技大学

二、主要完成人
张宗才 刘畅 许镇

三、成果简介

火灾是最为常见的灾害，目前只能通过语音形式报警，接警人员手动记录火警信息，此方式不利于消防部门快速、准确地获取火灾现场信息。当前国内外针对火灾报警救援与智能终端、Web、GIS相结合的研究在效率或定位准确度等方面难以满足实际需求，且部分甚至没有报警功能，实用性差。

本研究开发了一种新的基于智能手机的消防应急响应系统，即火灾报警与救援指挥系统：利用智能手机移动应用采集火情数据并报警；使用服务器数据库储存和管理数据；通过网络平台实现火警数据的呈现与处理，并调度消防车辆并实时定位导航。

手机端、服务器端和Web端是构成系统的三大部分。在手机端，新开发的信息采集程序实时采集火灾现场的照片、GPS定位参数等多媒体信息并上传。在服务器端，建立数据库来存取数据。在Web端，提供可视化的图像操作界面进行数据读写，实现火警信息的实时呈现与处理、消防车的实时定位与导航。三者的关系如图5.4-1所示。

图 5.4-1 系统整体架构图

由于暂时无法选择真实火灾进行测试，所以本研究模拟北京科技大学体育馆发生火灾成果进行了算例测试。

首先，报警人在北京科技大学体育馆附近进行火灾报警，使用APP采集实时数据，如图5.4-2所示，使得报警更迅速细致。救援方接警处理后，APP即可在地图内直接查看消防车的位置及预计行驶路线，方便报警人了解救援进展。在接到APP端的报警之后，Web端收到了火警信息的提示，在火警信息及处理界面可以详细直观地查看火警信息，如图5.4-3所示，提升了数据管理的便捷性。

处理完火警信息后，通过左侧菜单栏切换到消防车定位及导航页面，页面右侧信息栏显示了当前消防车的信息及在线状态。选中一辆消防车可在地图上标注出当前消防车的具体位置及查看消防车类型和照片。点击"导航"按钮，系统对当前消防车自动进行路径导

237

航，如图 5.4-4 所示，直观快捷，大大节省了救援时间。

　　该算例表明此系统可以通过多媒体数据及时报警且详细展示火情信息、精确定位火灾现场，并实现了消防车的实时定位与一键导航，可高效地进行火灾报警与救援指挥。

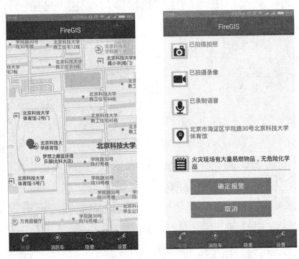

图 5.4-2　APP 端火灾定位及最终报警界面

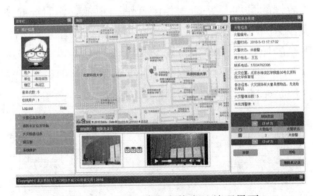

图 5.4-3　Web 端火灾信息及处理界面

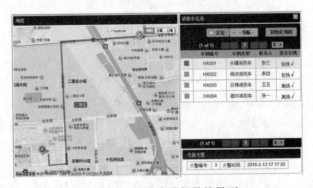

图 5.4-4　消防车路径导航界面

5. 基于北斗高精度定位的建筑安全监测应用服务平台

一、主要完成单位
北京中科精图信息技术有限公司

二、成果简介
传统的建筑安全监测方法主要有两大类：一是物理学传感器方法，二是常规的大地测量方法。物理传感器方法只能观测有限的局部变形。常规的大地测量方法工作量大、效率低、受气候的影响大，并要求监测点与基点通视。北斗高精度定位技术具有高精度的三维定位与绝对坐标归算能力，为建筑安全监测变形提供了极为有效的手段。更为重要的是，北斗可以为物联网提供完美的时空基准，便于构建区域综合监测系统，形成安全大数据服务能力。

本平台是基于北斗高精度、互联网＋、物联网、云计算及室内外定位等技术的复杂的系统工程。建立国家、省、市三级建筑安全监测服务平台，集数据自动采集、无线传输、智能分析与动态管理于一体，提供建筑安全隐患预警，辅助政府公共安全管理和企业的建筑安全管理，辅助业主运维管理。同时，通过监测数据互联、互通、共享及提供数据输入／输出接口，为用户提供定制化的业务系统服务，为智慧城市建设提供物联网与大数据服务。

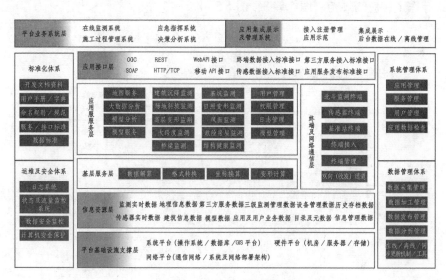

图 5.5-1 平台系统架构图

北斗建筑安全监测服务平台可服务于危险预警、危害识别和运维管理三个维度，系统适用监测对象涵盖超高层建筑、大跨度建筑、危房、古建筑、地铁毗邻建筑、边坡、区域沉降、桥梁安全、城市地下管廊等既有建筑以及塔吊等建筑机械的安全监测与精准控制。北斗建筑安全监测内容主要包括变形监测、应力应变监测和微环境监测三个方面。

变形监测主要以北斗 GNSS 接收机为主并结合静力水准仪、裂缝计、倾斜仪等变形监

图 5.5-2　平台界面图

测传感器构建一体化的变形监测网络，对建筑物的整体位移、基础沉降、裂缝、倾斜等变形指标进行实时动态监测，分析建筑整体变形特征。应力应变监测采用专业化的应力应变类传感器对建筑物的应力应变指标进行连续自动的监测，及时获取建筑物结构应力的特征信息，进而判断建筑物的健康状态。微环境监测就是及时获取建筑物周围的温湿度、风速风向、降雨量等指标信息，科学地判断外部因素对建筑物造成的环境影响。

建设综合勘察设计院有限公司组织编写《基于北斗卫星导航系统的建筑安全监测技术导则》。该导则在广泛征求意见的基础上确定了基本框架，对于北斗在建筑安全的应用场景和监测范围，包括对既有建筑的安全监测，也包括对建筑施工安全的监测，同时还包括对大型设备的安全监测。导则还对北斗在建筑安全领域监测的精度要求、北斗的操作规程、数据格式等作了相应的规范（图 5.5-3、图 5.5-4）。

图 5.5-3　导则编制立项批复　　图 5.5-4　建筑安全监测技术导则

针对北斗建筑安全监测需求，联合北斗芯片、传感器芯片、服务器系统、电路设计、硬件封装、北斗解算软件等企业开发北斗建筑安全监测网关设备，已经研发出建筑安全监测网关、转换终端、倾斜/裂缝/温湿度/微振动等采集终端设备，少量应用到示范监测场景中（表 5.5-1）。

部分自主研发设备 表 5.5-1

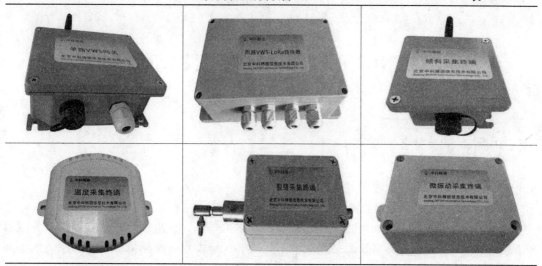

　　未来将以物联网和互联网 + 的思维、通过北斗新时空基准系列物联网网关设备及大数据架构，重新定义建筑安全监测的技术整合和运营服务体系，实现天 / 空 / 地一体化、地上 / 地下一体化、室内 / 外定位一体化，从基础设施层面为智慧城市建设提供基本的感知体系和数据分析体系。

6. 基于 EPANET 的城镇区域消防供水能力评估系统

一、主要完成单位

中国人民武装警察部队学院

二、主要完成人

侯耀华　李思成　张庆利　陈颖

三、成果简介

随着社会经济的快速发展，城镇化建设步伐逐渐加快，火灾风险也显著增加。为应对火灾事故尤其重特大火灾事故，必须保证不间断的火场供水，必须依赖重要的消防水源即市政管网。同时，随着消防车辆供水能力的大幅提升，市政管道能否满足大型供水装备的供水要求，也是亟待解决的问题。为了保证火场供水，必须合理评估城镇区域消防供水能力，使消防部队做到心中有数，合理制定灭火供水预案。

国内目前沿用苏联模式的消防管道供水能力估算公式，此种方法已经不能满足复杂市政管网的实际供水能力评估。美国方法 NFPA291 当中运用压力降推算管道流量的方法，对城市供水能力的推算较为准确，有关文章对其进行了描述，却未对其开展深入研究。2013 年公安部消防局曾组织各地开展消防水源情况调查工作，取得了一定的成果，但耗费大量的人力物力，选取管路或管网范围有限。另一方面，随着计算机技术的发展，计算软件如 PIPENET 和 EPANET 在管网水力计算方面发挥了较大的作用，相关供水可靠性研究已经取得了一定的效果，但利用水力软件针对城市管网消防供水能力的研究还比较少。

因此，本项目结合前期对城市管网消防供水能力实测研究成果，对城市管网消防供水能力评估方法进行研究分析，利用 EPANET 建立消防供水系统水力模型，考察城镇区域的消防出流量和压力能否符合规范和灭火作战要求，评估典型城镇区域消防供水能力。通过研究获得的主要结论如下：

（1）传统管道供水能力估算方法，结果较为粗略，可用于紧急火场情况下的能力估算。NFPA291 推荐方法对于供水能力评估效果更优良，但须结合实际管网情况和火场供水需求或供水能力测试方法，本项目研究在前期研究基础上建立了一套供水能力实测方法。

（2）EPANET 能够为消防领域所用，具有消防供水能力评估的功能，有助于减轻人员和装备负荷获得城镇区域的供水能力。本项目研究获得了 EPANET 消防供水能力评估方法，下一步如果能结合 GIS、云计算和大数据存储等技术，可对大型管网进行评估分析，建立城市区域的实时供水能力评估平台。

（3）管网形式会对供水能力产生影响，通常情况下，枝状管网的供水可靠性和供水能力相对较低，而 L 形、丁字形和十字形管网的供水能力和可靠性依次增强。通过评估模型，可为不同管网形式，在着火点位置处消防出流量和具体消防供水装备布局提供直接参考，同时也可供对周围区域的供水安全情况进行评估。

7. 基于阵列位移传感器（SAA）在岩土工程变形监测方法

一、主要完成单位
建研地基基础工程有限责任公司

二、主要完成人
薛丽影　倪克闯　于东健　王洋　郑文华

三、成果简介
目前在岩土工程监测方法中，出现了大量的新技术，基于微电子机械系统的阵列式位移传感器（Shape Acceleration Array，SAA）就是测量岩土工程变形的一种新方法。该方法具有如下优点：（1）重复性好，传感器可以重复利用；（2）测试精度高；（3）稳定性高；（4）大量程，20cm 以上的变形量程；（5）数据可以实时采集；（6）与其他设备兼容，可以完成多种类监测设备在同一技术平台上的数据采集、传输、处理。

本文对于阵列式位移传感器（SAA）的埋设技术及测试方法作了相应的研究，在振动台试验中采用阵列式位移传感器（SAA）代替加速度计，来测量土体和桩身的加速度和位移，测量效果较好。另外，在地基基础试验中，采用阵列式位移传感器（SAA）代替位移计，不但可以将测点间距缩小至 20cm，并且传感器可以埋设在被监测的结构中，不额外占用空间。同时，对于该传感器在测试中的结果进行了分析，得出以下结论：

1. 阵列式位移传感器（SAA）具有以下优点：高精度、高稳定性、实时、连续、全自动、重复性好、大量程、可任意角度埋设、动态测试采样频率高、安装简单等。

2. 在振动台试验中，通过在土体中和桩身上安装阵列式位移传感器（SAA），测试得到土体和桩身的加速度和位移时程，在通过对比分析 SAA 节点和普通加速度计的加速度时程和频谱特性，验证了 SAA 的可靠性。

3. 同一工况下复合地基桩身位移大于桩基桩身位移，同一工况小峰值下由于桩身运动形式表现为随着土体变形产生位移，土体位移大于桩身位移，大峰值下由于上部结构对桩身的影响，土体位移小于桩身位移。

4. 在模型试验中，通过在梁板式筏基下面埋设阵列式位移传感器（SAA），测试得到基础的沉降变形规律。SAA 测得的沉降值与位移计测得的沉降值非常接近，从而证明了 SAA 在沉降测量中的可靠性，而且在测点布置上比位移计更具有优势。

5. 在考虑上部结构作用下，梁板式筏基各轴线总体上表现为中间段的沉降较大，两边沉降较小，近似"碟"形，随着荷载的加大，这种差异更加明显。随着荷载的增加，与中间板格边线平行的轴线挠度变化较小，而其余轴线挠度变化较大。

2016 年 2 月，完成了由建研地基基础工程有限责任公司承担的青年基金课题"阵列位移传感器（SAA）在岩土工程变形监测中的应用技术研究"的函审。验收专家审核了验收资料，认为该项研究成果在地基基础健康监测自动化、远程化等方面具有重要的应用价值，研究成果达到国内领先水平，建议通过进一步积累资料，为工程实际应用提供依据。

第六篇　工程篇

　　中国幅员辽阔，地理气候条件复杂，自然灾害种类多且发生频繁。我国 2/3 以上的国土面积受到洪涝灾害威胁，约占国土面积 60% 的山地、高原区域因地质构造复杂，滑坡、泥石流、山体崩塌等地质灾害频繁发生。此外，现代化城市生产、人口、建筑集中，同时伴有可燃易燃物品多，火灾危险源多等现象，从而导致城市火灾损失呈增长趋势。防灾减灾工程案例，对我国防灾减灾技术的推广具有良好的示范作用。

　　本篇选取了有关抗震加固、结构抗风、危房改造等领域的工程案例 6 个，通过对实际工程如何实现防灾减灾的阐述，介绍了防灾减灾实践经验，以促进防灾减灾事业稳步前进。

1. 某防震减灾技术中心隔震设计

杨韬[1]祺[1]　唐曹明[2]　宋廷苏[3]　黄茹蕙[1]
1. 中国建筑科学研究院，北京，100013；
2. 住房和城乡建设部防灾研究中心，北京，100013；
3. 云南省地震工程研究院，云南昆明，650031

前言

近年来全球各地地震频发，造成了大量的人员伤亡和财产损失。传统的抗震技术是利用材料的强度和结构构件的变形能力抵抗地震作用，容易产生结构的薄弱层和薄弱部位，在地震中出现结构损伤甚至破坏。基础隔震技术将建筑物与基础用隔震装置隔开，减少地震对上部结构的影响[1,2]，从而达到抵御地震灾害的目的。

一、工程概况

某防震减灾技术中心工程位于青海省西宁市，地上 11 层，地下 1 层，总建筑面积 11178m²，建筑效果图及剖面分别见图 6.1–1 和图 6.1–2。采用现浇钢筋混凝土框架结构，建筑结构总高度 41.7m，投影宽度为 14.4m，高宽比 2.90。结构设计使用年限为 50 年，抗震设防烈度 7 度（0.10g），设计基本地震加速度峰值为 0.10g，地震设计分组为第三组，场地类别为 II 类，场地特征周期为 0.45s，建筑物抗震设防类别为重点设防类。根据甲方对建筑物在使用期间的特殊要求，对该建筑物采用隔震技术进行设计。

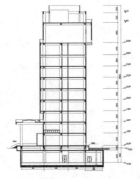

　　图 6.1–1　建筑效果图　　　　　图 6.1–2　建筑剖面图

二、隔震层布置

建筑物基础形式为筏板基础，隔震层设置于地下一层顶板。为传力直接、减少结构构件产生附加弯矩，隔震支座尽可能直接集中布置在框架柱下，支座形心与隔震层上、下支墩形心重合。根据框架结构在重力荷载代表值作用下支座竖向平均压应力不应超过 12MPa 的

246

要求，初步确定隔震支座的参数和数量，结合当地实际情况及造价等因素，设计尽可能选用较大直径的隔震支座，通过筛选确定支座型号为 LRB500、LRB700、LRB800、LNB800，其中 LRB 为有铅芯橡胶隔震支座，LNB 为普通橡胶隔震支座，其具体性能参数见表 6.1-1。隔震层所受风荷载产生的水平剪力为 1530kN，远小于结构总重量 19831t 的 10%，故结构不再单独设置抗风装置，隔震层有足够的屈服前刚度和屈服承载力满足抵抗风荷载作用要求。

隔震支座参数　　　　　　　　　　　　　　　　　　　　　　表 6.1-1

支座型号	数量套	竖向刚度 kN/mm	100% 等效水平刚度 kN/mm		屈服前刚度 kN/mm	屈服后刚度 kN/mm	屈服力 kN
LRB500	4	2200	1.10（100%）	0.95（250%）	10.40	0.80	40
LRB700	24	3000	1.55		14.30	1.10	90
LRB800	17	3300	1.60		15.34	1.18	110
LNB800	18	3000	1.15				

隔震支座布置依据以下两个原则：1）结构平面四周地震作用下水平变形较大，采用有铅芯橡胶隔震支座增大结构阻尼，吸收地震能量；2）控制隔震结构的偏心率，使得整个隔震系统的偏心率不得大于 3%。本工程隔震系统的偏心率 X 方向为 2.65%，Y 方向为 2.71%。隔震支座具体布置见图 6.1-3。

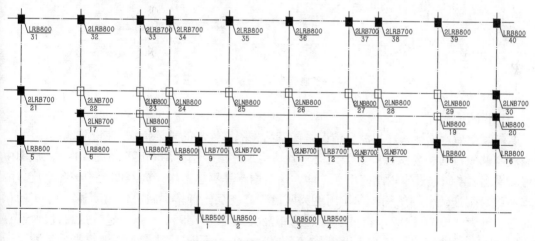

图 6.1-3　隔震支座平面布置图

三、隔震结构时程分析

采用三维结构分析软件 ETABS 对隔震和非隔震结构分别建立三维计算模型，并进行计算分析。对比计算结果确定隔震结构的抗震性能。模型中梁、柱采用杆单元、楼板采用膜单元，隔震支座采用塑性连接单元（Isolator1）进行模拟。采用反应谱方法分析，隔震结构周期较非隔震结构周期明显延长，且前两阶振型以平动为主，结构变形主要集中于隔震层。隔震前后结构前三阶振型周期详见表 6.1-2，隔震结构在 X、Y 两个方向基本周期差值为 5%，基本满足有关规程之规定 [3]。

隔震结构与非隔震结构周期　　　　　　　　　　　　　表 6.1-2

模型	结构周期（s）		
	1	2	3
非隔震结构	1.964	1.720	1.579
隔震结构	3.470	3.288	2.598

　　按照《建筑抗震设计规范》GB 50011-2010[4]有关规定，本工程选取了 5 条天然波和 2 条人工波进行时程分析，时程反应谱和规范反应谱曲线如图 6.1-4 所示。隔震结构、非隔震结构多组时程波的平均地震影响系数曲线与规范反应谱法地震影响系数曲线在结构前三阶周期点上最大相差分别为 19.2% 和 18.0%，表明时程反应谱与规范反应谱符合程度较好，选择地震波基本合理。

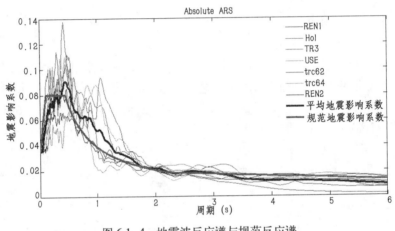

图 6.1-4　地震波反应谱与规范反应谱

　　1. 设防地震

　　隔震前后水平地震作用改变情况是衡量结构隔震性能的重要指标。在设防地震作用下，隔震与非隔震结构各层层间剪力比值与倾覆力矩比值分别见图 6.1-5 和图 6.1-6，从图中可以看出，X 向地震作用比值小于 Y 向，这是由于非隔震结构 X 向刚度大于 Y 向刚度，隔震系统对刚度较大的结构减震作用更为明显，高楼层比低楼层减震作用明显。X、Y 向层间剪力最大比值为 0.482，X、Y 向倾覆力矩最大比值为 0.495，根据《建筑抗震设计规范》GB 50011-2010 规定，结构水平向减震系数取 0.495，隔震后结构水平地震影响系数最大值为 $0.495 \times 0.08/0.8 = 0.05$。

　　2. 罕遇地震

　　在罕遇地震作用下，各隔震支座最大水平位移见图 6.1-7，图中 X 向各隔震支座位移较为接近，整体变形以平动为主；Y 向位移差异较大，反映隔震层变形存在部分扭转。其中支座最大位移为 137mm，此处隔震支座直径为 800mm，小于 0.55D 与 3Tr 的最小值 275mm 要求。考虑水平及竖向地震同时作用，隔震支座在罕遇地震下的最小应力见图 6.1-8，最大拉应力为 0.01MPa，远小于现行抗震规范"拉应力不应大于 1MPa"的限值，其余支座均未出现拉应力。

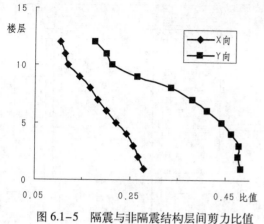

图 6.1-5　隔震与非隔震结构层间剪力比值

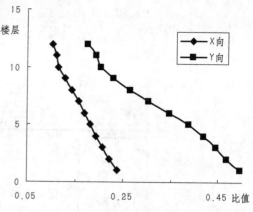

图 6.1-6　隔震与非隔震结构倾覆力矩比值

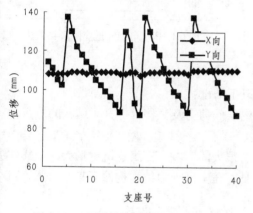

图 6.1-7　隔震支座罕遇地震下最大位移

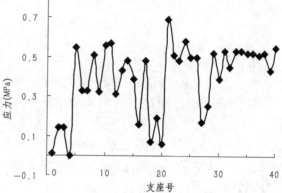

图 6.1-8　隔震支座罕遇地震下最小应力

3. 抗震性能分析

在设防地震作用下，隔震层上部结构最大层间位移角为 1/611，小于钢筋混凝土框架结构弹性层间位移角限值 1/550；罕遇地震作用下，隔震层上部结构最大层间位移角为 1/368，也远小于弹塑性层间位移角限值 1/50。表明隔震结构基本满足中震弹性的抗震性能设计目标。

四、隔震构造要求

为了使建筑物在地震时能充分发挥隔震效果，楼、电梯等构件在隔震层位置应采取相应的构造措施，既要保证上下安全连接，又不能阻碍整个隔震层的有效变形，满足隔震设计要求：

1. 建筑物周边设置 900mm 宽度隔震沟，且与主体结构设缝分离，结构缝可用柔性材料填充满足建筑防水要求（图 6.1-9）；

2. 隔震层采用分离式楼梯满足建筑变形要求；由于隔震层下部结构楼层较少，本次采用悬挂电梯井道的设计方案隔断井道与主体结构的联系，并为了防止结构之间的碰撞，预留足够的安全距离（图 6.1-10）；

3. 隔震层设备管线连接应采用柔性接头，并留够一定的变形能力。

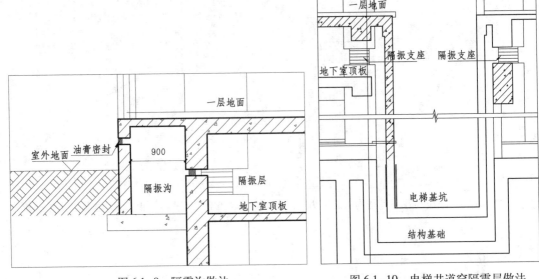

图 6.1-9　隔震沟做法　　　　　图 6.1-10　电梯井道穿隔震层做法

五、结论

本文通过对某防震减灾中心隔震设计，得到以下结论：

1. 使用隔震设计的建筑，可有效地减少结构的层间剪力及位移，提升了结构的抗震性能；

2. 合理地选择和布置隔震支座对于隔震效果有很大的影响，高层建筑重量大，地震作用强，采用大直径的隔震支座，减少隔震支座数量，在上部受力结构构件下集中布置，可以使隔震层上下部分传力直接，减少附加弯矩；

3. 为使建筑物达到预期的整体隔震效果，需要综合考虑建筑、机电等专业相关的隔震构造措施。

参考文献

[1] 周福霖. 工程结构减震控制 [M]. 北京：地震出版社，1997. 4-10.

[2] 徐至均，陈祥福，李景等. 建筑隔震技术与工程应用 [M]. 北京：中国质检出版社，2013. 1-4.

[3] 叠层橡胶支座隔震技术规程 CECS 126：2001[S].

[4] 建筑抗震设计规范 GB 50011-2010[S]. 北京：中国建筑工业出版社，2010.

2. 西宁某 31m 深基坑支护技术研究

衡朝阳[1,2]　周智[1,2]　孙曦源[1,2]　王春桥[3]
1. 中国建筑科学研究院地基基础研究所，北京，100013；
2. 建研地基基础工程有限责任公司，北京，100013；
3. 西宁正华建设投资控股有限公司，青海，810001

引言

西宁某工程位于中心广场地段，其直立开挖基坑深度达 30.7m，目前为西宁地区深基坑之最。该基坑周边多层建筑物林立、道路及管线纵横、地基卵石层含水量丰富，基坑支护技术难度极大。2013 年夏接受该基坑设计任务以来，不断跟踪该基坑施工情况并进行深入分析，目前，建筑主体结构已施出地面，肥槽回填也即将完成，有必要及时将该基坑支护设计与施工技术加以分析探讨。

一、工程概况

该基坑平面上依大同路可划分为 A 楼基坑北区及 B、C、D 楼基坑南区两部分，如表 6.2-1，平面如图 6.2-1。

基坑概况　　　　　　　　　　　　　　　　　　表 6.2-1

基坑	平面尺寸 /m²	深度 H/m	建筑物	地上层数	地下层数	基础型式
北区	29.6×46.7	20.0～28.0	A	26		
南区	38～90×190	20.0～31.0	B	26	4	筏板
			C	27		
			D	45		

该场地地形起伏较大，南北走向两条陡坎将该场地分为三个台地，相对高差 11.74m。场地地貌单元与地层结构较复杂，属南川河东岸Ⅰ级阶地后缘 – Ⅱ级阶地前缘。地基土由第四系①层杂填土、②层卵石及第三系③层强风化泥岩、④层中等风化泥岩、⑤层微风化泥岩等组成。场地典型地质剖面图见图 6.2-2。

地下水水位深度为 –5.20～–16.80m，水位高程为 2228.46～2231.61m。地下水的补给来源主要为河流和大气降水补给，地下水补给河水，卵石层为主要含水层，属强透水层，泥岩为第一相对隔水层。场地内地下水补给方向为由东向西，由南向北。同时场地泥岩内赋存有裂隙水，呈脉状分布，分布无规律性，具有微承压性，且局部裂隙水较

发育，呈脉状水上涌。抽水试验结果表明该场地卵石层渗透系数 61.2～94.13m/d，水量
丰富。

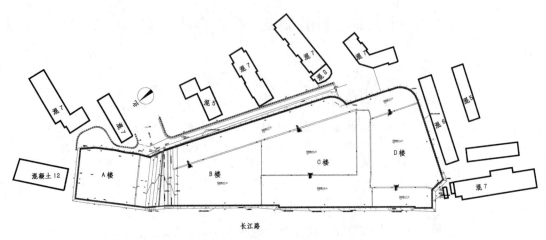

图 6.2-1　基坑平面图

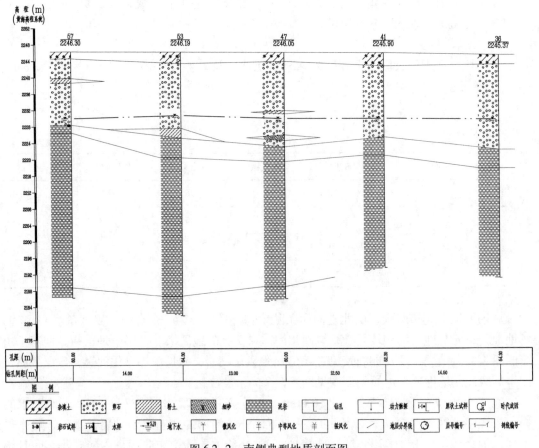

图 6.2-2　南侧典型地质剖面图

二、基坑支护设计

1.方案选择

该基坑深度达30.7m,且周边建筑物邻近,其支护技术关键:①建筑物沉降控制;②水治理问题(降水或止水,越冬);③边坡软弱夹层稳定性问题(卵石层-强风化泥岩接触面)。其支护方案比选情况如表6.2-2。

支护方案比选 表6.2-2

条件	支挡结构	拉/撑	技术可行性	当地经验	卵石层止水	质量控制	选择
建筑物近且基坑深30.7m	连续墙	锚杆	卵石层中连续墙施工深度有限	少			
		内支撑	坑壁不对称、宽度大、造价高	无			
	护坡桩	锚杆	技术可行	有	帷幕	难	
					咬合桩	易	✓

由于基坑较深,支护桩较长,桩间止水体承受水压很大,因此采用素混凝土桩(简称"素桩")与钢筋混凝土桩(简称"护坡桩")咬合止水可靠性才有保障。该基坑处在河谷阶地之间,基坑周边深度在20.0~30.7m之间变化,不同地段支护方法也不尽相同。根据现场实情确定的基坑支护方案如表6.2-3。

需要说明的是:在地下水位以下锚杆施工时,须要解决孔口出水的技术难题。该方案采用护坡桩后设置观测井(或临时降水井),以便近邻锚杆成孔注浆时临时采取短期降水措施,直至孔内浆液凝固。如图6.2-3。

基坑支护方案 表6.2-3

项目	地段	方案
支护结构	深基坑边坡	咬合桩-锚杆
	局部永久边坡	围护桩-压力分散型锚杆
	局部临时边坡	土钉墙/分级土钉墙-(止水帷幕)
截水体	$H \leqslant 12m$	且场地满足,分级土钉墙-(止水帷幕)
	$12m < H \leqslant 18m$	护坡桩-止水帷幕
	$18m < H \leqslant 31m$	素桩-护坡桩咬合止水
观测/降水井	咬合桩外	水位以下锚杆施工时,可局部短期降水
锚杆布置	水位附近	锚杆孔口应尽量上移,以避免钻孔突水

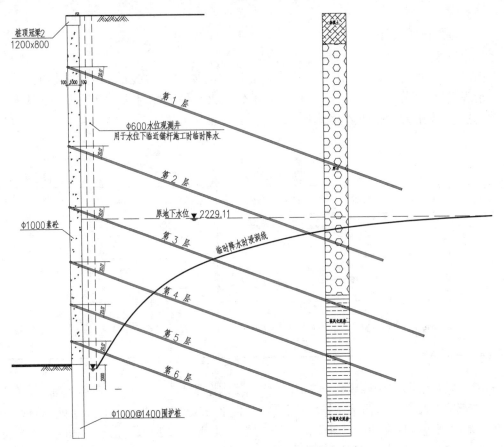

图 6.2-3　原水位下锚杆施工临时降水方案

2. 参数确定

（1）岩土指标

通过对西宁多个基坑地质条件及其岩土物理力学指标进行统计分析[1,2]，针对该工程岩土勘察报告所提出的指标进行了适当调整，本次设计采用的岩土物理力学指标如表6.2-4。

采用的岩土物理力学指标　　　　　　　　　　　　　　　表 6.2-4

土层	密度 ρ/kg·m^{-3}	黏聚力 C/kPa	内摩擦角 Φ/°	粘结强度特征值 f/kPa·m^{-2}
①层杂填土	1600*	10*	15*	/
②层卵石	2100	0	38*	60
③层强风化泥岩	1900	29.2	25.8	50*
④中等风化泥岩	2000	58.4*	25.8*	135

注："*"为提高幅度较大项

（2）外部荷载

外部荷载包括地面活荷载、建（构）筑物荷载、地下水力荷载以及坡顶允许的堆载。其附加荷载大小、作用位置及分布情况须准确确定之。

3. 控制标准

（1）邻近建筑物

以该基坑南侧坑深 30.7m 地段为例进行说明。首先，采用弹性支点法，可计算支护结构在各个工况下其水平位移包络图，其结果可近似简化为三角形△ OAB 的两个斜边，如图 6.2-4。

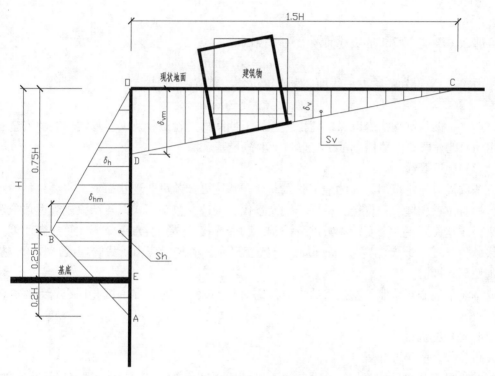

图 6.2-4　地面沉降与坑侧位移关系

然后，作出两个假设：第一，边坡岩土体在开挖前后体积不变。即单位宽度范围，地面沉降面积 S_v 与基坑侧向突出面积 S_h 相等；第二，沉降最大点发生在坑边桩后紧邻土体，且其包络线在影响范围内呈线性递减分布，如图 6.2-4 三角形△ OCD。该假设对西宁地区砂卵石、泥岩地层较为合理。

还有，应根据西宁类似地层基坑工程经验，确定其砂卵石、泥岩地层基坑影响范围，取 $1.5H$ 较为合理（H 为基坑深度）[3]。

最后，建立侧向最大位移与地面最大沉降之间关系。即：

令 $$S_h = S_v \tag{1}$$

即 $$\frac{1}{2}(H+0.2H)\,\delta_{hm} = \frac{1}{2}(1.5H)\,\delta_{vm} \tag{2}$$

得： $$\delta_{hm} = 1.25\delta_{vm} \tag{3}$$

式（3）表明，支护结构的最大水平位移与地面沉降最大值成线性正比关系。即，控制基坑支护结构的侧向水平最大位移，可控制地面及建筑物沉降。

《建筑地基基础设计规范》GB 50007-2011 提供了各类建筑物的地基变形允许值[4]；若现场测定出相邻建筑物地基基础的既有变形值，将前二者做差可得出"剩余变形"。即在本次开挖基坑期间，该建筑物地基基础附加变形控制指标[5]。

该基坑周边多层建筑物均为砌体承重结构，其基坑开挖期间，邻近建筑物地基基础附加变形控制标准为：局部倾斜不大于 0.0005。即，

$$\xi = \frac{\delta_{vm}}{1.5H} \leqslant 0.0005 \tag{4}$$

那么，深度 30.7m 基坑地面最大沉降控制值：

$$\delta_{vm} \leqslant 24mm$$

由式（3）可知基坑支护结构最大水平位移控制值：

$$\delta_{hm} \leqslant 30mm$$

总之，该基坑支护是以保证开挖土方施工期间周边建筑物及工程基坑均能够安全正常使用为目的。既要严格控制基坑变形，又要满足基坑稳定性。

（2）地下管线

基坑周边一定范围分布的地下管线，须在基坑设计前进行现状探查。主要包括管线类型、相对位置、埋深、直径、材质、埋设年代、构造、接头形式以及产权或管理单位等相关资料。建议采用 3 个变形参数进行控制，即管线接头转角、水平变形和管线弯曲度（指管线单位长度的最大挠度）。基坑周边管线变形允许值一般应由管线管理或产权单位提出附加变形允许值。

基坑周边变形限制严格的管线有时仅需对其支墩的变形控制，因此周边管线探查清晰十分重要。

4. 支护结构设计

（1）咬合桩平面布置

护坡桩与其之间的素桩咬合，其水平设计咬合尺寸要求：既技术合理又保证止水效果。因此，需要平面布置设计。如图 6.2-5。

从图 6.2-5 中顶面桩截面位置关系，可以看出护坡桩水平间距为：

$$T=2D-2S \tag{5}$$

式中：T——护坡桩水平间距；

D——单桩直径；

S——桩水平设计咬合尺寸。

由于实际施工必然产生桩位及桩身垂直度偏差。那么，在止水桩底面，素桩与护坡桩咬合部位假设出现极限（背离）情况下，其咬合尺寸为：

$$S' = D - \left[2(\Delta t + \Delta x) + \frac{T}{2} \right] \tag{6}$$

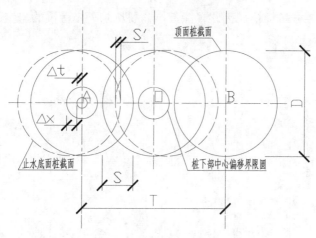

图 6.2-5 咬合桩上下截面偏移关系

式中：S'——止水底面桩水平咬合最小尺寸；

Δt——桩位偏差；

Δx——桩身垂直度引发的截面中心偏差。

将式（5）代入式（6）可得：

$$S' = S - 2（\Delta t + \Delta x）\tag{7}$$

若要求止水底部桩身依然有所咬合，则：

$$S' \geqslant 0 \tag{8}$$

即

$$S \geqslant 2（\Delta t + \Delta x）\tag{9}$$

上式表明：咬合桩设计水平咬合尺寸，应不小于其桩位偏差与桩身垂直度产生截面偏差之和的两倍。

桩身因垂直度引发的截面偏差为：

$$\Delta x = h \cdot \tan\alpha \tag{10}$$

式中：h——桩顶至止水底面的高度；

$\tan\alpha$——桩身垂直度允许偏差（一般为 0.5%）。

那么，$S \geqslant 2（\Delta t + h\tan\alpha）$ (11)

若按有关技术标准取允许值：$\Delta t = 50$mm，$\tan\alpha = 0.5\%$，按场地止水深度情况取 $h = 18000$mm，则咬合尺寸 $S \geqslant 280$mm。

本次基坑坑深在 30.7m 地段设计取：$S = 300$mm，$D = 1000$mm；护坡桩水平间距：$T = 1400$mm。

（2）支护结构设计

根据几何尺寸、岩土参数、控制标准等，采用相关技术规范进行支护结构设计，计算得出支护结构内力与位移计算简图，如图 6.2-6。该基坑 30.7m 段设计支护剖面如图 6.2-7。

5. 软弱面稳定性校核

对应基坑开挖各个工况，除了圆弧形滑坡稳定性分析计算以外，尤其对于倾向于坑内软弱面应高度重视。须在软弱滑面以上，确定相应开挖位置可能出现的几种工况，进行边坡沿软弱滑面稳定性分析校核。因此，深基坑需要坑外一定范围的岩土工程勘察资料。

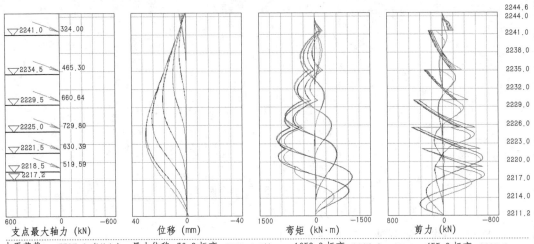

水平荷载：3327.0 (kN/m)	最大位移 30.2 标高 2224.4　+Mmax　1052.2 标高 2223.8　+Qmax　455.2 标高 2225.6
土的抗力：1850.0 (kN/m)	顶部位移 5.1 标高 2244.6　−Mmax　−1007.0 标高 2217.5　−Qmax　−626.3 标高 2217.7

图 6.2-6　支护结构在各工况下内力与变形

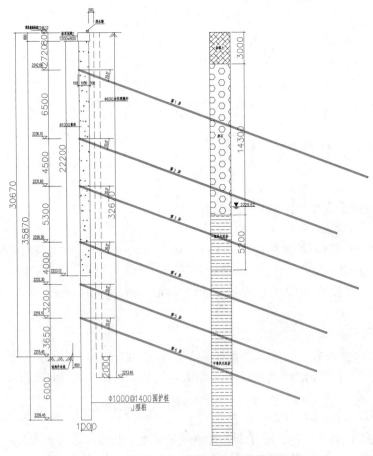

图 6.2-7　深度 30.7m 基坑南侧支护结构剖面

258

沿软弱滑面稳定性校核计算时，在相应工况下，锚固力取值仅限于已锁定且在滑面以下的锚固段所能提供的锚固力设计值。

本基坑对卵石与全风化泥岩层结合面按软弱面进行了专项稳定性分析校核。由于缺乏坑外钻孔资料，不得不采用了软弱面外延之方法，如图 6.2-8。校核结果表明其各工况下稳定性均满足设计要求。

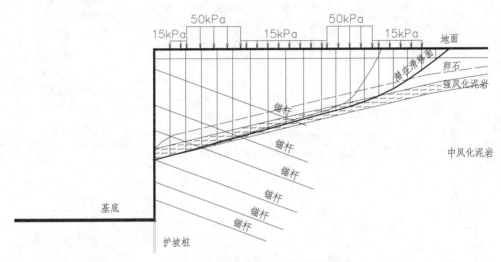

图 6.2-8 稳定性校核计算简图

三、施工技术探讨

该基坑从 2013 年 9 月初开始打桩，至 2014 年 11 月底开挖到底，如图 6.2-9。工期长达 1 年之久。设计人员多次赴现场调研，施工中发现且需要探讨的技术问题，如表 6.2-5。

图 6.2-9 深度 30.7m 基坑立面

咬合桩工程质量与定位、桩身垂直度及咬合时间间隔均有关系。尤其间隔时间对桩身垂直度影响也很大。因此，适合的间隔时间需要现场进行咬合试验确定，并在施工中严格执行。严禁间隔时间不足或严重超时进行咬合施工。

施工技术探讨 表 6.2-5

序号	项目	施工不当	问题作法	诱发后果
1	咬合桩	未作导墙	桩位偏差较大	局部咬合质量差、漏水
		间隔时间	相邻咬合桩施打间隔时间过长	个别护坡桩未能咬动素桩，致使下部偏出较大，护坡桩侵槽、坑壁漏水
2	观测/降水井	未做管井	任由锚杆孔孔口自由排水并自由渗入卵石地层	细颗粒被水流带出；局部地面有沉陷现象；地下水位未能观测
3	锚杆	孔内注浆	边流水边注浆	浆液流失造成浪费；锚固段质量不易保证
		土方超挖	在未锁定上排锚杆情况下，坑内下挖土方超限	基坑变形加大；地面沉降加大；基坑安全产生隐患
		锚头损伤	施工机械碰撞损伤锚头	个别锚杆锁扣扰动或损伤，锁定力值减小，坑壁内侧向位移增大
4	截防排水	未进行有序截排水	施工过程中未采取防渗措施和有序排水	坑内水排出困难，坡脚泥岩长期浸水软化、崩解
		未做坑间止水帷幕	南、北区非同时开挖，但未施做之间隔离止水帷幕	南区大量水流源源不断渗流入北区，严重影响施工进度
5	挂网喷砼	未施做	在素桩桩底以下，裸露泥岩表面未进行挂网喷护	泥岩浸水崩解[6]，剥落或块状坍塌，基坑安全产生隐患
6	监测	不及时	某些监测点未及时设置	监测数据累计值未反映真实情况

四、支护效果

基坑监测项目包括桩顶水平位移、桩身水平位移、锚杆轴力和周边建筑物沉降。挖至坑底时周边建筑物（南侧为一砖混结构，地上 6 层，地下 1 层）沉降监测结果如图 6.2-10，局部倾斜如表 6.2-6。基坑开挖至坑底时，D 楼南侧桩身深层水平位移如图 6.2-11。

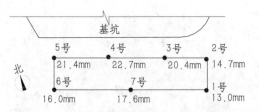

图 6.2-10　建筑物监测点及沉降

地基沉降与局部倾斜 表 6.2-6

监测点	沉降 d/mm	沉降差 Δd/mm	水平间距 B/m	局部倾斜 ξ/‰
1 号	13.0	1.7	9.79	0.2
2 号	14.7			
4 号	22.7	5.1	9.79	0.5
7 号	17.6			

续表

监测点	沉降 d/mm	沉降差 Δd/mm	水平间距 B/m	局部倾斜 ζ/‰
5 号	21.4	5.4	9.79	0.5
6 号	16.0			

由图 6.2-11 可见，此时桩顶最大位移不超过 10mm，桩身最大位移不大于 15mm，满足设计要求。对其他监测结果的分析也表明，基坑变形未超过设计控制值，周边建筑物沉降变形也未超过设计控制指标。本次深基坑支护施工达到了设计要求变形控制标准。

从表 6.2-6 可以看出，基坑周边建筑物沉降及倾斜均在控制范围内。该建筑物及周边多栋建筑物自始至终一直处在正常使用状态。实践证明：该深度为 30.7m 直立下挖的深大基坑，采用咬合桩 – 锚杆进行支护技术已取得成功。

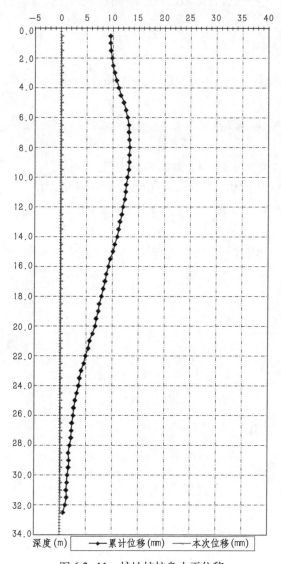

图 6.2-11　护坡桩桩身水平位移

261

五、结论与建议

1. 在富含水的卵石层，进行直立开挖的深大基坑支护，选择咬合桩 – 锚杆支护结构型式，可以较好地达到变形控制和止水目的。在西宁地区进行深基坑支护，支护方案选择可以参考表 6.2–3。

2. 采用咬合桩支护，孔口在地下水位以下锚杆施工时，应采用护坡桩后设置观测井（或临时降水井），以便紧邻锚杆成孔注浆时临时采取短期降水措施，直至孔内浆液凝固。

3. 支护结构的最大水平位移与地面最大值沉降成正比关系。即若控制地面及建筑物沉降，须控制基坑支护结构的侧向水平最大位移值。

4. 咬合桩水平咬合尺寸，应不小于其桩位偏差与桩身垂直度产生截面偏差之和的两倍。咬合质量与定位、桩身垂直度及时间间隔关系重大，尤其间隔时间须严格执行。

5. 对于基坑侧壁为土岩复合地层的边坡稳定性分析，除了采用适合于土体的圆弧形滑坡稳定性分析计算以外，仍须进行边坡沿软弱滑面稳定性校核计算并符合要求。

参考文献

[1] 黄雪峰，杨校辉，朱彦鹏等 . 西宁地区常用基坑支护结构对比分析 [J]. 岩土工程学报，2012，34（S）：432–439.

[2] 杨校辉，黄雪峰 . 西宁火车站基坑群深基坑支护优化设计 [J]. 兰州理工大学学报，2013，36（6）：111–114.

[3] 刘国彬，王卫东 . 基坑工程手册 [M]. 中国建筑工业出版社，2009.

[4] 建筑地基基础设计规范 GB 50007–2011[S]. 中国建筑工业出版社，2012.

[5] 衡朝阳，滕延京，孙曦源等 . 地铁隧道下穿单体多层建筑物评价方法 [J]. 岩土工程学报，2015，37（S2）：148–152.

[6] 仲德春 . 西宁市河边深基坑风化泥岩的危害性分析和处理措施 [J]. 青海国土经略，2011（2）：37–40.

3. 合肥宝能 CBD 综合体项目抗风研究

项目简介

合肥宝能城 CBD 综合体项目位于合肥市滨湖新区南宁路与庐州大道交口，总用地面积约 278 亩，用地性质为商务设施用地。总建筑面积约 211 万 m²，方案包括 T1 ~ T6 六栋超高层塔楼（如图 6.3-1），塔楼高度为 260 ~ 588m。项目南侧为巢湖，西南侧为超 500m 的合肥恒大项目。由于项目本身建筑高度较高，且受到周边高层建筑的影响，因此 CBD 综合体项目的超高层建筑受风荷载影响较为复杂。为了准确获取建筑风荷载，为建筑安全性及舒适性提供参考依据，建筑设计和结构抗风进行协同、反馈，通过风洞试验及风振分析对建筑风致响应及等效静力风荷载进行了系统的研究。

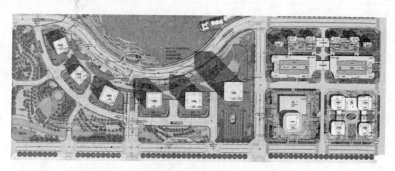

图 6.3-1　合肥宝能 CBD 综合体塔楼分布图

一、建筑体型研究

1. 截面形式

在建筑的方案设计阶段，基于风对超高层建筑的作用机理采用一定的气动措施，能从根源上减小建筑所受的风荷载。由于 T1 塔楼建筑高度最高，结构周期最长，本项目通过改变建筑的截面形式，对 T1 建筑的风致响应进行研究，从而获得对减小风荷载较为有利的建筑体型。结合建筑的功能及造型特点，项目对图 6.3-2 所示的四种截面形式进行了风洞测力试验。

　　　　a. 八角形形式　　　　　　　　　*b.* 切角形式（平均切角比例 3%）

图 6.3-2　T1 塔楼体型研究的四种截面形式（一）

c. 标准形式　　　　　　　　　　　　*d.* 八段弧形式

图 6.3-2　T1 塔楼体型研究的四种截面形式（二）

2. 风洞试验条件

测力试验在中国建筑科学研究院风洞实验室完成。相关试验参数为：

模型比例	1∶500
地貌类别	B 类
风向角	以结构对称轴为 0°，顺时针旋转 10° 为间隔，共 36 个风向
风压	0.385kN/m^2
一阶自振频率	$0.075 \sim 0.12\text{Hz}$（周期范围：$8.3 \sim 13.3\text{s}$）
阻尼比	2%

3. 风洞试验结果

测力试验分析结果如图 6.3-3。从试验结果可以看出：八段弧形式的截面形式对应的顺风向及横风向基底倾覆弯矩均高于其他形式截面；切角形式截面顺风向基底倾覆弯矩低于其他形式；在结构一阶频率为 $0.08 \sim 0.12\text{Hz}$ 范围内，切角形式截面横风向基底倾覆弯矩低于其他形式。

综合来看，采用切角形式截面形式要好于其他截面形式。

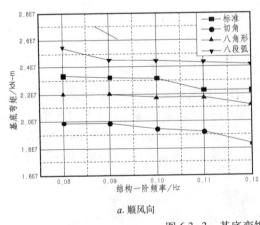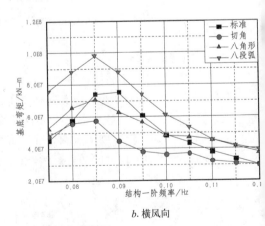

a. 顺风向　　　　　　　　　　　　　　　　*b.* 横风向

图 6.3-3　基底弯矩随结构自振频率变化图

二、风气象研究

根据合肥气象站（台站号：58321）1982 ~ 2012 年间的日最大风速资料，统计出合肥日最大风速风频玫瑰图如图 6.3-4 所示；采用极值统计分析方法，得出了对应不同风向的风速折减系数，并按照行业标准《建筑工程风洞试验方法标准》GJ/T 338-2014 的要求，对低于 0.85 的风向折减系数均取为 0.85，各风向风速折减系数如图 6.3-5 所示。

分析结果表明，合肥以西北风为主，而且东北偏东和东北偏北方向的风速较高，其他风向的风速相对较小。

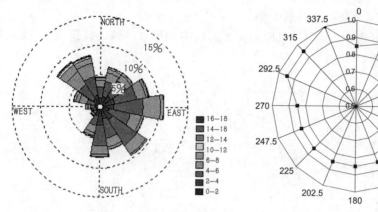

图 6.3-4　合肥日最大风速风频玫瑰图　　　　图 6.3-5　各风向的风速折减系数

三、地貌研究

如图 6.3-6 所示，本项目周边地貌复杂，大致情况如下：

1. 西北较为密集的建筑，延伸至远方后地貌有一定差别；

2. 东南紧邻巢湖，湖面宽度 15.1km 左右；

定义北方来流为 0° 风向角，顺时针递增。根据 ESDU 技术文件，综合考虑了建设地的纬度、风速和不同风向下的数十公里的地貌变化，计算得出了两类剖面，如表 6.3-1 所示。

图 6.3-6　项目所在地周边地貌环境及风向角定义

本项目所处的地貌类别　　　　　　　　　　　　　　　　　　　　表 6.3-1

中国规范规定的地貌类别	风向
B：空旷平坦区域	30° ～310°
C：城市市区	0° ～20°，320° ～350°

四、建筑布局研究

1. 布局形式

由于本项目由 6 栋高层建筑组成，且其东南为建筑高度较高的恒大建筑，为了研究建筑干扰对 T1 塔楼的影响，设计了几组建筑分布形式（如图 6.3-7 所示），其中标准布局为建筑实际布局形式；不考虑恒大建筑及 T1 转体 45°形式的布局对 T1 塔的影响。用于考量不同建筑布局下 T1 塔楼的风荷载大小。

定义了北方来流为 0°风向，风向角按顺时针方向增加。恒大建筑位于 T1 塔东南侧 130°～140°之间。

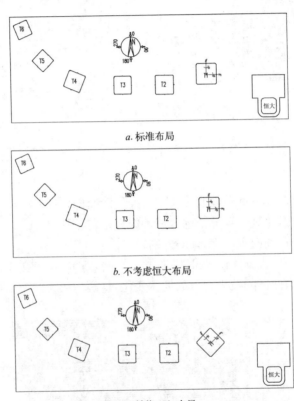

a. 标准布局

b. 不考虑恒大布局

c. T1 转体 45°布局

图 6.3-7　建筑塔群布局形式

2. 风洞试验参数

布局研究采用风洞测压实验，相关参数为：

模型比例	1∶500
地貌类别	参考地貌分析
风向角	以结构对称轴为 0°，顺时针旋转 10°为间隔，共 36 个风向
风压	0.385kN/m²
一阶自振频率	0.1034Hz
阻尼比	3.5%

3. 风洞试验结果

通过风振分析，结构基底弯矩随风向角变化情况如图 6.3-8 所示。从图中可以看出，对于标准布局及 T1 转 45°布局，X 向和 Y 向的最大基底倾覆弯矩均出现于 130°～140°之间；而不考虑恒大布局出现在 20°、180°附近。说明由于恒大建筑的干扰，T1 塔楼基底弯矩明显增加，标准布局的基底弯矩最大值为不考虑恒大干扰基底弯矩最大值的 2 倍。另一方面 T1 塔楼转 45°角后基底倾覆弯矩明显小于标准布局（约减小 30%），说明建筑朝向对建筑之间干扰效应的影响较大。

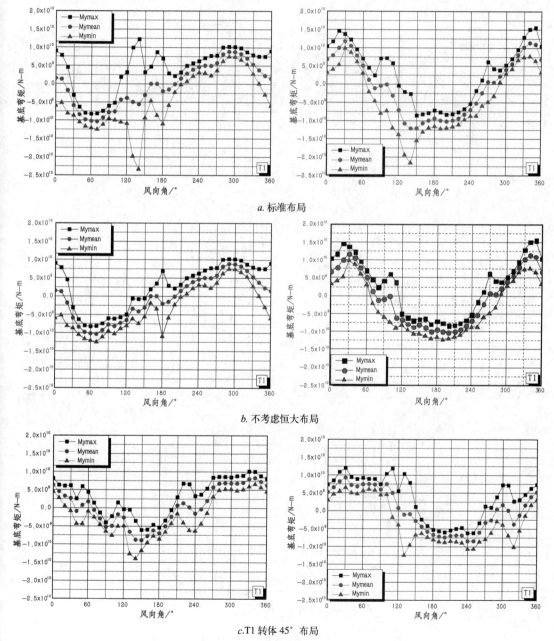

a. 标准布局

b. 不考虑恒大布局

*c.*T1 转体 45°布局

图 6.3-8　建筑塔群布局形式

五、综合方案研究

综合建筑体型研究、建筑布局研究，最终确定的建筑形体及分布如图 6.3-9 所示。采用与布局研究相同的风洞试验方法，并结合结构动力特性计算得 T1 塔楼随风向角变化的基底倾覆弯矩、50 年重现期风速下的顶点位移、10 年重现期风速下的顶点加速度。从图中可以看出，在 50 年重现期风速下，由于合肥恒大建筑的干扰，合肥宝能 T1 塔楼在 140°风向角（东南风）对应的结构位移响应较大；而由于 10 年重现期风压仅为 0.25kPa，且结构体型对抗风有利，因而结构顶部的加速度响应较小。

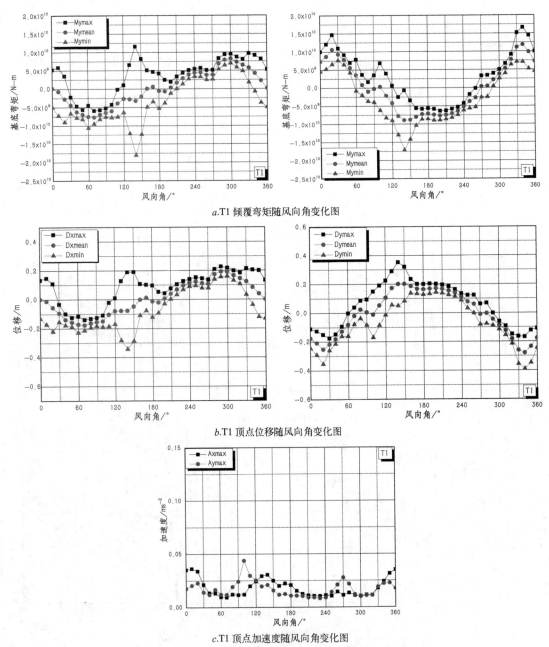

a.T1 倾覆弯矩随风向角变化图

b.T1 顶点位移随风向角变化图

c.T1 顶点加速度随风向角变化图

图 6.3-9　合肥宝能 T1 楼结构顶层位移及加速度响应随风向变化图

六、小结

合肥宝能城 CBD 综合体项目采用建筑与风洞顾问单位相互协同、反馈机制对高层建筑抗风进行系统研究。从试验及分析结果来看，主要有如下结论：

1. 采用削角形式的角沿修正对减小建筑风荷载有利：单体试验中，采用削角截面形式塔楼的顺风向基底弯矩可减小到标准截面形式塔楼的 80% 以下。

2. 合肥恒大建筑对宝能 T1 塔楼干扰明显：不考虑风速风向折减的条件下，由于合肥恒大建筑的影响，T1 的基底弯矩可增加到无恒大建筑干扰工况的两倍；

3. 采用适当的布局措施可以有效减小建筑风荷载：将合肥宝能建筑旋转 45° 建设，最大基底弯矩相对于标准布局可减小 30%；

4. 由于合肥地区基本风压较低，且最终采用的建筑体型对减小风荷载有利，因此考虑风速风向折减后，合肥宝能 T1 塔楼建筑顶点位移加速度均满足相关设计规范的要求。

4. 韧性城市规划理论与方法及其在我国的应用
——以合肥市市政设施韧性提升规划为例

吴浩田　翟国方

南京大学建筑与城市规划学院，南京，210093

引言

当代城市随着规模的不断扩大和功能的不断集聚，其内在结构的复杂性也在不断增长。这一方面带来了城市的空前繁荣，另一方面也导致城市对外部冲击的敏感度越来越高，即城市正在变得"脆弱"。近年来城市各类灾害频发，对城市发展产生了较大负面影响，同时也集中体现了城市防灾减灾建设中存在的大量问题。

为应对城市危机，提升城市防灾减灾能力，国内外均提出了"韧性城市"概念及相关理论与方法，国外学者也构建了诸多韧性评价指标模型、方法，提出了诸多韧性评价指标 (USAID, 2007；ARUP, 2009；Butsch C., Etzold B., 2009；UNH-EHS, 2009；KUC, 2014) [1, 2]；也开展了较多韧性规划实践，包括"城市与气候变化"研究报告（OECD）、鹿特丹韧性规划原则（Wardekker）及《鹿特丹气候防护计划》（2008 年）、纽约《一个更强大、更有韧性的纽约》（2013 年），伦敦《管理风险与增强韧性》（2011 年），南非德班市《适应气候变化规划：面向韧性城市》（2010 年）等 [2, 3]，提出了一些韧性城市规划的原则和方法。其中，日本在韧性城市研究方面走在前列，日本作为灾害多发国家，其防灾体系较为先进，随着经济社会的发展及吸取近年来多次重大灾害的教训，其防灾体系也作出了相应调整，提出了"国土强韧化计画"的概念，即韧性国土规划，并付诸实践，确立了韧性城市的法制和行政基础，在国家层面及各府县市均推进编制国土强韧化规划，初步形成了韧性城市规划体系，为世界范围内的韧性城市实践提供了重要经验。

相比之下，我国韧性城市方面的研究尚处于起步阶段，规划实践案例鲜见。笔者于 2015 年下半年组织编制了《合肥市市政设施韧性提升规划》，该规划在参考日本国土强韧化规划的基础上，结合我国具体国情，对我国韧性城市规划实践的理论和方法进行了初步思考，旨在为我国韧性城市的规划建设提供有益借鉴。

一、国土强韧化规划理论及方法

1. 基本内涵

日本自 1959 年以来遭受了数次重大自然灾害的冲击，尽管采取了各种灾害对策，但依然在重复着"受灾—巨大损害—长期恢复" [4, 5] 这样的过程，尤以 2011 年东日本大地震为甚，其造成了大量的人员伤亡和经济损失，也反映出了"归宅困难"、"灾后能源不足"等深刻问题 [6]。基于东日本大地震带来的教训，日本应对灾害风险的策略发生了深刻转变，其超越狭义的"防灾"的范畴,而是包含城市政策、产业政策等在内的综合应对策略[4],在此背景下,日本提出了构筑"强大而有韧性的国土和经济社会"的总体目标,结合学界的相关定义,将"强韧化国土"概念确定为:"国土、社会经济及日常生活在应对灾害或事故时不会受到致命的破坏而瘫痪并且能够快速恢复"[7],并将其分解为四个基本目标:

(1)最大限度地保护人的生命;

(2)保障国家及社会重要功能不受致命损害并能继续运作;

(3)保证国民财产与公共设施受灾最小化;

(4)迅速恢复的能力[6]

基于上述理念,国土强韧化规划从宏观、长远的视角,根据灾害类型和地域的情况,确立防灾对策,整合"自助、共助、公助"各类救助资源的关系,优化防灾资源,除了灾时防灾减灾的效果要能充分发挥,在平时情况下也应重视"维持性对策"[8]的制定,保证其增进居民福利、协调与自然环境的关系、维持景观等功能,合理利用全社会资本,推进策略有效地实施。

国土强韧化规划主体部分由国土强韧化基本规划和国土强韧化地域规划(亦称地域强韧化规划)组成,分别由国家和地方编制。

2.规划编制方法

地域强韧化规划采用了PDCA Cycle的通用模型,即"P(计划)—D(执行)—C(检查)—A(处理)—下一个PDCA"的循环模式[4],地域强韧化规划的主要成果是各个风险事态下的相应对策集合,并给出与对策相关的重点项目,因此其核心部分在于P(计划)中的风险事态、脆弱性评价和应对策略的讨论等主要方法(图6.4–1)。地域强韧化规划从可以预想的最坏情景出发,来探寻城市系统的薄弱点和解决方法、考虑城市未来发展策略,对我国韧性城市建设很有借鉴意义。

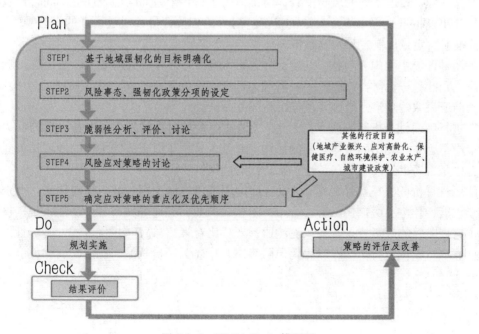

图6.4–1　PDCA Cycle 模型图

风险事态设定及细分

在基本规划中，将2.1中基本目标分解为8个具体目标：

（1）大规模自然灾害发生的情况下最大限度地保证人民生命安全

（2）大规模自然灾害发生后迅速开展救助、急救等医疗活动

（3）大规模自然灾害发生后保证必要的行政机能有效运作

（4）大规模自然灾害发生后保证通信机能的畅通

（5）大规模自然灾害发生后保证经济机能不会完全崩溃（包括经济链）

（6）大规模自然灾害发生后保证生活和经济活动所需要的最低限度的用电、用气、供水和排水、交通网络等基础设施的畅通

（7）预防次生灾害的发生

（8）大规模自然灾害发生后，迅速整备城市、经济迅速恢复、再建等所需条件 [6]

并细化每个具体目标，列出了45个可能的风险事态，地方编制地域强韧化规划时要在此基础上，根据地域特性，确定可能发生的风险事件，一般方法为通过往年发生的最大受灾情况或今后有较高几率发生的风险来确定，这是强韧化规划编制的第一个重要步骤。

设定风险事态要求编制时具有自由的发散思维和丰富的想象力 [4]，尽可能多地将未来可能发生的风险都涵盖其中，同时也要求风险事态具体化，能够充分描述风险的可能范围、时间、地点、可能发生的事件等，具有实际参考价值和可操作性。

上述过程明确了强韧化规划所需解决的具体问题并作为后续的脆弱性评价及策略制定的基础，是脆弱性评价的前提事项。

脆弱性分析及评价

脆弱性评价是规划编制方法的主体，也是韧性策略制定的最主要依据 [9]，以上文中风险事态为基础，设置不同的风险情景，对该情景进行各个方面的综合评价，同时也包括国土强韧化事业推进过程中不可欠缺的资源、财力的相关评价，通过科学的、客观的评价，尽可能准确、定量地制定和实施政策。

脆弱性评价主要内容包括：①对于特定的风险事态，分析其对城市各方面的影响，对照所应达到的目标，评价目前在设施、管理方面所存在的脆弱性；②分析脆弱性产生的原因；③对当前所采取的政策、措施等也作出脆弱性评价。

在进行脆弱性分析时，应重点考虑：①为避免最坏事态的发生什么是必要的？②现有的对策中是否考虑到不同主体之间的协作？③是否重视了以市民为主体的地域防灾能力的提升？④是否考虑到设施的代替性、冗余性的确保？[10]

脆弱性评价的实施顺序包括：①设定评价领域，包括个别领域与横向领域，个别领域即行政机能、住宅、医疗、教育、金融、通信、产业、交通等城市各个功能系统，横向领域为国家现阶段的政策背景，如风险沟通、老朽化对策 [11] 等，如图6.4-2，脆弱性评价需在这些领域框架内进行。②以纵轴为风险事态，横轴为评价领域，制成脆弱性评价表，如图6.4-3。

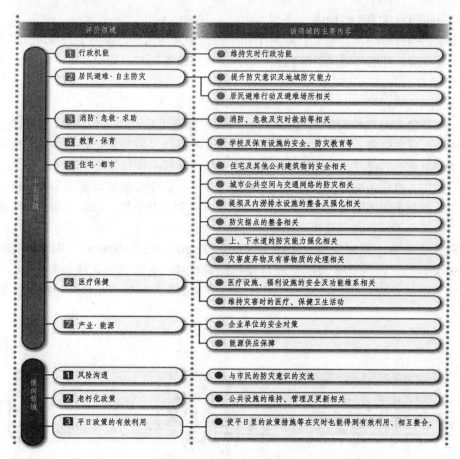

图 6.4-2　脆弱性评价领域[11]

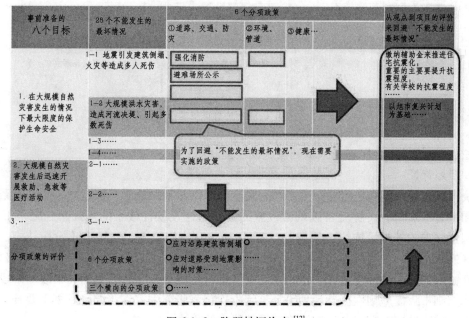

图 6.4-3　脆弱性评价表[12]

3. 针对不同领域的策略构成

基于脆弱性评价结果，制定针对各个领域的未来发展策略，除防灾设施强化策略外，也包括产业发展、自然环境保护等相关领域的策略，政策领域（施策分野）与脆弱性评估保持一致。

主要重点包括：

（1）硬件整备与软件对策的适当组合：将硬件整备策略，如防护措施、硬件提升等，与避难训练、应急管理、防灾教育等"软件对策"相结合，制定复合的、具有可操作性的对策，从一个长远的视野上来把握策略的重点，尽可能在早期将策略群以高水准制定。

（2）横向、纵向策略搭配，政府、民间相互合作：韧性城市建设涉及多方利益，应在原有的行政框架上，不断加强各部门之间的联系，做到充分协作、信息共享，共同推进韧性提升（图 6.4-4）。

针对每类策略，选定重要业绩指标（Key Performance Indicator），KPI 体现了指标与项目的关联性、指标和政策的关联性及指标的特性（客观性、实践性）[4]，KPI 是测度政策完成度的重要指标，其灵活运用有助于对重要项目的管理及及时把握韧性策略的实施情况。

○ HARD 及 SOFT 两类政策

○ 政府主体、民间组织相互合作制定措施

图 6.4-4　国土强韧化规划韧性策略构成 [13]

二、规划实践：合肥市市政基础设施韧性提升规划

1. 规划背景

城市市政基础设施是为社会生产和居民生活提供服务的物质工程设施，是城市系统的基础和重要组成部分，提升市政基础设施的韧性是建设韧性城市的基础。合肥市于 2014 年编制了《市政基础设施综合规划》，整合区域市政设施资源，优化市政设施结构，取得了较好的效果，然而《综合规划》在基础设施应急系统和风险管理方面考虑尚不够全面。为提升城市韧性、建设安全城市，构建安全、韧性、健康、高效、集约的市政基础设施系统，特编制市政设施韧性提升规划研究，将本次规划研究内容作为综合规划重要补充，重新审视基础设施应对灾害风险的能力及提升能力的措施。

2. 规划流程

本规划是一次全新的规划实践，不同于传统的防灾规划，韧性规划关注城市范围内可能发生的风险事件，聚焦于增强城市应对多种灾害的能力，在国内尚无先例可循，因此充分借鉴日本强韧化规划的规划体系和方法，在基础设施系统中予以应用，界定了城市基础设施韧性的内涵，在参考国土强韧化脆弱性评价的基础上，设定潜在的灾害情景和风险事件，对合肥市市政基础设施的脆弱性予以评估和分析，并制定韧性提升策略和相关应急措施。

主要规划流程包括：

（1）明确城市市政设施韧性内涵。结合我国城市市政基础设施的特点，明确影响基础设施韧性的相关要素。

（2）提出韧性提升的基本目标，确定可能的风险情景。

（3）依据风险情景，分析、评价系统脆弱性。

（4）针对各要素方面的脆弱性，讨论应对风险的措施政策。

（5）对结果重新审视，评估及完善整体对策。

3. 韧性评价结果

进行评价时以纵轴为风险事态，横轴确定为"设施规划布局、重大设施冗余性、行政管理机能及宣传、教育、训练"四个方面，按照此模式对每一类基础设施，分析在不同事态下，系统管理、应急预案、空间布局、设施及教育宣传等方面存在的脆弱性。在以上方面对合肥市市政基础设施的韧性进行分析，并对市政基础设施系统有可能造成影响的风险事件，包括自然灾害、生态灾害、蓄意袭击、系统本身的漏洞等进行风险分析研究，明确合肥市市政基础设施系统的潜在风险及其主要影响因素。

（1）总体评价

通过对合肥市基础设施的整体评价，可以看出合肥市在物质性建设上已具有一定的基础，各类防救灾设施较为完善，应急体系及管理体系也已初步建立，总体上来说具备了一定的"韧性"和抵御一定规模灾害的能力，但仍有诸多不足之处。

1）应急预案体系仍有待完善

应急预案未能做到全覆盖：目前编制了全市性应急预案的部门只有供电、供水、供气、排涝、消防等部门。

应对重大自然灾害的应急预案缺失：现有应急预案更多关注常态下维持系统正常运行的事件，对于特大灾害等突发事件的应急措施考虑较少。

缺乏部门之间的协调合作：应急预案在部门权限之外的部分难以顾及，部门之间缺乏交流共享。

2）认识上的不足

各部门对灾害发生的紧迫性认识不足：合肥为自然灾害少发城市，但随着城市快速发展，人口、产业等改变着城市所处的自然环境，也给城市带来巨大压力；同时，近年来社会安全事件频发，城市韧性建设极为紧迫。

各部门对灾害发生的危害性认识不足：重大自然灾害或突发事件一旦发生，将对城市产生致命的破坏，各部门乃至全社会都应认识到并重视灾害发生的可能性及其后果。

3）韧性要素建设尚有差距

物质性要素建设有一定基础，但离韧性城市标准尚有不足：

消防：用地不足、服务半径未满足；供水：备用水源建设不足、城市干道下供水管道薄弱、互联互通未建立；供电：能源单一、电缆未完全入地；排污、排涝：管养基地缺失、管道韧性考虑不足等。

非物质要素建设较为薄弱：目前非物质建设方面还存在统一管理机构尚不明确、社会组织参与较少、教育、宣传工作缺乏等一系列体制机制问题。

（2）分项评价

首先确定各个基础设施系统的韧性提升目标及可能存在的风险事态，并制成表格，详见附表6.4-1。

在此基础上对12个基础设施系统分别进行详细的韧性评价，制成脆弱性评价表，此处以供水系统为例（表6.4-1），除对脆弱性分项进行评价外，同时也对现有的措施和政策进行评价。脆弱性评价表体现了基础设施在各个要素建设方面的不足以及现有对策的欠缺，是制定韧性提升策略的依据。

供水设施脆弱性评价表　　　　　　　　　　表6.4-1

系统总体目标	可能发生的事态	脆弱性评价分项					现有措施或政策的评价
		行政管理	应急预案	空间布局	设施强化	教育宣传	
1. 大规模自然灾害发生时供水设施保证基本运转并在灾后及时恢复	1.1 城市发生水源枯涸城市原水不足	城市未来发展所需水源涉及区域层面的调水工程，需要不同区域间的协同合作，不确定因素较大	分情景，对不同的情况有完整的应急预案，但预案较为概括，缺乏实际可操作性	合肥现有水厂选址缺少未来水源变化情况的考虑；供水管线系统缺少整体综合的布局；尤其是老城区供水管线较为复杂，其与道路的关系亟待调整	合肥未来发展对用水量要求大，现有水源不能满足未来发展	对分质供水、节水有一定的宣传，但力度不够	对未来城市水源利用有着明确的规划，但缺乏对水体的综合利用
	1.2 地震灾害发生后城市原水不足。供水系统中断	水厂、供水公司、地震局者之间缺少联动机制，灾害发生时，信息不能有效传递	现有应急预案缺乏情景模拟，灾害发生时可操作性较差		供水管网较为脆弱，水厂之间的关联性不高	地震灾害发生后，居民如何应对缺水环境缺少教育宣传	现有措施缺少不同地情景的模拟，导致政策在灾害发生时，不能有效落实
	1.3 内涝洪水灾害发生后城市水源受到污染	水厂、供水公司与气象单位、防汛部门缺少信息共享，灾害信息不能高效传递	针对暴雨带来的水体污染，具有详细的应急预案		水厂之间互联度不高水处理工艺较为单一	对水源保护有一定的宣传，但力度仍需加强	现有措施较为概括，具体指导性较差

续表

系统总体目标	可能发生的事态	脆弱性评价分项					现有措施或政策的评价
		行政管理	应急预案	空间布局	设施强化	教育宣传	
1. 大规模自然灾害发生时供水设施保证基本运转并在灾后及时恢复	1.4 电力等相关基础设施受损引发供水系统中断	水厂、供水公司与电力部门之间缺少信息共享平台	有详细的应急预案，但缺少具体的应急措施	合肥现有水厂选址缺少未来水源变化情况的考虑；供水管线系统缺少整体综合的布局；尤其是老城区供水管线较为复杂，其与道路的关系亟待调整	水厂、供水系统的电力供应系统可靠性较弱	缺少居民如何应对的宣传工作	现有措施缺少对特殊极端情景的考虑，一旦灾害发生，不能有效应对
	1.5 人为活动引发供水系统损坏	供水公司缺少对供水管网系统的监控系统，信息获取滞后	现有应急预案对不同情景都有考虑，全面但不够深入，缺少具体操作步骤		水厂、供水系统对水源及管网的监控力度不足	缺少相应的教育宣传	现有措施较为概括，在实际应用当中操作性较差

4. 韧性提升策略

(1) 总体策略

1) 转变规划理念

我国规划体系依然遵循着传统的常态视角，现有的防灾规划、公共安全规划等本质上均是在常态规划下所做的拓展与延伸，不能成为城市发展的导向性指南；同时城市防灾减灾依然是传统的"工程学思维"[2]，未能涉及经济发展、社会治理和民众参与等方面。我国近年来灾害频发，急需建设韧性城市来予以应对，应达成这样一个共识：只有在实现城市安全的基础上，才能提升生活质量和城市高效发展，灾害既是挑战，也可能是城市向更高层面发展的机遇（图 6.4-5）。我国在未来的韧性城市建设中，应首先转变传统规划思路，以非常态事件为切入点，以非常态规划为基础，实现常态规划与非常态规划相互协调。

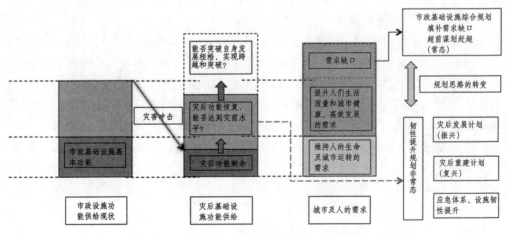

图 6.4-5 市政设施平灾时需求示意图及未来规划转型方向意向

2）推进韧性城市规划法制化建设

国土强韧化政策提出之后，日本迅速通过了国土强韧化基本法（2013年），确定了国土强韧化事业的地位、机构、指导方针及资源调配的权力等，确定了国家、地方、企事业的责任义务。基本法地位在各类防灾和规划法律之上，切实为国土强韧化的实施提供保障。我国防灾法律主要为"一事一法"[14]，对于城市多种复合灾害难以应对，因此我国未来韧性城市法制化重点有：①建立韧性城市基本法作为韧性城市规划建设的最根本依据；②确立起韧性城市规划的法定地位，保障韧性城市规划顺利实施；③各个地区根据基本法的要求，结合当地情况，编制韧性城市法律法规。

3）推进体制机制改革

为推进国土强韧化，日本自上而下地迅速建立起相关完善的体制机制，由中央主导，由总理大臣担任国土强韧化推进本部部长，官房长官、国土强韧化担当大臣、国土交通大臣担任副部长[15]，具有很强的支配力和决策权。同时，地方政府与公共团体共同协作，构筑起"中央—地方—公共团体—市民"的体系共同推进强韧化规划的编制实施，并在民间广为募集意见和策略，做到公众参与。借鉴日本经验，我国未来应立足国情，逐步优化体制机制，适应韧性城市发展。

在体制建设方面，首先，国家层面应成立韧性城市事业推进的顶层机构，协调各部门编制韧性国土规划；对城市层面，主要包括：建立韧性城市建设领导小组，市主要领导人担任组长，并设领导小组办公室。其次，完善韧性城市建设管理部门，如应急办、人防办等。最后，由各个分管部门制定统一的城市各个功能系统的韧性规划和应急预案，指导各个具体部门进行韧性提升工作的实施。

在机制建设方面主要有：①物质性政策与非物质性政策协同推进：物质性对策的硬件整备与防灾教育避难训练等非物质性对策，适当地相互合作、相互促进，共同推进韧性城市建设。②多层级应急预案联动体系建立：实现纵向上"市—职能部门—街道—企业"及横向上同级部门协作的联动体系，充分发挥应急预案功能。③将城市韧性提升工作纳入各部门、地方考核体系：在部门和地方综合考核中，不再一味地追求经济建设，适当提高城市韧性建设工作的权重。④加强与NGO协作机制：政府加强与社会组织团体在防灾应急方面的协作，实现"公助＋共助＋自助"，提高救助率及应急效率。

4）重新梳理空间规划体系

今后我国可借鉴日本国土强韧化规划体系建设的经验，编制各个层级的韧性城市总体规划，并理顺韧性城市规划体系和现有规划体系的关系。①国家层面：政府编制韧性城市规划指导书并编制韧性城市基本规划，以此为基础，各部门编制专项规划。②城市层面：在政府工作计划中应建立完整的韧性城市规划体系，以韧性城市行动计划作为顶层设计，韧性城市行动计划是与全市相关的各个领域建设的指南性文件。在顶层设计指导下，编制城市韧性规划及相关功能系统的韧性提升规划，指导城市总体规划和防灾规划，在此基础上，编制城市各个功能系统的韧性提升规划。同时，应将城市灾后重建工作前瞻性地放入韧性城市规划编制体系，提前编制重建规划，应对灾害风险作超前性的预规划。

5）强化社会"韧性"意识

日本为国土强韧化事业举办了多种防灾教育及训练活动，除前文中提到的防灾地图制作、联合避难训练、滞留设施训练等外，还重新修编了防灾教材[16]，在常规的灾害知识外，加入了大量韧性城市方面的素材，并在实践部分增加了"规划强韧的城市"的内容，使每一位学生参与国土强韧化事业中来，培养"韧性"意识，现此教材正在全国中小学推广。

我国一直忽视对公众的防灾教育、宣传、训练等工作，导致市民对灾害防范意识不高[17]，各大城市普遍存在这方面问题，韧性城市的建设不应仅体现在物质性的强化上，还应进一步加强宣传、教育工作，强化国民意识，实现"自救"的可能性，尤其需要重视防灾教育宣传和多样化的防灾训练，"从娃娃抓起"，在各个教育层级设置不同深度的防灾及韧性教育[14]，培养全民韧性意识，更多增加实践性内容，还应注重新技术的利用，可以借助微博、微信平台普及灾害知识，只有注重日常的积累，灾害发生时才能理性应对，提高避灾救灾效率。

（2）分类策略

在对合肥市市政基础设施脆弱性评价的基础上，对十二个类别的市政基础设施，提出市政基础设施韧性提升及风险管理的相关建议，优化市政基础设施平台，夯实建设基础，增强规划可靠性。

在制定策略时，充分考虑合肥的地域特性：①合肥市作为省会城市及长三角重要城市之一，不仅应提升自身城市韧性，也应该承担起区域韧性城市体系发展的责任。②合肥市处于经济社会快速发展阶段，增加了设施需求预测的不确定性；③合肥属于自然灾害少发地段，但城市安全极为重要，应始终保持对自然灾害的重视程度，按高标准来提升其韧性。

结合脆弱性评价表，制定措施，并列举出相关的指标，此处以供水系统为例（表6.4-2）。

供水设施韧性措施表 表 6.4-2

		脆弱性策略分项					重要业绩指标
		行政管理	应急预案	空间布局	设施强化	教育宣传	
可能发生的事态	1.1 城市发生水源枯涸城市原水不足	建立区域层面的调水工程协调机制	水源调配方案[1]		①重大引水工程的建设 ②分质供水系统 ③建设中水回收系统	开展节水的教育工作，加大宣传力度	• 引水工程 • 分质供水建设比例 • 中水回收系统建设比例
	1.2 地震灾害发生后城市原水不足、供水系统中断	水厂、供水公司、地震局者之间建立信息共享平台，灾害发生前后，信息有效传递	在应急预案中对不同等级的地震灾害进行模拟，并制定相应的实施措施	• 合肥现有水厂选址考虑未来水源变化情况的；• 水厂互联互通提高供水系统的可靠性；• 供水管线系统整体综合的布局；形成互联互通的网络系统，提高可靠性 • 调整老城区供水管线	①提高水厂的抗震等级 ②提高管网系统的抗震能力 ③增加小型临时供水设施	开展地震演戏训练，指导居民在地震发生时对水资源的储备与利用	• 水厂的抗震等级 • 供水管网的耐震化率 • 临时供水车数量 • 临时供水点数量
	1.3 内涝洪水灾害发生后城市水源受到污染	水厂、供水公司与气象单位、防汛部门建立信息共享平台，灾害发生前后，信息有效传递	在应急预案中对不同等级的内涝洪水灾害进行模拟，并制定相应的实施措施		①提高水厂处理能力 ②合理布局调配临时供水设施	明确临时供水点。加强宣传，并开展节水教育工作	• 水厂的污水处理总量 • 临时供水车数量 • 临时供水点数量

续表

		脆弱性策略分项					重要业绩指标
		行政管理	应急预案	空间布局	设施强化	教育宣传	
可能发生的事态	1.4 电力等相关基础设施受损引发供水系统中断	水厂，供水公司与电力部门之间建立信息共享平台	在应急预案进行不同程度的电力中断，并制定相应的实施措施	•合肥现有水厂选址考虑未来水源变化情况的；•水厂互联互通提高供水系统的可靠性；	①提升水厂的备用电源的发电量能力		•水厂的备用电源发电量
	1.5 人为活动引发供水系统损坏	供水公司对供水管网系统进行监控，及时获取信息	在应急预案进行不同种类情景模拟，并制定相应的实施措施	•供水管线系统整体综合的布局，形成互联互通的网络系统，提高可靠性•调整老城区供水管线；	①提高对供水管网的动态实时监控的能力②加强对水源地及供水设施的保护力度	加强对水源地及供水设施的保护宣传工作，并明确相应的法律法规	①供水管网的监控平台数据②水源地及供水是保护设施及举措

三、结语

日本国土强韧化实践取得的成果值得我们借鉴，但也应明确我国和日本的经济发展、制度等方方面面的差异，韧性规划理论和方法如何本土化需要我们更加深入地思考。合肥的韧性规划实践尽管只涉及了城市中的一个功能系统，却是我国韧性城市规划建设实践的一次成功尝试，得到当地规划管理部门的高度认可。当然，本次案例规划由于基础资料等客观条件的限制，对市政设施系统的分析尚不够全面。今后在韧性规划方法上还应针对我国的具体国情，进行进一步的探索研究，为全面开展我国韧性城市规划工作、提高城市综合防灾能力、保障城市安全、提升城市竞争力、维护城市文明建设成果，作出我们应有的贡献。

参考文献

[1] 李彤玥，牛品一，顾朝林 . 弹性城市研究框架综述 [J]. 城市规划学刊，2014（5）23-31.

[2] 邵亦文，徐江 : 城市韧性 : 基于国际文献综述的概念解析 [J]. 国际城市规划,2015（2）48-54.

[3] 郑艳 . 推动城市适应规划，构建韧性城市——发达国家的案例与启示 [J]. 世界环境，2013（6）50-53.

[4] 内阁官房国土强韧化推進室 : 国土强靭化地域計画策定ガイドライン（案）. 平成 27 年 6 月 3 日 .

[5] 国土强靭化推進本部 : 国土强靭化政策大綱 . 平成 25 年 12 月 17 日 .

[6] 内阁官房国土强韧化推進室 : 国土强靭化とは？. 平成 26 年 .

[7] 内阁官房国土强韧化推進室 : レジリエンス・ジャパンを世界へ発信！~強くて、しなやかなニッポンへ」. 平成 26 年 12 月 .

[8] 国土强靭化推進本部 : 国土强靭化アクションプラン 2015. 平成 27 年 6 月 16 日 .

[9] 大規模自然災害等に対する脆弱性の評価について（概要）.

[10] 高知市强靭化計画 . 平成 27 年 .

[11] 高知市アクションプラン．平成 27 年．

[12] 旭市国土強靱化地域計画．平成 27 年．

[13] 茨城県生活環境部；防災・危機管理局；防災・危機管理課：「茨城県国土強靱化地域計画の策定について」．平成 27 年．

[14] 吴云清，翟国方，李莎莎．3.11 东日本大地震对我国城市防灾规划管理的启示 [J]．国际城市规划，2011（4）22–27．

[15] 内閣官房国土強靱化推進室：「強くしなやかな国民生活の実現を図るための防災・減災等に資する国土強靱化基本法について」．平成２６年２月．

[16] 内閣官房国土強靱化推進室：「防災まちづくり・くにづくり」学習ワークブック．平成 26 年．

[17] Guofang Zhai and Takeshi Suzuki（2009）：Risk Perception in Northeast Asia. Environmental Monitoring and Assessment. 157：151–167.

5. 西部贫困农村地区危房加固改造设计与实践

周铁钢　王宇恒　梁增飞

西安建筑科技大学，陕西西安，710055

引言

近年来，国家精准扶贫政策正在全国范围内全面落实，其中危房改造是精准扶贫的一项重要任务。以往危房改造中，大多是推倒重建，不符合国家危房改造的核心精神。西部贫困地区生土结构民居量大面广，存量危房数量大，由于加固缺乏有效的技术指导，导致绝大部分仍具有使用价值并可通过加固改造提升安全性的危房被推倒重建，资源浪费大，农民负担重。2015 年 10 月，结合甘肃省定西地区临洮县的危房改造工程，西安建筑科技大学与中国建筑科学研究院尝试、探索了西部贫困农村地区危房改造的新模式：在有效提高房屋抗震性能的前提下，将加固改造与美丽乡村建设、传统民居保护相结合，让加固后的房屋不但变得安全，而且保持原有风貌，同时合理控制加固成本，尽可能让最困难群众利用政府补助资金即可完成危房的加固改造。

一、工程概况

通过现场调研，临洮县需要改造加固的危房多建于 1975 ～ 1995 年之间，均为单层房屋，建筑面积 40 ～ 85m² 不等，除少数近年新建房屋采用砖混结构外，其余房屋多为砖土混合承重—木屋盖结构和生土墙体承重—木屋盖结构，屋顶采用抬梁式木屋架和瓦屋面，屋面有单坡和双坡，具有明显的西北地区风格。典型房屋模型和平面布置图见图 6.5-1 和图 6.5-2。

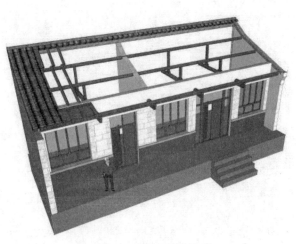

图 6.5-1　典型房屋模型

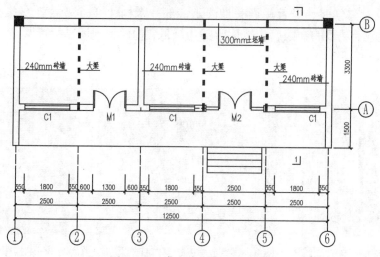

图 6.5-2 典型房屋平面布置图

二、主要危险类型及原因分析

现场调研期间，对临洮的典型危房现状进行了详细调查，对危房现存的主要问题进行了归纳总结和分析。

1. 墙根碱蚀严重。土墙外侧根部严重酥碱，碱蚀深度一般在 50mm 以上，严重的超过150mm，致使墙体稳定性受到很大削弱（图 6.5-3）。砖墙碱蚀较土墙轻些，但也基本在10mm 以上。

2. 构件（主要是墙体）自身承载力不足。一是土墙采用传统做法人工夯筑或土坯砌筑，抗压强度、抗剪强度均很低，低烈度地震即可致灾（图 6.5-4）；二是很多房屋的门窗洞口顶部不设过梁，仅个别采用砖过梁（砂浆标号较高），大多直接用门框、窗框承担上部墙重，导致很多洞口顶部墙体出现竖向弯曲裂缝（如图 6.5-5）。

图 6.5-3 土墙墙根碱蚀

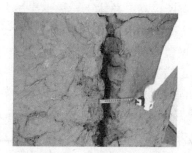

图 6.5-4 土墙竖向裂缝

图 6.5-5 窗顶开裂、窗户变形

3. 构件之间缺乏有效连接，房屋整体性较差。纵横墙交接处无有效连接措施，交接处出现竖向裂缝（图 6.5-6）；砖土混合承重结构房屋，四角砖柱与土墙之间无连接，同样存在原始竖缝；生土墙体内的木构造柱外侧竖向裂缝也很常见（图 6.5-7）；木屋架或木梁与纵墙之间、檩条与承重山墙之间，缺乏有效连接措施。

4. 部分木构件存在质量缺陷，部分开裂、腐朽严重。一是很多老旧房屋的大梁、檩由于木材干缩，裂缝宽度大，而且较深；二是老旧房屋一般不做防水处理，当屋面瓦残缺破损且未及时修缮时，导致屋面长期渗水，部分木构件（屋架、梁、檩、椽子）发生糟朽、白化现象，严重的会因腐朽造成承载力降低，构件出现明显挠度甚至局部断裂（图6.5-8）。

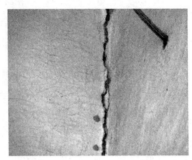

图 6.5-6 纵横墙交接处裂缝　　图 6.5-7 土墙内设有木柱处开裂　　图 6.5-8 木构件白化、腐朽现象

三、危房结构鉴定与加固方案设计

1. 危房安全性鉴定

根据在各乡镇的现场调查与分析，并参考《农村危险房屋鉴定技术导则（试行）》、《农村住房危险性鉴定标准》、《农村危房改造抗震安全基本要求（试行）》等技术标准，对临洮县农村既有危房的危险性评价如下：

（1）土墙承重—木屋盖结构房屋，由于建造年代比较久远（一般建成超过30年以上），加之年久失修，墙根碱蚀、墙面开裂剥落、木构件腐朽较严重，大部分属于D级危房，少部分属于C级危房。从房屋整体的适修性来看，如屋面状况很差需要翻新时，可直接评定为D级危房，并建议拆除重建。

（2）砖土混合承重—木屋盖结构房屋，建成时间一般在20～30年之间，该类房屋以"前砖后土"形式居多。当后墙（土墙）内设有砖构造柱或木构造柱时，房屋的整体性与抗倒塌能力较单纯生土墙房屋有所提高。总体上，该类房屋大部分属于C级危房，建议对墙体的开裂、剥落部位进行修复；对房屋四角、梁下部位进行补强；加强土墙与砖墙的连接，及屋面与墙体的连接，提高房屋整体抗震安全性能。

2. 危房加固设计与具体构造措施

调查中发现，临洮县可加固的危房地基基础现状基本良好，仅部分有轻微的不均匀沉降，因此加固方案主要针对上部结构，通过提高承重墙体与关键结构构件的连接可靠度，增强房屋的整体性与抗倒塌能力，最终达到提高房屋的抗震安全性能。其核心是对竖向承重墙进行加固修复，具体方法如下：

（1）拆除重砌或增设墙体。对强度过低、现状质量较差的原墙体可拆除重砌，因横墙间距过大导致房屋抗震承载力不足或整体性不好的可增设承重横墙。

（2）砂浆面层加固。当墙体因砌筑砂浆强度等级偏低，砌筑（夯筑）质量很差导致抗压、抗剪承载力严重不足时，但现状尚可时，可在墙体的一侧或两侧采用水泥砂浆面层、钢丝网水泥砂浆面层加固。面层加固也可与压力灌浆结合用于有裂缝墙体的修复补强。

（3）配筋砂浆带加固。当不需要对整面墙体进行加固时，可以仅在墙体的关键部位（如大梁、屋架、檩条的支撑处，房屋四角、墙根、墙顶、檐口处等）设置一定宽度的水平与竖向配筋砂浆带进行局部加固。配筋砂浆带可以凸出原墙面明设，也可以在原墙面上刻槽暗设。

（4）更换或增设木柱加固。当原土墙内设置有木构造柱但木柱严重腐朽失去承载力时，可以考虑在临时加设支撑条件下对墙内木柱进行更换，新换木柱应保证上下端的连接与嵌固。当原土墙内没有木构造柱时，也可以在墙内刻槽增设木柱。

（5）墙体裂缝修复。对于砖墙，可根据裂缝开展宽度采用局部抹灰、压力注浆、拆砌等方法进行修复；对于土墙，当裂缝较宽时，宜采用草泥塞填处理，当裂缝宽度较小时，可采用水泥浆、石膏浆或水玻璃等材料灌缝处理。

临洮县危房加固改造过程中，"配筋砂浆带加固"是使用频率最高的方法，其施工过程如图6.5-9所示。配筋砂浆带加固法无需大面积施工，既节省用料、节约人力，又能有效增强房屋整体性，同时还能最大程度地减轻对房屋原貌的破坏，可谓"一举多得"。

a. 墙面刻槽　　　　　　　　b. 钢筋拉结　　　　　　　　c. 砂浆抹面

图6.5-9　配筋砂浆带施工

配筋砂浆带加固方法主要要求如下：

（1）砂浆强度等级不宜小于M10。

（2）水平配筋砂浆带的宽度不应小于200mm；竖向配筋砂浆带的宽度应为纵横墙交接处墙厚外延每侧各50mm；砂浆带厚度：对砖墙不宜小于30mm，对土墙不宜小于50mm。

（3）配筋砂浆带的纵向钢筋不小应于2根6mm的钢筋，系筋可采用间距250mm、直径6mm的钢筋。带宽大于300mm时，纵筋不宜小于3根直径6mm的钢筋；宽度大于300mm时，纵筋不宜小于3根直径为6mm的钢筋。

（4）墙体两侧砂浆配筋带应采用穿墙钢筋对拉，对拉钢筋宜采用直径6mm的钢筋，间距不应大于500mm。

（5）砂浆配筋带可明设（凸出墙皮）或暗设（刻槽内嵌布置），一般砖墙可明设，土墙可暗设（图6.5-10、图6.5-11）。水平与竖向砂浆配筋带应形成网格状布置，并可靠连接，以增强对墙体的约束能力。

（6）水平砂浆配筋带一般不少于2道：檐口位置，或大梁、屋架支承底部，或预制楼板下面布置一道，正负零位置布置一道；竖向砂浆配筋带一般每开间轴线处布置一道。

（7）当房屋同一高度纵横墙为不同砌块材料砌筑，或纵横墙交接处已经产生竖向通缝时，可先用水泥砂浆灌缝或塞缝，再用竖向配筋砂浆带加固，灌缝前应将缝隙中的灰渣、杂尘清洗干净。

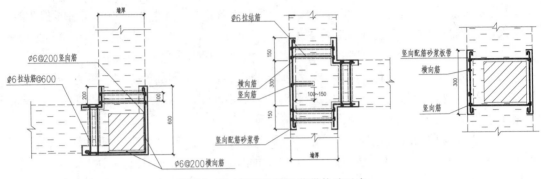

图 6.5-10　暗设配筋砂浆带构造示意

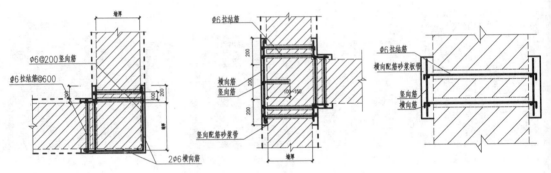

图 6.5-11　外加配筋砂浆带构造示意

3. 加固前后效果对比

临洮县危房的加固，主要是解决房屋正常使用状态下的安全性问题，兼顾提升房屋的抗震防灾性能。在此过程中，考虑到美丽乡村建设与传统民居保护，加固方法不仅要合理控制成本，而且要尽可能地保留房屋的原有风貌，或是通过加固强化建筑风格，典型房屋的加固前后对比如（图 6.5-12、图 6.5-13）。

a. 正立面　　　　　　　　　　　　　　　b. 背立面

图 6.5-12　加固前的典型房屋

| *a.* 正立面 | *b.* 背立面 |

图 6.5-13 加固后的典型房屋

四、危房加固可行性分析

1. 加固造价分析

根据甘肃省实行的差异化补助要求，临洮县规定每一户危房加固改造补贴在 5000 ~ 10000 元。以 60 ~ 80m² 房屋为例，加固过程中的材料费 3000 元以内（表 6.5-1），人工费 6000 元以内，每平方米加固改造费用约 100 ~ 120 元，总体费用可控制在 1 万元以内，大大减轻了危房改造户的经济负担，甚至是让最困难群众利用政府补贴即可完成改造，深受当地群众的支持。

某 63m² 危房加固改造材料明细　　　　　表 6.5-1

材料		用量	单价	费用 / 元
砂浆	水泥	1t/20 袋	320 元 /t	320
	沙子	2.5m³	150 元 /m³	375
	水	0.8m³		40
钢筋		0.12kg	3000 元 /t	360
木材		0.5m³	400 元 /m³	200
焊条		20kg	5 元 /kg	100
扁铁		5m	5 元 /m	25
卡箍		12 个	5 元 / 个	60
细铁丝		5kg	5 元 /kg	25
木材硬化剂		1 桶（4kg）	80 元 / 桶	80
建筑石膏		1 袋（20kg）	50 元 / 袋	50
环氧树脂		1 桶（20kg）	30 元 / 袋	30
水玻璃		1 桶（40kg）	40 元 / 桶	40
有机硅		20kg	4 元 /kg	80
合计				1785

2. 加固改造示范工程技术指导流程

为贯彻党中央、甘肃省委关于精准扶贫、精准脱贫的重要指示精神，临洮县委、县政府已将农村危房改造工作作为扶贫攻坚的重点内容、重要环节来抓，与团队总结出了一套完善的危房改造技术指导流程：在深入调查的基础上，对全县危房结构形式、安全现状进行分类，制定全县农房危险性鉴定技术指南，指导基层人员提高危房鉴定技术水平；选择典型危房类型，进行精准设计、加固与维修示范，配合图文并茂的技术指导手册培训农村工匠，使其掌握一定的加固方法与改造技术。因此，临洮县危房改造示范工程的目的不只是简单的房屋修缮，更是通过本次工作探索西部贫困地区危房改造的新模式，加强对基层管理人员与农村建筑工匠的技术培训，使农村工匠真正掌握加固技术，力争监管到位、施工规范、质量达标。(图 6.5-14)

图 6.5-14　临洮县危房加固改造新模式的探索

3. 推广与应用

2016 年 3 月，在全国精准扶贫工作现场会上，团队指导完成的甘肃定西农村危房加固维修示范工程受到国务院、住建部及甘肃省的高度评价，此次工作有效地解决了当地农村贫困家庭的住房问题，极大地改善了他们的生活居住条件（图 6.5-15）。在整个危房加固改造过程中，临洮县政府成立了全县农村危房改造领导小组，专门负责危房改造工作的组织落实，建立健全了危房改造管理制度，及时跟进危房改造工作进展情况，协调解决工作中出现的具体问题，为危房改造工程的顺利实施提供了强有力的保障。本次危房改造工作的顺利进行除了团队与临洮县政府的紧密配合之外，更少不了当地群众的支持与参与。临洮县的许多危房改造户自发加入政府组织的"农村建筑工匠培训"之中，从基本的危房鉴定方法学起，亲身参与示范房屋的改造维修工作当中，在实践中领会、掌握一定的加固改造技术，为更多的农村危房改造工作积累了宝贵的经验，使得西部贫困地区危房改造的新模式得以推广（图 6.5-16）。

五、结论

临洮县农村住房以传统土木结构居多，乡土风格鲜明，由于年久失修，危旧房屋比例、存量均较大。我们的加固设计，主要解决房屋正常使用状态下的安全性问题，兼顾同步提升房屋的抗震防灾性能。将房屋的加固改造与乡村风貌相结合，使传统民居得以保护，让加固后的房屋不但变得安全，而且变得更有风格。同时，在整个甘肃省临洮县的加固改造过程中，通过技术培训与现场技术指导，让农村工匠学习、掌握基本的危房加固技术，也为西北贫困地区危房加固改造新模式的推广打下了良好的基础。

图 6.5-15　临洮县危房改造工作收到高度评价

图 6.5-16　群众自发参与到危房改造工作中

参考文献

[1] 建筑抗震鉴定标准 GB 50023-2009[S]. 北京：中国建筑工业出版社，2009.

[2] 镇乡村建筑抗震技术规程 JGJ 161-2008[S]. 北京：中国建筑工业出版社，2008.

[3] 危险房屋鉴定标准 JGJ 125-99（2004 版）[S]. 北京：光明日报出版社社，2004.

[4] 农村住房危险性鉴定标准 JGJ/T 363-2014[S]. 北京：中国建筑工业出版社，2015.

6. 龙卷风作用下某厂区轻钢结构损伤调查分析

刘艳琴[1]　李华[1]　赵增山[2]　王文博[2]

1. 盐城正平房屋安全司法鉴定所，盐城，224005；

2. 南京工大建设工程技术有限公司，南京，210008

概述

2016 年 6 月 23 日下午 14 点 30 分左右，江苏省盐城市阜宁县遭遇的强冰雹和龙卷风双重灾害。龙卷风按风速及破坏程度分为 5 级，龙卷风等级分类见表 6.6-1。专家组判定等级为 EF4 级，属猛烈龙卷，典型的破坏特征为：坚固房屋被夷为平地；基础不牢的建筑物被刮走，汽车被抛向空中，空中大的物件横飞等。我国大部分城市都有龙卷风踪迹，其中东部沿海地区最多。据统计,1960～1996 年江苏省各行政区域共发生龙卷风灾 908 次，位列全国第一，其中风速在 70.4m/s 以上的风灾共 10 次，风速在 50.4m/s 以上的龙卷风灾 246 次。江苏盐城地区平均每年 4.3 个龙卷风天气[1]。

轻钢结构由于其质量轻、刚度小等特点，在风荷载作用下容易造成损伤。本次龙卷风灾害中，阜宁县风电装备产业园某厂区损失严重，最主要原因就是轻钢结构在龙卷风作用下损毁严重，导致结构整体失效，内部人员设备损伤。文献中关于龙卷风引起的轻钢结构灾害损伤资料并不多见。本文基于对阜宁某钢结构厂区灾后损伤调查，对龙卷风造成的轻钢结构围护构件损伤提供比较系统、完整的资料，并提出了轻钢结构抵抗龙卷风灾的加固建议。

龙卷风分类　　　　　　　　　　　　　　　　　　表 6.6-1

等级	估计风速（km/h）	发生频率
EF0	105～137	53.5%
EF1	138～175	31.6%
EF2	179～218	10.7%
EF3	219～266	3.4%
EF4	267～322	0.7%
EF5	>322	0.1%

一、厂区建筑物分部

位于阜宁县风电装备产业园的某厂区建筑物主要由两栋单层排架结构轻钢屋面厂房及一栋存放危化品的单层混凝土框架结构构成，厂区建筑物概况见表 6.6-2。龙卷风由西向东掠过厂区，根据现场破坏情况，估计龙卷风的破坏直径大约为 300～400m，该厂区恰好处于龙卷风路径上，因此整个厂区破坏极其严重。厂区建筑物布置情况见图 6.6-1，图中箭头所示方向为龙卷风大致行进方向。

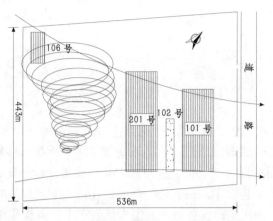

图 6.6-1　厂区建筑物分部情况及龙卷风行进路径

厂区建筑物　　　　　　　　　　　　　　　　　　　表 6.6-2

建筑名称	结构体系
101 号 201 号	单层排架结构建筑物 变截面 H 型钢梁 薄壁型钢屋面檩条、墙面檩条 彩钢瓦保温棉屋面、墙面
102 号	单层钢筋框架结构建筑物 现浇钢筋混凝土屋盖
106 号	单层轻钢结构建筑物 H 型钢梁、钢柱 薄壁型钢屋面檩条、墙面檩条彩钢瓦屋面、墙面

二、厂区灾后损伤检查情况

在本次龙卷风灾害中，厂区的轻钢结构损毁严重，因此对厂区轻钢围护结构进行了全面细致的损伤调查。由于龙卷风的风场较为复杂，为了能更精确地统计龙卷风带来的损伤，本文借鉴文献 [2] 中的做法，并结合现场调查情况，将厂房按照龙卷风行进方向的迎风面、背风面、屋面、侧面分为四个面，由于 101 号、201 号两个厂房纵向尺度较大，将其纵向延垂直于龙卷风行进方向分为左右两个部分，共 8 个区域如图 6.6-2 所示。106 号轻钢结构厂房损毁最为严重，整体倾覆，钢梁、钢柱均严重变形，故未分区统计。

由于灾害过后现场一片狼藉，檩条、彩钢板、工业设备及其他龙卷风携碎物，遍布厂区，现场还有大型机械设备作业，给调查工作带来了较大不便，很多检测仪器无法使用，因此主要对厂房的檩条、拉条、墙（屋）面板等轻钢围护进行损伤调查。损伤调查按轴网中的方格一个一个详细查询，例如 22×A～B 轴外墙面板缺失，7 根墙檩变形，4 根拉条拉断；21～22×J～K 轴屋面板缺失，8 根檩条变形，4 根拉条拉断。然后将统计数据按区域加权平均，得到表 6.6-3 围护结构损伤统计。

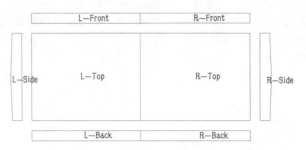

图 6.6-2 屋面和墙面分区示意图

由于损伤调查工作量较大，且无法使用检测仪器，表中檩条损伤形式为严重扭曲变形，拉条损伤形式为拉开或明显弯曲，未统计檩条翼缘屈曲、拉条小幅变形等不明显损伤。墙面板损伤主要为外墙面板损伤，只有少数开间内外墙面板同时损坏；屋面板损伤则是连同双层彩钢板，保温岩棉一起掀飞，屋面板与檩条的连接支架也被拉断。另外，由于屋面墙面敞开面积很大，室内多数生产设备报废，但未包含在本次调查范围内。

轻钢结构损伤统计　　　　　　　　　　　　　　表 6.6-3

	区域	檩条	拉条	墙（屋）面板
106 号	All	厂房整体倾覆，损伤严重		
201 号	L-Front	95%	2%	100%
	R-Front	95%	0%	100%
	L-Back	51%	6%	60%
	R-Back	33%	7%	30%
	L-Top	93%	40%	100%
	R-Top*	77%	24%	80%
	L-Side	77%	13%	80%
	R-Side	24%	1%	20%
101 号	L-Front	28%	2%	70%
	R-Front	5%	0%	10%
	L-Back*	91%	7%	100%
	R-Back*	93%	12%	100%
	L-Top	94%	10%	100%
	R-Top*	70%	8%	80%
	L-Side	92%	13%	100%
	R-Side	64%	24%	60%

注：*局部有堆积物无法检查或为了人员设备进场而进行的人为拆除，表中该区域数据为去除上述局部区域后的统计结果。

由图 6.6-1 建筑物分部和表 6.6-2 中数据可见，位于迎风口的 106 号轻钢结构整体倾覆，在 201 号、102 号、101 号组成的建筑区域内，延龙卷风路径方向的四个墙面中 201号迎风面损伤最为严重，其次是 101 号背风面，而 201 号背风面和 101 号迎风面则损伤较轻，如图 6.6-3 中照片所示。垂直于龙卷风路径的方向上，厂区左侧墙面明显比右侧墙面损伤严重。屋面损伤也较为严重，而且也是左侧比右侧更严重。综合对比 106 号、201 号、101 号建筑损伤，龙卷风破坏力延路径有衰减趋势。在表 6.6-3 统计的损伤之外还有 101 号、201 号局部屋面坍塌刚架变形，及少量隔撑、屋面支撑被拉开的情况。

106 号 All　　　　　201 号 Front　　　　　201 号 Back　　　　　101 号 Front　　　　　101 号 Back

图 6.6-3　不同区域破坏对比

三、龙卷风致轻钢结构破坏机理

龙卷风具有水平范围小，持续时间短的特点。龙卷风漩涡直径在低空只有几十米到几百米，高空直径可达几千米，其持续时间一般为几分钟，最长不超过十几分钟。移动速度快，移动轨迹多为直线。龙卷风风速通常在 100km/h 以上，甚至达到 200km/h 至 300km/h，而陆地上少见的暴风，其风速也只是在 103km/h ~ 117km/h。

龙卷风对建筑的影响主要体现在三个方面：

1. 龙卷风风压对建筑物的破坏。龙卷风由于风速很高，且风场不均匀，当其刮过建筑物时，在建筑物表面产生很强的低压。兰金（Rankine）在 1882 年提出的复合涡模型是一种比较常见的描述龙卷风流场特性的方式 [3]。龙卷风经过建筑物时，其表面压强可近似表示为：

$$\Delta p(r) = \begin{cases} \rho g z + a^2 \omega^2 \rho \left(1 - \dfrac{r^2}{2a^2}\right) & , r < a \\ \rho g z + \dfrac{a^4 \omega^2 \rho}{2r^2} & , r > a \end{cases} \tag{1}$$

其中，是 ω 流体的旋转角速度，ρ 是流体密度，a 是 Rankine 涡的涡核半径（即龙卷风中"暴风眼"半径）。可见在龙卷风中心处的压强是最低的。对于低矮房屋，高度对压差的影响不大，其中心最大压强可近似取为：

$$\Delta p(r) = a^2 \omega^2 \rho \tag{2}$$

由于 101 号、102 号、201 号三栋建筑物之间的间距较小，形成了相对封闭的建筑区域，因此区域内部明显比外部损伤严重，尤其屋面结构受损最为严重。此次 6·23 盐城龙卷风为 EF4 属猛烈龙卷，假设龙卷风切向风速为 80m/s，根据现场破坏情况，假设下部漩涡半径 160m，则旋转角速度为 0.5rad/s，空气密度取 1.29kg/m³，由此可估算出屋面最大风吸力为 8.27kN/m²，而按照《建筑结构荷载规范》GB 50009-2012[4] 和《门式刚架轻型房屋钢结构技术规范》GB 51022-2015[5] 计算，最大风荷载设计值也仅为 1.06kN/m²，可见根据现行规范设计是远远不够抵抗猛烈龙卷风的。

2. 围护结构的薄弱部位破坏，如门窗损坏，引起内压突然增大，导致更大区域破坏，更大龙卷风都属于 EF0～EF2 级，本次盐城龙卷风终引发结构连续破坏。数值模拟结果显示，围护结构破坏对屋面内压的影响比较显著，开洞状态下屋面内压是不开洞时内压的 10 倍以上[6]。图 6.6-4 给出了结构破坏顺序的示意图，首先，门窗破损，建筑变为部分封闭结构，内压增大，屋面板连接支座被拉坏，屋面板被掀飞，最后导致檩条屈曲和钢梁下翼缘受压失稳破坏。

同时，当建筑物变为部分封闭时，处于建筑物内的人员及设备也将受到损伤。在本次盐城龙卷风作用下，101 号、201 号建筑由于部分区域屋面板及墙面板缺失，虽然刚架没有坍塌，但其设备夹层均受到了不同程度的损伤。

1 门窗破损　　　　　2 支架拉坏　　　　　3 屋面掀开　　　　　4 檩条失稳

图 6.6-4　结构破坏顺序

3. 龙卷风飞速旋转的同时，卷积着大量飞射物，对建筑产生猛烈撞击。现场检测发现随处可见墙壁被撞的痕迹，在 201 号建筑屋顶甚至还有一个从 200m 外刮来的重达 2.5t 的集装箱，在龙卷风的加速下，其动能不亚于一辆时速 200km/h 的汽车，将可见飞射物的破坏性。

图 6.6-5　龙卷风携碎物

四、轻钢结构龙卷风防御措施

1. 提高龙卷风多发区设计风荷载。《建筑结构荷载规范》GB 50009-2012 附录 E 中，盐城地区 50 年重现期的基本风压为 $0.45kN/m^2$，此数值基于当地气象部门的统计数据，主要针对季风，而对于台风、下击暴流、龙卷风等自然灾害并不适用，对于盐城地区这种龙卷风高发地区，在设计时仍采用荷载规范中的基本风压是不安全的。然而，如果想通过提高建筑标准来抵抗 EF4 级以上的龙卷风成本是很大的。事实上，95% 以上的龙卷风属于 EF0～EF2 级，对应风速约为 30～60m/s[7]，而且只有龙卷风核心半径处风速，适当提高龙卷风多发地区的设计风荷载，以保证建筑物在大多数龙卷风作用下不会发生严重损伤。

2. 设计成封闭式建筑物。一方面，在强风作用下，建筑物门窗及其他围护结构完整，仅允许最小空气量进入建筑物，能很大程度上减小风荷载对结构的破坏，避免显著性的结构损伤。另一方面，完整的围护结构也能隔离龙卷风和建筑物中的人员及设备。

保证结构处于封闭状态，门窗的性能将尤为重要，另外，注意到本次盐城龙卷风作用下，屋面板与檩条连接的支架多被拉坏，导致传力体系缺陷，荷载无法由檩条、钢梁传至基础[8]。龙卷风破坏性虽然非常大，但其持续时间很短，基于这一特点，需尽可能保证围护结构在龙卷风持续的时间内不发生显著性破坏，可使用更加牢靠并且具有一定延性的防风夹[9]，允许其在龙卷风作用下发生较大变形，但仍能保证屋面板与檩条连接，并且要提高施工质量，尤其是要确保支架与屋面板间的连接。

3. 采用混凝土框架建筑物。一些重要设备或危化品，应尽量存放在单层混凝土框架建筑物中。另外，一片建筑区域内混凝土框架建筑物也能对区域内的轻钢结构起到保护作用，能够有效的降低风压。

五、结论及展望

此次 6·23 盐城龙卷风属于 EF4 级猛烈龙卷，即使在有"龙卷风之乡"之称的美国也是少见的。经过对某厂区的轻钢围护结构的损伤调查，处于建筑区域边缘的 201 号迎风面和 101 号背风面损伤最为严重，损伤形式以檩条严重变形和墙（屋）面板缺失为主。经过分析，龙卷风带来极低压和携碎物对建筑物造成直接损伤，或使围护结构损伤，导致建筑物变为半封闭结构，是造成建筑物损伤的主要原因。针对这些损伤原因，提出了包括提高龙卷风多发区设计风荷载、保证建筑处于封闭状态及配合混凝土框架建筑物的一系列应对措施，确保建筑物能够抵抗大多数龙卷风（即 EF0-EF2）的袭击。

处于龙卷风多发地的建筑物在设计时应采用拟静力的方法配合数值模拟考虑龙卷风荷载[10]。由于国内仅有的几个龙卷风实验室都不是很成熟，对于一些重要结构，可以采用静力试验的方法来近似模拟龙卷风对于屋面等重要部位的影响。

参考文献

[1] 陈家宜，杨慧燕，朱玉秋等. 龙卷风风灾的调查与评估 [J]. 自然灾害学报，1999, 8 (4)：111-117.

[2] 宋芳芳，欧进萍. 轻钢结构工业厂房风灾损伤估计与预测 [J]. 土木建筑与环境工程，2009, 31 (4)：71-80.

[3] 童秉纲，尹协远，朱克勤. 涡运动理论 [M]. 安徽：中国科学技术大学出版社，76-94.

[4] 建筑结构荷载规范 GB 50009-2012.[S]. 北京：中国建筑工业出版社，2012.

[5] 门式刚架轻型房屋钢结构技术规范 GB 51022-2015[S]. 北京：中国建筑工业出版社，2015.

[6] 陶永莉. 沿海地区轻钢仓库围护结构风灾调研及风荷载数值模拟 [D]. 北京：北京交通大学，2007.

[7] Ramseyer C, Holliday L, Floyd R. Enhanced Residential Building Code for Tornado Safety[J]. Journal of Performance of Constructed Facilities, 2015, 30 (4).

[8] FEMA. Reconstructing non-residential buildings after a tornado. Tornado recovery advisory, 2011.

[9] 杜国锋，何明星，吴方红等. 某体育馆屋面系统抗风承载力试验研究 [J]. 建筑结构，2016, 46 (3)：90-94.

[10] 白俊峰，鞠彦忠，曾聪. 龙卷风作用下空间桁架的受力分析 [J]. 东北电力大学学报，2011, 31 (5/6)：47-51.

第七篇　调研篇

　　我国的防灾减灾领导体制以政府统一领导，部门分工负责，灾害分级管理，属地管理为主。当前灾害防范的严峻性受到各级政府和社会各界的普遍重视，各地不断加强地方管理机构的能力建设，制定并完善地方建筑防灾相关政策规章和标准规范。为配合各级政府因地制宜地做好建筑的防灾减灾工作，各地纷纷成立建筑防灾的科研机构，开展建筑防灾的咨询、鉴定和改造工作，宣传建筑防灾理念，普济相关知识，推广适用技术，分析、整理和汇总技术成果，总结实践经验，开展课题研究并建立支撑平台。

　　本篇通过对青海、福建、四川等地区地方特色的建筑防灾方面的调研与总结，向读者展示各地建筑防灾的发展情况，便于读者对全国的建筑防灾减灾发展有一个概括性的了解。

1. 饱和盐渍土地区地基处理工程方案分析与实践

陈耀光[1]   沈勇[2]   彭芝平[1]   杨军[1]   李小兴[1]

1. 中国建筑科学研究院地基基础研究所，北京，100013

2. 青海盐湖镁业股份有限公司，青海格尔木，816000

引言

青海省察尔汗盐湖地基土属于压缩性高、强度低的软土，其水土又具有很强的腐蚀性。限于盐渍土腐蚀问题，其地基处理的方法受到极大限制，目前在工程上常用的较成熟的方法对地基处理要求不是很高时，有换填砂石垫层法、碎石桩复合地基；对较重要的建（构）筑物，常采用碎石排水桩加强夯法（DPD强夯法）和桩基础，当采用桩基础时，在腐蚀环境为中等时，可采用预应力混凝土管桩，在强腐蚀条件下，预应力混凝土管桩方案只有经过论证，采取有效的防护措施并确有保证时方可采用。某烟囱位于察尔汗盐湖，其地基处理经过技术经济比较和论证，采用预应力混凝土管桩复合地基处理方案。在预应力混凝土管桩施工过程中，发现原岩土工程勘察土层与实际土层不符，补充勘察查明基底持力层存在约7m厚的盐层，使得沉桩不到位，为此进行了方案的调整和分析，通过现场试验完善了施工方案。从竣工情况和沉降观测来看，该烟囱的地基处理效果良好，可供类似工程参考和借鉴。

一、工程概况

该烟囱位于青海省察尔汗盐湖，设计为钢筋混凝土结构，高180m，圆形筏板基础，直径29m，基底标高 −11.580m，支护采用沉井型式。由于该烟囱的天然地基不能满足设计要求，故需要进行地基处理，设计要求处理后的地基承载力特征值为280kPa，压缩模量不小于15MPa。根据原岩土工程勘察报告提供的工程地质情况，结合上部结构对地基处理的设计要求，地基处理方案经专家论证采用预应力管桩复合地基方案，预应力管桩设计桩长24m，施工采用锤击沉桩，柴油锤的型号选用D60。预应力管桩开始施工后，试沉桩5根，沉桩长度分别为12m、27m、12m、9m和10m，不满足地基处理设计要求，为此建设单位委托勘察单位进行施工补充勘察，发现实际土层与原岩土工程勘察报告提供的土层情况严重不符，根据施工补充勘察资料以及相关单位专家意见，调整地基处理施工方案和施工工序。

二、工程地质条件

1. 原勘察报告

根据原岩土工程勘察报告，基础底面以下的土层描述如下：

第④层，粉土，灰黄至灰褐色，夹粉质黏土薄层，密实，稍湿至湿，摇振反应中等，无光泽反应，韧性低，干强度中，中等压缩性。地基承载力特征值建议值为140kPa，层底高程 2664.10m。

第⑤层，粉土，浅黄褐色至黄褐色，含云母，密实，稍湿至湿，局部偶见粉质黏土层和透镜体夹层及盐晶薄层，混少量盐粒，摇振反应中等，无光泽反应，韧性低，干强度中，中等压缩性。地基承载力特征值建议值为 170kPa，层底高程 2657.50m，分层厚度 6.60m。

第⑥层，粉土，浅灰褐色至黄褐色，含云母，密实，稍湿至湿，局部偶见粉质黏土薄层及盐颗粒，摇振反应中等，无光泽反应，韧性低，干强度中，中等压缩性。地基承载力特征值建议值为 195kPa，层底高程 2648.80m，分层厚度 10.70m。

第⑦层，粉质黏土，红褐色至黄褐色，含云母，可塑状态，很湿至饱和，局部夹有灰色粉土薄互层，无摇振反应，有光泽反应，韧性中，干强度中等，中等压缩性。地基承载力特征值建议值为 190kPa，层底高程 2635.60 ~ 2633.50m，分层厚度 11.20 ~ 13.30m。

第⑧层，粉质黏土，红褐色至黄褐色，含云母，可塑至硬塑状态，很湿至饱和，局部夹有灰色粉土薄互层，无摇振反应，有光泽反应，韧性中，干强度中等，中等压缩性。地基承载力特征值建议值为 210kPa。本层揭露厚度 23.60m。

勘察期间，地下水稳定水位深度 0.30m，高程 2681.70m，属潜水类型，主要补给、排泄受团结湖水影响。

地下水对钢筋混凝土结构中的钢筋具强腐蚀性；对混凝土结构具强腐蚀性；对钢结构具有中等腐蚀性。

场地抗震设防烈度为 7 度，设计基本地震加速度值为 0.10g，属设计地震分组第三组。场地类别为Ⅲ类，设计特征周期为 0.55s，可不考虑地震液化的影响。

本场地盐渍土按含盐性质分类为超氯盐渍土。

2. 施工补充勘察

根据岩土工程补充勘察报告，现场施工作业面下各层地基土的工程地质描述如下：

第①层填土：杂色，土质不均，主要以人工填砂石为主。层底深度 0.70 ~ 2.30m，层底高程 2669.97 ~ 2671.43m，分层厚度 0.70 ~ 2.30m。

第②层粉土，黄褐至灰黄色，稍湿至湿，中密至密实，含少量盐晶颗粒，无摇振反应，稍有光滑，含氧化铁，粉性较重，偶见盐粒，局部夹有粉质黏土，$a_{1-2}=0.195MPa^{-1}$，中等压缩性。地基承载力特征值为 75kPa。层底深度 7.60 ~ 9.20m，层底高程 2662.87 ~ 2664.74m，分层厚度 5.80 ~ 7.70m。

第③层盐层，黄褐，湿，较坚硬，含大量盐颗粒，盐芯呈柱状。标贯击数 $\overline{N}$=23.9 击。地基承载力特征值为 175kPa。层底深度 14.40 ~ 16.1m，层底高程 2655.97 ~ 2657.94m，分层厚度 5.60 ~ 7.70m。

第④层粉土，灰黄，密实，稍湿至湿，含氧化铁，石英，偶见盐粒，摇振反应中等，无光泽反应，韧性低，$a_{1-2}=0.209MPa^{-1}$，中等压缩性。该层厚度大，局部有粉质黏土夹层呈透镜体状分布。地基承载力特征值为 160kPa。层底深度 20.00 ~ 25.0m，层底高程 2647.04 ~ 2652.07m，分层厚度 3.90 ~ 10.4m。

第⑤层粉质黏土，浅灰褐色至黄褐色，含云母，呈透镜体状分布，塑性较低，可塑状态，偶见盐晶颗粒，摇振反应中等，无光泽反应，韧性低，干强度低，$a_{1-2}=0.353MPa^{-1}$，中等压缩性。地基承载力特征值为 190kPa。层底深度 29.00 ~ 36.00m，层底高程 2636.00 ~ 2643.25m，分层厚度 4.50 ~ 16.00m。

第⑥层黏土，浅灰褐色～黄褐色，可塑，含少量云母，湿，含有机质，土质较硬，局部夹杂粉土薄层及青灰色条纹，局部偶见粉质黏土薄层及盐颗粒，a_{1-2}=0.353MPa^{-1}，中等压缩性。地基承载力特征值为210kPa。揭露最大厚度21.0m。

本次补勘由于沉井施工长期降水，地下水位已经降至盐层底板，埋深 –14.40 ～ –16.10m，相应高程 2655.97 ～ 2657.94m。

结论建议本场地地基处理继续采用混凝土管桩，在成孔时采用其他钻机引孔，穿透盐层。

图 7.1–1 为补充勘察工程地质剖面图，图 7.1–2 为补充勘察钻孔取出的第③层盐层样品照片。

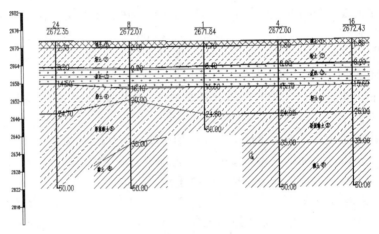

图 7.1–1　补充勘察工程地质剖面图

图 7.1–2　盐层样品照片

需要说明的是，补充勘察报告对第③层盐层给出的承载力为175kPa，压缩模量 E_{s1-2} 为8.5MPa。通过该烟囱4根预应力管桩沉桩到盐层顶面，管桩完全不能进尺的施工情况以及改装的冲孔装置施工情况，结合补充勘察取出的盐层样品及其完整程度，该层强度足可称为结晶盐岩层，现场观察钻芯强度很高，在不考虑溶解的情况下，其承载力和压缩模量应当远远高于补充勘察报告给出的数据。

三、地基处理方案的调整和分析

该烟囱为饱和盐渍土地基，结合上部结构设计要求，地基处理方案采用预应力管桩复合地基方案。预应力管桩设计桩长 24m，采用型号 PHC-AB-400（95）-24a，内孔用 C25 混凝土灌注填充密实，管桩数量为 179 根，单桩承载力特征值为 600kN，管桩桩顶设置 200mm 厚褥垫层。管桩施工采用锤击沉桩，柴油锤的型号选用 D60。预应力管桩开始施工后，试沉桩 5 根，沉桩长度分别为 12m、27m、12m、9m 和 10m，不能满足地基处理要求。

根据岩土工程补充勘察情况和预应力管桩施工反馈信息，原地基处理方案必须进行调整。为了保证调整方案的技术可靠，经济可行，重点对以下问题进行了讨论和分析：

（1）第③层盐层

首先讨论的是，既然第③层盐层强度如此之高，是否可能直接将其作为预应力管桩的持力层，同时辅以加密布桩等设计施工措施，采用短桩复合地基方案。对相关情况进行综合分析后，认为：

1）在 5 根试验桩中，有 1 根桩顺利穿透第③层结晶盐层，说明该盐层的完整性不足以满足工程要求；

2）第③层盐岩层强度虽然足够高，但毕竟属可溶性盐，在烟囱使用期间不能确保完全不溶化，可能危及烟囱安全。

因此第③层盐岩层不能作为桩基持力层，必须穿透。

（2）引孔

由于第③层盐晶层的存在，预应力混凝土管桩无法直接穿透该层。须采取引孔措施穿透第③层盐晶层，之后管桩通过预引孔后继续沉桩至设计桩长。引孔直径比预应力混凝土管桩直径略大，直径采用 600mm；引孔深度超透第③层盐晶层即可，约 19m；引孔工艺采用冲击钻引孔。

（3）第②层粉土的加固

为了保证引孔工序的顺利实施，应对基底②层粉土进行加固。加固的目的在于：

1）基坑底作业面的地基土体抗隆起平衡接近极限。为了保证后续施工过程中的安全，必须消除坑底地基土的隆起隐患。

2）加固后的土层，在后续冲击成孔、预制管桩沉桩过程中，避免桩孔坍塌。

需要说明的是，按照相关规范的规定，当盐渍土的腐蚀强度等级为强、中时，不宜采用水泥搅拌桩等含有水泥的加固方法。此处采用水泥搅拌桩加固第②层粉土，搅拌桩的耐久性没有经过试验确认，故不作为复合地基的增强体来考虑。

鉴于地基土属于盐渍土，第②层粉土的加固采用水泥搅拌桩方案，必须进行现场试验性施工，以确定在饱和盐渍土地基中成桩可行性。水泥搅拌桩设计在烟囱基础范围内满布，桩与桩之间搭接 50mm。

（4）预应力混凝土管桩施工

预应力混凝土管桩主要设计参数：采用 PHC-AB-400（95），预估桩长 30.0m，总桩数为 179 根，单桩承载力特征值比原设计方案要高，取为 800kN。预应力混凝土管桩内孔用 C25 混凝土灌注填充密实等措施同原方案。

四、现场试验及完善施工方案

1. 现场试验

地基处理方案确定后，进行现场水泥搅拌桩试验，经过 7d 取样确定水泥浆液能够在该饱和盐渍土中固结，水泥搅拌桩按施工方案施工。

水泥搅拌桩施工后，开始冲孔试验。试冲孔2根，第一根冲孔至15m时，第②层粉土土体坍塌；第二根冲孔11m时土体坍塌。综合分析冲孔坍塌原因有搅拌桩与桩之间存在缝隙以及搅拌桩施工存在允许垂直度误差；搅拌桩施工时间短，水泥土凝结强度较低；土层中存在类似承压水引起的管涌现象；特别是盐晶层厚度较厚，穿透盐晶层所用的锤击数超多，作业时间超长，由锤击振动扰动造成饱和粉土流失。

根据施工中遇到的情况，考虑穿透盐晶层的方案施工难度和造价均急剧增加，建议采用：(1) 1号烟囱易地修建，避开现场地所遭遇的盐晶层；(2) 修改烟囱基础设计，适当增加基础底面积，相应地基处理改为碎石排水桩加强夯等其他方案。

由于诸多条件限制，以上替代方案均不能采用，最终建设单位坚持在原址继续进行穿透盐晶层施工。

为了防止在冲孔过程中造成第②层粉土的桩孔坍塌，在该土层范围内增设钢护筒。护筒直径Φ630，长度由基坑表层作业面到盐层顶板面，约11m。钢护筒直接由预应力管桩桩机压到位。

钢护筒施工试验共5孔，试验发现有2根钢管在沉管施工中被挤扁。分析其原因，是钢管沉桩过程中，一侧水泥搅拌桩加固体桩身强度较高，另一侧的加固体强度低，沉管过程中从钢管偏移逐渐加剧，在上部压力作用下，最终因为管壁强度不足而发生蜷曲变形。

鉴于在施工中，上述钢护筒或相切，或相邻，或完全在搅拌桩桩身范围内的情况会随机出现。地基处理施工不得不再次调整施工工序：

(1) 采用红黏土泥浆护壁，用冲击钻冲孔第②层粉土，冲孔孔径Φ650mm。

(2) 用吊车安放钢护筒，钢护筒直径Φ630mm。

(3) 用冲击钻冲击第③层盐晶层，冲击直径Φ550～Φ580mm。

(4) 预应力管桩沉桩。

由于钢护筒的直径和盐层引孔的直径比预应力管桩的直径大，预应力管桩沉桩时周围需要回填砂土，以保证管桩周围有约束，而回填的砂土状态松散，为此在回填砂土时，需要同时下2节压浆管，待预应力管桩施工结束后，通过注浆管将水泥浆注入土体中，保证管桩周围土体的密实。

在预应力管桩的沉桩过程中，预埋2根注浆管，长度分别为9m和15m。在管桩沉到位，静载荷试验前进行注浆密实缝隙。水泥浆为主液，掺入少量的早凝剂，注浆以浆液冒出基坑表面为准。

2. 预应力管桩的施工工序

经试验性施工调整后预应力管桩施工工序为：

水泥搅拌桩加固②层粉土——对第②层采用泥浆护壁冲击引孔——下钢护筒护壁——冲击钻冲击第③层盐层引孔——高压水管冲孔——预应力管桩施工，同时回填砂土，下注浆管——注浆密实管桩周围土体缝隙——预应力管桩内芯灌芯密实。

五、施工检测和监测

预应力混凝土管桩施工结束后，抽检了38根工程桩进行了反射波法低应变桩身完整性检测，其中37根桩为Ⅰ类桩，1根为Ⅱ类桩，桩身为完整至基本完整；单桩静载荷试验5根，单桩竖向载力特征值不小于800kN；桩间土试验5台，试验承载力特征值不小于

150kPa，复合地基承载力和复合地基压缩模量均满足设计要求。经过一年多的沉降观测，结果显示该烟囱的沉降变形已经稳定，日平均沉降速率小于 0.01mm；该烟囱高度到 180m 后，沉降变形均匀，沉降量不超过 50mm。

六、结论

由于饱和盐渍土地基的特殊性，对规划设计、地质勘察（探）、地基处理设计、施工等提出了较高的要求，必须严格按有关标准的规定执行。

通过该烟囱的地基处理方案分析和实践，得到以下认识：

1. 采用预应力混凝土管桩复合地基处理饱和盐渍土地基方案可行。

2. 可溶盐盐晶层在没有可靠经验时，不可作为桩端持力层。

3. 施工过程中如采用锤击（冲击）施工工艺，应采取措施避免扰动饱和粉土。

2. "莫兰蒂"台风厦门风灾调查简要报告

唐意　梁云东

住房和城乡建设部防灾研究中心

一、莫兰蒂台风

2016年9月15日凌晨3点05分前后，第14号台风"莫兰蒂"在福建省厦门市翔安区沿海登陆，登陆时中心附近最大风力15级（48m/s）。"莫兰蒂"是2016年全球最强台风，也是1949年以来登陆闽南的最强台风。"莫兰蒂"台风造成上海、江苏、浙江、福建、江西5省（直辖市）248万人受灾，29人死亡，15人失踪。尤其是在福建省人口最为集中的闽南地区造成了很大危害，导致城市受淹、房屋倒塌、基础设施损坏、水电路通信中断，特别是厦门全城电力供应基本瘫痪、全面停水，泉州、漳州大面积停电，经济损失极为严重。

本次风灾调查，主要针对"莫兰蒂"台风在厦门造成的建筑围护结构损失情况进行了实地考察和分析。

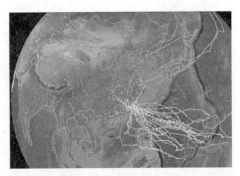

近50年内共27次有记录台风经过厦门登陆（5km范围内）

近20年内的典型超强台风路径比较
（1999年台风Dan与2016年台风MERANTI）

1999 年台风经漳浦山地登陆途径厦门，登陆后台风减小，登陆后在 30m/s 以下

2016 年 9 月台风途经五缘湾，受地形影响小，畅通无阻，登陆后在 40m/s 以上（根据台风登陆信息）。

二、台风观测风速

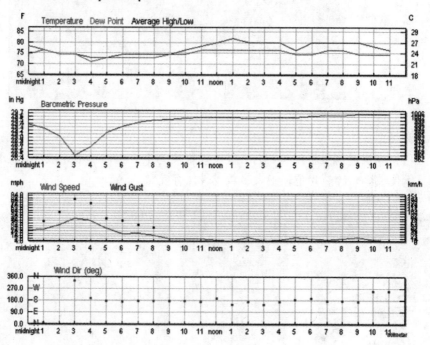

Daily Weather History Graph

Hourly Weather History & Observations

时间(CST)	气温	热指数	露点	湿度	气压	能见度	Wind Dir	风速	瞬间风速	Precip	活动	状况
12:00 AM	26.0 °C	-	24.0 °C	89%	995 百帕	8.0 千米	北	39.6 公里/小时 / 11.0 m/s	61.2 公里/小时 / 17.0 m/s	N/A	中雨	小阵雨
1:00 AM	25.0 °C	-	25.0 °C	100%	991 百帕	1.0 千米	北	43.2 公里/小时 / 12.0 m/s	68.4 公里/小时 / 19.0 m/s	N/A	中雨	大阵雨
2:00 AM	23 °C	-	23 °C	98%	982 百帕	1.7 千米	西北偏北	72.0 公里/小时 /	-	-		
2:00 AM	24.0 °C	-	24.0 °C	100%	983 百帕	0.9 千米	北	57.6 公里/小时 / 16.0 m/s	97.2 公里/小时 / 27.0 m/s	N/A	中雨	阵雨
3:00 AM	24.0 °C	-	24.0 °C	100%	964 百帕	0.5 千米	西北偏北	79.2 公里/小时 / 22.0 m/s	140.4 公里/小时 / 39.0 m/s	N/A	中雨	大阵雨
4:00 AM	23.0 °C	-	22.0 °C	94%	973 百帕	0.2 千米	西南偏南	72.0 公里/小时 / 20.0 m/s	126.0 公里/小时 / 35.0 m/s	N/A	中雨	大阵雨
5:00 AM	24 °C	-	23 °C	96%	988 百帕	-	南	50.4 公里/小时 /	-			
5:00 AM	23.0 °C	-	23.0 °C	100%	987 百帕	1.5 千米	南	46.8 公里/小时 / 13.0 m/s	79.2 公里/小时 / 22.0 m/s	N/A	中雨	大阵雨
6:00 AM	24.0 °C	-	23.0 °C	94%	993 百帕	2.5 千米	南	28.8 公里/小时 / 8.0 m/s	72.0 公里/小时 / 20.0 m/s	N/A	中雨	阵雨
7:00 AM	24.0 °C	-	23.0 °C	94%	997 百帕	8.0 千米	南	32.4 公里/小时 / 9.0 m/s	57.6 公里/小时 / 16.0 m/s	N/A	中雨	小阵雨
8:00 AM	24 °C	-	24 °C	96%	1000 百帕	10 千米	南	21.6 公里/小时 /	-	-	中雨	小阵雨
8:00 AM	24.0 °C	-	23.0 °C	94%	999 百帕	8.0 千米	南	25.2 公里/小时 / 7.0 m/s	50.4 公里/小时 / 14.0 m/s	-	中雨	小阵雨
9:00 AM	24.0 °C	-	24.0 °C	100%	1000 百帕	10.0 千米	南	14.4 公里/小时 / 4.0 m/s	-	N/A		阴
10:00 AM	25.0 °C	-	24.0 °C	94%	1001 百帕	10.0 千米	南	14.4 公里/小时 / 4.0 m/s	-	N/A		阴
11:00 AM	26 °C	-	24 °C	86%	1002 百帕	25 千米	南	18.0 公里/小时 /	-	-		晴

三、破坏特点

1. 区域

此次台风厦门岛西侧、（西）南侧破坏相对较轻，东侧及东北侧破坏较严重，分布区

域与此次台风的登陆路径一致（几个损坏突出的项目主要集中在台风的登陆路径沿线）。

2. 类型

（1）高层建筑维护结构损坏：以玻璃幕墙为主，石材基本无破坏；玻璃幕墙破坏以玻璃（钢化玻璃）碎裂为主，绝大多数龙骨保存完整。

中航紫金广场　　　　　同安商务大厦　　　　　万科中心　　　　　软件园三期办公楼

（2）低层屋盖结构：轻钢屋面破坏严重，有些甚至出现结构整体坍塌；机场候机楼等大跨屋盖结构没有出现屋面破坏。

屋顶轻钢屋面破坏　　　　　　　　　　大棚屋面坍塌

机场屋面及立面幕墙完好

（3）其他构筑物：广告牌面板撕裂，轻质支撑结构出现整体破坏；有塔吊倾覆倒塌。

地面广告牌及亭岗倒塌　　　　　　　广告牌面板撒裂

地面广告牌支撑结构破坏　　　　　　　塔架倒塌

厦成线（杏林大桥）电线杆倒塌（向南倒塌）　　五缘湾附近路灯倒塌

307

四、原因分析

1. 轻质屋面、广告牌及支架抗风强度不够

2. 玻璃幕墙破坏以飞掷物的二次破坏为主，飞掷物的来源主要有轻质金属板（片）、钢化玻璃碎粒等

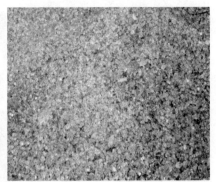

轻质金属板（片）　　　　　　　　钢化玻璃碎粒

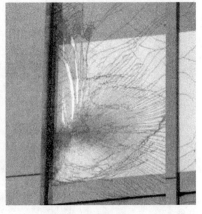

损坏玻璃　　　　　　　　　　　损坏玻璃
（宝墅湾北侧幕墙，钢化玻璃）　　（海西金融广场，夹胶玻璃）

幕墙金属立柱表面坑槽　　　　　　　　　损坏玻璃
（宝墅湾北侧，钢化玻璃碎粒造成）　　（同安商务大厦，钢化玻璃）

水平石材脱落　　　　　　　　　水平石材仅采用胶粘连

3. 未严格遵守施工和设计的标准规范要求。

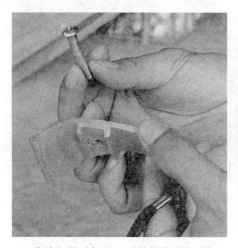 

幕墙扣件破坏变形（整片幕墙脱落）　　　错误的幕墙扣件安装

五、总结

1. 注意建筑布局与主导风向的关系，关注建筑布局对风场环境的影响，采用必要的植被措施或布局改进提高风场环境。重要的项目建议进行专门的研究咨询工作（同一区域某个项目损坏严重，其他项目基本无损；同一建筑某一立面有损坏严重，其他立面基本无损坏，经过分析，这些情况无一例外是群体建筑产生的不利风场造成）。

2. 校核门、窗结构的设计水准、构造要求，考虑适当提高标准要求（本次风灾调研发现，玻璃幕墙未出现结构性损坏，但门、窗出现了连接构件脱落、整体坡坏情况）。

3. 重视飞掷物的破坏，在大体量幕墙建筑周边控制飞掷物的产生源头，减小飞掷物的影响范围。

4. 重新评估钢化玻璃可能造成的不利影响，如对围护结构二次破坏、对人体伤害、对环境的影响（钢化玻璃破碎颗粒能够在铝合金型材表面产生蜂窝状小坑槽，说明其有足够破坏力，是大面积钢化玻璃的连锁破坏的主因，对人体也存在安全隐患；风灾过后，大量钢化玻璃颗粒散落，范围广，清理难度大，对环境破坏严重）。

5. 严格按照相关标准规范进行幕墙的设计与施工，重视幕墙施工质量的检查。

3. 农村建筑消防安全研究进展

李炎锋　褚利为　李雪进　王红艺

北京工业大学建筑工程学院，北京，100124

引言

近年来，随着我国经济的快速发展以及相关政策的出台，农民的生活条件显著改善，生活水平大幅提高，但是由于对农村地区的消防工作重视程度不够，火灾事故频发。根据 2001 ~ 2014 年的年鉴[1-14]的相关数据绘制了 4 个柱状图（图 7.3-1 ~图 7.3-4）。图 7.3-1 给出了 2000 ~ 2013 间我国农村火灾起数占全国总火灾起数的比例。从图 7.3-1 可以看出，2004 年以前农村火灾起数占总起数的比例高达 60% 左右，而从 2005 年火灾起数开始减少并且在 2007 年后趋于稳定。主要原因是农村火灾逐渐被大家所重视，而且国家从 2006 年采取一系列强有力措施加强农村消防工作。我国实施相关的主要法规和文件有：

1. 2006 年的 1 号文件《关于推进社会主义新农村建设的若干意见》着重提出农村消防安全问题，使农村的消防工作得到国家政策的支持。同年国务院在《关于进一步加强消防工作的意见》中对农村的消防工作作了更为详细的部署，提出了其工作原则。

2. 2008 年 8 月 1 日起实施的《村庄整治技术规范》GB 50445-2008 中针对农村消防整治工作提出了具体的措施。2009 年 5 月 1 日起施行修订后的《中华人民共和国消防法》，新消防法提出了"城乡规划"，第一次将农村的规划纳入法律，使农村消防工作有了法律上的保障。

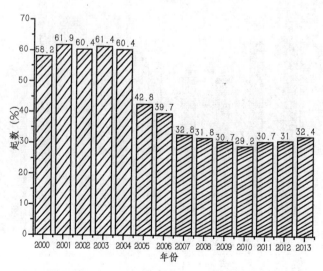

图 7.3-1　2000 ~ 2013 年农村火灾起数比例

311

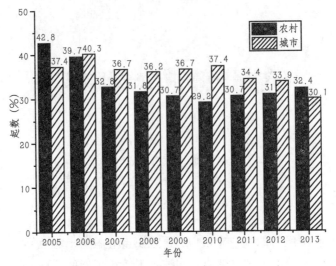

图 7.3-2 2005 ~ 2013 年农村与城市火灾起数对比

3.2011 年 6 月正式发布实施了《农村防火规范》GB 50039-2010。

4.2015 年 10 月的《中共中央关于制定国民经济和社会发展第十三个五年规划的建议》中提到要建立农村防灾减灾体系，表明农村消防工作已经引起党和国家乃至全社会的高度关注。

图中显示，从 2006 年国家对农村消防工作加强以来，农村的消防安全问题得到了很大改善，但仍存在不足。虽然农村火灾发生次数略低于城市（图 7.3-2），但农村因火灾造成的死亡人数却高于城市（图 7.3-3）。造成这种结果的原因有以下方面：（1）农村的经济水平不高；（2）政府对农村消防工作重视程度不够；（3）农村居民的某些风俗习惯也是导致火灾的主要原因，如焚香烧纸、燃放烟花爆竹等。

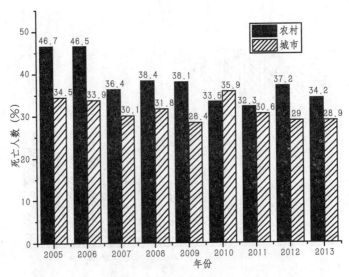

图 7.3-3 2005 ~ 2013 年农村与城市的火灾死亡人数对比图

农村火灾频繁发生，阻碍了农村经济的发展，不利于维持社会的稳定。近年来，虽然各级政府对于农村火灾消防工作的重要性认识加强，火灾数量与造成的损失均有所下降，但仍存在诸多问题有待解决。因此，深入开展农村地区的建筑消防技术研究是贯彻十八届五中全会提出的"创新、协调、绿色、开放、共享"的发展理念的重要体现，它不仅有助于提高农村地区的消防水平，还有利于推动社会主义新农村建设。

本文以农村地区建筑消防问题为主要研究对象，综合分析国内外研究现状，结合作者参与的部分工作有针对性地提出建筑消防研究的发展建议。

一、农村建筑消防现状的调研分析

我国地域广阔，农村情况差别较大。农村消防工作与经济条件、地域特征、生活习惯、房屋结构、政府重视程度密切相关，没有统一的模式可以参考。例如农村火灾导致因素众多，主要包括用电不规范导致电气火灾，用火不慎、自然灾害、人为纵火等。因此，研究农村消防的首要任务是进行实地调研，掌握有关消防问题的现场资料和数据。

国内多家单位开展了农村火灾安全现状的调研工作。2008 年，西安建筑科技大学和中国建筑科学研究院防火所联合对陕西、山西等 6 个省份的 19 个村庄进行了消防安全现状的实地调研[15]。2012 年，中南大学组织本科生和研究生在全国范围内有针对性地对农村地区典型建筑防火情况做了调查研究[16]。共调查了湖南等地区的 6 个县市，6 个乡镇的 31 个村。调查涉及内容有以下几点：1）村落基本情况；2）村落内部规划布局；3）村落消防情况调查；4）户舍基本情况；5）火灾载荷分布。2014 年 2 月到 3 月幸雪初等对湖南全省范围内 86 个乡镇的 86 个村进行消防管理现状问卷调查[17]，调查主要涉及村民消防安全意识情况、政府公共服务意识情况、政府应急管理情况等。2015 年 6 月到 2016 年 1 月，北京工业大学对广西、云南、贵州、河南、河北、山东、黑龙江 14 个村庄的 210 户农村住宅火灾现状以及消防情况进行了实地调研，并着重调查了农村电气火灾隐患的现状。北京交通大学刘峰[18]通过实地调研，对农村电气火灾发生的原因进行了分析，提出了在电气线路、配电系统以及家用电器等几方面存在的电气火灾隐患。

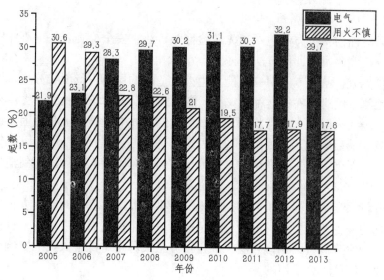

图 7.3-4　2005～2013 年由电气及用火不慎导致的火灾起数对比

刘璐[22]等根据经济发展状况将农村分成三类：1）经济发达的农村；2）普通农村；3）偏远落后农村。通过调研发现，大部分经济比较发达的农村已经开始了农村消防宣传等基础性工作，并且在基础性设施上配备基本的消防设施。然而现在很多普通农村的农村消防还没有起步，很多普通农村均未设置消防设施，有的农村虽然配备了，但由于管理不当也已损坏甚至无法使用。至于经济比较落后的偏远地区的农村，更是由于交通等因素的制约，致使消防队员无法准时到达，而农村本身更是缺乏灭火设施。而且，由于大部分农村地区的房屋布局、房屋耐火等级以及农村消防安全设施均未达到消防要求，再加上农村居民缺乏消防安全知识，致使农村地区火灾损失巨大。

综合不同单位的农村火灾调研结果发现导致农村地区火灾频发主要原因包括：

（1）农村地区建筑特性。在农村地区，建筑的耐火等级比较低，结构简单，房屋布局大多比较密集，而且大部分农村居民都将柴草等易燃物堆放在房屋外甚至是街道上，不仅占据了消防通道的位置，而且存在火灾蔓延的隐患。

（2）农村经济水平不高是影响农村消防工作的重要因素。农村地区相比于城市来说经济较为落后，大量青壮年进城务工，致使大部分农村地区日常生活的多为老人和儿童，火灾发生时往往无力扑救；除此之外，受到经济条件的制约，农村的消防系统不完善，消防设施投入不足，有配备消防器材的也因管理不善，损坏严重而无法使用，故在发生火灾时，仍旧靠最原始的灭火方式进行灭火，大大降低了灭火效率。

（3）相比于以上客观因素，乡镇政府的消防安全责任工作不到位也是导致农村火灾损失严重的直接原因。部分乡镇政府对于农村火灾安全问题的重视程度不够，农村消防管理体制不健全，而且对农村居民的消防安全教育工作力度也远远不够。在调查中发现，大部分地区的农村居民消防知识匮乏、消防意识淡薄、应急处置能力差。

二、农村消防安全技术研究领域

近年来，为了有效降低农村火灾风险，增加火灾损失的预测和风险评估能力，国内开展的消防研究主要技术领域包括：1）农村火灾风险评估预测；2）农村火灾损失预测模型研究；3）消防投入效益及模型研究。

1. 农村火灾风险评估预测

火灾的风险评估主要方法包括预先危险性分析法、安全检查表法、事件树分析法、事故树分析法以及综合风险评估方法。

危险性预先分析法是专门对有可能发生火灾危险的场所进行现状分析，该方法是在设计之前进行预测，但对于农村这种火灾风险影响因素众多的场合，该方法并不适用。

安全检查表法类似于火灾现状调查，以问卷的形式对建筑火灾相关因素进行调查，然后再进行分级，最后确定其是否满足规范规定，这种方法在农村地区可以以辅助方法的形式来采用，一方面可以搜集到有用信息，另一方面还可以对农村居民起到消防安全的宣传作用。

事件树分析法及事故树分析法均是从火灾产生的原因出发，对产生火灾的原因进行逻辑归纳及分析的一种方法，该类分析方法是逻辑分析中比较有代表性的一种。对于农村地区的某个特定的建筑而言，用该方法来评定可以最大程度上综合火灾的影响因素，对于农村地区的微观评估是十分适用的。

综合评估方法综合了火灾的各个影响因素，以数据统计为基础，对火灾的影响因素的影响程度及权重进行计算。此方法不仅综合了火灾的影响因素，还参照了以往的火灾数据。就村镇火灾而言，该方法是比较适用的。

国内在农村火灾风险评估领域的研究虽然开展比较晚，但在相关组织、机构和研究人员的努力下，取得了很大的进步。孙佳[19]通过用模糊综合评估方法进行研究后，对其作出了改进，并建立了村镇消防安全宏观评估模型。王雪峰[20]通过实地调研，运用统计学原理以及量化分析法，分析了巴彦淖尔市的农村火灾原因及特点，并根据该地区的特点，建立了相应的农村消防安全综合的评价方法，并对巴彦淖尔市的农村消防安全工作评价后提出了建议。楚道龙[16]通过对我国农村消防现状展开实地调研，运用层次分析法对我国农村的消防安全能力展开分析，并根据我国消防法的规定，建立了农村消防安全评价表。

2. 农村火灾损失预测

火灾预测的方法分为定性分析和定量分析两类[21]。定性分析法一般容易受主观条件的影响而使结果缺乏准确度，所以说，在进行火灾预测的时候尽量采用定量分析预测法。定量预测的方法有以下几种：1）时间序列平滑预测法。该方法可用于宏观预测，也可用于微观预测；本预测方法不适用于有拐点的长期预测。2）曲线趋势预测法。适合用在数据随时间的变化而出现增大或减小的趋势的情况，但无明显的季节变动和循环变动。3）季节变动预测法。适用于呈明显的季节变动的序列。4）回归分析预测法。该方法主要是分析自变量与因变量之间的关系，并以此为基础建立预测模型，这种预测模型主要是根据自变量的变化来预测因变量，所以说，这种方法在预测方法中是最为重要的一个。5）投入产出预测法。该方法用于研究在消防上的投入与投入后的效益的关系。6）灰色系统模型预测法。这种方法主要适用于那些对行为效果已知，但对于产生这种行为的原因比较模糊的情况。

刘璐[22]通过对农村火灾损失的数据进行搜集并整理后，分别运用灰色系统模型预测法、时间序列平滑预测法以及曲线趋势预测法计算相应的 MAPE 值，最后通过对比 MAPE 值的大小来确定最为理想的火灾损失预测模型。

3. 消防投入效益及模型研究

各级行政部门对消防没有足够重视的原因之一是弄不清楚消防设施建设投入产生的效益。1931 年，美国安全工程师 W.H.Heinrich 就已开展安全工程对于工业产值的影响的研究工作[23]。1953 年，著名美国学者 Brannon 发表的《Economics Aspects of The Waco》是发表最早的一篇关于"研究自然灾害对经济影响"的文献[16]。苏联的阿伯连采夫于 1985 年将消防和经济联系在一起并系统地阐述了消防经济学理论[24]。1998 年，英国著名的教授 Ramachandran 出版了《消防经济》一书，在书中他分别从微观和宏观两个方面比较系统地阐述了消防与经济的关系[25]。

国内对于消防投资的经济效益的研究工作起步于 20 世纪 80 年代[26]。于光远教授[27]作为我国研究灾害对经济影响的创始人提出了灾害经济学体系。徐凤臣[28]将消防学与经济学相结合发展成一门新学科。楚道龙[16]运用经济学原理对农村火灾损失及其投入之间的函数关系进行了分析计算，并利用定量分析法对农村的消防投入效益进行了研究。针对普通经济水平农村地区，通过增加消防投入可以获得 1∶3.27 的经济效益比以及 1∶1.69 的消防安全效果。

总体而言，国内关于消防经济学的研究相比于国外研究的层次还比较低，在与实践的结合方面应用研究也比较少。另外，以往工作重点是研究城市总体的消防投入规划和产出关系，针对农村的消防经济投入与效益方面的研究还比较匮乏。

三、发达国家农村消防经验的借鉴

发达国家对于农村地区的消防研究工作比我国开展得要早，农村地区的消防工作制度以及相关制度都比较完善。在农村消防领域的许多经验都值得借鉴。

德国农村的消防工作主要是由志愿消防员来完成[29]，而且对于志愿消防员的审核也是通过制定相关法律来进行强制筛查。在澳大利亚的农村，专业消防站相对较少，志愿消防站担负着农村消防的大部分工作[30]。除此之外，澳大利亚的消防站规划布置是根据农村地区的人员密度以及环境等因素合理分配的。美国农村的消防设施相比于其他国家都要完善且装备精良[31]。与德国以及澳大利亚一样，美国农村的消防工作的中坚力量仍是志愿消防员，而且美国的志愿消防员的数量比职业消防员的数量的一倍还要多。日本农村的消防力量除了专业消防队和志愿消防队外，还存在少年儿童防火俱乐部、老年消防团、妇女消防协会等多种组织[32]。可以看出，发达国家的农村消防工作的中坚力量是志愿消防组织，这也表明，在发达国家，不仅国家对于农村消防工作高度重视，其农村社区的居民也同样重视。

在发达国家中，政府对于农村消防安全工作要比我国更加重视，消防设施也更加完善，管理制度更加先进。通过对发达国家农村管理制度的分析，可以将发达国家的农村消防管理制度分为以下几点来供我们借鉴与学习：

1. 政府通过制定相应的法律法规，引起居民对农村火灾安全的重视；

2. 政府对农村消防设施的投入提供经济上的支持；

3. 大力发展志愿消防团队，并且颁布相应的优惠政策，鼓励人们参与消防团队中来；

4. 加强对村民进行消防安全宣教，使农村消防工作深入人心。

因此，借鉴发达国家农村消防经验并结合我国农村消防安全问题与特点，推出适合我国农村地区的消防举措是我国对于农村消防安全的工作原则。

四、我国农村消防安全管理工作的切入点探讨

农村的消防工作除了消防基础设施不足外，消防管理工作不到位也是短板。许多研究农村火灾安全的学者都注意到这个问题并给出了建设性的意见。徐万春[33]提出农村消防工作的重点不应仅仅局限于以加强消防安全工作本身为目的，更应该将农村消防安全工作转化成社会性问题来解决并予以重视。王海洋[34]认为，加强农村消防安全管理工作也是解决农村消防问题的重要方面。王雪峰[20]则针对巴彦淖尔市的农村特点，提出要解决农村消防安全问题一方面要加强建设消防部队队伍本身，另一方面还要抓紧农村消防安全的基础工作。苏永亮[35]认为，要想完善农村消防安全工作制度，就要从落实消防责任、丰富消防宣传教育的手段和方式、夯实消防安全基础设施建设以及加大农村消防投入等方面入手。幸雪初[17]同样认为应该完善农村消防的安全管理，从相关部门的基础性工作以及加强对农村居民的消防安全教育为切入点进行管理。

综上所述，农村消防安全工作的着眼点应该包括：1) 政府应充分重视农村火灾安全问题，制定相应的法律法规；2) 根据不同地区的经济条件采用相应的措施加大对农村消防基础设施的资金投入；3) 加强农村消防规划、安全监督工作；4) 加强对农村居民的消防安全教育，提高村民火灾安全意识；5) 实施相关优惠政策，鼓励居民积极主动地参与

到农村消防安全工作中去。

五、农村消防领域的研究展望

随着全面建成小康社会的国家战略实施，广大火灾科技工作者要努力将新的科学技术应用到农村消防安全中。我们不仅要注重农村消防问题的科学研究，更要注重汲取国外农村消防安全的经验，建成一套适应我国农村地区的消防技术体系。未来对于农村消防安全的研究工作包括：

1. 适宜于农村的消防基础设施及消防系统的研发

调研发现大部分农村地区都未设消防基础设施，即使设置了也因为日常管理不当导致严重损坏而无法使用。究其原因，除了村民的消防意识薄弱外，经济落后也是制约消防工作开展的重要因素。所以研发经济实用的农村消防设施是解决农村消防问题的良策。通过调查发现，目前适用于农村的消防设施包括：王黎[36]等人研发的新农村消防车，许智远[37]等人研发的一种三轮消防摩托车，张彦[38]等人研发的一种农村用消防水罐车，江宇航[39]等人研发的农村轻便式多功能消防拖车，郭凤军[40]等人研发的多功能农用消防水车，田杰[41]等人研发的农村地区多功能家用消防水池，北京工业大学在对农村进行实地调查研究的基础上开发的适合农村地区的包括家用多功能消防水池、家用轻型消防水龙、简易高效节水型机动消防车等在内的成套防火技术。

但是，已有的研究成果多是基于农村灭火的单个消防装置，缺乏适用于农村消防的系统装置和成套技术。因此说农村消防设施研究领域还有很大的研究空间。

2. 村镇区域消防规划关键指标体系及优化技术研究

基于不同建筑类型村镇特点和火灾特点，在现场调研和现有资料的基础上，确立村镇区域消防规划指标体系。开展村镇区域消防规划优化技术研究，对村镇功能区消防布局、消防水源条件，以及消防救援路线等进行优化。

3. 村镇区域火灾损失预测的技术体系研究

目前该项研究只是对一个局部区域（一般以村或者镇为单元）通过搜集历年农村火灾信息，分析农村火灾产生的原因，运用科学的方法提出有效的预测方法。未来需要建立不同层次（村、镇、县）的火灾损失预测的技术体系，运用技术体系来消除发生火灾的隐患，降低火灾发生的概率。

4. 村镇区域火灾风险防控评估方法研究并开发相应的评估软件

建立一套经得起社会考验、具有一定权威性的农村火灾安全评估指标体系，对已有的村、镇区域进行火灾风险评估。根据不同的评估对象选定不同的评估方法，建立相应的评估数学模型，然后把系统分析求出的定量结果或相对定量结果同安全指标进行对比，并给出需要采取的相应的技术措施或管理措施。

5. 建立基于地理信息的村镇区域消防信息数据模型并开发村镇区域消防信息管理应用平台

根据我国城镇化发展趋势和新型农村建设需求，研究适应村镇地域特点及建设发展方向的数据建模和消防信息化综合管理方案。研究建立村镇区域地形、地貌、水文数据模型，在此基础上进行消防信息分类组织和数据结构研究，基于 GIS 技术，建立包括建筑布局、路网信息、消防站点设施、重大火灾危险源和重点防火单位等基础信息模型框架。将火灾风险评估方法理论以及计算机图形技术等先进技术相结合，研究开发村镇区域消防信息管理应用平台软件，开展针对典型村镇火灾风险防控、消防规划布局、数据管理及可视化的示范应用。

总之，对于未来农村消防安全工作，一方面要从农村现状出发，加大农村消防工作的投入力度，加强管理；另一方面要结合农村特点以及国外农村的经验开展相应的应用基础技术研究，为提高农村消防整体水平提供支持。

参考文献

[1] 公安部消防局. 中国火灾统计年鉴 2001 [M]. 中国人事出版社，2001.

[2] 公安部消防局. 中国火灾统计年鉴 2002 [M]. 中国人事出版社，2002.

[3] 公安部消防局. 中国火灾统计年鉴 2003 [M]. 中国人事出版社，2003.

[4] 公安部消防局. 中国消防年鉴 2004 [M]. 中国人事出版社，2004.

[5] 公安部消防局. 中国消防年鉴 2005 [M]. 中国人事出版社，2005.

[6] 公安部消防局. 中国消防年鉴 2006 [M]. 中国人事出版社，2006.

[7] 公安部消防局. 中国消防年鉴 2007 [M]. 中国人事出版社，2007.

[8] 公安部消防局. 中国消防年鉴 2008 [M]. 中国人事出版社，2008.

[9] 公安部消防局. 中国消防年鉴 2009 [M]. 中国人事出版社，2009.

[10] 公安部消防局. 中国消防年鉴 2010 [M]. 国际文化出版公司，2010.

[11] 公安部消防局. 中国消防年鉴 2011 [M]. 国际文化出版公司，2011.

[12] 公安部消防局. 中国消防年鉴 2012 [M]. 中国人事出版社，2012.

[13] 公安部消防局. 中国消防年鉴 2013 [M]. 中国人事出版社，2013.

[14] 公安部消防局. 中国消防年鉴 2014 [M]. 云南人民出版社，2014.

[15] 张树平，朱红静，刘文利，张靖岩. 村镇及村落消防现状调查研究 [J]. 建筑科学，2010，26（1）：100-102.

[16] 楚道龙. 农村消防安全现状调查与消防投入效益模型研究 [D]. 中南大学，2013.

[17] 幸雪初. 湖南农村火灾区域分布与消防管理研究 [D]. 湖南师范大学，2014.

[18] 刘峰. 既有村镇住宅电气防火研究 [D]. 北京交通大学，2011.

[19] 孙佳. 村镇消防安全评估方法研究 [D]. 南华大学，2008.

[20] 王雪峰. 农村消防安全存在的问题及对策研究 [D]. 中国农业科学院，2007.

[21] Yang Jingzhen, Peek-Asa Corinne, Allareddy Veerasathpurush, Zwerling Craig, Lundell John. Perceived risk of home fire and escape plans in rural households[J]. American Journal of Preventive Medicine, 2006,30 (1)：7-12.

[22] 刘璐. 农村火灾原因及火灾损失预测模型研究 [D]. 首都经济贸易大学，2010.

[23] Irene Fraser. Translation Research：Where Do We Go from Here?[J]. Worldviews on Evidence Based Nursing, 2004,1：78-83.

[24] Watts J M，JR, Chapman R E. Engineering Economics [A]. The SEPE Handbook of Fire Protection Engineering [M]. Quincy, MA：National Fire Protection Association, 2000, Chapter 7.

[25] Ganapathy Ramachandran. The Economics of Fire Protection [M]. USA and Canada：Routledge, 1998.

[26] 田玉敏，吴立志. 对消防经济学理论与方法研究框架的探讨 [J]. 灾害学，2006，3（1）：107-113.

[27] 谢永刚,李岳芹.重灾救援与灾后重建的"中国模式"探讨 [J]. 中国井冈山干部学院学报,2012,5 (5)：119-124.

[28] 徐凤臣.论建立消防经济学 [J]. 社会科学，1989.62-63.

[29] 陈诗.国外消防教育 [J]. 消防科学与技术，2006（1）：4-43.

[30] Lord Cara, Netto Kevin, Petersen Aaron. Validating 'fit for duty' tests for Australian volunteer fire fighters suppressing bushfires [J]. Applied Ergonomics, 2011,43（1）：191-197.

[31] 赵泽明.美国的防火安全教育 [J]. 消防科学与技术，2005（8）：60-61.

[32] 日本火灾学会.火灾便览（新版）[M]. 日本：共立出版株式会社，2006.58-60.

[33] 徐万春.消防工作社会化面临的问题及对策 [J]. 康定民族师范专科学校学报，2005（5）：43-45.

[34] 王海祥.经济欠发达地区消防工作面临的形势及应对措施 [J]. 中国科技信息，2005（9）：133.

[35] 苏永亮.农村消防工作现状分析及对策研究 [D]. 湖南农业大学，2010.

[36] 王黎，刘军，程继国.金杯新农村消防车 [P/OL]. http://www.pss-system.gov.cn/ sipopublicsearch/search/search/showViewList.shtml.

[37] 许智远，刘惠，李庆伟.一种三轮消防摩托车 [P/OL]. http：//www.pss-system.gov.cn/sipopublicsearch/search/search/showViewList.shtml.

[38] 张彦，江宇航.一种农村用消防水罐车 [P/OL]. http：//www.pss-system.gov.cn/ sipopublicsearch/search/search/showViewList.shtml.

[39] 江宇航，张彦.农村轻便式多功能消防拖车 [P/OL]. http：//www.pss-system.gov.cn/ sipopublicsearch/search/search/showViewList.shtml.

[40] 郭凤军，董喜.多功能农用消防水车 [P/OL]. http：//www.pss-system.gov.cn/ sipopublicsearch/search/search/showViewList.shtml.

[41] 田杰，赵明星，鲍本林.农村地区多功能家用消防水池 [P/OL].http：//www.pss-system. gov.cn/ sipopublicsearch/search/search/showViewList.shtml.

4. 芦山地震和汶川地震中空心砖填充墙震害反思

彭娟[1] 李碧雄[1] 邓建辉[2]

1. 四川大学建筑与环境学院，四川成都，610065；

2. 四川大学水力学与山区河流开发保护国家重点实验室，四川成都，610065

引言

填充墙框架结构是我国现阶段应用非常广泛的建筑结构形式之一。目前，我国大量使用的填充墙材料为空心砖砌体。我国现行规范[1]将填充墙视为非结构构件，计算模型中仅计算其产生的重力荷载以及其对结构侧向刚度的贡献，即采用周期折减来考虑填充墙的影响，按照纯框架结构计算。在逐步发展基于性能的抗震设计和基于全寿命设计的今天，汶川地震和芦山地震中大量空心砖填充墙震害引起了广泛的关注和反思。

历次地震震害表明，地震中填充墙与主体框架结构共同抵抗地震作用，因框架强弱不同以及填充墙材料不同而破坏形态各异，通常填充墙先于主体结构发生破坏。填充墙破坏不仅影响建筑物的正常使用，增加修复费用，严重的填充墙破坏甚至可能危及生命安全或影响紧急疏散。因此，填充墙框架结构的抗震性能一直是国内外关注的热点研究问题。

早在20世纪60年代末期，国外就开始关注填充墙对框架结构抗震性能的影响[2]，相关试验亦随之进行[3-5]。国内开展填充墙框架结构抗震性能的研究工作相对较少，2008年汶川地震后，填充墙框架结构抗震性能的研究才逐渐丰富[6-8]。国内外研究一致表明：填充墙除了对结构产生竖向荷载外，还会使框架的质量、刚度、自振周期以及整体变形和位移较纯框架发生较大变化。

而目前，针对空心砖砌块力学性能进行的研究较少。国内认为，空心砖如果能达到某标号普通砖应有的砌体抗压强度值，即可以认为该空心砖具有普通砖的相同标号，忽略了对空心砖的抗拉、抗剪强度及变形性能的要求。

基于对汶川地震和芦山地震广泛且深入的现场调研，系统整理了空心砖填充墙的震害特征，探讨了其震害原因；基于不同烈度区空心砖填充墙的震害，分析了空心砖填充墙框架结构的相互作用机理；并就现行规范，提出了相关的修订建议。

一、空心砖填充墙震害分析

1. 填充墙的一般震害特征

在2013年芦山地震和2008年汶川地震中地震烈度相当于或低于设防烈度的地区，在主体框架结构完好的情况下，空心砖填充墙的震害非常普遍。芦山县抗震设防烈度为7度，根据中国地震局发布的芦山地震烈度图，芦山县烈度为7度，其地震烈度相当于其设防烈度。调研发现，按现行规范建造的空心砖砌体填充墙框架结构的震害主要集中发生在填充墙上，主体结构几乎没有破坏。类似地，2008年四川汶川地震中，离震中较远的江油、德阳和成都市区，空心砖填充墙震害很普遍，而框架梁柱完好无损，图 7.4-1 为位于江油市区的某在建框架结构房屋在 2008 年汶川地震中的受损情形，填充墙发生多种形式的破坏，梁柱完好。汶川地震中西安市区的空心砖填充墙震害现象亦较普遍 [9, 10]。西安市的设防烈度为 8 度，其地震烈度为 6 度，低于其设防烈度。

图 7.4-1　填充墙破坏（江油市）

空心砖砌体强度低、刚度大且变形能力差。地震中，填充墙与框架结构共同承受地震作用，在填充墙平面内的地震作用下，填充墙起斜撑作用，承受压力或拉力而发生破坏，裂缝出现后，平面外的地震作用又将进一步促使其发生局部坍塌。空心砖填充墙的典型破坏形态有沿墙对角线的斜裂缝或 X 形交叉裂缝、水平裂缝、空心砖局部压碎和墙体局部坍塌等多种类型。

因空心砖砌体的抗拉强度低，地震中结构发生侧向变形时填充墙起斜撑作用，若主拉应力超过其抗拉强度或主拉应变超过其极限拉应变，产生斜裂缝，呈现出剪拉破坏形式，在地震反复作用下，裂缝呈 X 形，如图 7.4-2 所示。深入的调研发现，当空心砖填充墙面有一定厚度的水泥砂浆找平层，且墙体基本无洞口削弱时，较多地发生 X 形裂缝。吕西林等 [11] 通过模型试验研究认为，如果加速度输入持续时间短或较大的脉冲少，往往只出现单向的斜裂缝；反之，如果持续时间长，较大的脉冲出现的次数多则形成双向的斜裂缝。另外，在地震作用下，空心砖填充墙可能由于自身抗剪强度不足，沿水平灰缝产生裂缝，呈现剪摩擦破坏特征，如图 7.4-3 所示。以上两种破坏形态与实心砖填充墙或砌体承重墙的破坏形态类似。

图 7.4-2　X 形交叉斜裂缝（芦山县城）　图 7.4-3　剪摩擦水平裂缝（飞仙关镇）

特别需要指出的是，调研发现大量空心砖开裂或局部压碎的现象，与实心砖砌体的破坏有明显的不同。图 7.4-4a 为庐山地震中飞仙关镇中心学校一教学楼填充墙的破坏情形，可以清晰地看到，破坏开始于局部的某块砖压碎，周围空心砖也能观察到清晰的裂缝。图

7.4-4b 为汶川地震中绵竹中学一教学楼某处填充墙的震害，局部砖压坏。可见空心砖块体自身的强度对填充墙的表现起决定性的作用，与实心砖填充墙的破坏主要发生在灰缝明显不同。率先发生局部破坏的部位可能是应力相对集中的部位，可能是砖的承载力相对较低的部位，也可能是局部被削弱的部位。因墙内预留洞口的随意性和空心砖强度的离散性，导致局部破碎起始点的位置具有较大的变异性。如图 7.4-5 为芦山地震中的飞仙关镇中学教学楼震害，填充墙破坏开始于墙角，因墙角处压应力相对集中所致。

a. 庐山地震后飞仙关镇中心学校教学楼　　　*b.* 汶川地震后绵竹中学教学楼

图 7.4-4　空心砖砌块局部压碎

图 7.4-5　墙角局部破坏

填充墙中局部空心砖发生破坏后，可能会引起应力的重分布，也可能会破坏原有的传力路径，特别是地震发生过程中的在建工程，填充墙的砌成时间短，墙面的砂浆找平层尚未施工，墙体材料强度相对较低，震后观察的破坏现象明显不同于实心砖填充墙，破坏形态多样，图 7.4-6 为汶川地震中都江堰某在建框架结构住宅群中的几处填充墙局部损坏情况。

图 7.4-6　多种多样的填充墙破坏形态

此外，图 7.4-6 中所示的填充墙与框架柱之间均按现行规范[1]要求设置了相应数量的拉结筋，但是拉结筋并未能有效阻止墙体局部压坏和塌陷。图 7.4-7 所示的震害还表明，拉结筋在防止填充墙发生平面外坍塌时也未能发挥有效的作用。调研中还发现，地震低烈度地区多数按要求设置拉结筋的空心砖填充墙框架结构仍在填充墙与梁、柱界面处产生裂缝，如图7.4-8所示。但是研究表明，拉结筋可以有效降低填充墙的出平面破坏，Dafnis等[12]通过对实心砖墙的振动台试验，指出与框架连接可靠的填充墙，拱效应能有效提高填充墙的平面外刚度，在平面外荷载作用下，其出平面位移仅为"悬臂"填充墙的1/6。

图7.4-7　填充墙塌落　　　　　　图7.4-8　与梁、柱连接处裂缝（天全县）

2. 门窗洞口对填充墙震害的影响

开设门窗洞口的空心砖砌体墙，其抗震能力进一步被削弱，洞口角部极易发生应力集中而率先发生震害。调研发现，当墙上有门窗洞口时，破坏一般都开始于洞口处。图7.4-9为芦山地震中飞仙关中心学校教学楼的填充墙震害情形，裂缝从洞口角点以45°向墙内发展。若洞口间无构造措施，则窗间墙形成X形裂缝，见图7.4-10。此外，开有门窗洞口的填充墙易形成短墙，在地震作用下，发生剪切破坏，裂缝沿窗台线发展，如图7.4-11。图7.4-12为芦山地震中芦山县宝盛乡政府办公楼一处填充墙震害情形，门洞对造成该处的严重震害有不可忽视的影响。因此，建议在门窗洞口周边设置必要的构造柱和连系梁。

图7.4-9　门洞口斜裂缝　　　　　图7.4-10　窗间墙X形裂缝（飞仙关镇）

图7.4-11　窗间墙水平贯通裂缝　　　　图7.4-12　门洞旁的墙体破坏

3. 管线布置对填充墙的影响

在填充墙内布置管线，需要预先对砌块进行钻孔、打眼，块体或墙体受到削弱，在地震荷载作用下，管线通过处极易率先出现裂缝或局部压碎，图 7.4-13 为裂缝开始于墙内的配电箱处。图 7.4-6 和图 7.4-7 所示的破坏开始点或最严重的部位基本都为管线或控制箱盒所在的位置。图 7.4-14 所示为汶川地震中，都江堰原山别墅某处填充墙的震害现象。从图中可以看出，管线通过处发生严重破坏，削弱后的空心砖被局部压碎并剥落。

 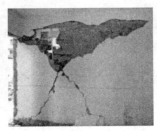 

图 7.4-13 管线布置处裂缝（天全县）　　　图 7.4-14 都江堰原山别墅

4. 楼梯间填充墙震害分析

楼梯间是建筑的出入口，也是地震时人群疏散的唯一通道，其抗震性能尤为重要。在汶川地震中，框架结构楼梯间结构构件发生严重破坏，主要表现为平台梁、平台板及梯段板破坏[13]。芦山地震中，虽然框架结构的楼梯间结构构件基本完好，但是楼梯间周边填充墙体的震害相对建筑物的其他部位更为严重，如图 7.4-15 所示。究其原因，一是填充墙采用空心砖砌体，其强度低，变形能力差，极易发生破坏；二是楼梯间周围墙体的水平约束不规则，导致地震中墙体受力复杂；三是楼梯间处结构刚度大承担了更多的地震作用。因此，对于地震烈度低的地区来说，楼梯间的薄弱部位通常是楼梯间填充墙，墙体率先破坏，从而影响地震中疏散和逃生。因此，建议楼梯间不宜采用空心砖砌体填充墙，或者采取有效的改进措施，提高填充墙的抗震能力，保障生命通道畅通。

图 7.4-15 楼梯间填充墙破坏（芦山县城）

5. 填充墙布置不当造成的震害

图 7.4-16a 为位于芦山县城的某 6 层新竣工的住宅楼，底层一侧布置开间较小的储物间，用空心砖砌体分隔，另一侧隔墙较少，芦山地震中框架结构完好无损，第二层填充墙基本完好，但底层的纵横隔墙均严重破坏，初步分析认为，房屋前后隔墙布置不对称，所

引起的扭转效应是引起轻质隔墙严重破坏的主要原因。图 7.4-16b 为汶川地震中都江堰某 6 层在建钢筋混凝土框架结构住宅楼，底层为车库，相对于上部 5 层住宅，底层布置的填充墙很少，形成了明显的软弱层，地震中弹塑性变形在底层集中，震后测得底层沿房屋纵向约有 30cm 的残余侧向位移。

a. 庐山县城某 6 层住宅（庐山地震）　　　　b. 都江堰某 6 层住宅（汶川地震）

图 7.4-16　填充墙布置不当造成的震害

二、地震中空心砖填充墙框架结构相互作用机理

现行的抗震设计规范认为，填充墙仅起围护和隔断作用，设计时考虑填充墙对结构整体刚度的贡献对自振周期进行了折减，也要求考虑填充墙布置要均匀对称，减少其对结构抗震的不利影响。然而，从上述介绍的空心砖震害特征来看，填充墙材料的类型、墙上门窗洞口的形式、楼梯间等特殊部位以及墙内的管线布置等对填充墙的破坏都有重要影响，填充墙与框架的协同作用机理因这些因素的不同而更为复杂。

为了系统地探讨填充墙 – 框架结构的损伤破坏机理，根据不同烈度地区填充墙和框架的破坏特征，可以将空心砖填充墙 – 钢筋混凝土框架结构的震害过程分成以下几个阶段：

1. 弹性阶段

地震烈度远低于当地的设防烈度时，填充墙和框架都无裂缝出现，填充墙和框架均处于弹性工作阶段，二者共同作用，此时填充墙对结构的整体侧向刚度和抗侧承载力均有很大的贡献。

2. 填充墙开裂阶段

地震烈度接近或相当于或略超过当地的设防烈度时，门窗洞口的角部出现 45°方向的斜裂缝，或者在填充墙与框架梁柱界面上出现水平或竖向裂缝，也有可能在墙内管线设置处发生局部破坏，此外，楼梯间周围的墙体也可能有裂缝出现。但是，框架梁柱一般仍完好无损，未超出弹性阶段的范围。因此，由于填充墙开裂，结构整体将表现出一定的非线性性质，填充墙的损伤破坏对耗散地震能量，延缓主体框架结构的损伤发挥了积极的作用。由于墙内裂缝尚未影响到墙体的整体性，未破坏墙体的支撑作用，此时的填充墙对结构的整体侧向刚度和侧向承载力仍有很大的贡献。

3. 框架梁柱轻微损伤阶段

地震烈度高于当地的设防烈度时，填充墙内可能发生局部破坏而造成局部塌陷、坍塌，或者形成主要的斜裂缝而破坏墙体的整体性，此时，填充墙可能部分或完全退出工作，导致结构的整体侧向刚度和侧向承载力显著降低，结构的侧向变形快速增大，梁柱的内力急剧增加，柱端、梁端或节点区混凝土开裂。结构整体表现出明显的弹塑性特征。

4. 框架结构破坏

地震烈度远高于当地的设防烈度时，填充墙在平面内外的地震作用下完全退出工作，因此将形成软弱层而发生过大的侧移，再加之二阶效应的影响，软弱层框架柱或框架梁严重受损或完全坍落。

从上述几个阶段的破坏特征可见，空心砖填充墙对整体结构的抗震性能有不可忽视的影响。另一方面，一般认为由于框架梁柱的约束，填充墙的震害特征与一般非约束状态下墙体有区别。童岳生等[14]的试验表明，框架的约束作用能提高填充墙的承载力，改善其变形能力。但是就芦山地震空心砖填充墙的破坏情况可见，若墙体的强度很低，特别是尚未抹砂浆找平层的墙体，空心砖填充墙极易发生破坏，框架的约束作用未能得到有效的发挥。

三、对规范的修订建议

芦山地震和汶川地震中大量建筑物震害表明，严格按照现行规范进行设计、施工和使用的填充墙框架结构，具有较强的抗震能力，经受住了地震考验，实现了大震不倒。但是，地震中空心砖填充墙震害暴露出的诸多问题，应该引起重视。

1. 空心砖砌体材料的要求

虽然填充墙发生破坏能吸收大量地震能量，但空心砖砌体强度低，刚度大，变形能力差，在地震烈度相当于或低于设防烈度的地区，空心砖砌体填充墙的震害亦非常普遍，不仅影响震后建筑物的正常使用，极大地增加了修复费用和修复工作量，严重的填充墙破坏甚至可能危及生命安全或影响紧急疏散。因此，建议抗震设防类别为甲类、乙类和装修标准很高的丙类建筑不宜采用空心砖砌体填充墙，或者采用经特殊工艺处理而改良的空心砖填充墙。

空心砖块体强度低是导致填充墙极易发生震害的关键原因，建议对用于填充墙的空心砖的力学指标加以控制，特别需要加强材料的质量监督，避免混入个别强度远低于平均指标的砖块。震害现象表明，有较好质量砂浆找平层和瓷砖饰面的空心砖填充墙的强度明显大于裸空心砖填充墙，表现出较好的抗震性能，为寻找获得良好抗震性能的空心砖做法提供了某些思路和突破口，建议加大该方向的研究。另外，对楼梯间、走廊等重要生命通道，建议不宜采用空心砖砌体填充墙，可采用轻质、高强、变形能力好的墙板材料。文献[15]中提到汶川地震中某建筑采用轻钢龙骨石膏板作为隔墙材料，地震中没有受到任何损坏。

2. 空心砖填充墙的抗震构造要求

空心砖砌体强度低，极易发生破坏。破坏后的墙体若承受平面外地震作用，则可能发生倒塌，危及生命安全和影响逃生。改良空心砖填充墙的抗震构造措施，是防止填充墙在地震中发生倒塌的关键。

现行的抗震设计规范中提到的措施主要为砌体填充墙宜与柱脱开或采用柔性连接，且沿框架柱全高设拉筋，有必要时设置构造柱和水平系梁。然而，灾区该类建筑都采用刚性连接，即使按构造要求设置拉筋、构造柱或水平系梁，也不能改变低烈度下砌体局部破坏的状况，而且这些构造措施对于裂缝出现后防止发生平面外的倒塌所起的作用亦非常有限。因此，本文建议采取以下抗震措施：

（1）沿框架柱高度设置框架柱之间的通长拉结筋，以提高裂缝出现后墙体抵抗平面外倒塌的能力；

（2）在墙面的找平层内布设钢筋网或其他具有较好抗拉能力的有机或无机材料，以改善空心砖墙体抵抗局部损伤的能力，提高墙体的抗裂能力；

（3）在较大的门窗洞口周边设置钢筋混凝土构件，提高洞口角部抵抗应力集中的能力；

（4）正确认识管线布设对填充墙的削弱影响，采取有效可靠的措施避免该处率先发生破坏。

四、结论

芦山地震和汶川地震中，框架结构中空心砖填充墙的震害表现值得我们深入研究，作者从大量的结构震害中得出以下几点结论：

1. 空心砖填充墙体破坏形式多样，说明地震作用中填充墙的参与程度很高，而且因空心砖的多样性和不确定性致使其受力复杂，与现行规范中"非结构构件""不参与地震作用"不相符，说明不考虑填充墙的抗震设计存在一定的局限性。

2. 空心砖砌体强度低、门窗洞口或墙内管线对填充墙的削弱，以及楼梯间形成的抗震薄弱部位等都是造成空心砖填充墙极易发生震害的原因，建议在较大的门窗洞口处设置构造柱和连系梁。

3. 空心砖强度低、刚度大，空心砖填充墙框架结构的破坏过程与其他砌体填充墙有所区别。空心砖填充墙与框架的相互作用有待进一步研究。

4. 空心砖砌体强度低，刚度大，变形能力差，在地震烈度相当于或低于设防烈度的地区，也极易发生破坏。建议抗震设防类别为甲类、乙类和装修标准很高的丙类建筑不宜采用空心砖砌体填充墙。对楼梯间、走廊等重要生命通道，建议不采用空心砖砌体填充墙。

5. 拉结筋的设置不能有效防止低烈度下填充墙局部破坏，也不能有效阻止填充墙发生平面外的坍塌。因此，寻求提高空心砖填充墙的承载能力和抗震性能的新措施，是今后研究工作的重心和目标。

参考文献

[1] 建筑抗震设计规范 GB 50011-2010[S]. 北京：中国建筑工业出版社, 2010.

[2] Fiorato AE, Sozen MA, Gamble WL. An investigation of the interaction of reinforced concrete frames with masonry filler walls[C]//Report UILU-ENG-70-100. USA, University of Illinois at Urbana-Champaign, 1970.

[3] Bertero VV, Brokken S. Infills in seismic resistant building[J]. Journal of Structural Engineering (ASCE) 1983；109（6）：1337-1361.

[4] Mehrabi AB, Shing PB, Schuller MP, et al. Experimental evaluation of masonry-infilled RC frames[J]. Journal of Structural Engineering (ASCE) 1996；122 (3)；228-237.

[5] Govindan P, Lakshmipathy M, Santhkumar AR. Ductility of infilled frames[J]. ACI Journal, 1986；567-576.

[6] 杨红, 陈进可, 陈银松. 填充墙对空间框架非线性地震反应特征的影响 [J]. 四川大学学报(工程科学版), 2012, 44（5）：38-46.

[7] 杨伟, 侯爽, 欧进萍. 从汶川地震分析填充墙对结构整体抗震能力影响 [J]. 大连理工学报, 2009, 49 (5)：770-775.

[8] 阎红霞, 杨庆山. 多遇地震下填充墙侧向刚度对 RC 框架结构抗震性能的影响 [J]. 土木工程学报, 2012, 45（增1）：54-60.

[9] 梁兴文, 董振平, 王应生等. 汶川地震中离震中较远地区的高层建筑的震害 [J]. 地震工程与工程振动,

2009, 29（1）：24–33.

[10] 门进杰，史庆轩，陈曦虎 . 汶川地震对远震区高层建筑造成的震害及设计建议 [J]. 西安建筑科技大学学报（自然科学版），2008, 40（5）：648–653.

[11] 吕西林，朱伯龙 . 五层砌块模型房屋的振动台试验研究 [J]. 同济大学学报，1986, 14（1）：13–26.

[12] Dafnis A, Kolsch H, Reimerdes HG. Arching in masonry walls subjected to earthquake motions[J]. Journal of Structural Engineering, 2002, 128,（2）：153–159.

[13] 李碧雄，谢和平，邓建辉等 . 汶川地震中房屋建筑震害特征及抗震设计思考 [J]. 防灾减灾工程学报，2009, 29（2）：224–230.

[14] 童岳生，钱国芳 . 砖填充墙钢筋混凝土工程框架在水平荷载作用下结构性能的实验研究 [J]. 西安建筑科技大学学报（自然科学版），1982, 1–13.

[15] 薛彦涛，黄世敏，姚秋来等 . 汶川地震钢筋混凝土框架结构震害及对策 [J]. 工程抗震与加固改造，2009, 31（5）：93–100.

5. 江苏盐城 6·23 龙卷风灾害情况调研

高榕　李天　杨庆山　田村幸雄

北京交通大学土木建筑工程学院；

北京市结构风工程与城市风环境重点实验室，北京，100044

引言

2016 年 6 月 23 日 14 时 30 分左右，江苏省盐城市北部发生强阵风、冰雹、强降雨、龙卷风等极端天气，阜宁、射阳两县受灾尤为严重。灾害造成了 99 人死亡，846 人受伤，摧毁了大量民用房屋、工业厂房及公共建筑，受灾地区随处可见倒伏的树木、电线杆、广告牌。灾害发生后，本课题组赶赴现场，对阜宁县受灾严重的计桥村、双桥村、田舍村等地进行了实地调查，记录并绘制了龙卷风破坏路径（图 7.5-1），调查了受损建构筑物，对房屋破坏情况和破坏机理进行了总结分析，对龙卷风风速进行了估算，最后对房屋抗风规划建设和构造措施提出了建议。

根据阜宁气象局提供及走访当地居民所得信息，本次龙卷风约于 2016 年 6 月 23 日 14 时 30 分形成于孔荡村附近（图 7.5-1 ①），后以约 60km/h 的平均速度向东移动，沿途经过邵湛村(图 7.5-1 ②)，戚桥村(图 7.5-1 ③)，计桥村(图 7.5-1 ④)，双桥村(图 7.5-1 ⑤)，大楼村（图 7.5-1 ⑥)，丹平村（图 7.5-1 ⑦)，成俊村（图 7.5-1 ⑧)，新涂村（图 7.5-1 ⑨)，两合村（图 7.5-1 ⑩)，田舍村（图 7.5-1），北陈村（图 7.5-1），新储村（图 7.5-1），立新村（图 7.5-1），持续时间约 30min，形成长约 35km、宽约 3km 的灾害条带。灾后，中国气象局根据建筑物受损情况判定此次龙卷风强度为 EF4 级别，属于摧毁性龙卷风。

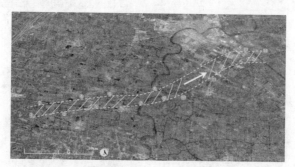

图 7.5-1　龙卷风灾害路径，长约 35km，宽约 3km

一、受灾地区建筑物受损情况

在灾后调查中，本课题组实地考察了阜宁县受灾最为严重的计桥村、双桥村和田舍村，统计了当地受灾建筑物的结构类型、破坏形式和受损程度。同一地点结构类型相异的建筑物，在龙卷风作用下表现出不同的破坏形式和不一的受损程度，体现了结构类型对抗风性能的影响；此外，施工工艺也是建筑物抗风性能的重要影响因素。

1. 砖木结构房屋

受灾地区一部分民居为村民自建的单层砖木结构房屋，此类房屋由砖墙承重，屋盖为木檩条椽子上搁置小青瓦，有的房屋为了防水需要，还加设了彩钢瓦覆层（即彩色涂层冷弯压型钢板）。调查地点房屋有不同程度的损坏，受灾较轻的房屋屋顶瓦片被吹飞或彩钢瓦被掀翻；另一些砖木结构房屋屋顶覆面完全吹掉，只剩下折断的木梁；受损更严重的单层民房则墙体倒塌，甚至房屋完全坍塌。根据灾后现场情况来看，计桥村、双桥村的砖木结构房屋的屋盖都采用硬山搁檩构造，即木檩条只是简单地搁置在墙体上，与竖向墙体之间缺少可靠连接。这样的构造方式，在屋顶受到正荷载，即对屋顶的压力如雪荷载时，尚可向下传力；但风荷载作用在坡屋顶时，会对屋顶的迎风面部分区域和背风面产生负荷载，即对屋顶的吸力，此时没有有效传力路径向下传力，屋顶很容易掀翻。另一方面，在竖向墙体发生平面外的失稳时，由于房屋缺乏整体性，屋盖对于墙体不能起到有效的约束作用，墙体也更易于倒塌。此外，当地居民修建房屋时，墙体都采用一斗到顶的砌法，纵横墙之间未采取构造柱和拉结筋等构造措施，墙体整体性很差，外墙装修时也未用砂浆抹面对墙体进行防护，致使墙体受自然作用风化侵蚀下强度降低[1]，导致抗风性减弱（图 7.5-2 ~ 图7.5-6）。

图 7.5-2　单层民房屋顶瓦片被吹飞，露出稻草覆层

图 7.5-3　屋顶彩钢瓦被掀翻，下层小青瓦被吹掉

图 7.5-4　砖木结构单层民房屋顶被掀飞

图 7.5-5　民房屋顶掀飞，露出木檩条，墙体部分受损

图 7.5-6　砖结构民房完全坍塌

2. 砖混结构房屋

除了砖木结构外，当地民房和公共建筑较为常见的结构形式还有砖混结构。该类建筑竖向承重的墙柱采用砌块或砖砌筑，横向承重结构采用钢筋混凝土楼板、屋面板，调查中未见当地该类建筑设置混凝土圈梁或构造柱。

图 7.5-7 所示是计桥幼儿园。在这次龙卷风灾害中，此幼儿园院内两座建筑都有不同程度损坏。该园的主建筑是一座三层砖混结构教学楼，灾害过后，该楼走廊上的玻璃所剩无几，木门也都被吹倒或吹破。第三层西侧两间房间完全摧毁（图 7.5-8），可以看出，该建筑外墙与隔墙均采用空心砖修筑；东侧三间屋顶均被吹飞，墙体不同程度受损，最右侧一间屋顶尚有残余木檩条（图 7.5-9），该房间也采用硬山搁檩，房屋整体性差。

图 7.5-7　计桥幼儿园第三层被吹毁

图 7.5-8　第三层西侧屋顶被吹毁，
外墙与隔墙均为空心砖修筑

图 7.5-9　教学楼第三层最东侧房屋屋顶受损，木檩条落入屋内

在教学楼前侧有一储物用单层砖混建筑（图7.5-10），该建筑采用了钢筋混凝土梁，在风灾过后屋顶瓦片虽被吹飞，但屋面梁与墙体均未受损，这种构造方法在屋盖与墙面之间有钢筋连接，保证了房屋的整体性，表现出了比硬山搁檩木屋盖更好的抗风性。

图7.5-10 单层砖混建筑屋顶覆层受损，但钢筋混凝土梁完好

3. 钢结构厂房

中一汽保集团位于阜宁县田舍村附近，该工业园区一座门式钢架厂房被龙卷风完全摧毁；与之毗邻的一座二层钢混结构办公楼围护结构受损，钢构造柱发生弯扭失稳，但主体结构未倒塌（图7.5-11）。相邻两建筑的不同抗风表现可以看出，钢结构由于自重较轻，在龙卷风中较混凝土结构抗风性较差。

图7.5-11 门式钢架厂房完全倒塌，两层钢混办公楼围护结构受损，但主体结构未倒塌

从办公楼上方拍摄的厂房照片（图7.5-12）可以看出，该厂房完全坍塌，钢檩条、彩钢板卷曲散落一地。钢框架与基础的连接细节见图7.5-13，可以从图中看出，该厂房倾倒的门柱柱脚和基础没有锚栓连接，这不符合设计施工要求，应为施工疏忽所致，可见施工工艺对结构抗风性的影响。图中工字钢倾倒，柱脚处连接钢筋受拉变形。

工业园区内还有一座钢结构厂房围护结构受损，图7.5-14分别展示了该厂房在龙卷风过境前后的图像。风从厂房的左后侧吹来，过境后，厂房轻钢女儿墙折断，玻璃破碎，外墙向外倾斜，房顶凸起。该现象可能是龙卷风发生时迎风面窗户破碎，风从窗户灌入，内压增大导致。在调查时观察到该厂房设有抗风柱，此构件有利于抗风设计。

图 7.5-12　钢结构厂房完全坍塌，钢檩条、彩钢板卷曲散落一地

a. 门柱倾倒，未见锚栓　　　　　　　b. 框架柱倾倒，栓接钢筋变形

图 7.5-13　柱与基础连接失效

a. 龙卷风过境前　　　　　　　　　b. 龙卷风过境后，围护结构受损

图 7.5-14　钢结构厂房围护结构破坏

4. 其他类型受损物

在中一汽保集团厂区内，还有一膜结构建筑，在龙卷风过境后，膜结构顶棚完全掀翻，支柱也受顶部约束变形，向外倒伏（图 7.5-15）。

在龙卷风沿途，还有一些构筑物遭到不同程度破坏。图 7.5-16a 是一被折断的输电塔，在沿路村庄有很多输电塔被吹倒吹折，使当地电力系统受到了很大影响。图 7.5-16b 是风灾路径上沿路几乎随处可见的折断电线杆，有的埋深比较深的电线杆会从地表处折断，另外一些埋深较浅或者受到升力大，则被连根拔起。图 7.5-16c 是一段围墙，可以看到围墙前后两段分别向两个方向倒伏，这是很典型的龙卷风过境特征。图 7.5-16d 是沿途树木被吹断的景象，从树木倒伏方向可以判断出风向。

<table>
<tr><td>a. 龙卷风过境前</td><td>b. 龙卷风过境后，膜结构顶棚被掀飞</td></tr>
</table>

图 7.5-15 膜结构顶棚被掀飞

<table>
<tr><td>a. 输电塔被吹折断</td><td>b. 电线杆被吹断</td></tr>
</table>

<table>
<tr><td>c. 围墙向两个方向倒伏</td><td>d. 树被吹折</td></tr>
</table>

图 7.5-16 龙卷风沿途构筑物及树木的破坏情况

二、等效风速估算

龙卷风沿途有一些倒伏的广告牌和电线杆，可以估算极值风速。以图 7.5-17 为例。假设极值风荷载为 F_n，则有：

$$F_n = \frac{1}{2}\rho v_n^2 C_{\text{fig}} A \tag{1}$$

式中，ρ 为空气密度；v_n 是路牌中心处（即 $h_1 + 0.5h_2$）的 3s 阵风风速；C_{fig} 是澳大利亚风荷载规范 AS/NZS1170.2[2] 中的空气动力体形系数；A 是路牌面积。

 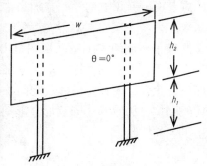

a. 路牌从立柱底部折断   b. 路牌示意图

图 7.5-17 路牌在龙卷风中倒伏

设风力引起的弯矩为 $M_{\max}$，则：

$$M_{\max} = F_n l = \frac{1}{2}\rho v_n^2 C_{\text{fig}} Al \tag{2}$$

式中力矩 l 是塑性铰到路牌中心的距离，即截面断裂处的距离。

塑性承载弯矩 M_p 由式（3）可得：

$$M_p = f_u s \tag{3}$$

式中，f_u 是极限抗拉强度，s 是塑性截面模量。

当风力弯矩超过材料的塑性承载弯矩，塑性铰就会产生，路牌发生破坏，即：

$$M_{\max} \geqslant M_p \tag{4}$$

则在路牌中心处引起路牌破坏的风速：

$$v_n \geqslant \sqrt{2 f_u s / \rho C_{\text{fig}} Al} \tag{5}$$

该路牌的长宽（即 w 和 h_2）均为 4m，两支柱均为直径 201mm、厚度 8mm 的钢管，h_1 为 2m，空气动力体形系数为 1.2，计算得出阵风风速 ≥ 51m/s。

三、结论

6·23 盐城发生特大龙卷风，本团队在受灾最为严重的阜宁县城下属乡镇进行调查研究，统计了不同房屋的破坏形式，并通过路牌估算出等效 3s 阵风风速 ≥ 51m/s。经调查，龙卷风路径上，一到二层砖木结构建筑受损严重，部分房屋整体坍塌，此类房屋屋顶多采用硬山搁檩上覆小青瓦形式，木檩条与墙体之间无刚性连接，房屋整体性差，抗风能力弱。屋顶采用钢筋混凝土梁的砖混结构房屋相比于硬山搁檩形式的砖混或砖木结构房屋抗风性更好，其原因在于屋面与墙体有可靠的刚性连接，确保了有效的传力路径。走访中，未见该地区房屋设有构造柱和圈梁等提高房屋整体性的构件，在灾后房屋重建中，为提高建筑抗风能力，应考虑设置此类构件，并加强建筑屋面与墙体，墙体与基础之间的连接，提高房屋的整体性。

　　龙卷风路径上一座门式钢架厂房完全坍塌，与之毗邻的钢混结构建筑围护结构受损，但主体结构未倒塌。可见钢结构厂房比钢混结构建筑在强风中更易受损，这可能是钢结构自重较轻所致。此外，调查发现该厂房门柱与基础未设连接，不符合设计施工要求，施工工艺如墙体的砌筑，构件的连接等都会影响建筑的抗风性能，为保证建筑的使用性能，应增强对施工工艺的控制。

参考文献

[1] 黄鹏, 陶玲, 全涌等. 浙江省沿海地区农村房屋抗风情况调研 [J]. 灾害学, 2010, 25（4）: 90-95.

[2] Holmes J D, Kwok K C S, Ginger J D, et al. Wind Loading Handbook for Australia and New Zealand: Background to AS/NZS 170.2 Wind Actions[J]. Australian Journal of Structural Engineering, 2012, 13（2）.

6. 老旧社区灾害风险评价及韧性优化策略

郭小东　安群飞　杨雅婷

北京工业大学北京城市与工程安全减灾中心，北京，100124

引言

社区是城市风险管理的基本单元[1]，老旧社区是城市安全的薄弱环节之一，我国社区层面的灾害研究对老旧社区涉及较少。随着城市的不断发展，老旧社区的灾害风险更为突出。基于韧性理论的老旧社区防灾风险及策略的研究，对于推动社区安全发展，切实保障城市安全具有重要意义。

韧性理论在科学研究中最初被定义为系统在保持基本状态不变的前提下应对变化或干扰的能力[2]。城市研究者将韧性理论应用在城市防灾领域，提出了"韧性城市"和"韧性社区"等概念。基于韧性理论的社区灾害研究要求社区具有较低的易损性，即灾害的发生不易对社区造成破坏；较高的可恢复性，即灾害发生后社区易恢复或修复[3]。通过在"防抗避救"不同阶段对老旧社区灾害危险性、脆弱性、暴露性和可恢复力的评价和优化，降低老旧社区的灾害易损性，提升老旧社区的可恢复性，达到提升老旧社区灾害韧性的目的。

基于韧性理论的老旧社区调研及风险分析

本文探讨的老旧社区，主要指20世纪90年代之前建造的北京城内的居住社区。北京市建于90年代之前的老旧社区约有1580多个，其中80年代建成的老旧社区为1047个，约占老旧社区总数的66.2%[4]。

一、相关灾害

灾害分类方法和种类繁多，本文探讨的灾害主要指通常发生在城市老旧社区的地震灾害、火灾、洪水灾害、风灾及以上灾害所引发的次生灾害。

二、老旧社区调研基本情况

调研社区概况　　　　　　　　　　　　　　　　　　　　　表7.6-1

社区位置	建筑强度	建筑密度

社区位置	建筑强度	建筑密度
酒仙桥六街坊位于朝阳区东北四环酒仙桥附近，总户数为 300 户，人口 1000 余人	酒仙桥六街坊建筑层数以 3 层以下和 4~6 层为主。建筑强度较小	酒仙桥六街坊建筑密度约为 30%
六铺炕三区位于西城区安德路中段，总户数 2730 户，原为中石油、水利电力公司和中煤炭等单位住宅	六铺炕三区内建筑多为 3 层以下和 4~6 层建筑，社区内存在少部分后期建设的小高层建筑	六铺炕三区建筑密度约为 35%
红庙北里位于金台路和朝阳路交汇处，总户数 5308 户	红庙北里建筑层数以 4~6 层为主，存在部分 3 层以下建筑和后期建设的小高层	红庙北里建筑密度约为 30%

选取了红庙北里、六铺炕三区和酒仙桥六街坊等北京市内三处典型的老旧社区进行针对性调研，采用问卷法、访谈法等调研方法，对老旧社区灾害风险进行了收集和整理。

1. 危险性因子

危险性因子调研主要从对老旧社区安全产生威胁的外部因子包括自身危险性因子和周边危险性因子进行调研梳理。

老旧社区普遍缺乏对绿地系统的考虑，绿地系统中植物选择不够科学，如社区中种植的白毛杨在春季易产生大量杨絮，火灾隐患较大，灾害发生时不仅无法起到隔离作用，反而容易引起灾害的蔓延；对于大型乔木的，较少考虑与社区主体建筑的安全距离，有的小区在植被配置上灌木和绿地的配置较少，整个空间多为硬质铺装，在降雨较大时极易造成内涝。

老旧社区对公共空间的规划和设计考虑存在局限性，规模普遍偏小或未作安排，居民在灾害发生时缺乏充分开敞的避难空间。公共空间内的建筑小品结构简陋。在地震灾害发生时，极易倒塌对避难的居民产生较大影响。

由于建设之初缺乏统一规划，住户为增大活动和使用空间，在建筑顶部建设非正式用房。其建筑结构差、材料简单、施工不规范，建筑极易倒塌。对社区主体建筑和居民安全造成较大威胁。将易燃废旧杂物直接放于宅前道路或活动场地内，严重堵塞疏散通道，

由于老旧社区多规划建设较早，周边地块缺乏安全合理的规划和布局，存在如加油站、餐饮企业等爆炸和火灾危险性因子（图 7.6-1~图 7.6-6）。

图 7.6-1　透水性较差的硬质铺装

图 7.6-2　白毛杨

图 7.6-3　简陋建筑小品

图 7.6-4　非正式用房

图 7.6-5　废旧杂物空间

图 7.6-6　餐饮企业

2. 脆弱性因子

脆弱性因子调研针对社区自身建设规划中的风险，主要从建筑结构要素、建筑非结构要素和社区空间组织等方面进行调研梳理。

老旧社区建筑结构多为砖砌体结构，砖砌体结构整体性和延性差，抗拉和抗剪强度低，整体性较差，在地震中容易丧失整体性而发生倒塌现象。老旧社区由于缺乏管理，部分居民在建筑首层开口。大量存在的"开墙打洞"现象严重威胁了建筑结构整体的稳定性。

建筑非结构构件包括持久性的建筑非结构构件和支承于建筑结构的附属机电设备[5]。老旧社区建设年代久，存在外部装饰构件和部件以及附属机电设备连接不牢固、建筑维护结构老化等脆弱性因子，在灾害发生时，极易产生次生灾害。

老旧社区空间结构多为"单中心围合结构"，公共空间和公共服务设施都集中在社区中心，被居住建筑所包围。灾时对于社区中心压力较大，可达性较差，在灾时无法发挥作用。

图 7.6-7　私自"开墙打洞"

图 7.6-8　砖砌体结构建筑

图 7.6-9　老化非结构构件　　　　　　　　图 7.6-10　"单中心"空间结构

居住空间
公共空间

3. 暴露性因子

暴露性因子调研主要针对老旧社区居民结构和基础设施暴露风险进行梳理。

调研结果显示，老旧社区内，以中老年住户为主。老年人反应慢、行动迟缓且多在家中或社区内的公共空间活动。对居民的学历进行了统计，大专以上学历的人员仅占居民总人数 6.2%。受教育程度直接影响居民的防灾意识。

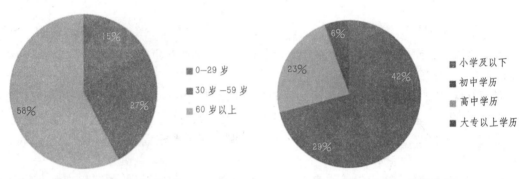

15%
58%
27%

■ 0—29 岁
■ 30 岁—59 岁
■ 60 岁以上

6%
23%
42%
29%

■ 小学及以下
■ 初中学历
■ 高中学历
■ 大专以上学历

图 7.6-11　年龄分析　　　　　　　　　　图 7.6-12　职业分析

老旧社区内部线路私搭乱接现象较为普遍，市政水、电等管网没有实现入地，各种电线在居民楼上空纵横交错，存在较大的安全隐患。包括给水、供电、通信等关键基础设施无备份设施，灾害发生后，较短时间内关键基础设施无法正常启用。

图 7.6-13　未入地的电线杆　　　图 7.6-14　纵横交错的线路　　　图 7.6-15　活动不便的老人

4. 可恢复力

可恢复力调研主要从影响社区灾后恢复的道路通行能力和组织救援能力进行考虑。

居住区中，主干道宽度一般为 7~9m，次级道路宽度为 3.5~4m。老旧社区的道路规划设计中缺乏对停车系统的长远考虑，导致小区内车辆集中停放在道路两侧，无法满足正常的疏散通道的要求。

老旧社区产权复杂，不同单位居民人为将社区用围墙或栏杆分割，严重割裂了社区内部的交通，灾害发生后，大型救灾车辆和人员无法及时到达。内部和周边物资储备和资源整合不足，灾时无法就近及时提供救灾所需的物品。

社区组织防救灾管理机构不够明确，应急标识配备不足，应急设施建设不足，灾后社区恢复时间和效率受到较大影响。

图 7.6-16　停车问题

三、基于韧性理论的老旧社区灾害风险评价

城市老旧社区的灾害风险构成主要包括危险性因素、脆弱性因素（遭受灾害时社区建筑、空间、人口的脆弱性）、暴露性因素（人员、财产和设施受灾的可能性）以及可恢复力（交通运输保障能力、应急恢复保障能力、救灾资源配置能力）。图 7.6-17 可明确社区韧性与灾害风险的关系。

（危险性因子 ＊ 脆弱性因子 ＊ 暴露性因子 ）/ 救灾能力 ＝ 灾害风险

可恢复力 /（ 危险性因子 ＊ 脆弱性因子 ＊ 暴露性因子 ）＝ 社区灾后的可恢复性 / 社区灾害的易损性 ＝ 社区韧性

图 7.6-17　韧性与风险的关系

老旧社区的灾害风险评价，重点是评价体系模型的确立。风险评价的指标选取应遵循整体性、典型性和可控性相结合的原则。结合韧性理论的灾害易损性和灾后可恢复性，体现灾害风险构成的不同影响因子，从老旧社区的功能结构角度，确定指标选择的基本方法。

在灾害风险评价中，为保证评价总目标结果的科学性和合理性，将评价指标分为强制性指标和一般性指标两类。

1. 强制性指标

强制性指标包括了土地利用场地的安全性和建筑的抗灾设防水平。

（1）土地利用场地的安全性

利用场地应进行地质学调研，保证抗震的安全性，必须有不超过洪水水位的工程学分析等。

(2) 建筑的抗灾设防水平

建筑的抗灾设防水平满足地震烈度的要求及洪水水位和防火等要求。建筑需满足《民用建筑可靠性鉴定标准》GB 50292-1999 中 B 以上要求。

2. 一般性指标

采用系统工程学的方法，对老旧社区灾害影响因子进行划定，将评价总体目标逐层分为准则层（一级指标）、参量层（二级指标）和指标层（三级指标）。整个评价体系层次清晰，便于风险的评价。

通过对评价体系的梳理和评价指标的研究，将"降低老旧社区灾害易损性和提升灾后可恢复性"设定为评价的总目标；准则层为"A1 危险性"、"A2 脆弱性"、"A3 暴露性"、"A4 可恢复力"，参量层如图 7.6-18。

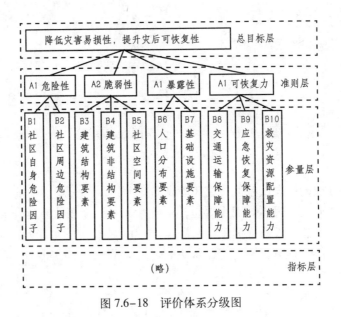

图 7.6-18 评价体系分级图

表 7.6-2 为主要二级和三级指标的指标说明：

主要指标说明 表 7.6-2

二级指标	三级指标
B1 社区自身危险因子	C1 社区是否考虑绿地系统的规划及植被树种的选择
	C2 社区公共空间内构筑物是否进行安全加固
	C3 社区公共空间和通道是否存在大量易燃易爆废旧杂物
	C4 社区内是否存在非正式住房，非正式住房结构稳定性
B2 社区周边危险因子	C5 社区周边是否存在易燃易爆危险源
	C6 社区是否在周边建、构筑物的倒塌范围内

续表

二级指标	三级指标
B3 建筑结构要素	C7 砖砌体结构是否进行抗震加固
	C8 建筑设计后，地震区划图是否发生改变
B4 建筑非结构要素	C9 外部装饰构件和部件以及附属机电设备是否存在连接不牢固现象
	C10 建筑围护结构是否稳定
B5 社区空间要素	C11 社区采用何种空间布局形式
	C12 社区内部公共空间数量和面积
B6 人口分布要素	C13 社区老龄化趋势是否明显
	C14 社区居民学历层次
B7 基础设施要素	C15 重要基础设施系统是否有备份系统
	C16 关键基础设施（供电、通信）布置情况
B8 交通运输保障能力	C17 社区内部交通是否通畅（停车是否规范、空间是否有分割现象）
	C18 社区外部道路宽度及道路断面形式
B9 应急恢复保障能力	C19 社区应急设施的建设（包括应急水源、应急供电、应急医疗等）
	C20 社区有应急组织、预案及日常演练
	C21 社区心理援助、保险理赔等措施
B10 救灾资源配置能力	C22 社区周边是否有可用救灾资源
	C23 社区内部是否备有救灾资源

3. 指标权重的确定

指标权重的计算采用德尔菲法和层次分析法结合的方式，再对两种结果进行加权平均取值。当一级指标下只有两个二级指标项时，采用德尔菲法计算指标权重。指标权重最终计算结果见表 7.6-3。

权重指标

表 7.6-3

一级指标 A	一级权重	二级指标 B	二级权重	三级指标 C	三级权重
A1	0.20	B1	0.61	C1	0.23
				C2	0.26
				C3	0.27
				C4	0.24
		B2	0.39	C5	0.51
				C6	0.49

一级指标A	一级权重	二级指标B	二级权重	三级指标C	三级权重
A2	0.41	B3	0.40	C7	0.60
				C8	0.40
		B4	0.32	C9	0.52
				C10	0.48
		B5	0.28	C11	0.49
				C12	0.51
A3	0.19	B6	0.62	C13	0.61
				C14	0.39
		B7	0.38	C15	0.62
				C16	0.38
A4	0.21	B8	0.32	C17	0.40
				C18	0.60
		B9	0.40	C19	0.40
				C20	0.30
				C21	0.30
		B10	0.28	C22	0.49
				C23	0.51

由表中结果可知，对于"降低灾害易损性，提升灾后可恢复性"即提高社区韧性的总目标，四个一级指标中，"脆弱性"的权重约占总权重的一半，是四项一级指标中最为重要的因素，在灾害来临时，社区自身能承受的灾害破坏是降低易损性和提高可恢复性的重要前提。"危险性"、"暴露性"和"可恢复力"三项指标权重较为接近。在降低社区易损性和提高社区可恢复性的过程中，这三个要素应该综合考虑。

在二级指标中，"社区自身危险因子"、"人口分布要素"、"建筑结构要素"和"应急恢复保障能力"对社区韧性的影响较大。在老旧社区的优化中应该首先考虑社区自身危险因子和人口分布要素，从根本上提升老旧社区由于自身风险和人口结构所导致的韧性较低的问题。同时注意社区建筑结构要素，保证结构的稳定性；在老旧社区的优化提升过程中要特别注意应急恢复保障能力的提升，增强灾后恢复的效率，缩短灾后恢复时间。"社区周边危险因子"、"基础设施要素"、"建筑非结构要素"和"交通运输保障能力"影响较前四个指标较弱，在这四个方面优化时应均衡考虑。"社区空间要素"和"救灾资源配置能力"作为最弱的影响因素，仍是优化改造不可或缺的一部分，尤其是救灾资源配置的能力是提升社区可恢复性的重要保障。

4. 评级结果

根据上述灾害风险评价方法，对红庙北里社区、六铺炕三区和酒仙桥六街坊进行了满分为百分制的评分，最终社区得分分别为64.39、62.58和69.54分。

三个社区在可恢复力的"应急恢复保障能力"、"交通运输保障能力"和"救灾资源配置"方面的差距不明显但普遍较差。酒仙桥六街坊在与危险性相关的"社区自身危险因子"和与脆弱性相关的"建筑结构要素"和"社区空间要素"方面都优于其他两个社区，使其在三个社区的评价中有较大优势（图7.6-19）。

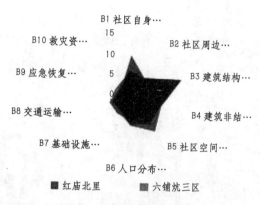

图 7.6-19　老旧社区灾害易损性和灾后可恢复性评价

四、基于韧性理论的老旧社区优化策略

1. 通过空间布置和技术手段对危性险因子进行韧性提升优化，降低社区的危险性。

合理进行绿植配置，植物配置应充分考虑灾时隔灾需求。构筑物依据平灾结合的原则对小品进行针对性改造，在灾时为当地居民提供应急炊事、应急供水等生活必备设施。逐步拆除非正式用房，为住户提供合理的集中储物空间。整治周边道路，排查梳理危险源，保证社区空间和建筑的安全性（图7.6-20～图7.6-22）。

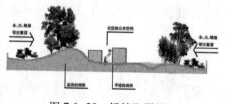

图 7.6-20　绿植配置图

图 7.6-21　构筑物防灾优化示意图

图 7.6-22　非正式用房改造示意图

2. 针对老旧社区脆弱性因子的优化，为老旧社区的韧性优化奠定良好基础。

提升建筑的建筑结构的抗震、抗风能力。可以采用包括防倒塌钢桁架砌体加固法、外包钢加固法、粘接钢加固法、粘贴纤缝增强复合材料加固[6]等建筑加固方法。加固或更换附属构件和维护结构。对外露钢筋进行除锈处理，并涂刷阻锈剂。打开被围墙或栏杆分割的空间和道路，使社区内道路和公共空间连成系统，保证内部公共空间的有效面积（图7.6-23～图7.6-27）。

3. 通过对暴露性因子的优化和提升，减少人员和各种基础设施等的不利影响[7]。

组织防救灾知识的科普学习，提高居民的防救灾能力和水平。增加重要基础设施系统的冗余性，对重要基础设施进行扩容优化，对于部分影响空间安全的电力设备进行入地设计。

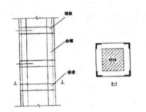

图 7.6-23　防倒塌钢桁架砌体加固法

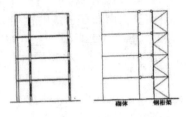

图 7.6-24　外包钢加固法图

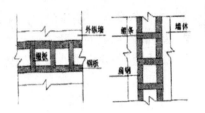

图 7.6-25　粘接钢加固法图

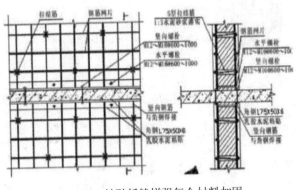

图 7.6-26　粘贴纤缝增强复合材料加固

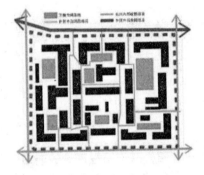

图 7.6-27　社区防灾空间系统规划

4.基于韧性理论的可恢复力的提升，即要提高社区的可恢复速度和效率，从而保证老旧社区在灾害发生后的恢复能力。

合理设置停车场地，整治和拓宽周边街道，提高救灾可达性。合理布置应急标识系统，提升应急疏散能力和物资供给保障能力。建立灾后应急组织和应急预案，开展灾害应急演练。增强心理援助和保险理赔的制度性建设。对社区周边的医疗、教育、生活服务设施能资源进行梳理和布置，保证在灾时可作为救灾资源有效利用。

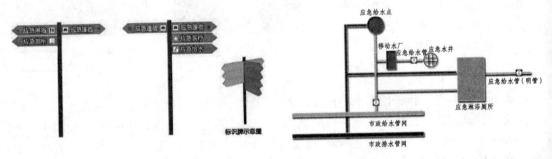

图 7.6-28　应急标识牌

图 7.6-29　应急给排水系统

五、结语

文章基于对北京老旧社区调研和分析，提出了基于韧性理论的老旧社区灾害风险评价及优化策略。对于老旧社区韧性能力的提升有一定指导意义。在今后的研究中，应增大样本量，提升数据整合能力，对指标体系进行更加深入的研究，提供更加科学有效的优化策略，为我国的防灾减灾事业尽绵薄之力。

参考文献

[1] 戴慎志 . 设置城市橙线，强化城市安全规划管制能力 [J]. 城市规划，2016（1）：75.

[2] 杨敏行，黄波，崔翀等 . 基于韧性城市理论的灾害防治研究回顾与展望 [J]. 城市规划学刊，2016（1）：48.

[3] 郭小东，苏经宇，王志涛 . 韧性理论视角下的城市安全减灾 [J]. 上海城市规划，2016（1）：42.

[4] 张君君 . 老旧住宅区改造调查及研究 [D]. 北京建筑大学，2014，18.

[5] 建筑抗震设计规范 GB 50011–2001（2008）[S].13.

[6] 廉永广，时旭东，吴丽丽，张天申 . 既有砖砌体结构抗震加固方法及研究现状 [A]. 第十三届全国现代结构工程学术研讨会论文集 [C]. 天津大学，2013：9.

[7] 郑菲，孙诚，李建平等 . 从气候变化的新视角理解灾害风险、暴露度、脆弱性和恢复力 [J]. 气候变化研究进展，2012，8（2）：81.

[8] 国家科技支撑计划课题：城镇要害系统风险评估及应急空间保障、处置规划关键技术（2015BAK14B01）.

第八篇　附录篇

　　科学的灾害报告统计，为相关决策提供了有效的依据和参考，对于我们今天的建筑防灾减灾工作具有重要的意义。面对近年来我国自然灾害频发的严峻趋势，为及时、客观、全面地反映自然灾害损失及救灾工作开展情况，基于住房和城乡建设部、民政部和国家统计局等相关部门发布的灾害评估权威数据，本篇主要收录了包括住房和城乡建设部防灾研究中心在内的国内著名的防灾机构简介、2016 年全国自然灾害基本情况以及住房城乡建设部 2017 年工作要点。此外，2016 年度内建筑防灾减灾领域的研究、实践和重要活动，以大事记的形式进行了总结与展示，读者可简洁阅读大事记而洞察我国建筑防灾减灾的总体概况。

1. 建筑防灾机构简介

一、国家减灾委员会

国家减灾委员会（简称"国家减灾委"），原名中国国际减灾委员会，2005 年，经国务院批准改为现名，其主要任务是：研究制定国家减灾工作的方针、政策和规划，协调开展重大减灾活动，指导地方开展减灾工作，推进减灾国际交流与合作。国家减灾委员会的具体工作由民政部承担。

　　国家减灾委专家委员会是国家减灾委员会领导下的专家组织，为我国的减灾工作提供政策咨询、理论指导、技术支持和科学研究。其主要职责包括：对国家减灾工作的重大决策和重要规划提供政策咨询和建议；对国家重大灾害的应急响应、救助和恢复重建提出咨询意见；对减灾重点工程、科研项目立项及项目实施中的重大科学技术问题进行评审和评估；开展减灾领域重点专题的调查研究和重大灾害评估工作；研究我国减灾工作的战略和发展思路；参加减灾委组织的国内外学术交流与合作。

　　现任国家减灾委专家委员会由 38 位委员和若干位专家组成，分为应急响应、战略政策、风险管理、空间科技与信息、宣传教育和减灾工程 6 个专家组，基本涵盖防灾减灾领域的所有专业，具有广泛的代表性。

国家减灾委主要领导名单

主　任	秦大河	中国科学院院士
副主任	闪淳昌	国务院参事
	史培军	北京师范大学教授
	陈颙	中国科学院院士
	樊纲	中国经济体制改革研究基金会教授
	郑功成	中国人民大学教授
名誉顾问	马宗晋	中国科学院院士
	王希季	中国科学院院士

二、国家减灾中心

　　中华人民共和国民政部国家减灾中心于 2002 年 4 月成立，2009 年 2 月加挂"民政部卫星减灾应用中心"牌子。

　　职能和目标：围绕国家综合减灾事业发展需求，认真履行减灾救灾的技术服务、信息交流、应用研究和宣传培训等职能，为政府减灾救灾工作提供政策咨询、技术支持、信息服务和辅助决策意见。努力将中心建设成为我国减灾救灾工作的信息交流中心、技术服务中心和紧急救援辅助决策中心，发展为减灾领域国内外合作交流的窗口，展示减灾工作的宣传窗口。

　　主要职责：承担国家减灾委员会专家委员会和全国减灾救灾标准化技术委员会秘书处的日常工作，承担重大减灾项目的规划、论证和组织实施工作；承担"国家自然灾害数据库"和"全国灾情管理信息系统"的建设、维护与管理，负责灾情的收集、整理、分析等工作；负责自然灾害风险评估和灾情预警，承担自然灾害灾情评估及开展重大自然灾害现场调查工作；负责灾害遥感监测、评估和产品服务工作，承担国内外多星资源调度、各级各类遥感数据获取与重大自然灾害遥感应急协调工作；承担"国际减灾宪章"（CHARTER 机制）工作；承担环境减灾星座的建设、运行与维护，负责卫星业务运行系统的基础设施保障与建设工作；承担灾害现场、信息传输和救灾应急通信技术保障工作，开展减灾救灾装备的研发、应用和推广工作，承担中心业务网站和国家减灾网站的开发、维护和管理；参与有关减灾救灾方针、政策、法律法规、发展规划、自然灾害应对战略和社会响应政策研究；承担 UN-SPIDER 北京办公室和国际干旱减灾中心的日常工作，参与减灾救灾国际交流与合作；承担减灾社会宣传和培训工作，负责《中国减灾》杂志采编和发行工作。

三、住房和城乡建设部防灾研究中心

住房和城乡建设部防灾研究中心（以下简称防灾中心）1990 年由建设部批准成立，机构设在中国建筑科学研究院。防灾中心以该院的工程抗震研究所、建筑防火研究所、建筑结构研究所、地基基础研究所、建筑工程软件研究所的研发成果为依托，主要任务是研究地震、火灾、风灾、雪灾、水灾、地质灾害等对工程和城镇建设造成的破坏情况和规律，解决建筑工程防灾中的关键技术问题；推广防灾新技术、新产品，与国际、国内防灾机构建立联系为政府机构行政决策提供咨询建议等。

目前，防灾中心设有综合防灾研究部、工程抗震研究部、建筑防火研究部、建筑抗风雪研究部、地质灾害及地基灾损研究部、灾害风险评估研究部、防灾信息化研究部、防灾标准研究部，组织机构如图所示。

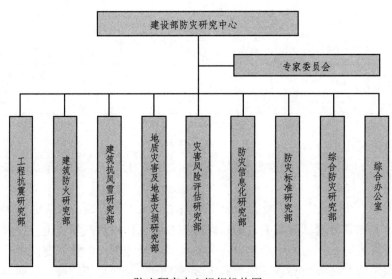

防灾研究中心组织机构图

1.防灾中心主要任务

（1）开展涉及建筑的震灾、火灾、风灾、地质灾害等的预防、评估与治理的科学研究工作；

（2）开展标准规范的研究工作，参与相关标准规范的编制和修订；

（3）协助建设部进行重大灾害事故的调查、处理；

（4）协助建设部编制防灾规划，并开展专业咨询工作；

（5）编写建筑防灾方面的著作、科普读物等；

（6）协助建设部收集与分析防灾减灾领域最新信息，编写建筑防灾年度报告；

（7）召开建筑防灾技术交流会，开展技术培训，加强国际科技合作。

2. 防灾中心各机构联系方式

机构名称	电话	传真	邮箱
综合防灾研究部	010-64517751	010-84273077	bfr@dprcmoc.cn
工程抗震研究部	010-64517202 010-64517447	010-84287481 010-84287685	eer@dprcmoc.cn
建筑防火研究部	010-64517751	010-84273077	bfr@dprcmoc.cn
建筑抗风雪研究部	010-64517357	010-84279246	bws@dprcmoc.cn
地质灾害及地基灾损研究部	010-64517232	010-84283086	gdr@dprcmoc.cn
灾害风险评估研究部	010-64517315	010-84281347	dra@dprcmoc.cn
防灾信息化研究部	010-64693468	010-84277979	idp@dprcmoc.cn
防灾标准研究部	010-64517856	010-64517612	dps@dprcmoc.cn
综合办公室	010-64517305	010-84273077	office@dprcmoc.cn

3. 防灾中心机构与专家委员会成员

住房和城乡建设部防灾研究中心主要领导名单

姓名	职务/职称	工作单位
主任		
王清勤	教授级高工	住房和城乡建设部防灾研究中心
副主任		
李引擎	研究员	住房和城乡建设部防灾研究中心
王翠坤	研究员	住房和城乡建设部防灾研究中心
黄世敏	研究员	住房和城乡建设部防灾研究中心
高文生	研究员	住房和城乡建设部防灾研究中心

四、全国超限高层建筑工程抗震设防审查专家委员会

1. 委员会简介

全国超限高层建筑工程抗震设防审查专家委员会自 1998 年按照建设部第 111 号部长令的要求成立以来，已历五届。十多年来，在建设行政主管部门的领导下，超限高层建筑工程抗震设防专项审查的法规体系逐步完善，建设部发布了第 59 号及 111 号部长令并列入国务院行政许可范围；出台了相关的委员会章程、审查细则、审查办法和技术要点等文件，明确了两级委员会的工作职责、行为规范、审查程序；建立健全了超限高层建筑工程抗震设防专向审查的技术体系，对规范各地的抗震设防专项审查工作起到了积极的指导作用，使超限高层建筑工程抗震设防专项审查工作顺利进行。截至目前，专家委员会已审查了包括中央电视台新主楼、上海环球金融中心、上海中心、北京国贸三期等地标性建筑在内的几千栋高度 100 米以上的超限高层建筑。

全国超限高层建筑工程抗震设防审查专家委员会下设办公室，负责委员会日常工作，办公室设在中国建筑科学研究院工程抗震研究所。以全国超限高层建筑工程抗震设防审查

专家委员会名义进行的审查活动由委员会办公室统一组织。

2. 委员会成员

全国超限高层建筑工程抗震设防审查专家委员会主要领导名单

主任委员：		
徐培福	中国建筑科学研究院	研究员
顾问（以姓氏拼音为序）：		
崔鸿超	上海中巍结构设计事务所有限公司	教授级高工
方小丹	华南理工大学建筑设计研究院	教授级高工
刘树屯	中国航空规划建设发展有限公司	设计大师
莫庸	甘肃省超限高层建筑工程抗震设防审查专家委员会	教授级高工
容柏生	广东容柏生建筑结构设计事务所	工程院院士、设计大师
王立长	大连市建筑设计研究院有限公司	教授级高工
王彦深	深圳市建筑设计研究总院有限公司	教授级高工
魏琏	深圳泛华工程集团有限公司	教授级高工
徐永基	中国建筑西北设计研究院有限公司	教授级高工
袁金西	新疆维吾尔自治区建筑设计研究院	教授级高工

五、全国城市抗震防灾规划审查委员会

1. 委员会简介

为贯彻《城市抗震防灾规划管理规定》（建设部令第117号），做好城市抗震防灾规划审查工作，保障城市抗震防灾安全，建设部于2008年1月决定成立全国城市抗震防灾规划审查委员会。

全国城市抗震防灾规划审查委员会（以下简称"审查委员会"）是在住房和城乡建设部领导下，根据国家有关法律法规和《城市抗震防灾规划管理规定》，开展城市抗震防灾规划技术审查及有关活动的机构。审查委员会第一届委员会设主任委员1名、委员36名，主任委员、委员由住房和城乡建设部聘任，任期3年。审查委员会下设办公室，负责审查委员会日常工作。全国城市抗震防灾规划审查委员会办公室设在中国城市规划学会城市安全与防灾学术委员会。以全国城市抗震防灾规划审查委员会名义进行的活动由审查委员会办公室统一组织。

2. 委员会成员

第二届全国城市抗震防灾规划审查委员会主要成员名单

一、主任委员		
陈重	住房城乡建设部	总工程师
二、副主任委员		
苏经宇	北京工业大学	研究员

三、顾问

叶耀先	中国建筑设计研究院	教授级高工
刘志刚	中国勘察设计协会抗震防灾分会	高级工程师
乔占平	新疆维吾尔自治区地震学会	高级工程师
李文艺	同济大学	教授
张敏政	中国地震局工程力学研究所	研究员
周克森	广东省工程防震研究院	研究员
董津城	北京市勘察设计研究院	教授级高工
蒋溥	中国地震局地质研究所	研究员

3. 委员会办公室

(1) 办公室主任

马东辉　中国城市规划学会城市安全与防灾规划学术委员会副秘书长　北京工业大学研究员

(2) 办公室副主任

谢映霞　中国城市规划学会城市安全与防灾规划学术委员会副秘书长　中国城市规划设计研究院研究员

郭小东　北京工业大学教授

(3) 办公室工作电话：010-67392241

六、中国消防协会

中国消防协会是 1984 年经公安部和中国科协批准，并经民政部依法登记成立的由消防科学技术工作者、消防专业工作者和消防科研、教学、企业单位自愿组成的学术性、行业性、非营利性的全国性社会团体。经公安部和外交部批准，中国消防协会于 1985 年 8 月正式加入世界义勇消防联盟。2004 年 10 月正式加入国际消防协会联盟，2005 年 6 月被选为国际消防协会联盟亚奥分会副主席单位。公开出版的刊物有《中国消防》(半月刊)、《消防技术与产品信息》(月刊)、《消防科学与技术》(双月刊)、《中国消防协会通讯》(内部刊物)。2006 年 4 月，召开了第五次全国会员代表大会，选举孙伦为第五届理事会会长。

下属分支机构包括：

1. 学术工作委员会、科普教育工作委员会、编辑工作委员会

2. 建筑防火专业委员会、石油化工防火专业委员会、电气防火专业委员会、森林消防专业委员会、消防设备专业委员会、灭火救援技术专业委员会、火灾原因调查专业委员会

3. 耐火构配件分会、消防电子分会、消防车、泵分会、防火材料分会、固定灭火系统分会

4. 专家委员会

2. 住房城乡建设部 2017 年工作要点

（1）工程质量安全监管司 2017 年工作要点

2017年，工程质量安全监管工作将认真贯彻落实党的十八大和十八届三中、四中、五中、六中全会精神，贯彻落实中央城市工作会议和全国住房城乡建设工作会议精神，巩固和拓展工程质量治理两年行动成果，围绕"落实主体责任"和"强化政府监管"两个重点，严格监督管理，严格责任落实，严格责任追究，着力构建质量安全管理长效机制，不断提升全国工程质量安全水平。

一、组织开展质量安全提升行动，提高工程质量水平

（一）强化质量责任落实。严格落实参建各方主体和从业人员的质量责任，特别是建设单位的首要责任和勘察、设计、施工单位的主体责任。严格落实质量终身责任制，全面实行五方主体项目负责人质量终身责任承诺、竣工后永久性标牌、质量终身责任信息档案等制度。组织开展全国工程质量监督执法检查，督促质量责任落实。加大质量责任追究力度，对违反有关规定、造成工程质量事故的责任单位和人员，依法给予行政处罚和信用惩戒。

（二）健全质量监督机制。强化政府监管，加大抽查抽测力度，推行"双随机、一公开"检查方式。强化对涉及公共安全的工程地基基础、主体结构等部位和竣工验收等环节的监督检查。加强监督队伍建设，保障监督工作经费，开展对监督机构人员配置和经费保障情况的督查。鼓励采取政府购买服务的方式，缓解监督力量不足问题。开展监理单位向政府报告质量监理情况的试点，充分发挥监理单位在质量控制中的作用。

（三）推进质量管理标准化。建立质量管理标准化制度和评价体系，推进质量行为管理标准化和工程实体质量控制标准化，督促各方主体健全质量管控机制。开展标准化示范活动，推行样板引路制度。制定并推广应用简洁、适用、易执行的岗位标准化手册，将质量责任落实到人。

（四）夯实质量监管工作基础。加快修订建设工程质量检测管理办法和检测机构资质等级标准，规范质量检测行为。继续开展住宅工程质量常见问题专项治理工作，建立长效机制，提升住宅工程质量水平。推进工程质量保险工作，充分发挥市场机制对工程质量的激励和约束作用。

二、全面落实安全生产责任，有效遏制生产安全事故发生

（一）完善制度和责任体系。出台部门规章《危险性较大的分部分项工程安全管理规定》，强化安全管理措施，严格落实工程建设各方主体的安全责任。

（二）加大违法违规行为查处力度。以建筑起重机械、深基坑、高支模等为重点，深入开展建筑施工安全专项整治，严厉查处安全违法违规行为，严防事故发生。加强建筑施工安全事故通报和查处督办，强化约谈制度，严格事故责任追究。

（三）加强监管能力建设。建立建筑施工安全监督层级考核制度，进一步加强和规范监管工作。研究创新建筑施工安全监管模式，提升监管效能。开展部分地区建筑施工安全监管人员培训，提高监管人员素质和能力。

（四）提高监管信息化水平。继续推进覆盖建筑施工企业、施工人员、起重机械、施工项目、施工安全事故、施工安全监管机构及人员等信息"六位一体"的建筑施工安全监管信息系统建设，实现监管信息互联互通。

（五）加强诚信体系建设。出台建筑施工安全生产诚信体系建设指导意见，建立完善建筑安全生产"黑名单"等制度，强化安全信用惩戒，提高安全诚信水平。

（六）促进全行业安全意识提升。深入开展"安全生产月"等活动，充分利用新闻媒体，加大安全宣传教育力度，广泛普及建筑施工安全生产知识，全面提升建筑从业人员安全生产意识。

三、提升勘察设计水平，推动建筑业技术进步

（一）提高建筑设计水平。组织宣贯新时期建筑方针，在相关媒体开设建筑设计专栏，引导建筑设计理念与方向。

（二）加强勘察设计质量监管。开展部分地区勘察设计质量监督执法检查，研究修订工程勘察质量管理办法，研究推进施工图审查制度和标准设计改革工作。

（三）加大推动技术进步力度。出台建筑业 10 项新技术（2017 版），加快推动先进、适用新技术推广。继续推动 BIM 等信息技术应用，引导推进建筑业信息化。编制城市轨道交通工程等国家建筑标准设计，制定绿色建筑国家建筑标准设计体系，支持重点工程建设。

四、完善风险防控机制，保障城市轨道交通工程质量安全

（一）构建风险分级管控和隐患排查治理双重预防机制。落实建设单位和勘察、设计、施工单位等参建各方风险自辨自控、隐患自查自治主体责任，落实主管部门监管责任，严防风险演变、隐患升级导致事故发生。

（二）推进质量安全标准化管理工作。制定城市轨道交通工程质量安全标准化管理指导意见，制定质量安全现场施工标准化手册。组织标准化现场观摩，推动样板示范活动。

（三）建立施工关键节点风险控制制度。加强对轨道交通工程施工过程中的重要部位和关键环节施工安全条件审查工作，强化风险控制。

（四）开展部分城市轨道交通工程质量安全监督检查。针对新开工和事故多发城市开展监督检查，开展城市轨道交通工程质量安全监管人员培训，提高监督管理水平。

五、加强工程抗震设防，提高地震应急处置能力

（一）加强抗震设防制度建设。组织《建设工程抗震管理条例》立法调研，深入开展新建工程抗震设防、既有建筑抗震加固和抗震设施建设管理研究，做好相关制度研究和协调工作。

（二）加强抗震设防管理。建立减隔震装置质量检测制度，强化减隔震工程质量管理。完善超限高层抗震设防专项审查机制，研究公共建筑防灾避难功能建设对策措施。开展减隔震工程和超限高层抗震设防专项检查。

（三）完善住房城乡建设系统地震应急工作机制。规范各地应急响应报告流程和内容，完善震后房屋建筑安全应急评估管理制度，开展有关技术培训，提高应急响应效率。

（四）加强专家队伍建设。进一步完善国家震后房屋建筑安全应急评估专家队、全国市政公用设施抗震专项论证专家库，完善全国城市抗震防灾规划审查委员会工作机制，提升抗震防灾专业咨询能力。

（2）建筑节能与科技司 2017 年工作要点

2017 年建筑节能与科技工作思路是，全面贯彻党的十八大和十八届三中、四中、五中、六中全会精神，深入贯彻习近平总书记系列重要讲话精神，认真落实中央城市工作会议、全国科技创新大会要求，按照《中共中央 国务院关于进一步加强城市规划建设管理工作的若干意见》任务分工，根据全国住房城乡建设工作会议部署，遵循创新、协调、绿色、开放、共享理念，强化责任担当，开拓创新、整合资源、提高效率，重点抓好提升建筑节能与绿色建筑发展水平、全面推进装配式建筑、积极推动重大科技创新以及应对气候变化、务实推进智慧城建等工作。工作要点如下：

一、全面推进装配式建筑

（一）制定发展规划。出台《装配式建筑行动方案》，明确行动目标和工作任务，指导重点推进地区、积极推进地区和鼓励推进地区制定省级发展规划、年度计划和实施方案。建立装配式建筑统计信息系统，加强监督考核，定期通报各省装配式建筑进展情况。

（二）完善技术标准体系。开展装配式建筑技术体系和产品评估推广工作，研究梳理并重点推广成熟先进可靠的技术体系。制定装配式建筑相关技术标准，编制部品部件标准及图集，完善装配式建筑标准规范。

（三）提升装配式建筑产业配套能力。开展装配式建筑设计、部品部件生产、装配施工和全装修专项调研，推动设计、生产、施工、装修等全产业链发展。制定装配式建筑示范城市和产业基地管理办法，创建一批国家级装配式建筑示范城市、产业基地和工程项目。编制《木结构建筑发展专项规划》，推动木结构建筑试点示范和钢结构建筑推广工作取得进展。

（四）加强装配式建筑队伍建设。指导各地结合建筑业改革和产业结构调整，发展具有装配式建筑能力的企业集团。加大装配式建筑技术培训和宣传推广力度，广泛开展国际交流合作，促进人才队伍建设。推动与装配式建筑相适应的设计、生产、施工、验收和招投标等监管制度创新，合力推进装配式建筑工程总承包和装配式建筑全装修。

二、提升建筑节能与绿色建筑发展水平

（一）提高建筑节能标准。印发《"十三五"建筑节能与绿色建筑发展专项规划》。组织开展建筑节能、绿色建筑与装配式建筑实施情况专项检查。开展建筑节能与可再生能源应用、建筑环境全文强制标准研编及严寒、寒冷地区城镇新建居住建筑节能设计标准修订。推动重点区域城市及建筑门窗等关键部位提高建筑节能标准。推进超低能耗建筑试点。

（二）推进既有建筑节能改造。落实北方地区冬季清洁取暖要求，对既有居住建筑进行节能改造，并探索以建筑节能改造为重点，适老化改造、建筑功能提升及居住环境整治同步实施的综合改造模式。加强公共建筑能耗动态监测平台建设，加大城市级平台建设力度。推动一批城市制定发布公共建筑能耗限额标准。推进公共建筑节能改造重点城市建设，开展公共建筑电力需求侧管理试点。会同有关部门制定绿色校园建设指导意见并开展试点。

（三）推广绿色建筑及绿色建材。会同有关部门制定绿色信贷支持建筑节能与绿色建筑发展实施意见。推动有条件地区城镇新建建筑全面执行绿色建筑标准。强化绿色建筑评价标识项目质量管理，研究建立绿色建筑第三方评价机构诚信体系。研究制（修）订绿色建筑施工图审查技术要点及施工质量验收规范。开展年度绿色建筑创新奖评审。加快推进绿色建材评价工作，编制《绿色建材评价分类目录》和以装配式建筑部品部件为重点的绿色建材评价技术导则。研究制定绿色建筑、装配式建筑应用绿色建材的相关要求和政策措施，提高绿色建材应用比例。

（四）深化可再生能源建筑应用。积极利用太阳能、浅层地热能、空气热能等解决建筑取暖需求，推行可再生能源清洁取暖。配合做好"余热暖民"工程。加快中央财政支持的可再生能源建筑应用示范项目验收，强化相关政策、标准、技术、产品等方面的示范成果总结。推动农村地区被动式太阳能房建设。

三、积极推进建设科技创新

（一）发布实施住房城乡建设"十三五"科技创新专项规划。研究制订《规划》落实方案、工作分工和考核办法，推动部省联动和工作协同。跟踪先进技术发展趋势，加大行业应用的前瞻性研究。

（二）组织实施重点科研项目。深入实施国家科技重大专项和重点研发计划项目，在城镇水污染治理、城乡规划遥感监测与评估、绿色建筑及建筑工业化等方面突破和集成一批标志性科技成果。提炼部门和行业重点领域的科技需求，积极争取国家重点研发计划支持立项攻关。

（三）构建科技创新平台。建立部、省协同推进机制，制订住房城乡建设科技创新平台管理办法。研究制定行业科技创新平台规划，分类组建一批重点领域科技创新基地，完善行业专家智库，增强行业科技创新能力。

（四）推进科技成果转化。加强部科技计划项目实施的全过程管理。研究编制住房城乡建设领域"十三五"重点推广技术领域，编制与发布一批重点领域技术公告，推广一批先进适用技术。

四、积极推进国际科技合作和应对气候变化工作

（一）推进住房城乡建设领域应对气候变化工作。制定印发《住房城乡建设领域应对气候变化中长期发展规划纲要》，确定 2030 年住房城乡建设领域应对气候变化目标、任务和具体措施。推进气候适应型城市建设试点，组织编制相关技术导则，指导各地开展气候适应型城市建设试点，督促试点城市完善落实工作方案。推动实施中国城市生活垃圾处理领域国家适当减缓行动项目，与亚行合作开展气候适应型城市技术与政策研究。

（二）加强低碳生态城市国际科技交流与合作。组织实施好中欧低碳生态城市合作项目、中英繁荣战略基金"绿色低碳小城镇试点项目"和"城乡生活垃圾处理政策与技术研究项目"、中德城镇化伙伴关系项目、世界银行／全球环境基金六期"可持续城市综合方式项目"中国子项目。继续推进中美、中加、中德、中芬低碳生态城市合作试点工作。

（三）深化建筑节能和绿色建筑国际科技交流与合作。推动实施中美"净零能耗建筑关键技术研究与示范"国家重点研发计划项目。继续组织实施好全球环境基金五期"中国城市建筑节能和可再生能源应用项目"。深化中德被动式超低能耗绿色建筑技术合作和中加、中欧现代木结构建筑技术合作。

五、务实推进智慧城建工作

（一）制定加强大数据应用推动智慧城建发展指导意见。明确智慧城建指导思想、任务、目标和保障措施，提出城市规划建设管理领域智慧化应用发展方向，统筹推进智慧城建工作。

（二）开展智慧城建评价。按照国家新型智慧城市建设工作要求，引导支持各地智慧城市试点参加国家新型智慧城市评价工作。从住房城乡建设领域特点和需求出发，编制智慧城建指标体系，促进住房城乡建设领域智慧城市评价工作。

（三）编制住房城乡建设领域信息技术推广应用公告。加强城市规划建设管理领域智慧化技术研究，深入开展应用示范，编制住房城乡建设领域信息技术推广应用公告，发布行业信息化发展报告，推广应用一批先进适用技术。

六、强化党风廉政建设不放松

（一）落实全面从严治党主体责任和监督责任。强化责任担当，坚定理想信念，严守政治纪律、政治规矩，做合格党员，确保廉政建设工作落实到人、落实到工作每个环节，为建筑节能与科技工作保驾护航。

（二）强化"四个意识"加强队伍建设。深入开展"两学一做"，加强党员干部的政治素质和业务素质学习，牢固树立和不断强化政治意识、大局意识、核心意识、看齐意识，自觉把思想和行动统一到党中央的要求上来，使每一个党员都能做到政治思想过硬，业务素质过硬。

（三）严肃党内政治生活加强党的建设。认真落实《关于新形势下党内政治生活的若干准则》、《中国共产党党内监督条例》，加强党性观念，认真执行"三会一课"制度，严肃党内政治生活，提高党内生活质量。不折不扣严格执行党中央和部党组关于廉政建设的各项规章制度要求，认真落实司内党风廉政建设风险防控办法，把廉政要求落实到日常业务工作的各个环节，做到两手抓、两不误、两促进、两提高。

（3）标准定额司 2017 年工作要点

2017 年，标准定额工作的总体思路是：认真贯彻落实党的十八大和十八届三中、四中、五中、六中全会精神，牢固树立创新、协调、绿色、开放、共享的发展理念，以贯彻落实中央城市工作会议精神为主线，按照全国住房城乡建设工作会议部署，加快工程建设标准定额改革步伐，建立科学合理、实施有力的新型标准体系，健全市场决定工程造价机制，为住房城乡建设事业发展提供有力技术支撑。

一、深化工程建设标准化改革，全面提高建筑标准水平

（一）全面提高工程建设标准覆盖面

标准范围全面覆盖各类工程项目和工程技术，做到有标可依。改变政府单一供给标准模式，培育团体标准，搞活企业标准，完善地方标准，多渠道、多层次供给标准，形成政府和市场共同发挥作用的新型标准体系。改革强制性标准，制定覆盖各类工程建设项目全生命周期的全文强制性标准，取消目前零散的强制性条文，提高标准刚性约束，尽快完成各部门各行业强制性标准体系表的编制，向国外的"技术法规"过渡。

（二）全面提升工程建设标准水平

制定实施工程建设标准提升计划，大力提高工程质量安全、卫生健康、节能减排标准，落实中央要求，回应百姓关切。重点在提高建筑的装配式装修、绿色装修和全装修水平，改善建筑室内环境质量；大幅提升建筑门窗保温、隔音、抗风等性能指标；提高可再生能源在新建建筑能源消耗的占比，优化分布式能源应用标准；提高建筑防水工程质量和使用年限等标准方面，取得突破性进展。

（三）全面与国际先进标准接轨

推动中国标准与国际先进标准对接，助推一带一路战略实施。加强中外建筑技术法规标准的对比分析，提高中国工程建设标准内容结构、要素指标与国际标准的一致性；加大中国标准翻译力度，组织开展建筑设计防火等骨干标准翻译；组织开展申报和制定国际标准，提高中国标准在国际上的话语权。

二、持续推进工程造价改革，健全工程造价治理体系

（一）以共编共享为模式，推进计价依据形成

一是共享计价依据，统一计价定额编制规则，规范计价定额编制活动，提高定额编制成果质量，统一工程消耗量定额，打破地区、行业壁垒，支撑全国统一建筑市场的形成。二是围绕我部中心工作，服务绿色建筑工程投资，编制门窗工程、防水工程、装饰装修工程、地源热泵工程造价指标。三是完善工程建设前期计价依据，编制海绵城市、综合管廊重点工程建设投资估算指标的编制工作，为政府投资决策提供参考。四是修编房屋修缮工程、抗震加固工程等消耗量定额，为老旧小区改造工程提供计价依据。五是服务工程建设总承包，编制总承包工程计价计量规范。

（二）以工程造价纠纷调解为突破，深入工程造价改革

一是研究并制定建设工程造价纠纷调解机制，形成统一开放、竞争有序的市场环境。二是完善市场决定工程造价机制，改革定额人工单价构成和信息发布制度，逐步统一定额人工单价和市场人工费的计算口径，减小定额人工单价和劳务工人工资的差距，规范市场造价信息收集机制，为建筑市场提供及时准确的人、机、料价格信息。三是加强工程造价支撑机构建设，成立工程造价编审委员会，建立委员会管理制度和运行机制，充分发挥委员会技术研究和协调优势。

（三）坚持放管服，提高造价咨询业的治理能力

一是加强工程造价行业诚信体系建设，开展工程造价咨询行业信用信息管理及制度研究，与各部门、各行业实现信用奖惩联动，形成失信联防体系。二是加强市场监管，抓好投诉等重点环节，开展监督检查。三是加强工程造价咨询企业资质、人员资格信息管理，完成工程造价咨询业统计分析。

（四）完善预测预判指标，不断提高支撑能力

一是开展古代工程造价管理、工程造价咨询国际化战略等研究，为工程造价管理改革提供理论支持。二是研究合理确定建设工程造价各项费用的构成及计算方法，服务工程建设全过程造价管理。三是加强工程造价管理队伍建设，开展造价管理人员专业知识培训。四是建设工程造价监测系统，整理、分析、监测工程造价数据，为建设各方主体提供及时

准确的信息服务。

三、强化标准实施，切实树立工程建设标准权威性

（一）积极开展标准宣传和推广活动

一是组织开展工程建设地方标准化工作管理干部培训，指导有关单位开展装配式建筑、建筑节能、城市轨道交通等重要标准宣贯培训。二是继续推进标准"走出去"，重点开展与英国、德国等先进国家建筑标准法规管理性规定的对比研究，吸取国外标准在管理及实施监督方面的先进经验。组织编制、发布中国工程建设标准使用指南，为我国标准在国际项目的使用提供指导。

（二）深入推进标准实施改革

一是编制建筑门窗、防水、装饰装修、海绵城市、垃圾处理、装配式建筑等方面品牌建设指南，推动建筑领域品牌发展。二是借鉴国外技术法规和技术标准实践经验，将政府标准强制性与团体标准灵活性相结合，探索用市场化通用手段促进标准应用，尽快把标准的权威树立起来。三是研究修订《实施工程建设强制性标准监督规定》，建立完善强制性标准实施监督"双随机、一公开"机制，进一步推进标准实施。

（三）推动重点领域标准实施

一是继续落实《国务院办公厅关于加快高速宽带网络建设推进网络提速降费的指导意见》（国办发〔2015〕41号），加强光纤到户国家标准贯彻实施的监督检查工作。二是继续组织开展高性能混凝土推广应用、高强钢筋集中加工配送推广应用试点研究，促进建筑钢筋混凝土标准的提高，引导产业升级。三是落实《无障碍环境建设"十三五"实施方案》，组织编制《无障碍设施建设图集》《老年宜居社区建设指南》，会同相关部门组织开展无障碍环境建设情况调研和监督检查。四是指导的建筑工程检验检测认证机构工作，支持中国工程建设检验检测认证联盟发展，组织开展《装配式建筑认证体系》研究建立工作。

四、加强党风廉政建设工作，强化干部队伍能力建设

（一）落实全面从严治党主体责任和监督责任

以党的十八届六中全会精神为统领，把全面落实从严治党同推动业务工作结合起来，做到"两手抓、两不误、两促进、两提高"。充分发挥党组织在标准定额各项工作中的战斗堡垒作用，着力提升支部政治生活的政治性、时代性、原则性、战斗性，为实现全面提高标准覆盖面、全面提升标准水平、全面与国际先进标准接轨、标准权威性全面提升和健全完善与市场经济相适应的工程计价规则，打造风清气正的政治生态环境。

（二）加强干部队伍能力建设和提升工作水平

严格落实《关于新形势下党内政治生活的若干准则》和《中国共产党党内监督条例》，严肃党内政治生活，认真执行"三会一课"制度，增强干部职工拒腐防变和抵御风险能力，打造一支信念坚定、为民服务、勤政务实、敢于担当、清正廉洁的标准定额干部队伍。同时，加强基础性、前瞻性、战略性调查研究，强化干部队伍业务工作能力建设，转变标准定额被动承担为主动引领，为住房城乡建设工作贯彻落实党中央、国务院决策部署及时提供有力地技术支撑。

3. 民政部国家减灾办发布 2016 年全国自然灾害基本情况

近日，民政部、国家减灾委员会办公室会同工业和信息化部、国土资源部、住房和城乡建设部、交通运输部、水利部、农业部、卫生计生委、统计局、林业局、地震局、气象局、保监会、海洋局、中央军委联合参谋部、中央军委政治工作部、中国红十字会总会、中国铁路总公司等部门对 2016 年全国自然灾害情况进行了会商分析。经核定，2016 年，我国自然灾害以洪涝、台风、风雹和地质灾害为主，旱灾、地震、低温冷冻、雪灾和森林火灾等灾害也均有不同程度发生。各类自然灾害共造成全国近 1.9 亿人次受灾，1432 人因灾死亡，274 人失踪，1608 人因灾住院治疗，910.1 万人次紧急转移安置，353.8 万人次需紧急生活救助；52.1 万间房屋倒塌，334 万间不同程度损坏；农作物受灾面积 2622 万公顷，其中绝收 290 万公顷；直接经济损失 5032.9 亿元。

总的看，2016 年灾情与"十二五"时期均值相比基本持平（因灾死亡失踪人口、直接经济损失分别增加 11%、31%，受灾人口、倒塌房屋数量分别减少 39%、24%），与 2015 年相比明显偏重。

2016 年，全国自然灾害主要呈现以下特点：

一是全国灾情时空分布不均。全国 31 个省（自治区、直辖市）的近 90% 全国县级行政区不同程度受到自然灾害影响。从灾种上看，干旱、地震灾害损失明显轻于"十二五"时期均值，台风、低温冷冻和雪灾损失基本持平或略偏轻，但风雹、洪涝和地质灾害损失明显偏重；从时间上看，重大灾害过程主要集中在 6~7 月，其中 7 月份暴雨洪涝灾害突发连发，灾情发展迅猛，单月死亡失踪人口、倒塌房屋数量和直接经济损失均占全年灾害总损失的近 5 成，较"十二五"同期均值增长 1 倍以上；从区域上看，各地区灾情差异较大，西南和西北地区灾情与"十二五"均值相比明显偏轻，其中西南地区大部分灾情指标偏轻 50% 以上；华北、华中和华东地区灾情与"十二五"时期均值相比明显偏重，因灾死亡失踪人口和直接经济损失均为最高值。

二是暴雨洪涝灾害南北齐发。全国共出现 51 次强降雨天气过程，平均降雨量为 1951 年以来最多（略高于 1998 年）；长江中下游地区梅雨期间降雨量较常年同期偏多 70% 以上，长江流域发生 1998 年以来最大洪水，太湖发生流域性特大洪水；海河流域出现 1996 年以来范围最广、强度最大的流域性暴雨过程，部分河流发生超历史洪水。其中，南方 6 月 30 日 - 7 月 4 日、北方 7 月 18~21 日分别出现南北两地最强降雨过程，武汉、南京、合肥、新乡、安阳、石家庄、邯郸、太原等南北方多个城市发生严重内涝，给人民群众生命财产安全和灾区经济社会发展造成严重影响。据统计，洪涝和地质灾害造成全国 9954.9 万人次受灾，968 人因灾死亡，214 人失踪，604.2 万人次紧急转移安置，284.5 万人次需紧急生活救助；农作物受灾面积 8531.4 千公顷，其中绝收 1297.3 千公顷；房屋倒塌 44.1 万间，215.5 万间不同程度损坏；直接经济损失 3134.4 亿元。总的看，洪涝和地质灾害灾情与"十二五"时期均值相比明显偏重，紧急转移安置人口和直接经济损失均为最高值，河北、湖北、安徽、江西等省灾情突出。

三是极端强对流天气频发。全国共发生 59 次大范围强对流天气过程，短时强降水、雷暴大风、冰雹、龙卷风等突发性强对流性天气为 2010 年以来最多。据统计，风雹灾害造成全国 2728.1 万人次受灾，251 人因灾死亡，6 人失踪，26.3 万人次紧急转移安置，32.5 万人次需紧急生活救助；农作物受灾面积 2908 千公顷，其中绝收 268.8 千公顷；倒塌房屋 3.5 万间，67.8 万间不同程度损坏；直接经济损失 463.9 亿元。总的看，风雹灾害灾情与"十二五"时期均值相比明显偏重，直接经济损失为最高值，倒损房屋数量为次高值。其中，江苏、山西、新疆重大灾害过程灾情突出，特别是 6 月 23 日江苏盐城龙卷风冰雹特大灾害造成重大人员伤亡。

四是台风登陆强度强、影响大。我国大陆地区共有 8 个台风登陆，较常年（7 个）偏多 1 个，6 个登陆强度达到台风级别以上，强度偏强。其中，第 1 号台风"尼伯特"是 1949 年以来登陆我国的最强首个台风，闽江支流梅溪闽清站发生超历史洪水，造成 85 人因灾死亡，20 人失踪；第 14 号台风"莫兰蒂"为今年登陆我国大陆地区的最强台风，也是 1949 年以来登陆闽南的最强台风，造成 38 人因灾死亡、6 人失踪；第 21 号台风"莎莉嘉"是 1971 年以来 10 月份登陆海南岛的最强台风；第 22 号台风"海马"是 1949 年以来登陆广东最晚的台风，也是 1949 年以来 10 月登陆粤东的最强台风。据统计，台风灾害造成全国 1721.2 万人次受灾，174 人因灾死亡，24 人失踪，260.6 万人次紧急转移安置；农作物受灾面积 2023.5 千公顷，其中绝收 145.1 千公顷；倒塌房屋 3.7 万间，18.1 万间不同程度损坏；直接经济损失 766.4 亿元。总的看，台风灾害灾情与"十二五"时期均值相比略偏轻，但因灾死亡失踪人口偏多（仅次于 2013 年），其中福建省灾情相对突出。

五是地震活动水平总体较弱。我国大陆地区共发生 5 级以上地震 18 次，发生次数低于"十二五"时期均值水平，且主要集中西部地区。其中，1 月 21 日青海门源 6.4 级地震、5 月 11 日西藏丁青 5.5 级地震、10 月 17 日青海杂多 6.2 级地震和 12 月 8 日新疆呼图壁 6.2 级地震影响相对较大，灾区交通、电力等基础设施受损，给群众生产生活带来不利影响。据统计，地震灾害造成全国 50.9 万人受灾，1 人因灾死亡，41 人因灾住院治疗，30.6 间房屋不同程度损坏，直接经济损失 55.6 亿元。总的看，地震灾害灾情与"十二五"时期均值相比明显偏轻，因灾死亡失踪人口、倒塌房屋间数和直接经济损失均为最低值。

六是干旱、低温冷冻和雪灾影响有限。全国出现两次较大范围高温天气过程，均发生在盛夏时段。内蒙古、西北、东北等地相继出现阶段性干旱，灾情明显轻于去年，但局部地区受灾较重。尤其 8 月份，全国平均气温为 1961 年以来历史同期最高，平均降水量较常年同期偏少 11%，东北地区西部及内蒙古东部等地发生较为严重的夏伏旱。据统计，干旱灾害造成全国农作物受灾面积 9872.7 千公顷，其中绝收 1018.3 千公顷。总的看，旱灾灾情与"十二五"时期均值相比明显偏轻，农作物受灾面积和绝收面积均为次低值，其中，黑龙江、内蒙古、吉林、甘肃 4 省（自治区）受灾相对较重，农作物受灾面积合计超过全国干旱面积的 8 成以上。此外，年初我国遭遇多次大范围寒潮和雨雪冰冻天气过程，南方多地出现低温冻雨，广州、南宁等南方城市出现多年以来首次降雪天气；5 月中旬，西北大部骤时降温导致农作物损失突出。据统计，低温冷冻和雪灾造成全国农作物受灾面积 2885 千公顷，其中绝收 172.7 千公顷；直接经济损失 178.6 亿元。总的看，低温冷冻和雪灾灾情与"十二五"时期均值相比基本持平。

4. 国家减灾委办公室公布 2016 年全国十大自然灾害事件

由国家减灾委办公室主办的"2016 年全国十大自然灾害事件推选活动"已落下帷幕。该活动在民政部门户网站和国家减灾网同步推出，共收到网络投票近 8 万张，引起社会公众对自然灾害和防灾减灾救灾工作的广泛关注。通过对公众投票的严格甄选，结合国家减灾委专家打分，最终推选出 2016 年十大自然灾害事件。

据悉，分年度全国十大自然灾害事件推选活动已连续举办 13 届。国家减灾委办公室通过举办该项活动，进一步增强社会公众对自然灾害事件的关注和了解，提高全社会防灾减灾意识，最大限度减少自然灾害造成的人员伤亡和财产损失。

2016 年全国十大自然灾害事件包括：

1. 7 月上旬西南至长江中下游地区暴雨洪涝灾害。
2. 7 月中下旬华北地区暴雨洪涝灾害。
3. 江苏盐城龙卷风冰雹特别重大灾害。
4. 6 月中下旬南方洪涝风雹灾害。
5. 第 14 号台风"莫兰蒂"。
6. 第 1 号台风"尼伯特"。
7. 第 17 号台风"鲇鱼"。
8. 6 月上中旬西南地区东部至黄淮洪涝风雹灾害。
9. 6 月中旬新疆洪涝风雹灾害。
10. 福建泰宁县重大泥石流灾害。

5. 大事记

2016 年 12 月 28 日，国家减灾委员会办公室在京组织召开了 2016 年国家减灾委员会联络员会议。国家减灾委员会办公室副主任、民政部救灾司副司长殷本杰主持会议。会议传达学习了中央推进防灾减灾救灾体制机制改革文件精神，对今年防灾减灾救灾工作进行了总结，对明年的工作安排进行了讨论。

2016 年 11 月 29 日，中国建筑学会建筑结构分会 2016 年年会暨第二十四届全国高层建筑结构学术交流会在苏州金鸡湖国际会议中心盛大开幕。本届会议由苏州设计研究院股份有限公司、南京市建筑设计研究院有限责任公司、江苏省建筑设计研究院有限公司承办，江苏中南建设集团股份有限公司、中亿丰建设集团股份有限公司、江苏建院营造股份有限公司、江苏天海建材有限公司和苏州中固建筑科技股份有限公司协办。近 900 名专家及结构设计人员参加了此次会议。

2016 年 11 月 3 ~ 5 日，2016 年亚洲减灾部长级大会在印度新德里举行。中国驻印度大使罗照辉率领由民政、外交、住房城乡建设、交通运输、地震、气象等有关部门代表和防灾减灾救灾领域相关专家 20 余人组成的中国代表团参加了此次会议。会议由印度内政部和联合国国际减灾战略（UNISDR）共同主办。

2016 年 10 月 18 日，第 21 号台风"莎莉嘉"在海南登陆，登陆时强度为强台风级（14级）。海南两机场总共取消航班 500 多架，8 万多名旅客的行程受到影响。"莎莉嘉"带来的影响主要使农业损失较大，仅海南省文昌市，直接初步经济损失约 10 亿元，胡椒基本绝收。

2016 年 10 月 9 ~ 10 日，第十一届中日韩国际风工程学术研讨会于 10 月 9 日至 10 日在中国建筑科学研究院举行。本次研讨会由中国土木工程学会风工程专业委员会、日本风工程学会和韩国风工程学会共同主办，中国建筑科学研究院承办。中国建筑科学研究院王清勤副院长出席开幕式并致欢迎词。中国同济大学的葛耀君教授、日本 Nihon University 的 Takashi Nomura 教授和韩国 Chungbuk National University 的 Sungsu Lee 教授分别代表三方主办组织致辞。来自 24 所高校、科研院所等相关单位的 50 余名专家学者参加了此次研讨会。

2016 年 9 月 24 日，第一届地质灾害与大型构筑物监测预警技术研讨会在上海隆重召开，100 余位来自中国地质科学院、中国地质环境监测院、中国电力建设集团、北京矿冶研究总院、香港理工大学、北方工业大学、同济大学等单位机构的领导专家参加了此次会议。

2016 年 9 月 20 日，北京市科学技术协会举办的第 19 届"北京科技交流学术月"的开幕活动"防灾减灾高峰论坛"在中国建筑科学研究院举行。本次论坛由北京力学会主办，住房和城乡建设部防灾研究中心承办，北京力学会理事长庄茁教授和中国建筑科学研究院院长王俊研究员出席论坛开幕式并致辞。

2016 年 9 月 11 ~ 12 日，由财政部、外交部 2016 年亚洲区域合作项目重点支持立项，广西气象局、广西科协主办，广西气象学会承办的 2016 年中国 – 东盟防灾减灾与可持续发展专家论坛在广西南宁举行。来自中国以及东盟各国的气象、水利、地震、地质等领域的专家、学者近 150 人出席会议。开幕式由广西科协党组书记、副主席叶宗波主持，广西科协主席郑皆连，广西气象局副局长、广西气象学会理事长、论坛组委会主席姚才，中国气象学会代表出席论坛开幕式并作致辞。

2016 年 7 月 15 日，"十二五"科技支撑计划"村镇综合防灾减灾关键技术研究与示范"项目中期检查会议在大连举行。科技部农村中心、教育部科技司相关处室负责同志、中期检查组专家、项目及课题负责人、研究骨干等共计 50 余人参加此次工作会。与会专家认真听取了相关课题负责人的汇报，并对各课题的研究进展、研究成果和考核指标完成情况以及经费执行情况提出了具体指导和建议。专家组认为项目研究工作符合任务书目标和进度要求，完成了阶段性的考核指标。

2016 年 6 月 16 ~ 18 日，由住房和城乡建设部防灾研究中心、中国建筑学会抗震防灾分会村镇绿色建筑综合防灾专业委员会、四川大学联合主办的"第四届全国建筑防灾技术交流会"于 2016 年 6 月 16 日至 6 月 18 日在成都召开。来自相关科研机构、高校、企事业单位的 100 余位领导和专家学者参加了会议。

2016 年 6 月 17 日，建筑工业化产业技术创新战略联盟第一届理事会第三次会议于 2016 年 6 月 13 日在北京召开。联盟理事会、技术委员会委员及联盟单位相关人员出席会议。会议由联盟副理事长、中国建设科技集团股份有限公司修龙董事长及联盟副理事长、华东建筑集团股份有限公司杨联萍副总工程师共同主持，联盟理事长、中国建筑科学研究院王俊院长致辞，王晓锋秘书长汇报了联盟近期工作，各位理事及授权代表讨论并表决通过了增补中国建筑科学研究院党委书记、副院长李朝旭为联盟常务副理事长的决议。

2016 年 5 月 10 日，由国家减灾委专家委员会主办，民政部国家减灾中心承办的第七届国家综合防灾减灾与可持续发展论坛 10 日在京举行。国家减灾委员会秘书长、民政部副部长窦玉沛出席论坛并作出重要指示。

2016 年 4 月 14 日，北京消防协会城市规划与建筑防火专业委员会新一届委员会成立大会暨第一次学术报告会在中国建筑科学研究院顺利召开。北京消防协会副理事长汪彤、秘书长李国华、副秘书长高晓斌及城市规划与建筑防火领域的近 130 位专家、学者参加了本次会议。成立大会讨论通过了专委会主任委员、副主任委员、委员及秘书提名名单，并讨论通过了专委会《工作细则》和《2016 年工作计划》。

2016 年 4 月 7 日，由全国混凝土标准化技术委员会主办的沥青混凝土分技术委员会二届一次工作会议暨《道路用高模量抗疲劳沥青混合料》国家标准讨论稿征求意见会在宁召开。住房和城乡建设部标准定额研究所黄金屏处长、国标委沥青混凝土分技术委员会何更新副研究员、苏交科集团曹荣吉副总裁（国标委委员）、贾渝首席工程师（国标委技术顾问）等出席会议。

2016 年 4 月 6 日，住建部工程质量安全监管司组织在中国建筑科学研究院召开了住建部专题项目《建筑业 10 项新技术修订研究》启动会。住建部工程质量安全监管司贾抒处长、苗喜梅调研员，中国建筑科学研究院王清勤副院长、赵基达总工以及来自中国建筑股份有限公司、上海建工集团股份有限公司、苏州建筑科学研究院等单位的 20 余名专家参加了会议。会议由苗喜梅主持。

2016 年 2 月 26~27 日，由中国建筑学会建筑防火综合技术分会主办的"中国建筑学会建筑防火综合技术分会年会暨第四届全国建筑防火学术交流会"在北京召开。中国建筑学会常务副秘书长张百平，中国建筑科学研究院副院长王清勤，中国中建设计集团有限公司总工邢民，分会理事长李引擎，分会秘书长邱仓虎，及来自消防、设计、科研领域的近 260 位代表出席了本次会议。

2016 年 1 月 7 日，国务院副总理、抗震救灾指挥部指挥长汪洋主持召开国务院防震减灾工作联席会议，总结回顾 2015 年防震减灾工作，听取 2016 年全国地震活动趋势分析意见，安排部署重点工作任务。他强调，要认真贯彻落实党中央、国务院决策部署，坚持以防为主、防抗救相结合的方针，完善"分级负责、相互协同"抗震救灾工作机制，统筹推进监测预报、震害防御、应急救援体系建设，扎扎实实做好防震减灾工作。

6.防灾减灾领域部分重要科技项目简介

一、既有建筑安全性改造关键技术研究

报告作者：[1] 王俊（中国建筑科学研究院）[2] 李云贵（中国建筑科学研究院）[3] 李宏男（大连理工大学）[4] 赵基达（中国建筑科学研究院）[5] 岳清瑞（中冶建筑研究总院有限公司）

摘要：本研究重点是既有建筑安全性改造共性关键技术，主要包括既有住宅与公共建筑结构加固设计与施工技术、既有工业建筑结构加固改造技术、既有建筑移位改造关键技术、既有建筑地基基础改造与加固技术、既有建筑抗震能力评价与震前震后加固技术、既有建筑防火改造技术，以及既有建筑安全性改造支撑软件系统。研究完成《建筑抗震鉴定标准》等标准规范图集10项，形成"加固改造新工艺"、"确定既有建筑地基承载力的方法和设备"等工艺、工法、设备、产品10项，为既有建筑安全性改造提供了有效的技术支撑。本研究成果已成功应用于央视 TVCC 火场数值再现及结构受损分析等诸多工程；编写的《建筑震害现场应急评估指南》用于汶川地震应急评估；研发的"既有建筑鉴定加固软件"大量用于中小学校舍抗震加固；研发的加固改造新技术已成功应用于宝钢吊车梁改造、清水湾老建筑平移等试点工程。

二、大型及重要建筑防灾技术标准研究

报告作者：[1] 高向宇（北京工业大学）[2] 马东辉（北京工业大学）[3] 黄世敏（中国建筑科学研究院）[4] 苏经宇（北京工业大学）[5] 苏幼坡（河北联合大学）

摘要：本研究针对大型及重要建筑防灾领域，在对国（境）内外有关政策法规和标准体系的构成及内容规范体系进行了调查研究并与我国情况进行对比分析的基础上，对我国有关政策法规和标准体系现状进行剖析，针对存在的问题，结合整个城乡建设防灾减灾政策法规和城乡建设防灾减灾技术标准研究，进行了大型及重要建筑基本范畴和分类的研究，结合典型城市防灾体系、大型及重要建筑周边区域防灾体系的研究，完成了大型及重要建筑防灾领域行业与技术现状及发展需求综合研究，大型及重要建筑安全规划、设计、建设、运营、管理和应急标准化技术分析，相关技术标准对行业发展贡献研究，在构建了我国城乡建设综合防灾技术标准体系的基础上，研究了大型及重要建筑防灾专业技术标准体系框架，提出专业标准体系表和主要项目说明，并对大型重要建筑安全的技术标准体系与现有标准体系的衔接机制进行研究，提出相关对策。针对我国大型及重要建筑防灾减灾法规体系及防灾管理存在的主要问题，进行了大型及重要建筑防灾减灾基本战略和发展机制、政策法规支持方案和配套机制研究，并就完善大型及重要建筑防灾法规政策体系的衔接机制提出了对策方案。

三、住宅建筑综合防灾标准研究

报告作者：[1] 刘曙光，胡群芳（上海防灾救灾研究所）[2] 曹万林（北京工业大学）[3]

周静海（沈阳建筑大学）[4] 唐益群，全涌（同济大学）[5] 李引擎，葛学礼（中国建筑科学研究院）

摘要：本报告以村镇住宅和农村基础设施为主要研究对象，重点针对地质灾害、地震、洪水、强风和火灾5种灾害的影响，开展村镇住宅、区域基础设施的防灾减灾技术、装备以及标准、规程、图集等研究，为提升村镇住宅和基础设施的防灾减灾能力提供可靠的技术标准与技术支撑。同时，针对我国快速城镇化进程中农村住宅建筑发展中面临的综合防灾问题，立足技术的实用化集成创新，攻克农村住宅建筑防灾设计关键技术，提出不同类型村镇住宅抗灾设计实用方法、制订相应的技术标准，建立适合我国国情的农村住宅防灾标准体系，将显著增强我国村镇住宅建设的技术创新能力。通过本课题的研究和实施，将提出可以有效提升村镇住宅综合防灾能力的村镇住宅综合防灾技术国家标准；村镇住宅减震技术标准、村镇住宅减震装置图集与产品标准、村镇住宅防洪工程技术标准、村镇住宅抗风设计技术标准、村镇住宅防火技术标准和村镇基础设施抗灾技术标准等行业标准；村镇住宅抗震设计实用方法和技术措施、村镇住宅抗震工程技术措施、村镇住宅防洪工程技术措施、村镇住宅抗风设计技术措施、村镇住宅用低成本实用型耐火材料和构件的简易灭火技术措施、既有村镇住宅抗火改造等技术措施；多种经济实用的村镇住宅减震装置、村镇住宅用低成本实用型耐火材料、住宅构件简易灭火设施等技术产品；多种经济实用的村镇住宅减（隔）震装置、村镇住宅用低成本实用型耐火材料、住宅构件简易灭火装置等专利；同时，开展地方村镇住宅防灾技术人才培训，为促进村镇住宅及基础设施的建设提供大量专业性技术人才。上述研究成果，将为全方位提升我国村镇住宅建筑的综合抗灾能力提供坚实的硬件设施和技术支持，为促进社会主义新农村建设、改善农村人居环境、提高农村居民生活水平提供强有力的科技支撑，为推进我国社会主义新农村建设、构建和谐社会提供必要的提供科学的理论依据和可靠的技术保障。

四、农村建筑防火与抗火技术研究与示范

报告作者：[1] 张靖岩（中国建筑科学研究院）[2] 王广勇（中国建筑科学研究院）

摘要：本研究以发展农村防火与抗火技术为总体目标，联合科研院所、大专院校、消防管理部门和有实力企业进行科技攻关，突破农村防火若干共性关键技术，开发适用于农村建筑的耐火材料和构件、简易灭火技术和设施，对取得的重大科技成果进行优化集成并应用于示范工程，以促进农村现有防火安全水平、农村消防基础设施和火灾扑救力量的改变。通过大量实地调研我们得知，目前我国农村建筑防火主要是在三方面存在不足：规划、结构和基础设施建设，同时缺乏规范或指南的指引。因此，本课题针对我国农村现有消防基础设施和传统消防管理机制薄弱的特点，开展大量卓有成效的研究工作，取得了较多研究成果，包括：进行了我国农村火灾实际情况的调研，制定了国家标准《农村防火规范》，提出了农村地区火灾损失预测理论，开发了农村建筑火灾烟气危害评价系统，对农村消防布局进行优化设计，开展了结构耐火性能改善技术研究，研制开发出若干适用于农村的简易消防设施和技术，制定了符合我国国情的农村建筑防火改造设计导则。通过项目实施，不仅解决了我国农村消防的实际问题，而且获得的多项具有自主知识产权的创新成果填补了领域内多项研究和技术空白，对于提升我国消防产品设备的科技含量，增强国际消防产品设备的市场竞争力，都具有直接的推动作用。课题部分技术成果也为国家制订相关标准规范提供了重要的技术依据。

五、中国西北干旱气象灾害监测预警及减灾技术研究

报告作者: [1] 张强 (中国气象局兰州干旱气象研究所) [2] 张书余 (甘肃省气象局) [3] 李耀辉 (中国气象局兰州干旱气象研究所) [4] 罗哲贤 (南京信息工程大学) [5] 张存杰 (国家气候中心)

摘要: 项目属于自然灾害监测、预报科学技术领域。干旱是制约我国西北地区农业和生态文明建设的关键自然因素。在全球变化的背景下，极端干旱气候事件发生频率和强度呈显著增加趋势。西北干旱灾害造成的经济损失高达 GDP 的 4%~6%，严重制约着社会经济发展和生态文明建设。项目由中国气象局兰州干旱气象研究所联合南京信息工程大学、中科院寒旱所和国家气候中心等 49 个科研院所、高校和业务单位，在国家科技攻关计划等 18 个项目资助下，从 1990~2010 年，历经 20 多年，围绕西北干旱气象灾害形成机理、监测与预警，及其对农业生产的影响和减灾技术，开展了系统深入的研究与成果应用推广，取得了系列创新性成果，促进了干旱防灾减灾技术进步。项目主要有六个方面重要创新：1) 对西北干旱形成机理及重大干旱事件发生、发展的规律取得了新认识，尤其是发现了形成西北干旱环流模态的四种主要物理途径；2) 研制了西北干旱预测的新指标、干旱监测的新指数及监测农田蒸散的新设备，明显提高了干旱监测准确性；3) 提出了山地云物理气象学新理论，开发了水源涵养型国家重点生态功能区 – 祁连山的空中云水资源开发利用技术；4) 发现干旱半干旱区陆面水分输送和循环的新规律；5) 揭示了干旱气候变化对农业生态系统影响新特征；6) 开发了旱区覆膜保墒、集雨补灌、垄沟栽培、适宜播期等应对气候变化的减灾技术，为西北实施种植制度、农业布局及结构调整、农业气候资源高效利用提供了科技支撑。项目成果显著提升了气象干旱及其衍生灾害的监测、预警水平和服务效益，使西北重大气象干旱事件预测准确率提高 10% 左右，准确预测了 1997 年、1999 年、2000 年、2007 年和 2010 年西北东部严重干旱，为各级政府及有关部门提供了及时有效的气象服务。开发的人工增雨抗旱决策指挥系统，每年科学指挥人工增雨作业面积达 24 万 km^2 左右，覆盖甘、宁和蒙部分地区，根据模型计算每年增加降水 15 亿 m^3 左右，直接经济效益 15 亿元左右；在祁连山区对空中云水资源的开发利用，使石羊河下游流量在 2010 年、2011 年 和 2012 年分别达到 2.62 亿 m^3、2.79 亿 m^3 和 2.9 亿 m^3，提前 8 年完成了国务院重点生态治理工程约束性指标。大型称重式蒸渗计和人工增雨抗旱决策指挥系统分别推广应用到蒙、陕等 7 省 (区) 及新、滇等 4 省 (区) 为干旱监测以及抗旱减灾提供了重要技术手段。旱作农业减灾技术在西北旱区推广应用，有效保障了该地区粮食连年稳定增产。项目取得软件著作权 2 项，核心期刊发表论文 1238 篇(SCI 57 篇、EI41 篇)，他引 7422 次；《中国西北干旱气候动力学引论》、《干旱气象学》等专著及研究生、本科生教材 20 部。主办或发起 "The International Symposium on AridClimate Change and Sustainable Development" 等多次国际会议展示成果，在国际上产生重要影响。培养国家级、省部级优秀人才 12 人，晋升高级职称 303 人，培养研究生 248 名，形成了在国际上有影响的干旱气象研究团队。成果及应用在科技进步、防灾减灾、经济发展、生态文明建设中发挥了重要作用。

六、重大自然灾害（灾害链）损失快速评估研究

报告作者: [1] 袁艺 (民政部国家减灾中心) [2] 周洪建 (民政部国家减灾中心) [3] 马玉玲 (民政部国家减灾中心) [4] 张继权 (东北师范大学) [5] 潘东华 (民政部国家减灾中心)

摘要：本报告以灾害链损失快速评估为主要研究内容，以我国大陆地区最为典型的地震—地质灾害链、台风—洪涝灾害链、草原干旱—雪灾灾害链为主要研究对象，系统梳理当前国内外主要研究进展，结合实际业务需求，开展研究进展综述和技术框架设计工作。主要研究发现包括：（1）引入 Newmark 研究思路，搭建地震—地质灾害链发概率的模拟分析框架，可为有效开展地震—地质灾害链损失快速评估提供重要前提。Newmark 位移分析把滑坡体看作斜坡上可滑动的塑性刚块，根据地震动力对其作用而产生的位移，推算滑坡发生的可能性；利用 Newmark 位移方法计算得到的坡体临界加速度反映了地震动下滑坡的易发性。（2）初步提出台风—洪涝灾害链损失快速评估的概念框架，为实现台风—洪涝灾害链主要承灾体损失快速评估奠定了坚实基础。在台风—洪涝灾害链综合致灾强度、台风—洪涝灾害链承灾体脆弱性研究成果的基础上，基于经典的灾害风险评估模型——"风险（Risk）＝致灾强度（Hazard）× 脆弱性（Vulnerability）"，构建灾害链损失快速评估的概念框架。重建的 1949-2011 年历史台风风场和降水场可为判别台风致灾范围、建立快速损失评估模型提供必要输入。主要成果表现为建立了历史台风过程数据库，包括 1949-2011 年影响我国大陆地区台风的过程风场数据。（3）引入 MSN、SPA 算模型，可为 3 类重大自然灾害损失快速评估结果精度评判与修正模型构建提供思路。（a）基于灾害评估数据的多指标精度评估模型，包括基于历史灾情离差概率的综合校核模型和基于贝叶斯更新的多模型方法的可靠度评判和综合评估模型；（b）多方法灾害损失快速评估结果的精度评判与修正模型，MSN 模型（Mean of Surface with Non-homogeneity），即非均质表面均值模型，是在空间分层的基础上，综合考虑灾害评估样本点间的层内相关性、层间异质性，在空间变异函数模型（考虑空间距离、样本点灾情指标等因素）支持下实现对区域均值或各样本点评估值的估计；评价重大自然灾害快速评估结果的准确性；（c）基于单个重灾县的快速评估结果精度评判与修正模型，SPA 模型（Single Point Areal Estimation），即单点面域估计模型，是基于单个重点样本时间序列资料，同时考虑其与周边非重点样本点间的空间相关性和异质性等因素，计算重点样本与非重点样本对区域平均状况的贡献率，在此基础上实现对区域均值的估计；评价重大自然灾害快速评估结果的准确性。

七、村镇既有建筑节能与抗震改造关键技术研究与示范
报告作者：[1] 曾德民（中国建筑标准设计研究院）

摘要：本课题针对我国村镇建筑在抗震方面存在的一系列不足状况，力求通过村镇既有建筑抗震性能评估和建筑抗震检测与改造技术等方面的研究，以技术指南、技术导则、实用图集和示范工程的形式对研究成果加以推广，为提升我国既有村镇建筑的抗震能力提供有力的技术支持，在经济适用、因地制宜、兼顾节能、切实减轻农民负担的前提下，提高村镇既有建筑和新建村镇建筑的抗震能力，改善目前村镇建筑的建设现状，减轻未来地震可能造成的人员伤亡和经济损失，为建设社会主义新农村、构建和谐社会做出应有的贡献。通过本课题的实施，带动从基础研发、自主创新，凝聚队伍、培养人才，促进标准技术发展和推进村镇建筑抗震安全、节约能源目标的实现。

八、村镇住宅新型抗震节能结构关键技术研究与示范
报告作者：[1] 董宏英（北京工业大学）[2] 周中一（北京工业大学）

摘要：适应村镇住宅抗震节能一体化技术发展和新农村建设的重大需求，以经济、适用、生态、环保、抗震、节能为原则，充分利用矿渣、粉煤灰、再生混凝土等生态环保

建材，研发村镇住宅新型抗震节能结构体系。主要研究内容：（1）提升传统村镇住宅抗震能力的实用技术。重点研发适应村镇地区经济条件和自然条件的低成本抗震构造技术。（2）村镇住宅低成本混凝土异形柱边框约束墙体抗震节能结构体系。重点研发异形柱边框约束保温模块复合节能墙体结构技术，简化配筋再生混凝土异形柱框架轻质填充墙结构，密肋生态墙体结构技术，新型保温墙体抗震构造技术，墙体抗震节能一体化技术，结构抗震构造措施与实用设计技术。（3）村镇住宅低成本保温承重砌体结构体系。重点研究轻质保温承重砌体结构抗震节能构造，包括夹心保温砌块结构，再生混凝土砌块结构，再生混凝土砖－粉煤灰砌块复合砌体结构，研发结构抗震构造措施与实用设计技术。（4）异形截面钢管混凝土组合柱－轻质墙体结构技术。重点研究异形钢管－轻质砌体组合结构抗震技术，包括异形钢管与轻质砌体共同工作抗震性能、结构节点抗震性能、结构抗震构造措施与实用技术，异型钢管－轻质砌块组合墙体热工性能、建筑构造与实用节能措施，异形钢管－轻质砌体组合结构节能技术。（5）村镇住宅小径材组合轻型木结构抗震技术。重点研究小径材轻型组合木结构墙骨和搁栅等基本构件的力学性能、结构抗震构造、围护结构与主体结构的连接构造、结构抗震设计实用技术，小径材组合轻型木结构节能技术。（6）生态环保建材及其构件技术。重点研究再生混凝土、工业废渣、造纸污泥制备建材及构件的技术，承重保温一体化轻质砌块技术，夹层保温砌块构造技术，再生混凝土砌块及再生混凝土砖制备技术，传统建筑材料力学物理性能改进技术。（7）村镇住宅低成本隔震与消能减震技术。重点研究低成本基础滑移隔震技术，滑移隔震层的构造与限位装置，滑移隔震结构震后的复位技术，保温模块复合墙体消能减震技术，新型抗震和消能减震构件技术。（8）村镇住宅施工工艺与产业化技术。重点研究适于村镇施工和设备条件的装配式构件，构件的制作装置与生产工艺，提高节点连接可靠性的新技术，施工配套工艺，施工质量验收技术，部分构件的产业化技术。较系统地进行结构及构件的抗震性能试验研究、理论分析、数值模拟、设计方法研究，进行墙体节能技术研究，建立理论分析模型与方法，提出构造措施，给出抗震节能结构的建造工艺，形成实用的抗震节能一体化设计与施工技术，提出部分构件的产业化技术，编制标准图集，工程示范，推广应用。

九、钢结构建筑防火关键技术研究

报告作者：[1] 李庆华（浙江大学）[2] 闫东明（浙江大学）[3] 张磊（浙江大学）[4] 王激扬（浙江大学）[5] 李忠学（浙江大学）

摘要：本课题的总目标是开发出新型节能、耐火围护墙体、新型环保低碳的防火材料及制备技术，从而提高我国钢结构的防火能力，并对普通钢与耐火钢结构提出基于性能的防火设计方法，进一步完善我国建筑设计防火的相关规范，解决制约我国钢结构民用建筑使用的防火关键问题，从整体上提高我国钢结构应用水平，推进我国钢结构民用建筑的应用规模和范围。包含如下四个主要目标任务：（1）钢结构建筑新型耐火、节能围护墙体的研制；（2）新型钢结构防火护层材料研制；（3）钢结构建筑围护体系与结构一体化抗火设计技术；（4）耐火钢的应用研究及钢结构性能化抗火设计方法。2013.1～2013.12年度计划：继续完成已开展的试验和研究工作，并开展相关试验工作。研发具有耐火功能的长寿命轻质薄壁的自保温装配式墙体生产工艺，研究建筑围护体系与结构一体化的抗火设计方法。阶段考核指标：试验、分析等初步报告2项；开发新技术2项；申请专利2～4项；培养研究生3人；发表论文10篇以上。到目前为止，已按照预定要求，顺利完成了相关研究任务。

十、城市建筑群地震灾害风险预测与损失评估的关键技术研究

报告作者: [1] 郑山锁（西安建筑科技大学）[2] 李磊（西安建筑科技大学）[3] 杨威（西安建筑科技大学）[4] 孙龙飞（西安建筑科技大学）[5] 秦卿（西安建筑科技大学）[6] 王晓飞（西安建筑科技大学）[7] 关永莹（西安建筑科技大学）

摘要: 为建立西安市地震危险性模型，搜集了国内外的现有地震动衰减关系和场地放大效应调整方法，主要参考中国第五代全国区划图和西安地区钻孔数据资料，提出了考虑西安市断层分布特点的强地震动场理论预测模型与方法；为建立多龄期建筑结构群的数值模型与地震易损性模型，基于国内外既有劣化材料试验，完成了考虑耐久性损失的典型多龄期建筑结构的材料本构模型建立，并给出了基于劣化材料的构件的数值建模方法；基于RC梁、柱及节点构件的试验研究，建立考虑损伤/退化以及性能劣化的多龄期建筑结构的构件宏观模型（塑性铰模型、层模型）；进而建立了城市不同类型多龄期RC结构的解析地震易损性模型，提出了城市各类多龄期建筑结构地震易损性的评估方法；为建立多龄期建筑结构群的地震风险模型，收集了国内外已有震害损失评估相关资料及文献，对地震造成的直接经济损失、间接经济损失和人员伤亡损失的既有评估方法与模型进行了分析，提出了，考虑多龄期退化的城市建筑群的地震灾害直接经济损失、间接经济损失和人员伤亡损失评估模型与方法，进而建立了多龄期建筑结构群的风险评估模型；为进行震前风险控制和灾后救援工作的顺利进行，基于评估结果，提出了可有效控制城市建筑群地震风险的技术措施体系及震后功能快速修复成套技术。

十一、村镇建筑工程灾害防治标准体系研究

报告作者: [1] 蒋航军（中国建筑标准设计研究院）[2] 曾德民（中国建筑标准设计研究院）[3] 高晓明（中国建筑标准设计研究院）

摘要: 本研究对村镇建筑工程灾害防治标准体系和村镇防灾规划进行了理论探讨，总结了我国村镇面临的主要灾害，分析村镇发展现状、工程特点、灾害防治面临的问题和综合减灾的原则。分析标准体系建立的理论步骤，总结建筑工程防灾标准不足，构建村镇建筑工程灾害防治标准体系。课题对村镇防灾规划进行理论分析，综合考虑各种灾害影响，以灾害出现频率较高灾损程度较大的主要灾种为主，从土地利用、避灾疏散的角度，结合村镇特点，给出防灾规划编制内容和要点。本研究从灾害综合防御要求、目标、内容等多方面考虑，建立了村镇防灾减灾规划综合技术规范，给出了防御村镇中灾害的一般规定、评价及规划要求，并给出应对措施和对策；针对村镇防灾基础设施以及避难疏散场所安全性等若干问题进行了分析，形成村镇防灾基础设防工程规划指南；考虑村建设用地的重要性和影响后果、灾害影响因素的不同类型及限制性等方面，对规划用地的适宜性类型、规划建设适宜性要求、灾害影响的适宜性限制特点等进行了定义和描述，制订村镇土地利用防灾适宜性分类标准指南。本研究通过研究层次分析法保序条件，证明了加权乘积法的严格保序性，并对限定性因素影响评价进行了改进，提出了土地利用防灾适宜性评级的限定性分析模型。在此基础上，提出了村镇土地利用防灾适宜性评价技术指南。本研究通过对全国村镇区域的工程建设用地的防灾规划、基础设施防灾规划以及技术指标和建设要求、防灾工程设施规划和建设要求、建筑以及次生灾害影响综合评价与规划技术等方面研究，提出了影响镇（村）区工程防灾能力的指标和因素，并进而提出了镇（村）区工程防灾能力分析评价技术。本研究通过对村镇基础设施中各应急系统进行分析和研究，系统

地提出了村镇基础设施防灾规划与技术指标；研究防灾工程的规划，其中包括防洪工程规划及对策与工程措施、防地质灾害工程规划及对策、防风工程规划及对策、避灾疏散空间规划及建设要求等。本研究对村镇建筑的主要结构及其破坏形式进行分析，提出了提高建筑抗震能力的原则与目标，并对建筑的主要构造措施在抗震方面进行深入的研究。 本研究通过对村镇区域中的建筑和基础设施防灾规划的实践与研究，提出了村镇建筑防灾能力评价标准指南，进一步完善了村镇区域工程防灾规划技术创新体系框架。研究成果尝试在什邡市洛水镇联合村农村住宅重建工程当中初步采用。

十二、重大自然灾害风险处置关键技术研究

报告作者: [1] 刘强（中国海洋大学）[2] 吴绍洪（中科院地理所）[3] 张玉红（中国海洋大学）[4] 杨硕（中国海洋大学）

摘要: 本课题在整合与深入分析极端气候条件下重大自然灾害国内外防灾减灾研究成果的基础上，结合我国山东沿海地区自然气候环境，重点研究海洋风暴潮灾害风险处置的关键技术，并选择2个典型区域进行应用示范。阶段重点工作首先是建立课题项目实施计划与资源组织分配。完成的主要工作如下：（1）召开项目启动会。（2）组织本课题启动会及国际风险管理与自然灾害防灾救助研讨会，召开了课题内部分工研讨会。（3）参加其他课题启动会，考察海洋灾害。本课题组织中外专家对海洋灾害及山东半岛核电设施进行了重点考察，分析本地区的孕灾环境；收集了气象水文资料；地质地貌资料等仍在收集中。在研究国际国内灾害研究文献资料的基础上，分析本地区的风险脆弱度及致灾因子和本地区人类活动变化的风险。同时，开发研究风险处置关键技术中的建模与算法。课题人员全部积极配合工作进展顺利。

十三、多跨连续隔震桥梁地震行波效应分析

报告作者: [1] 崔杰(广州大学) [2] 周福霖(广州大学) [3] 谭平(广州大学) [4] 马玉宏(广州大学) [5] 黄襄云（广州大学）

摘要: 大跨度桥梁各墩底基础类型和周围土质条件有较大差别，地震波经由不同路径、不同地质条件传达至地表处时必然存在差异，因此各墩底接收到的地震动不同。在进行桥梁结构地震反应分析时有必要考虑地震动非一致输入的影响，行波效应是造成地震动空间变化的主要因素。本研究对隔震桥梁结构在简谐地震波输入下的反应进行了研究；考虑纵向行波效应的非一致地震作用下，对隔震梁桥地震反应影响因素进行了分析；同时开展了行波效应下隔震桥梁模拟地震振动台试验研究。

十四、大型及重要建筑安全监测预警集成技术研究与示范

报告作者: [1] 滕军（哈尔滨工业大学）[2] 欧进萍（哈尔滨工业大学）[3] 陈凡（中国建筑科学研究院）[4] 李惠（哈尔滨工业大学）

摘要: 本研究针对大型及重要建筑突出的火、地震、风和突发事故等灾害，研究发展大型及重要建筑灾害监测预警技术、设备、系统、示范工程及设计指南和标准，为提升我国大型及重要建筑抗灾水平、避免重大事故提供坚实的技术支撑。